水利水电工程质量检测人员职业水平考核培训系列教材

（第3版）

混凝土工程

中国水利工程协会
丁　凯　　吕永强　主编

黄河水利出版社
·郑州·

图书在版编目(CIP)数据

混凝土工程/丁凯,吕永强主编. —3 版. —郑州:黄河水利出版社,2019.6

水利水电工程质量检测人员职业水平考核培训系列教材

ISBN 978-7-5509-2429-1

Ⅰ.混… Ⅱ.①丁… ②吕… Ⅲ.①水利水电工程-混凝土施工-技术培训-教材 Ⅳ.①TV544

中国版本图书馆 CIP 数据核字(2019)第 132164 号

出 版 社:黄河水利出版社

地址:河南省郑州市顺河路黄委会综合楼 14 层　　邮政编码:450003

发行单位:黄河水利出版社

购书电话:0371-66022111

E-mail:hhslzbs@126.com

承印单位:河南承创印务有限公司

开本:787 mm×1 092 mm　1/16

印张:19.75

字数:456 千字　　印数:1—3 000

版次:2019 年 6 月第 3 版　　印次:2019 年 6 月第 1 次印刷

定价:100.00 元

水利水电工程质量检测人员
职业水平考核培训系列教材

混凝土工程

(第3版)

编写单位及人员

主持单位　中国水利工程协会

编写单位　北京海天恒信水利工程检测评价有限公司
　　　　　中国水利水电科学研究院
　　　　　南京水利科学研究院
　　　　　武汉大学
　　　　　中国水电顾问集团成都勘测设计研究院
　　　　　长江水利委员会长江科学研究院

主　　编　丁　凯　吕永强

编　　写　(以姓氏笔画为序)
　　　　　丁　凯　方　璟　方坤河　王五平
　　　　　付元茂　阮　燕　阳小君　吕永强
　　　　　朱雄江　宋人心　陈忠华　周守贤
　　　　　姜福田　黄国兴　黄绪通　曾　力
　　　　　傅　翔

统　　稿　姜福田　黄国兴　方　璟　吕永强

工作人员　陶虹伟　朱雄江

第3版序一

水利是国民经济和社会持续稳定发展的重要基础和保障，兴水利、除水害，历来是我国治国安邦的大事。水利工程是国民经济基础设施的重要组成部分，事关防洪安全、供水安全、粮食安全、经济安全、生态安全、国家安全。百年大计，质量第一，水利工程的质量，不仅直接影响着工程功能和效益的发挥，也直接影响到公共安全。水利部高度重视水利工程质量管理，认真贯彻落实《中共中央国务院关于开展质量提升行动的指导意见》，完善法规、制度、标准，规范和加强水利工程质量管理工作。

水利工程质量检测是"水利行业强监管"确保工程安全的重要手段，是水利工程建设质量保证体系中的重要技术环节，对于保证工程质量、保障工程安全运行、保护人民生命财产安全起着至关重要的作用。近年来，水利部相继发布了《水利工程质量检测管理规定》（水利部第36号令，2009年1月1日执行）、《水利工程质量检测技术规程》（SL 734—2016）等一系列规章制度和标准，有效规范水利工程质量检测管理，不断提高质量检测的科学性、公正性、针对性和时效性。与此同时，着力加强水利工程质量检测人员教育培训，由中国水利工程协会组织专家编纂的专业教材《水利水电工程质量检测人员从业资格考核培训系列教材》第1版（2008年11月出版）和第2版（2014年4月出版），对提升水利工程质量检测人员的专业素质和业务水平发挥了重要作用。

2017年9月12日，国家人社部发布《人力资源社会保障部关于公布国家职业资格目录的通知》（人社部发〔2017〕68号），水利工程质量检测员资格列入保留的140项《国家职业资格目录》中，水利工程质量检测员资格作为水利行业水平评价类资格获得国家正式认可，水利部印发了《水利部办公厅关于加强水利工程建设监理工程师造价工程师质量检测员管理的通知》（办建管〔2017〕139号）。为了满足水利工程质量检测人员专业技能学习，配合水利部对水利工程质量检测员水平评价职业资格的管理工作，最近，中国水利工程协会又组织专家,对原《水利水电工程质量检测人员从业资格考核培训系列教材》进行了修编,形成了新第3版教材,并更名为《水利水电工程质量检测人员职业水平考核培训系列教材》。

本次修编,充分吸纳了各方面的意见和建议,增补了推广应用的各种新方法、新技术、新设备以及国家和行业有关新法规标准等内容,教材更加适应行业教育培训和国家对质量检测员资格管理的新要求。我深信,第3版系列教材必将更加有力地支撑广大质量检测人员系统掌握专业知识、提高业务能力、规范质量检测行为,并将有力推进水利水电工程质量检测工作再上新台阶。

水利部总工程师 刘伟平

2019年4月16日

第3版序二

水利水电工程是重要的基础设施，具有防洪、供水、发电、灌溉、航运、生态、环境等重要功能和作用，是促进经济社会发展的关键要素。提高工程质量是我国经济工作的长期战略目标。水利工程质量不仅关系着广大人民群众的福祉，也涉及生命财产安全，在一定程度上也是国家经济、科学技术以及管理水平的体现。"百年大计，质量第一"一直是水利水电工程建设的根本遵循，质量控制在工程建设中显得尤为重要。水利工程质量检测是工程质量监督、管理工作的重要基础，是确保水利工程建设质量的关键环节。提升水利工程质量检测水平，提高检测人员综合素质和业务能力，是适应大规模水利工程建设的必然要求，是保证工程检测质量的前提条件。

为加强水利水电工程质量检测人员管理，确保质量检测人员考核培训工作的顺利开展，由中国水利工程协会主持，北京海天恒信水利工程检测评价有限公司组织于2008年编写了一套《水利水电工程质量检测人员从业资格考核培训系列教材》，该系列教材为开展质量检测人员从业资格考核培训工作奠定了坚实的基础。为了与时俱进、顺应需要，中国水利工程协会于2014年组织了对2008版的系列教材的修编改版。2017年9月12日，根据国务院推进简政放权、放管结合、优化服务改革部署，为进一步加强职业资格设置实施的监管和服务，人力资源社会保障部研究制定了《国家职业资格目录》，水利工程质量检测员纳入国家职业资格制度体系，设置为水平评价类职业资格，实施统一管理。此类资格具有较强的专业性和社会通用性，技术技能要求较高，行业管理和人才队伍建设确实需要，实用性更强。在此背景下，配套系列教材的修订显得越来越迫切。

为提高教材的针对性和实用性，2017年组织国内多年从事水利水电工程质量检测、试验工作经验丰富的专家、学者，根据国家政策要求，以符合工程建设管理要求和社会实际要求为宗旨，修订出版这套《水利水电工程质量检测人员职业水平考核培训系列教材》。本套教材可作为水利工程质量检测培训的教材,也可作为从事水利工程质量检测工作有关人员的业务参考书,将对规范水利水电工程质量检测工作、提高质量检测人员综合素质和业务水平、促进行业技术进步发挥积极作用。

中国水利工程协会会长 孙继昌

2019年4月16日

第1版序

水利水电工程的质量关系到人民生命财产的安危，关系到国民经济的发展和社会稳定，关系到工程寿命和效益的发挥，确保水利水电工程建设质量意义重大。

工程质量检测是水利水电工程质量保证体系中的关键技术环节，是质量监督和监理的重要手段，检测成果是质量改进的依据，是工程质量评定、工程安全评价与鉴定、工程验收的依据，也是质量纠纷评判、质量事故处理的依据。尤其在急难险重工程的评价、鉴定和应急处理中，工程质量检测工作更起着不可替代的重要作用。如近年来在全国范围内开展的病险水库除险加固中对工程病险等级和加固质量的正确评价，在今年汶川特大地震水利抗震救灾中对震损水工程应急处置及时得当，都得益于工程质量检测提供了重要的检测数据和科学评价意见。实际工作中，工程质量检测为有效提高水工程安全运行保证率，最大限度地保护人民群众生命财产安全，起到了关键作用，功不可没！

工程质量检测具有科学性、公正性、时效性和执法性。

检测机构对检测成果负有法律责任。检测人员是检测的主体，其理论基础、技术水平、职业道德和法律意识直接关系到检测成果的客观公正。因此，检测人员的素质是保证检测质量的前提条件，也是检测机构业务水平的重要体现。

为了规范水利水电工程质量检测工作，水利部于2008年11月颁发了经过修订的《水利工程质量检测管理规定》。为加强水利水电工程质量检测人员管理，中国水利工程协会根据《水利工程质量检测管理规定》制定了《水利工程质量检测员管理办法》，明确要求从事水利水电工程质量检测的人员必须经过相应的培训、考核、注册，持证上岗。

为切实做好水利水电工程质量检测人员的考核培训工作，由中国水利工程协会主持，北京海天恒信水利工程检测评价有限公司组织一批国内多年从事检测、试验工作经验丰富的专家、学者，克服诸多困难，在水利水电行业中率先编写成了这一套系列教材。这是一项重要举措,是水利水电行业贯彻落实科学发展观,以人为本,安全至上,质量第一的具体行动。本书集成提出的检测方法、评价标准、培训要求等具有较强的针对性和实用性,符合工程建设管理要求和社会实际需求;该教材内容系统、翔实,为开展质量检测人员从业资格考核培训工作奠定了坚实的基础。

我坚信,随着质量检测人员考核培训的广泛、有序开展,广大水利水电工程质量检测从业人员的能力与素质将不断提高,水利水电工程质量检测工作必将更加规范、健康地推进和发展,从而为保证水利水电工程质量、建设更多的优质工程、促进行业技术进步发挥巨大的作用。故乐为之序,以求证作者和读者。

时任水利部总工程师 刘宁

2008年11月28日

第3版前言

2017年9月12日国家人社部《人力资源社会保障部关于公布国家职业资格目录的通知》(人社部发〔2017〕68号)发布,水利工程质量检测员资格作为国家水利行业水平评价类资格列入保留的140项《国家职业资格目录》中,水利工程质量检测员资格的保留与否问题终于尘埃落定。

为了响应国家对各类人员资格管理的新要求以及所面临的水利工程建设市场新形势新问题,水利部于2017年9月5日发出《水利部办公厅关于加强水利工程建设监理工程师造价工程师质量检测员管理的通知》(办建管〔2017〕139号),在取消原水利工程质量检测员注册等规定后,重申了对水利工程质量检测员自身能力与市场行为等方面的严格要求,加强了事中"双随机"式的监督检查与违规处罚力度,强调了水利工程质量检测人员只能在一个检测单位执业并建立劳动关系,且要有缴纳社保等的有效证明,严禁买卖、挂靠或盗用人员资格,规范检测行为。2018年3月水利部又对《水利工程质量检测管理规定》(水利部令第36号)及其资质等级标准部分内容和条款要求进行了修改调整,进一步明确了水利工程质量检测人员从业水平能力资格条件。

为了配合主管部门对水利工程质量检测人员职业水平的评价管理工作、满足广大水利工程质量检测人员检测技能学习与提高的需求,我们组织一批技术专家,对原《水利水电工程质量检测人员从业资格考核培训系列教材》第1版(2008年11月出版)和第2版(2014年4月出版)再次进行了修编,形成了新的第3版《水利水电工程质量检测人员职业水平考核培训系列教材》。

自本教材第1版问世11年来,收到了业内专家学者和广大教材使用者提出的诸多宝贵意见和建议。本次修编,充分吸纳了各方面的意见和建议,并考虑国家和行业有关新法规标准的发布与部分法规标准的修订,以及各种新方法、新技术、新设备的推广应用,更加顺应国家对各类人员资格管理的新要求。

第3版教材仍然按水利行业检测资质管理规定的专业划分,公共类一册:

《质量检测工作基础知识》;五大专业类六册:《混凝土工程》、《岩土工程》(岩石、土工、土工合成材料)、《岩土工程》(地基与基础)、《金属结构》、《机械电气》和《量测》,全套共七册。本套教材修编中补充采用的标准发布和更新截止日期为2018年12月底,法规至最新。

因修编人员水平所限,本版教材中难免存在疏漏和谬误之处,恳请广大专家学者及教材使用者批评指正。

编　者

2019年4月16日

目 录

第二篇　混凝土检测方法

第一篇　混凝土基础理论知识

第一章 绪 论

第一节 水工混凝土工程质量检测的内容

用于大坝、水闸、泵站、堤防、桥梁、涵洞等水工建筑物的混凝土称水工混凝土。水工混凝土的合理设计及其施工质量的严格控制是水工建筑物工程质量的重要保证，以致关系到整个水工建筑物的安全运行。因此，在水工建筑物施工建设全过程中应自始至终对混凝土的质量进行跟踪检测，确保用于水工混凝土质量满足设计要求，质量稳定、波动小。

将水泥、砂石骨料、水、掺合料和外加剂等原材料按一定比例配合拌制成混凝土拌和物，再将其浇筑成型和养护到规定龄期、经检测满足设计要求的混凝土被视为质量合格。因此，混凝土的质量受诸多因素的影响，原材料与混凝土拌和物质量的波动、浇筑及养护工艺的变异等均将对混凝土质量产生很大影响。例如，直接影响混凝土强度的有水泥强度的波动、掺合料品质、外加剂质量、砂石骨料的含泥量和泥团含量以及坚固性等；影响混凝土耐久性的有水泥品种、外加剂质量、砂石骨料的吸水率和含泥量以及碱活性等；骨料的超径或逊径将改变骨料的级配，进而影响混凝土拌和物的和易性，同样，砂子细度模数的变化也将影响混凝土拌和物的和易性；骨料含水率的变化对混凝土的水灰比影响极大，从而影响混凝土的强度和耐久性；施工中配料称量的误差将引起配合比的改变，导致混凝土的质量发生改变；混凝土搅拌、运输、浇筑及养护等施工工艺的变异也将引起混凝土和易性、强度及耐久性等性能的波动。

由此可见，为了保证混凝土工程的质量，应选择适宜的、质量合格的原材料，在实验室试验的基础上确定满足设计要求的混凝土配合比，对整个混凝土施工过程中的混凝土原材料、混凝土拌和物及硬化混凝土进行质量检查和质量控制。水工混凝土工程质量检测应包括以下内容。

一、原材料质量检测

涉及的主要原材料除有水泥、细骨料、粗骨料、掺合料、外加剂、拌和用水，还包括钢筋混凝土中的钢筋，建筑物中埋设的塑料或橡胶止水带以及铜片止水，施工中使用的各种材料，如沥青、填料、各种材质的管子等。

原材料检验的作用是检验材料品质，为工程采用合格产品把关，了解材料性能，为混凝土配合比设计提供基础性技术数据，对比拟采用的材料性能，为工程优选材料提供技术数据依据。

二、混凝土拌和物性能检测

混凝土拌和物性能检测项目有：工作度（坍落度、维勃稠度、坍扩度、VC 值）、含气量以及凝结时间(初凝时间、终凝时间)、泌水率、工作度损失、表观密度等。

混凝土拌和物性能检测的作用是,按设计的混凝土拌和物性能把关,为适应工程施工需要调整混凝土配合比提供技术数据依据;为分析混凝土拌和系统运行情况和采取调整、维修的措施提供技术数据依据;为分析工程问题追溯原始情况提供技术数据依据。

三、混凝土物理力学性能检测

混凝土物理力学性能检测项目有:抗压强度、劈裂抗拉强度以及轴拉强度、抗弯强度、抗剪强度、弹性模量、极限拉伸、干缩变形、徐变变形、自生体积变形、绝热温升、导热系数、导温系数、比热等。

混凝土物理力学性能检测的作用是,为混凝土设计符合性提供统计性技术数据;为了解施工质量波动性提供统计性技术数据;为设计计算需要提供数据依据;为分析工程问题追溯原始情况提供技术数据。

四、混凝土耐久性能检测

混凝土耐久性能检测项目有:抗冻性、抗渗性、抗冲磨性及抗气蚀性、抗侵蚀性、碱骨料反应、抗碳化性等。

混凝土耐久性能检测的作用是,按设计的耐久性要求配制混凝土,检验现场拌制的混凝土与设计配合比的符合性,为工程问题追溯原始情况提供技术数据。

五、现场混凝土质量检测

现场混凝土质量检测项目有:混凝土拌和物的现场工作度、混凝土含气量、混凝土入仓温度、混凝土浇筑温度、混凝土拌和物的实际水灰比(或水胶比);混凝土表观密度、相对压实度;回弹法检测混凝土抗压强度,超声波检测混凝土抗压强度和均匀性、混凝土裂缝深度、混凝土内部缺陷;混凝土芯样物理力学性能和耐久性能试验;混凝土原位直剪试验、混凝土钻孔压水试验等。

现场混凝土质量检测的作用是,查明缺陷存在的位置、状态,对已经建成的建筑物的质量评价提供技术数据依据,为分析评估缺陷对建筑物安全威胁提供技术数据依据,为病害造成的破坏提供修补加固的技术数据依据。

六、砂浆性能检测

砂浆性能检测项目有:稠度、泌水率、含气量、抗压强度、劈裂抗拉强度、黏结强度、极限拉伸、干缩、抗冻性、抗渗性等。

砂浆性能检测为配制工程用砂浆提供技术数据依据,为适应工程施工情况调整砂浆配合比提供技术数据依据,为分析判断工程问题提供追溯原始情况的技术数据。技术数据的依据,是检验砂浆与设计符合性的统计性技术数据依据。

以上检测项目可根据各工程的设计文件、工程招标文件或委托合同中对混凝土性能的具体要求进行检测。

第二节 水工混凝土工程质量检测的依据

水利工程质量检测的依据是：

(1)法律、法规、规章的规定；

(2)国家标准、水利水电行业标准；

(3)工程承包合同认定的其他标准和文件；

(4)批准的设计文件、金属结构、机电设备安装等技术说明书；

(5)其他特定要求。

水工混凝土质量检测中的技术标准，有“定义命名标准”，如《混凝土外加剂术语》(GB/T 8075—2017)，在该标准中根据不同的外加剂使用特性进行了分类、定义；有“检测方法标准”，如《水工混凝土试验规程》(SL 352—2006)，在该标准中对混凝土的各项性能参数的试验条件、步骤和结果处理做了具体的规定；有“产品质量指标标准”，如《水工混凝土施工规范》(SL 677—2014)、《水工混凝土施工规范》(DL/T 5144—2015)，均在标准中对混凝土工程中使用的原材料产品如水泥、砂、石子、外加剂、水等的质量提出了具体的指标。有的标准把产品质量检测方法和质量指标合在一起，如《普通混凝土用砂、石质量及检验方法标准(附条文说明)》(JGJ 52—2006)，在该标准中，既提出了砂的质量指标，又给出了各性能参数检测的方法。另外，还有“质量检测设备检定标准”和“校验标准”等。

第三节 水工混凝土工程设计和施工特点

水工混凝土工程与其他混凝土工程相比具有以下特点。

一、设计方面特点

(一)勘测设计周期长

一个水利枢纽建筑物的设计需要经过规划、勘测和设计等阶段，需要通盘考虑流域内乃至相邻流域的水文、地质、泥沙淤积、人口迁移、交通运输、物资供应和经济发展等问题，涉及的受益地区和部门多。设计周期相当长，有的需要十多年甚至几十年时间才能确定规划规模，然后进行初步设计、技术设计等各阶段设计工作。

(二)设计涉及的技术专业多，设计工作量大

设计需要水文、地质、水工结构、水力学、岩土、施工、金属结构、机电、道路交通、施工机械、安全监测、环保等专业技术人员共同参与，需要协调的问题多。

(三)设计的唯一性

各水利枢纽工程所处的地理、地质和水文情况以及季节变化情况都不尽相同，建筑物的功能、规模、布局和形式也不可能一样，因此水利枢纽工程具有唯一性，只能逐个进行设计。

(四)建筑物结构形式的多样性

混凝土大坝本身就有重力坝、拱坝、支墩坝等,还有引水发电设施、泄洪设施、灌溉供水设施及桥梁、闸门启闭机房等建筑物。建筑物结构复杂,坝体内部布置有许多孔洞(如廊道、冲砂孔等),计算边界条件非常复杂,只能简化计算,或采用有限单元法进行计算,在数值计算时往往需要采用模型试验进行验证。

(五)建筑物混凝土有分区要求

建筑物各部位所处位置和工作条件不同,决定了建筑物各部位混凝土对抗压强度、抗渗、抗冲蚀、抗冻融等要求不一样,因此设计需对不同的部位提出不同的混凝土性能要求,即混凝土分区要求,对建筑物混凝土进行设计分区决定了施工的复杂性。

(六)施工过程中的设计修改多

尽管在投入施工前进行了大量的勘测工作,也不可能完全反映水利工程水文地质条件的复杂多变,施工中遇到意外情况并不奇怪,设计必须根据施工条件的变化进行修改,即设计变更,这是施工中经常发生的事。

二、施工方面特点

(一)偏远性

水利工程多处在偏远山区的河道上,远离经济发达的城市,交通不便,物资供应和运输困难,施工受自然条件和季节变化影响大。

(二)工艺复杂性

水利工程施工有许多大型、先进的施工设备,但人工操作的工序仍占相当大的比例,劳动强度大,生活和工作条件艰苦,施工人员的来源和文化技术水平各不相同,施工管理尤其是质量管理难度相当大。

(三)施工系统庞杂性

一个水利工程在混凝土施工时需要设置原材料加工储存系统,如砂石料筛分储存系统、钢筋加工储存系统、水泥和掺合料储存系统等,还需要设置混凝土施工系统,如混凝土拌和系统、混凝土运输系统、温度控制系统、道路系统、质量检测系统等,还有许多其他施工系统。这些系统的设置和运转如考虑不周或出现差错,就会影响混凝土施工的正常进行,也会影响混凝土的施工质量。

(四)材料来源的广泛性

水利工程一般工程量非常大,混凝土的浇筑量常以万 m^3 计。混凝土施工的原材料量大、品种多,主要的原材料就有水泥、砂、石、掺合料、外加剂、钢筋,还有许多预埋材料,如止水带、沥青等;涉及供应的生产厂家也多,如某混凝土大坝工程钢筋的生产厂家就有近10家,水泥、砂、石的供应商也有好几家。生产厂家质量良莠不齐决定了进场材料质量也良莠不齐。

(五)施工的时效性强

混凝土施工计划性强、浇筑强度大、进度快,质量检验必须跟踪进行,否则就会发生质量失控、无法反映和无法证明施工质量的情况。

（六）施工单位自检工作量大

施工单位质量检验的工作必须跟踪各种原材料进场，按规定抽检频数进行抽检，并在规定的相当短的时间内完成，以判断所进场的材料品质是否合格可用。施工单位还必须跟踪现场混凝土浇筑，随时按要求的抽检频数取样、成型、养护，检测混凝土拌和物的坍落度、含气量，以及混凝土的抗压强度、抗拉强度、抗渗性和抗冻性等，工作量非常大而且工作繁忙。

（七）委托检测工作量大

根据水利部对工程质量控制管理的要求，监理单位和施工单位都应按施工自检量的一定比例取样，委托社会检测机构进行检测，政府质量监督部门也应对工程抽取一定量的试样进行监督检测。这些检测的工作量也是非常大的。

第二章 混凝土原材料

第一节 水 泥

水泥是水利水电工程混凝土结构的主要建筑材料。在大体积混凝土中常用的水泥有硅酸盐水泥、中热硅酸盐水泥、低热硅酸盐水泥、普通硅酸盐水泥(简称普硅水泥)、低热矿渣硅酸盐水泥、矿渣硅酸盐水泥、粉煤灰硅酸盐水泥、复合硅酸盐水泥等;抗冲磨、防空蚀混凝土宜选用≥42.5强度等级的中热硅酸盐水泥、硅酸盐水泥及普通硅酸盐水泥;环境水对混凝土有侵蚀时,应根据侵蚀类型及程度选用高抗硫酸盐水泥、中抗硫酸盐水泥、硅酸盐水泥掺30%以上的Ⅰ、Ⅱ粉煤灰或磨细矿渣;厂房结构混凝土,可选用普通硅酸盐R型水泥。拱坝或基础约束区可在试验论证的基础上选用具有延迟性膨胀胶凝材料。

一、硅酸盐水泥熟料的化学成分及矿物组成

国家水泥标准规定的硅酸盐水泥的定义为:凡以适当成分的生料,烧至部分熔融,得到以硅酸钙为主要成分的硅酸盐水泥熟料,加入适当的石膏,磨细制成的水硬性胶凝材料,称为硅酸盐水泥。

(一)硅酸盐水泥的主要化学成分

硅酸盐水泥熟料的主要化学成分有氧化钙(CaO)、氧化硅(SiO_2)、氧化铝(Al_2O_3)、氧化铁(Fe_2O_3)、氧化镁(MgO)等。它们在熟料中的含量范围大致如下:CaO为60%~67%,SiO_2为19%~25%,Al_2O_3为3%~7%,Fe_2O_3为2%~6%,MgO为1%~4%,SO_3为1%~3%,K_2O+Na_2O为0.5%~1.5%。

(二)硅酸盐水泥的矿物组成

在高温下煅烧成的水泥熟料含有四种主要矿物,即硅酸三钙($3CaO \cdot SiO_2$),简称C_3S;硅酸二钙($2CaO \cdot SiO_2$),简称C_2S;铝酸三钙($3CaO \cdot Al_2O_3$),简称C_3A;铁铝酸四钙($4CaO \cdot Al_2O_3 \cdot Fe_2O_3$),简称$C_4AF$。这几种矿物成分的性质各不相同,它们在熟料中的相对含量改变时,水泥的技术性能也就随之改变,它们的一般含量及主要特征如下:

(1)C_3S——含量40%~55%,它是水泥中产生早期强度的矿物,C_3S含量越高,水泥28 d以前的强度也越高。水化速度比C_2S快,28 d可以水化70%左右,但比C_3A慢。这种矿物的水化热比C_3A低,较其他两种矿物高。

(2)C_2S——含量20%~30%,它是四种矿物成分中水化作用速度最慢的一种,28 d水化只有11%左右,是水泥中产生后期强度的矿物。它对水泥强度发展的影响是:早期强度低,后期强度增长量显著提高,一年后强度还继续增长。它的抗蚀性好,水化热最小。

(3)C_3A——含量2.5%~15%,它的水化最快,发热量最高。强度发展虽很快但不高,体积收缩大,抗硫酸盐侵蚀性能差,因此有抗蚀性要求时,C_3A+C_4AF含量不超

过22%。

(4) C_4AF——含量10%～19%，它的水化速度较快，仅次于 C_3A。水化热及强度均属中等。含量多时对提高抗拉强度有利，抗冲磨强度高，脆性系数小。

除上述几种主要成分外，水泥中尚有以下几种少量成分：

(1) MgO——含量多时会使水泥安定性不良，发生膨胀性破坏。

(2) SO_3——主要是煤中的硫及由掺入的石膏带来的。掺量合适时能调节水泥凝结时间，提高水泥性能，但过量时不仅会使水泥快硬，也会使水泥性能变差。因此，规定 SO_3 含量不得超过3.5%。

(3)游离CaO——为有害成分，含量超过2%时，可能使水泥安定性不良。

(4)碱分(K_2O，Na_2O)——含量多时会与活性骨料作用引起碱骨料反应，使体积膨胀，导致混凝土产生裂缝。

二、硅酸盐水泥的凝结和硬化机制

水泥加水拌和后，最初形成具有塑性的浆体，然后逐渐变稠并失去塑性，这一过程称为凝结。此后，强度逐渐增加而变成坚固的石状物体——水泥石，这一过程称为硬化。水泥凝结与硬化过程是一系列复杂的化学反应及物理化学反应过程。

(一)凝结硬化的化学过程

水泥的凝结与硬化主要是水泥矿物的水化反应。水泥的水化反应比较复杂，一般认为水泥加水后，水泥矿物与水发生如下一些化学反应。

硅酸三钙与水作用反应较快，生成水化硅酸钙及氢氧化钙：

$$2(3CaO \cdot SiO_2) + 6H_2O \rightarrow 3CaO \cdot 2SiO_2 \cdot 3H_2O + 3Ca(OH)_2$$

硅酸二钙与水作用反应最慢，生成水化硅酸钙及氢氧化钙：

$$2(2CaO \cdot SiO_2) + 4H_2O \rightarrow 3CaO \cdot 2SiO_2 \cdot 3H_2O + Ca(OH)_2$$

铝酸三钙与水作用反应极快，生成水化铝酸钙：

$$3CaO \cdot Al_2O_3 + 6H_2O \rightarrow 3CaO \cdot Al_2O_3 \cdot 6H_2O$$

在饱和石膏和 $Ca(OH)_2$ 溶液中，铝酸三钙首先反应生成硫铝酸钙：

$$3CaO \cdot Al_2O_3 + 3CaSO_4 + 31H_2O \rightarrow 3CaO \cdot Al_2O_3 \cdot 3CaSO_4 \cdot 31H_2O$$

铁铝酸四钙与水和氢氧化钙作用反应也较快，生成水化铝酸钙和水化铁酸钙：

$$4CaO \cdot Al_2O_3 \cdot Fe_2O_3 + 2Ca(OH)_2 + 10H_2O \rightarrow$$
$$3CaO \cdot Al_2O_3 \cdot 6H_2O + 3CaO \cdot Fe_2O_3 \cdot 6H_2O$$

以上列出的反应式实际上是示意性的，并不是确切的化学反应式。因为矿物的水化反应生成物都是一些很复杂的体系。随着温度和熟料的矿物组成比的变化，水化物的类型和结晶程度都会发生变化。比较确切的反应式为

$$3CaO \cdot SiO_2 \xrightarrow{水} CaO—SiO_2—H_2O + nCa(OH)_2$$

$$2CaO \cdot SiO_2 \xrightarrow{水} CaO—SiO_2—H_2O + nCa(OH)_2$$

$$3CaO \cdot Al_2O_3 \xrightarrow{水} CaO—Al_2O_3—H_2O + nCa(OH)_2$$

$$4CaO \cdot Al_2O_3 \cdot Fe_2O_3 \xrightarrow{水} CaO—Al_2O_3—H_2O + CaO—Fe_2O_3—H_2O$$

反应式后面生成的水化物,表示组合不固定的水化物体系。

各种矿物的水化速度对水泥的水化速度有很大的影响,是决定性的因素。

C_3S 最初水化速度较慢,但以后较快。

C_3A 则与 C_3S 相反,开始时水化速度很快,以后较慢。

C_4AF 开始的水化速度较快,但以后变慢。

C_2S 的水化速度最慢,但在后期稳步增长。

(二)凝结硬化的物理过程

硅酸盐水泥的水化过程可分为四个阶段:初始反应期、诱导期、凝结期和硬化期。

当硅酸盐水泥与水混合时,立即产生一个快速反应,生成过饱和溶液,然后反应急剧减慢,这是由于在水泥颗粒周围生成了硫铝酸钙微晶膜或胶状膜。接着就是慢反应阶段,称为诱导期。诱导期终了后,由于渗透压的作用,使水泥颗粒表面的薄膜包裹层破裂,水泥颗粒得以继续水化,进入凝结期和硬化期。

水泥在凝结硬化过程中,发生水化反应的同时又发生着一系列物理化学变化。水泥加水后,化学反应起初是在颗粒表面上进行的。C_3S 水解生成的 $Ca(OH)_2$ 溶于水中,使水变成饱和的石灰溶液,使其他生成物不能再溶解于水中。它们就以细小分散状态的固体微粒析出,这些微粒聚集形成凝胶。凝胶是胶状物质,有黏性,是水泥浆可塑性的来源,使水泥浆能够黏着在骨料上,并使拌和物产生和易性。随着化学反应的继续进行,水泥浆中的胶体颗粒逐渐增加,凝胶大量吸收周围的水分,而水泥颗粒的内核部分也从周围的凝胶包覆膜中吸收水分,继续进行水解和水化。随着水泥浆中的游离水分逐渐减少,凝胶体逐渐变稠,水泥浆也随之失去可塑性,开始凝结。

所形成的凝胶中有一部分能够再结晶,另一部分由于在水中的可溶性极小而长期保持胶体状态。氢氧化钙凝胶和水化铝酸钙凝胶是最先结晶的部分。它们的晶体和水化硅酸钙凝胶由于内部吸水而逐渐硬化。晶体逐渐成长,凝胶逐渐脱水硬化,未水化的水泥颗粒内核又继续水化,这些复杂交错的过程使水泥硬化能延续若干年之久。

水泥凝结硬化过程可以归纳为以下四个特点:

(1)水泥的水化反应是由颗粒表面逐渐深入到内层复杂的物理化学过程,这种作用起初进行较快,以后逐渐变慢。

(2)硬化的水泥石是由晶体、胶体、未完全水化的水泥颗粒、游离水分及气孔等组成的不均质结构。

(3)水泥石的强度随龄期而发展,一般在28 d内较快,以后变慢,因此应加强早期养护。

(4)温度越高,凝结硬化速度越快。

三、水泥矿物组成对水泥性能的影响

(一)对强度的影响

硅酸盐水泥的强度受其熟料矿物组成影响较大。矿物组成不同的水泥,其水化强度的发展是不相同的。就水化物而言,C_3S 具有较高的强度,特别是较高的早期强度。C_2S 的早期强度较低,但后期强度较高。C_3A 和 C_4AF 的强度均在早期发挥,后期强度几乎没有发展,但 C_4AF 的强度大于 C_3A 的强度,水泥熟料单矿物的水化物强度见表2-1。

表 2-1 水泥熟料单矿物的水化物强度

矿物名称	抗压强度(MPa)				
	3 d	7 d	28 d	90 d	180 d
C_3S	29.6	32.0	49.6	55.6	62.6
C_2S	1.4	2.2	4.6	19.4	28.6
C_3A	6.0	5.2	4.0	8.0	8.0
C_4AF	15.4	16.8	18.6	16.6	19.6

(二)对水化热的影响

水泥单矿物的水化热试验数值有较大的差别,但是其大体的规律是一致的。不同熟料矿物的水化热和放热速度大致遵循下列顺序:

$$C_3A > C_3S > C_4AF > C_2S$$

硅酸盐水泥四种主要组成矿物的相对含量不同,其放热量和放热速度也不相同。C_3A 与 C_3S 含量较多的水泥其放热量大,放热速度也快,对大体积混凝土防止开裂是不利的,见表 2-2。

表 2-2 水泥熟料矿物的水化热

矿物名称	水化热(J/g)					
	3 d	7 d	28 d	90 d	180 d	1 a
C_3S	410	461	477	511	507	569
C_2S	80	75	184	230	222	260
C_3A	712	787	846	787	913	—
C_4AF	121	180	201	197	306	—

(三)水泥熟料矿物的水化速度

水泥熟料矿物的结合水量和水化速度见表 2-3。

表 2-3 水泥熟料矿物的结合水量和水化速度 (%)

矿物名称	水化时间										结合水量	完全水化
	3 d		7 d		28 d		90 d		180 d			
	结合水量	水化程度	结合水量	水化程度	结合水量	水化程度	结合水量	水化程度	结合水量	水化程度		
C_3S	4.9	36	6.2	46	9.2	69	12.5	93	12.9	94	13.4	100
C_2S	0.1	7	1.1	11	1.1	11	2.9	29	2.9	30	9.9	100
C_3A	20.2	82	19.9	83	20.6	84	22.3	91	22.8	93	24.4	100
C_4AF	14.4	70	14.7	71	15.2	74	18.5	89	18.9	91	20.7	100

（四）对保水性的影响

水泥保水性不仅与水泥的原始分散度有关，而且与其矿物组成有关。C_3A 保水性最强。

为获得密实度大和强度高的水泥石或混凝土，要求水泥浆体的流动性好，而需水量少；同时要求保水性好，泌水量少，而又具有比较密实的凝聚效果。但是流动性好与需水量少是矛盾的，保水性好与结构密实也是矛盾的。因此，需要采取一些工艺措施（如高频振动）或采用掺减水剂等方法来调和这些矛盾。

（五）对收缩的影响

四种矿物对收缩的影响见表2-4，表中 C_3A 的收缩率最大，它比其他三种熟料矿物的收缩率高3~5倍。C_3S、C_2S 和 C_4AF 三种矿物的收缩率相差不大，因此水工建筑物混凝土应尽量降低 C_3A 含量。

表2-4　四种矿物的收缩率

矿物名称	C_3A	C_3S	C_2S	C_4AF
收缩率(%)	0.002 24~0.002 44	0.000 75~0.000 83	0.000 75~0.000 83	0.000 38~0.000 60

（六）对水泥脆性系数的影响

水泥胶砂抗压强度与抗折强度比值称为水泥的脆性系数（Δk），水泥的脆性系数大，表明水泥本身的抗裂性及抗磨性差。水泥熟料矿物成分的 C_3A 含量大，不仅水化热及收缩性大，且脆性系数也大，对抗裂极为不利；C_3S 含量大，同样水化热高，脆性系数也大。因此，为了提高水泥的抗脆性能力，应尽量提高水泥熟料中 C_2S 与 C_4AF 含量，使其脆性系数降低。

表2-5列出了沙牌及其他工程使用水泥与其对应的国际水泥的熟料矿物组成与水泥脆性系数。表中配制的东风水泥中掺入了一定量的低碱性钢渣，从而使东风中热425#水泥的脆性系数最小，其次为白花中热425#水泥，硅酸盐水泥脆性系数最大，其脆性系数普硅为6.4，中热为5.7、5.4。为了提高水泥的抗裂性及抗磨性，道路硅酸水泥规范中，规定 C_4AF 含量大于16%，C_3A 含量小于5%。C_3A 含量大，抗磨差、干缩率大、水化热高及脆性大；C_3S 含量大，虽可提高早期强度，但其水化热也大，脆性也大；C_2S 含量高，水化热小，后期强度增长率大，水泥脆性小，对抗裂有利；C_4AF 含量大，生成的水化产物密致性好，凝胶多，水泥中的纤维状、针棒状及禾束状水化产物多，对提高抗裂性及抗磨性极为有利。

表2-5　水泥脆性系数对照

水泥品种	脆性系数 Δk	熟料矿物成分(%)				MgO (%)	备注
		C_3S	C_2S	C_3A	C_4AF		
中热425#水泥	6.75	<55		<6		<6	国标
硅酸盐525#水泥	7.50					<6	
白花中热425#水泥	5.78	48.9	28.1	1.4	17.3	2.13	沙牌
东风中热425#水泥	5.41	47.6	26.1	2.7	16.8	3.80	
贵州硅酸盐525#水泥	6.20	50.5	21.4	7.5	14.2	2.30	普定
柳州硅酸盐525#水泥	6.91	59.0	14.6	8.2	15.6	1.20	岩滩

（七）水泥品种对混凝土抗冲耐磨强度的影响

水泥的矿物组成成分对混凝土的物理力学性能起决定性作用，特别是抗冲耐磨混凝土更为重要。国家“八五”“九五”科技攻关成果证明：水泥熟料中的主要矿物成分是C_3S、C_2S、C_3A、C_4AF，其水化产物的结构形成一般分两类：一类为胶凝体，另一类为结晶体。属胶凝体的水化产物有$C_3S_2H_3$、C_3FH_6等，胶凝体比结晶体具有更大的韧性。C_3S和C_2S水化产生$C_3S_2H_3$胶凝体的同时也生成CH晶体，C_3S比C_2S产生的CH多，因此水泥中的C_3S含量越大，水泥的脆性也越大。C_4AF水化时不仅消耗一定的CH，同时生成C_3FH_6凝胶，因此为了提高水泥的韧性，降低水泥的脆性，应尽量提高水泥中的C_4AF和C_2S含量，而降低C_3S和C_3A的含量；C_4AF含量高达16.8%～17.3%、C_2S含量高达26.1%～28.1%、C_3S含量为47.6%～48.9%、C_3A含量为1.4%～2.7%，通过3000微观形貌分析，水泥有较多的禾束形纤维状、针状C_4AF水化产物，而普通硅酸盐水泥，其C_4AF含量11.8%、C_2S含量20%、C_3A含量12%、C_3S含量55%，其显微形貌CH晶体与网状多孔C-S-H（符号C表示CaO，S表示SiO_2，H表示H_2O），凝胶发生较多，有极小针棒状及AF_t晶体。如图2-1所示。

采用中热水泥、矿渣水泥及普硅水泥配制抗冲磨混凝土进行对比试验，试验粗骨料为卵石二级配。第一批砂细度模数为2.6，砂率25%，外加剂为奈系0.7%；第二批砂细度模数为2.2，砂率23%，外加剂为丙烯酸SX 0.7%，其试验结果见表2-6。从表中看出：

（1）第一批矿渣水泥比中热水泥抗冲磨强度降低22%，第二批普硅水泥比用中热水泥抗冲磨强度降低19%。说明用中热水泥比用矿渣水泥及普硅水泥抗冲磨性能好。

（2）从劈拉强度来看，胶材量相等，中热水泥劈拉强度达4.2 MPa，而普硅水泥只有3.4 MPa，抗拉强度降低19%，这对抗裂不利。

表2-6说明采用中热水泥其C_4AF、C_2S含量高，可提高混凝土抗冲磨强度及抗拉强度，对抗冲磨混凝土的抗裂及抗冲磨都有利。

综上所述，水泥的矿物成分是决定各种水泥性能的决定性因素，因此在使用水泥前应首先了解各厂生产的水泥熟料矿物成分，掺什么品种混合材及其掺量。根据不同工程建筑物的要求，提出不同水泥矿物成分的要求。为了提高水工混凝土的施工特性，最好采用高铁、高硅、低铝及低饱和比或中饱和比的水泥生料配方，才能生产出具有低热、低脆性、低收缩或无收缩、高抗裂、高抗渗、高抗蚀、高抗冲磨及高耐久性的多功能水泥。

四、水泥品种和基本组分

（一）通用硅酸盐水泥（GB 175—2007）

通用硅酸盐水泥的定义是：以硅酸盐水泥熟料和适量的石膏及规定的混合材料制成的水硬性胶凝材料。

通用硅酸盐水泥按混合材料的品种和掺量分为硅酸盐水泥、普通硅酸盐水泥、矿渣硅酸盐水泥、火山灰质硅酸盐水泥、粉煤灰硅酸盐水泥和复合硅酸盐水泥。各品种的组分和代号应符合表2-7的规定。

×1500针棒状AF_t晶体

×4000针棒状AF_t晶体与絮状C-S-H凝胶连生

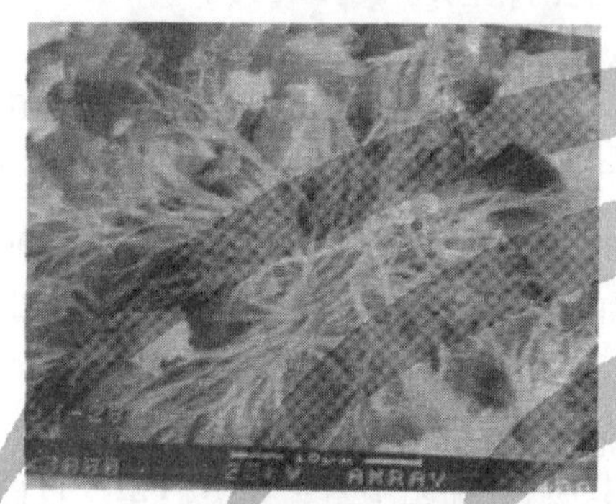

×3000禾束状C_4AF水化产物与CH晶体

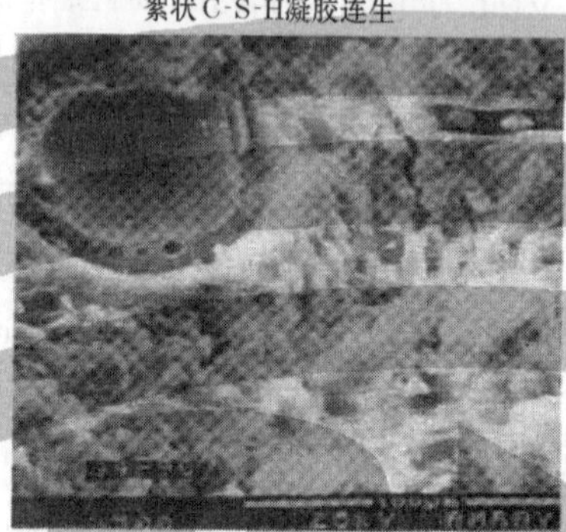

×500粉煤灰颗粒被剥离、CH晶体与C-S-H凝胶连生

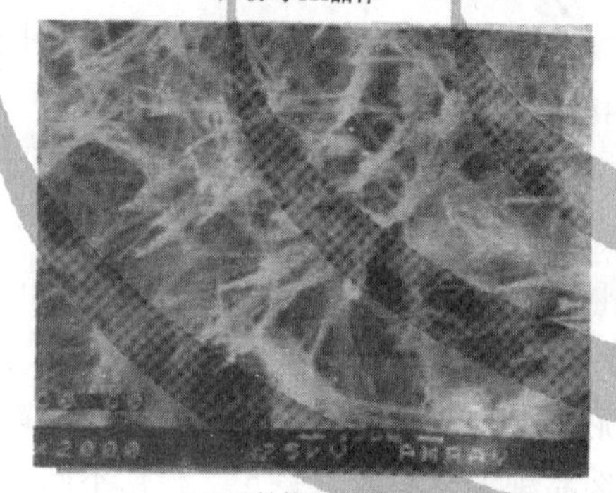

×2000针棒状AF_t晶体与纤维状C-S-H凝胶互相搭生

(a)高铁水泥混凝土微观形貌

×4000CH晶体与网状多孔C-S-H凝胶连生

(b)普通硅酸盐水泥混凝土微观形貌

图 2-1 两种水泥混凝土微观形貌

表 2-6 水泥品种对混凝土抗冲磨强度影响

批号	水泥品种	水胶比	用水量 (kg/m^3)	水泥用量 (kg/m^3)	水泥浆体积 (L)	坍落度 (cm)	抗压强度 (MPa)	抗冲磨强度 [$h/(kg/m^2)$]	抗冲磨强度比 (%)	劈拉强度 (MPa)
1	中热 42.5	0.36	154	428	280	4.3	59.0	8.2	100	
	矿渣 42.5	0.36	164	456	309	5.2	50.0	6.4	78	
2	中热 42.5	0.242	105	438	249	3.0	55.6	11.3	100	4.2
	矿渣 42.5	0.254	110	433	254	3.0	52.1	9.1	81	3.4

表 2-7 通用硅酸盐水泥的组分

品种	代号	组分(质量分数,%)				
		熟料+石膏	粒化高炉矿渣	火山灰质混合材料	粉煤灰	石灰石
硅酸盐水泥	P·Ⅰ	100	—	—	—	—
	P·Ⅱ	≥95	≤5	—	—	—
		≥95	—	—	—	≤5
普通硅酸盐水泥	P·O	≥80 且<95	>5 且≤20①			—
矿渣硅酸盐水泥	P·S·A	≥50 且<80	>20 且≤50②	—	—	—
	P·S·B	≥30 且<50	>50 且≤70②	—	—	—
火山灰质硅酸盐水泥	P·P	≥60 且<80	—	>20 且≤40③	—	—
粉煤灰硅酸盐水泥	P·F	≥60 且<80	—	—	>20 且≤40④	
复合硅酸盐水泥	P·C	≥50 且<80	>20 且≤50⑤			

注:①本组分材料为符合标准 GB 175—2007 第 5.2.3 条的活性混合材料,其中允许用不超过水泥质量 8% 且符合标准 GB 175—2007 第 5.2.4 条的非活性混合材料或不超过水泥质量 5% 且符合标准 GB 175—2007 第 5.2.5 条的窑灰代替。

②本组分材料为符合 GB/T 203 或 GB/T 18046 的活性混合材料,其中允许不超过水泥质量 8% 且符合标准 GB 175—2007 第 5.2.3 条的活性混合材料或符合标准 GB 175—2007 第 5.2.4 条的非活性混合材料或符合标准 GB 175—2007 第 5.2.5 条的窑灰中的任一种材料代替。

③本组分材料为符合 GB/T 2847 的活性混合材料。

④本组分材料为符合 GB/T 1596 的活性混合材料。

⑤本组分材料为由两种(含)以上符合标准 GB 175—2007 第 5.2.3 条的活性混合材料或/和符合标准 GB 175—2007 第 5.2.4 条的非活性混合材料组成,其中允许用不超过水泥质量 8% 且符合标准 GB 175—2007 第 5.2.5 条的窑灰代替。掺矿渣时,混合材料掺量不得与矿渣硅酸盐水泥重复。

(二)中热硅酸盐水泥、低热硅酸盐水泥(GB/T 200—2017)

(1)中热硅酸盐水泥:以适当成分(C_3S 含量≤55%,C_3A 含量≤6% 与 $f-CaO$≤1.0%)的硅酸盐水泥熟料加入适量石膏,磨细制成的具有中等水化热(3 d 为≤251 kJ/kg,7 d 为≤293 kJ/kg)的水硬性胶凝材料,称为中热硅酸盐水泥(简称中热水泥),代号P·MH。

(2)低热硅酸盐水泥:以适当成分(C_3A≤6%,C_2S≥40%,$f-CaO$≤1.0%)的硅酸盐水泥熟料及适量石膏,磨细制成的具有低水化热的水硬性胶凝材料,称为低热硅酸盐水泥(简称低热水泥),代号 P·LH。

(三)抗硫酸盐硅酸盐水泥(GB 748—2005)

(1)中抗硫酸盐硅酸盐水泥:以特定矿物组成(C_3S 含量≤55%,C_3A 含量≤5.0%)的硅酸盐水泥熟料,加入适量石膏,磨细制成的具有抵抗中等浓度硫酸根离子侵蚀的水硬性胶凝材料,称为中抗硫酸盐硅酸盐水泥,简称中抗硫酸盐水泥,代号 P·MSR。

(2)高抗硫酸盐硅酸盐水泥:以特定矿物组成(C_3S 含量≤50%,C_3A 含量≤3.0%)的硅酸盐水泥熟料,加入适量石膏,磨细制成的具有抵抗较高浓度硫酸根离子侵蚀的水硬性胶凝材料,称为高抗硫酸盐硅酸盐水泥,简称高抗硫酸盐水泥,代号 P·HSR。

(四)低热微膨胀水泥(GB 2938—2008)

凡以粒化高炉矿渣为主要组分,加入适量硅酸盐水泥熟料和石膏,磨细制成具有低热和微膨胀性能的水硬性胶凝材料,称为低热微膨胀水泥,代号 LHEC。

五、水泥品质指标及检验标准

(一)水泥品质指标

水利水电工程常用水泥的主要技术性能指标见表 2-8,不同水泥品种,各龄期水化热见表 2-9,水工混凝土常用水泥主要性能及使用范围见表 2-10。

各水泥品种的其他技术要求如下:

(1)硅酸盐水泥比表面积>300 m^2/kg,P·Ⅰ的不溶物≤0.75%、P·Ⅱ的不溶物≤1.5%,P·Ⅰ烧失量≤3.0%、P·Ⅱ烧失量≤3.5%。

(2)中热硅酸盐水泥矿物成分指标为:C_3A≤6.0%,C_3S≤55.0%,$f-CaO$≤1.0%。低热矿渣硅酸盐水泥矿物成分指标为:C_3A≤8.0%,$f-CaO$≤1.2%。低热硅酸盐水泥矿物成分指标为:C_2S≥40%,C_3A≤6%,$f-CaO$≤1.0%,碱含量(K_2O+Na_2O)中热及低热水泥为≤0.6%,低热矿渣水泥为≤1.0%。

(3)抗硫酸盐水泥烧失量≥3.0%,不溶物≤1.5%,水泥比表面积≤280 m^2/kg,(K_2O+Na_2O)总量<0.6%,中抗硫酸盐水泥 14 d 线膨胀率≤0.06%,高抗硫酸盐水泥 14 d 线膨胀率≤0.04%。

(4)低热微膨胀水泥,$f-CaO$≤3.0%,MgO≥6%,水泥比表面积≤300 m^2/kg,SO_3 含量为 4%~7%。水泥净浆试体在水中养护至各龄期的线膨胀率应符合以下要求:1 d 不得小于 0.05%,7 d 不得小于 0.10%,28 d 不得大于 0.6%。

(二)水泥品质检验标准

(1)《水泥胶砂强度检验方法(ISO 法)》(GB/T 17671—1999)。

(2)《水泥压蒸安定性试验方法》(GB/T 750—92)。

(3)《水泥标准稠度用水量、凝结时间、安定性检验方法》(GB/T 1346—2011)。

(4)《水泥胶砂流动度测定方法》(GB/T 2419—2005)。

(5)《水泥细度检验方法　筛析法》(GB/T 1345—2005)。

(6)《水泥化学分析方法》(GB/T 176—2017)。

(7)《水泥抗硫酸盐侵蚀试验方法》(GB/T 749—2008)。

(8)《水泥比表面积测定方法　勃氏法》(GB/T 8074—2008)。

(9)《水泥密度测定方法》(GB/T 208—2014)。

(10)《通用硅酸盐水泥》(GB 175—2007)。

表 2-8 常用水泥的主要技术性能指标

水泥品种	强度等级	抗压强度（MPa）		抗折强度（MPa）		凝结时间（min）		细度	安定性	氧化镁	三氧化硫（%）
		3 d	28 d	3 d	28 d	初凝	终凝				
硅酸盐水泥	42.5	≥17.0	≥42.5	≥3.5	≥6.5	≥45	≤390	比表面积≥300 m^2/kg	用沸煮法检验必须合格	≤5.0%，压蒸合格允许放宽至6%	≤3.5
	42.5R	≥22.0	≥42.5	≥4.0	≥6.5						
	52.5	≥23.0	≥52.5	≥4.0	≥7.0						
	52.5R	≥27.0	≥52.5	≥5.0	≥7.0						
	62.5	≥28.0	≥62.5	≥5.0	≥8.0						
	62.5R	≥32.0	≥62.5	≥5.5	≥8.0						
普通硅酸盐水泥	42.5	≥17.0	≥42.5	≥3.5	≥6.5	≥45	≤600	比表面积≥300 m^2/kg			
	42.5R	≥22.0	≥42.5	≥4.0	≥6.5						
	52.5	≥23.0	≥52.5	≥4.0	≥7.0						
	52.5R	≥27.0	≥52.5	≥5.0	≥7.0						
矿渣硅酸盐水泥、火山灰质硅酸盐水泥、粉煤灰硅酸盐水泥	32.5	≥10.0	≥32.5	≥2.5	≥5.5	≥45	≤600	80 μm 方孔筛筛余≤10%，45 μm 方孔筛筛余≤30%		≤6.0%，大于6.0%时需进行压蒸试验并合格	P·S≤4.0 其他≤3.5
	32.5R	≥15.0		≥3.5							
	42.5	≥15.0	≥42.5	≥3.5	≥6.5						
	42.5R	≥19.0		≥4.0							
	52.5	≥21.0	≥52.5	≥4.0	≥7.0						
	52.5R	≥23.0		≥4.5							
复合硅酸盐水泥、《通用硅酸盐水泥》第2号修改单	32.5R	≥15.0	≥32.5	≥3.5	≥5.5	≥45	≤600	80 μm 方孔筛筛余≤10%，45 μm 方孔筛筛余≤30%			≤3.5
	42.5	≥15.0	≥42.5	≥3.5	≥6.5						
	42.5R	≥19.0		≥4.0							
	52.5	≥21.0	≥52.5	≥4.0	≥7.0						
	52.5R	≥23.0		≥4.5							
中热硅酸盐水泥、低热硅酸盐水泥（GB 200—2017）	42.5R	≥22.0	≥42.5	≥4.5	≥6.5	≥60	≤720	比表面积≥250 m^2/kg		≤5.0%，压蒸合格允许放宽至6.0%	≤3.5
	42.5	≥13.0	≥42.5	≥3.5	≥6.5	≥60	≤720				
	32.5	≥12.0	≥32.5	≥3.0	≥5.5	≥60	≤720				≤3.5
抗硫酸盐硅酸盐水泥（GB 748—2005）	32.5	≥10.0	≥32.5	≥2.5	≥6.0	≥45	≤600	比表面积≥280 m^2/kg			≤2.5
	42.5	≥15.0	≥42.5	≥3.0	≥6.5						
低热微膨胀水泥（GB 2938—2008）	32.5	≥18.0	≥32.5	≥5.0	≥6.5	≥45	≤720	比表面积≥300 m^2/kg			4~7

注：中热、低热硅酸盐水泥，以及低热微膨胀水泥的抗压强度及抗折强度均为 7 d 龄期的强度指标。表中比表面积测定参照《水泥比表面积测定方法　勃氏法》（GB/T 8074—2008），密度测定参照《水泥密度测定方法》（GB/T 208—2018）。

表 2-9　水泥各龄期水化热指标　　（单位:kJ/kg）

强度等级	中热硅酸盐水泥		低热矿渣硅酸盐水泥		低热微膨胀水泥		低热硅酸盐水泥	
	3 d	7 d	3 d	7 d	3 d	7 d	3 d	7 d
32.5	—	—	197	230	185	220	—	—
42.5	251	293	—	—	—	—	230	260

表 2-10　水工混凝土常用水泥主要性能及适用范围

<table>
<tr><th rowspan="2">性能及应用</th><th colspan="7">水泥品种</th></tr>
<tr><th>硅酸盐水泥</th><th>普通水泥</th><th>矿渣水泥</th><th>火山灰水泥</th><th>粉煤灰水泥</th><th>中热水泥</th><th>低热水泥</th></tr>
<tr><td>密度(g/cm³)</td><td>3.2</td><td>3.1~3.2</td><td>2.9~3.1</td><td>2.7~3.1</td><td>2.7~3.0</td><td>3.1~3.2</td><td>2.9~3.1</td></tr>
<tr><td>凝结时间</td><td>快</td><td>较快</td><td colspan="3">较慢</td><td>快</td><td>较慢</td></tr>
<tr><td>水化热</td><td colspan="2">高</td><td colspan="3">低</td><td>中</td><td>低</td></tr>
<tr><td>抗溶出性侵蚀</td><td colspan="2">差</td><td colspan="3">好</td><td>差</td><td>好</td></tr>
<tr><td>强度</td><td>早期强度高,与同等级普通水泥相比,7 d前强度高3%~7%</td><td>早期强度高,7 d强度为28 d的60%~70%</td><td colspan="3">早期强度低,后期强度增长率较高</td><td>早期强度高</td><td>早期强度低、后期强度增长率较高</td></tr>
<tr><td>抗硫酸盐侵蚀</td><td colspan="2">差</td><td>较强</td><td>当SiO_2多时较强,当Al_2O_3多时较差</td><td>好</td><td>好</td><td>较强</td></tr>
<tr><td>抗冻性</td><td colspan="2">好</td><td colspan="3">较差</td><td>好</td><td>较差</td></tr>
<tr><td>干缩</td><td colspan="2">小</td><td colspan="2">大</td><td>较小</td><td>小</td><td>较小</td></tr>
<tr><td>保水性</td><td colspan="2">较好</td><td>差</td><td colspan="2">好</td><td>较好</td><td>较差</td></tr>
<tr><td>需水性</td><td colspan="2">小</td><td colspan="3">较大</td><td>小</td><td>较大</td></tr>
<tr><td>适用范围</td><td colspan="2">预应力钢筋混凝土的地上、地下和水中结构,其中包括受反复冻融作用的结构及有抗冲耐磨要求的混凝土工程</td><td>有耐热要求的混凝土结构和大体积内部混凝土</td><td colspan="2">大体积混凝土</td><td>大坝抗冲磨部位、水位变化区及有耐久性要求部位的混凝土</td><td>大坝及其他大体积结构内部混凝土和水下、地下等部位混凝土</td></tr>
<tr><td>不宜应用部位</td><td colspan="2">环境水有硫酸盐侵蚀和软水侵蚀的外部混凝土</td><td colspan="3">在不采取技术措施的情况下,不宜用于有抗冻融要求的外部混凝土</td><td>不掺粉煤灰情况下的大体积内部混凝土</td><td>在不采取技术措施情况下,不宜用于有抗冻融要求的外部混凝土</td></tr>
</table>

六、水泥品质检验方法

(一)水泥胶砂强度检验方法

水泥胶砂强度是评定水泥品质的重要指标,使用前必须抽样检验,以核定水泥强度是否达到该强度等级标准技术要求,同时也评价厂家水泥质量的稳定性。水泥胶砂强度检验方法见《水泥胶砂强度检验方法(ISO法)》(GB/T 17671—1999)。

(二)水泥密度测定方法

水泥密度与熟料矿物组成有关。水泥密度测定,用于混凝土配合比计算。水泥密度测定方法见《水泥密度测定方法》(GB/T 208—2014)。

(三)水泥标准稠度用水量、凝结时间、安定性检验方法

标准稠度用水量是水泥获得一定稠度所需的水量。需水量小,制成的混凝土或砂浆在获得一定的稠度时所需要的水量相应也较少,混凝土或砂浆的强度和其他性能也较高。

影响水泥凝结时间的因素很多,除石膏掺量外,还与粉磨细度、拌和时的温度有关。各种水泥的初凝时间不得早于45 min,终凝时间不得迟于12 h。

安定性是水泥品质检验的重要项目,安定性不良的水泥不允许在工程中使用。

水泥标准稠度用水量、凝结时间、安定性检验方法见《水泥标准稠度用水量、凝结时间、安定性检验方法》(GB/T 1346—2011)。

(四)水泥细度检验方法

水泥细度对水泥的水化速度、水泥的需水量、放热速度以及强度都有较大影响,是水泥的重要物理特性。水泥颗粒愈细,水化反应越快而且充分,水泥早期强度也越高。但是,水泥颗粒越细,其发热量也越大,而且放热速度快,体积收缩率大。

水泥细度检验方法见《水泥细度检验方法 筛析法》(GB 1345—2005)。

(五)水泥压蒸安定性试验方法

水泥压蒸安定性试验是在饱和水蒸气条件下,提高温度和压力使水泥中的方镁石在较短的时间内绝大部分水化,用试件的变形来判断水泥浆体积安定性。水泥压蒸安定性试验方法见《水泥压蒸安定性试验方法》(GB/T 750—92)。

(六)水泥化学分析方法

水泥熟料的化学成分主要由CaO、SiO_2、Al_2O_3及Fe_2O_3等氧化物组成,以上四种成分通常在95%以上,其各成分的含量可以间接地表示熟料的矿物组成,可以推测水泥的物理力学性能。

水泥化学分析方法见《水泥化学分析方法》(GB/T 176—2017)。

第二节 掺合料

混凝土中掺用掺合料,可达到改善新拌混凝土和硬化混凝土的性能、提高混凝土工程质量、延长结构物使用寿命的目的,以及有利于工程建设可持续发展和环境保护。

掺合料是以硅、铝、钙等一种或多种氧化物为主要成分,掺入混凝土中能改善新拌混凝土或硬化混凝土性能的粉体材料。掺合料分活性掺合料和非活性掺合料两大类。目

前,常用的掺合料有粉煤灰、粒化高炉矿渣粉、钢渣粉、磷渣粉、硅灰、沸石粉、岩粉(凝灰岩粉、石灰岩粉)等。

掺合料品质技术要求有细度、需水量比、强度比(活性指数)、$f-CaO$ 和 SO_3 含量及烧失量等。各种掺合料的技术要求可查阅有关技术规程,如《用于水泥和混凝土中的粉煤灰》(GB/T 1596—2017)、《水工混凝土掺用粉煤灰技术规范》(DL/T 5055—2007)、《用于水泥、砂浆和混凝土中的粒化高炉矿渣粉》(GB/T 18046—2017)。

本节只介绍粉煤灰、硅粉、矿渣粉、磷渣粉等掺合料。

一、粉煤灰

粉煤灰是由在高温下形成玻璃态的物质,在进入低温区后,这些熔融状态的玻璃体因表面强力作用呈现为不同颗粒形态组成。大致分为四种类型:

(1)微珠。呈球形,颗粒细小,表面光滑的硅铝玻璃体,其中又分为实心微珠和空心微珠。空心微珠密度较小,可以浮在水面,又称为漂珠。

(2)葡萄珠。它是由表面粗糙、形状不规则的玻璃体聚集形成的类似葡萄状的颗粒,且颗粒表面具有大小不等的孔洞。

(3)碳粒。这是未燃烧完的碳,颗粒大小不等,且表面多孔。

(4)碎屑。主要是形状不规则的石英等矿物和玻璃碎屑,但数量很少。

粉煤灰属于人工火山灰质材料,用作混凝土掺合料,不仅可以节省水泥,更重要的是可以改善混凝土性能。粉煤灰在水泥混凝土中有以下三种效应:

(1)形态效应。这是由于粉煤灰中,特别是优质灰中含有许多球形颗粒,掺入混凝土中起到润滑作用,减少用水量,改善和易性,增加强度和耐久性。

(2)火山灰活性效应。粉煤灰中大多是玻璃体,具有潜在的化学势能,在碱性和硫酸盐激发剂下,能产生"二次水化反应"而具有胶凝性能。

(3)微填料效应。粉煤灰多呈球形,粒径细小,表面光滑,活性低的颗粒可以改善水泥混凝土中颗粒级配,减少混凝土中的孔隙,增加致密性。

(一)粉煤灰品质对混凝土性能的影响

1.对混凝土拌和物性能的影响

对混凝土和易性影响。在优质(如Ⅰ级)粉煤灰中含有许多微小的球形颗粒,如同"滚球作用",能够减小混凝土中较大的骨料之间啮合的摩阻力,减少用水量,一般优质粉煤灰可减少用水量5%~8%。另外,由于粉煤灰的密度较低(只相当于水泥密度的2/3),在用等量粉煤灰取代水泥时,掺加了粉煤灰的混凝土体积中胶凝材料增加,从而增大了混凝土的塑性。由于优质粉煤灰具有减水作用,使用水量降低,同时粉煤灰的微小颗粒也能改善混凝土内部结构。这些微小粒子使混凝土内部原先相互连通的孔隙被其阻隔,内部自由水不易流动,泌水性能得到改善,富有黏聚性,从而提高拌和物的和易性和稳定性。这种良好的和易性,对于泵送混凝土十分有利。因此,在泵送混凝土中掺加一定数量粉煤灰,不仅能改善混凝土的可泵性,节约水泥,还能延长泵送机械的使用寿命。但是,混凝土中掺加粉煤灰后,由于含碳量增加,多孔结构的碳粒具有较强的吸附能力,能减少拌和物中含气量。比如在碾压混凝土中由于粉煤灰掺量较多,往往要使其达到一定含气量,必须

掺加比普通混凝土多数倍的引气剂。掺加粉煤灰的混凝土的凝结时间也会延长，而且随着掺加量增加而延长。

2. 对混凝土强度的影响

粉煤灰对强度的影响取决于其减水效果和火山灰效应。优质粉煤灰减水效果明显，在一定的和易性和胶材用量条件下，减水意味着减小水胶比，有利于提高强度，而粉煤灰自身的胶凝性比水泥小，必须在有激发剂下产生二次水化反应。因此，掺加粉煤灰的混凝土表现为早期强度发展缓慢，后期增长率高的特点。掺加粉煤灰混凝土的 3 d、7 d 强度低于不掺的混凝土，但是到了 90 d，粉煤灰的水化反应加快，可能接近或达到不掺粉煤灰的混凝土。随着龄期延长，粉煤灰的活性发挥更快些，到 180 d 就有可能超过不掺粉煤灰的混凝土。这对水工混凝土建筑物来说，利用其后期强度的发展，有利于混凝土性能改善和提高。根据一些工程资料统计，粉煤灰混凝土抗压强度发展如图 2-2 所示。粉煤灰对混凝土的抗拉强度影响与对抗压强度影响相似。

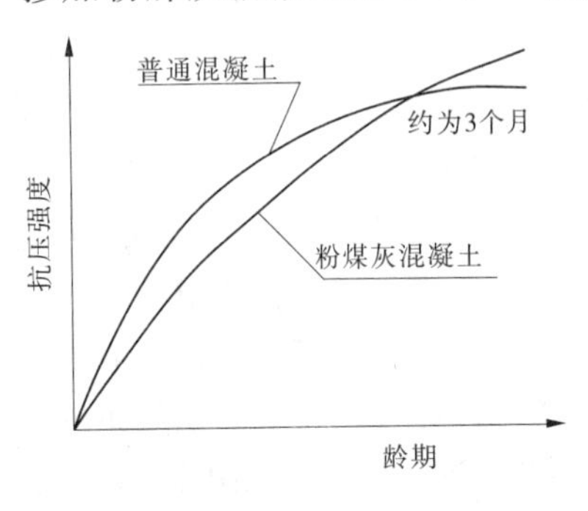

图 2-2　粉煤灰混凝土抗压强度发展

3. 对混凝土温升的影响

在等量取代水泥时，水泥水化热随粉煤灰掺量增加而降低，水化热降幅小于掺量。比如在 42.5 级中热水泥中掺 30% Ⅱ级粉煤灰，7 d 水化热降低约 15%，掺 40% 时降低约 25%，掺 50% 时降低约 32%，掺 60% 时降低约 43%。掺粉煤灰减小水泥水化热，也就是降低混凝土温升，粉煤灰不仅降低温升，还具有削减温峰和推迟最高温升出现的时间，这对于大体积水工混凝土防裂和抗裂较为有利。

4. 对混凝土变形性能的影响

掺粉煤灰混凝土早龄期由于水化反应较低，混凝土的极限拉伸值、抗压弹性模量较低，徐变较大。随着龄期增长，粉煤灰水化速度加快，极限拉伸值也在发展，其增长率要比不掺的混凝土高。如大体积水工混凝土的极限拉伸值在 90 d 以后还在继续增长，而不掺粉煤灰混凝土的极限拉伸值增加很小，甚至不增长。掺 30% 粉煤灰大体积水工混凝土，180 d 龄期的极限拉伸值可达到 1×10^{-4} 以上。掺粉煤灰混凝土的弹性模量与普通混凝土相当，其徐变随龄期增长而变小。掺优质粉煤灰可以减少干缩。

5. 对混凝土耐久性的影响

粉煤灰对混凝土抗渗性影响的规律是：在粉煤灰掺量 30% 情况下，28 d 抗渗性低于不掺粉煤灰混凝土，随后到 90 d 时抗渗性逐步提高，180 d 粉煤灰混凝土抗渗性有较大的改善。

对抗冻性的影响，有与对抗渗性影响类似的现象。应当指出，掺粉煤灰混凝土的抗冻性，必须保证混凝土中有一定的含气量，如果粉煤灰混凝土含气量合适，又采用优质粉煤灰以及保证养护条件，其 28 d 抗冻性不会低于不掺粉煤灰混凝土。只要粉煤灰混凝土配合比设计合理，同样可以配制达到要求的抗冻耐久性。这是由于掺粉煤灰，混凝土内的微细颗粒增加，和易性改善，游离水减少，更重要的是粉煤灰的微小颗粒改善了混凝土的孔结构，小孔增加，大孔减少，不连通孔增加，连通孔减少。总之，降低了游离水的冻结产生的膨胀力和渗透压力。

混凝土中掺入适量(不超过25%)的优质粉煤灰有利于抗冲磨性能改善,一方面是因为优质粉煤灰有减水增强的效果,另一方面粉煤灰中玻璃微珠质地坚硬,从而提高抗冲磨性能。

粉煤灰掺入混凝土中,有利于抑制混凝土的碱－硅反应。这是因为粉煤灰的火山灰反应,直接降低了混凝土中水溶性碱和孔隙溶液中的pH值,生成非膨胀的钙－碱－硅胶,以及混凝土的孔结构改善,降低混凝土的透水性。但是,粉煤灰的抑制作用,与粉煤灰掺量和自身性能有关。研究资料表明,粉煤灰掺量至少25%,低钙和较少碱含量的粉煤灰,具有明显的抑制骨料－碱活性反应。但是,由于粉煤灰化学成分有差异,在使用前应经试验论证。

粉煤灰对抗硫酸盐侵蚀有利,这是由于粉煤灰的火山灰反应,消耗了水泥混凝土中的氢氧化钙,避免或减少了混凝土中生成二次钙矾石和石膏结晶产生的体积膨胀所引起的内应力。另外,粉煤灰改善混凝土内部孔结构与分布,也起到抗硫酸盐侵蚀作用。

一般认为,粉煤灰对钢筋锈蚀有影响,特别是掺量超过30%,对钢筋混凝土的钢筋明显不利。这是因为粉煤灰加入后,碳化作用使混凝土的碱度下降,在氧气和水的共同作用下,钢筋钝化膜被破坏,保护层减少,甚至消失。为了提高粉煤灰混凝土抗碳化性能,除了粉煤灰的掺量(一般认为不超过30%)合适,且采用符合品质要求的粉煤灰,同时要掺加减水剂,降低水胶比,选择合理的配合比,加强施工质量控制,并有一定保护层厚度(一般在40 mm以上),对钢筋能够起到保护作用。因此,采取上述措施后,不会因掺粉煤灰而对钢筋不利。

(二)粉煤灰品质和检验标准

粉煤灰是燃煤电厂的副产品,由于电厂所用的煤种、锅炉燃烧方式和条件、电力负荷,以及收尘设备等因素对粉煤灰的质量具有较大的影响,因此在粉煤灰作为混凝土掺合料时,根据其质量,国家规定了它的品质等级。粉煤灰品质检验标准采用《用于水泥和混凝土中的粉煤灰》(GB/T 1596—2017)、《水工混凝土掺用粉煤灰技术规范》(DL/T 5055—2007)。

粉煤灰品质指标见表2-11。

表2-11 混凝土和砂浆用粉煤灰技术要求

项目		粉煤灰等级		
		Ⅰ级	Ⅱ级	Ⅲ级
细度(45 μm方孔筛筛余)不大于(%)	F类粉煤灰	12.0	25.0	45.0
	C类粉煤灰			
需水量比,不大于(%)	F类粉煤灰	95.0	105.0	115.0
	C类粉煤灰			
烧失量,不大于(%)	F类粉煤灰	5.0	8.0	15.0
	C类粉煤灰			

续表 2-11

项目		粉煤灰等级		
		Ⅰ级	Ⅱ级	Ⅲ级
含水量,不大于(%)	F 类粉煤灰	1.0		
	C 类粉煤灰			
三氧化硫,不大于(%)	F 类粉煤灰	3.0		
	C 类粉煤灰			
游离氧化钙,不大于(%)	F 类粉煤灰	1.0		
	C 类粉煤灰	4.0		
安定性雷氏夹煮沸后增加距离,不大于(mm)	F 类粉煤灰	5.0		

注:C 类粉煤灰其氧化钙含量一般大于 10%。

二、硅粉

硅粉是硅合金与硅铁合金制造过程中,从电弧炉烟气中收集的以无定形二氧化硅为主的微细球形颗粒。在铬铁、锰铁和硅钙合金生产中也可以采集到硅粉。

(一)硅粉的化学成分与品质要求

1. 硅粉的化学成分

硅粉中 SiO_2 含量可达 90% 以上,其他成分有 Al_2O_3、Fe_2O_3 等。我国几个硅粉生产地的化学成分见表 2-12,硅粉的物理性能见表 2-13。

表 2-12　不同产地的硅粉化学成分　(%)

产地	SiO_2	Al_2O_3	Fe_2O_3	TiO_2	CaO	MgO	烧失量
西宁	90.09	0.99	2.01	0.15	0.81	1.17	2.95
唐山	92.16	0.44	0.27		0.94	1.37	1.63
北京	90.10	0.90	0.94		0.65	1.11	3.54
上海	94.50	0.27	0.83		0.54	0.97	1.90

表 2-13　硅粉的物理性能

颜色	密度(g/cm^3)	比表面积(m^2/kg)	平均粒径(μm)
浅灰色或深灰色	2.2	约 20 000	约 0.1

由硅粉的化学成分和物理性质来看,硅粉是一种由玻璃体含量很高的极其微小颗粒构成,具有高活性的火山灰质材料。基于此种原因,硅粉加入混凝土中,由于非常微小的颗粒可以高度分散在其内部,填充于水泥颗粒之间,可以使混凝土更加密实,提高混凝土的强度以及其他性能。

2. 硅粉的品质要求

硅粉的品质检验项目与指标见表2-14。

表2-14 硅粉的品质检验项目与指标

检测项目	烧失量(%)	Cl^-(%)	SiO_2(%)	比表面积(m^2/kg)	含水率(%)	活性指数(胶砂)(28 d)(%)
指标	≤6	≤0.02	≥85	≥15 000	≤3.0	≥85

注:比表面积按BET氮吸附法测定。

(二)硅粉对混凝土性能的影响

1. 对混凝土拌和物的影响

由于硅粉具有很大的比表面积、高度的分散性,掺硅粉混凝土拌和物所需水量会随着硅粉的掺量增加而增多。为了保持硅粉混凝土的和易性,不增加太多的用水量,必须在拌和物中掺加高效减水剂。掺硅粉的混凝土黏聚性好,抗骨料分离性强。应指出,硅粉混凝土在浇筑后要及时进行养护,否则极易引起新浇混凝土塑性收缩,产生表面裂缝。

硅粉在混凝土中掺量一般为5%~10%。

2. 对硬化混凝土的影响

(1)对混凝土强度的影响。由于硅粉是一种高活性火山灰质材料,且比表面积很大,所以早期就具有较强的火山灰效应。掺硅粉混凝土1 d抗压强度与不掺的混凝土抗压强度接近;7 d就超过不掺硅粉混凝土抗压强度,后期抗压强度随龄期增加而增长。硅粉混凝土的抗拉强度发展与抗压强度相似。掺硅粉混凝土极限拉伸值较高。

(2)对混凝土耐久性的影响。硅粉掺入混凝土中使其内部结构发生变化,微小颗粒及火山灰反应,大大地改善了混凝土孔结构,降低了孔隙率,增加了密实性,但是硅粉掺入后,对引气剂有吸附作用,达到要求含气量时,要增加引气剂掺量。对于硅粉混凝土来说,只要达到要求的含气量,抗冻性就不会降低,只会提高。

硅粉混凝土的干缩要比不掺硅粉混凝土大一些。

硅粉混凝土具有较高的抗硫酸盐和氯盐的侵蚀性。

硅粉对抑制混凝土碱-骨料反应是有效的。

硅粉混凝土具有较高的抗冲磨和抗气蚀性。

三、矿渣粉

矿渣粉是水淬粒化高炉矿渣经干燥、粉磨达到适当细度的粉体。水淬急冷后的矿渣,其玻璃体含量多,结构处在高能不稳定状态,潜在活性大,再经磨细其潜能得以充分发挥。由于粉磨技术的进步,现已能生产出比表面积不同的矿渣粉。

(一)矿渣粉的化学成分与品质指标

1. 矿渣粉化学成分

矿渣的化学成分也是决定矿渣粉品质的重要因素。矿渣的化学成分随其铁矿石、燃料以及加入的辅助熔剂成分不同而不同。武汉钢铁公司生产的高炉矿渣化学成分如表2-15所示。

表 2-15　武钢高炉矿渣化学成分

项目	CaO	Al_2O_3	Fe_2O_3	SiO_2	MgO	SO_3	Na_2O	K_2O	烧失量
含量（%）	34.67	14.60	1.72	33.67	9.89	1.95	0.27	0.65	2.38

矿渣粉的活性可用碱度来评定：

$$b = \frac{CaO + MgO + Al_2O_3}{SiO_2}$$

式中　b——碱度；

CaO——矿渣粉中氧化钙含量（%）；

MgO——矿渣粉中氧化镁含量（%）；

Al_2O_3——矿渣粉中氧化铝含量（%）；

SiO_2——矿渣粉中氧化硅含量（%）。

当 $b > 1.4$ 时，表明矿渣粉活性较高。

2. 矿渣粉品质检验项目与指标

矿渣粉的品质要求见表 2-16。

表 2-16　矿渣粉的品质要求

检测项目		等级		
		S105	S95	S75
密度（g/cm^3），不小于		2.8		
比表面积（m^2/kg），不小于		500	400	300
活性指数（%），不小于	7 d	95	75	55①
	28 d	105	95	75
流动度比（%），不小于		95		
含水量（%），不大于		1.0		
三氧化硫（%），不大于		4.0		
氯离子②（%），不大于		0.06		
烧失量②（%），不大于		3.0		
玻璃体含量（%），不小于		85		
放射性		合格		

注：①可根据用户要求协商提高。

②选择性指标。当用户有要求时，供货方应提供矿渣粉的氯离子和烧失量数据。

（二）矿渣粉对混凝土性能影响

1. 对混凝土拌和物性能的影响

三峡总公司试验中心试验资料表明，掺 20%、30%、40%、50% 矿渣粉的混凝土拌和物用水量比不掺时减少 3 ~ 7 kg/m^3，并且用水量随矿渣粉掺量增加而减少。试验结果见表 2-17。

表 2-17 矿渣粉不同掺量的混凝土用水量

矿渣粉掺量(%)	0	20	30	40	50
混凝土用水量(kg/m^3)	114	111	110	108	107

注:①四川川威矿渣粉,流动度比108%,比表面积389 m^2/kg,活性指数7 d为66%,28 d为95%,相当于国标S75。
②采用萘系减水剂掺量0.7%。
③混凝土坍落度(4.5±0.5) cm。
④最大粒径为40 mm的玄武岩人工骨料。

2. 对水泥水化热的影响

试验采用中热水泥和不同掺量的矿渣粉,其水化热试验结果见表2-18。

表 2-18 不同掺量矿渣粉对水泥水化热的试验结果

矿渣掺量(%)	3 d水化热(kJ/kg)	7 d水化热(kJ/kg)	3 d水化热降低率(%)	7 d水化热降低率(%)
0	199	230	0	0
20	177	222	11	3
30	168	216	16	6
40	152	205	24	11
50	141	182	29	21
60	138	176	31	23

试验结果表明,水化热随着矿渣粉的掺量增加而逐渐降低,但是水化热下降的幅度小于矿渣粉掺量。

3. 对混凝土强度的影响

不同矿渣粉掺量的混凝土强度性能试验结果见表2-19。

表 2-19 矿渣粉掺量对混凝土抗压强度的影响

水胶比	矿渣粉掺量(%)	抗压强度(MPa)		劈拉强度(MPa)	
		28 d	90 d	28 d	90 d
0.45	0	48.0	51.1	3.08	3.11
0.45	20	39.8	43.4	2.75	2.99
0.45	30	37.4	46.4	3.22	2.90
0.45	40	35.1	43.7	2.62	3.17
0.45	50	29.3	37.2	2.39	2.70

从表2-19可以看出,不同掺量矿渣粉混凝土28 d抗压强度降低17%~40%,90 d抗压强度下降15.1%~27.2%。这是由于矿渣粉的活性指数仅达到S75级别,同时比表面积为389 m^2/kg,粉磨细度小于400 m^2/kg所致。试验结果表明,随龄期延长,掺矿渣粉混凝土抗压强度降低率逐渐减小。同时,试验结果反映混凝土拉压强度比不掺矿渣粉的均有所提高,有利于混凝土抗裂性的提高。

4. 矿渣掺量对混凝土变形性能的影响

不同掺量矿渣粉对混凝土变形性能的影响的试验结果见表2-20。

表 2-20 矿渣粉掺量对混凝土变形性能的影响

矿渣粉掺量(%)	极限拉伸值($\times 10^{-4}$)		抗压弹模(GPa)		干缩($\times 10^{-6}$)	
	28 d	90 d	28 d	90 d	28 d	90 d
0	0.96	1.02	40	36.9	323	406
20	0.88	1.00	36.4	35.4	325	400
30	1.00	1.12	38.7	37.5	291	358
40	1.14	1.18	35.7	35.1	326	391
50	0.96	1.08	32.3	32.5	300	355

由表 2-20 可知,掺矿渣粉的混凝土 90 d 极限拉伸值比不掺的有所提高,28 d 和 90 d 抗压弹模则随矿渣粉掺量增加而降低,干缩变形也呈现类似的变化规律。

另外,矿渣粉还具有抑制混凝土碱 - 骨料反应的效果。矿渣粉混凝土也具有较好的抗硫酸盐和海水侵蚀的作用。

上述试验表明,掺矿渣粉可改善混凝土拌和物的黏聚性、抗骨料分离,并具有一定的减水效果,混凝土强度和变形性能有所提高,水化热温升有所降低。这对大体积混凝土抗裂性是有利的。

矿渣粉对混凝土的贡献,不仅取决于其活性指数,更重要的是其粉磨细度。当细度达到 400 m^2/kg 以上时,可获得高性能的混凝土。

最近,许多工程正在研究与应用水泥 - 矿渣 - 粉煤灰三元胶凝材料体系的混凝土。交通部门已将这三元体系混凝土应用于桥梁工程和海工混凝土中。其原因就是充分利用三种材料各自的优势进行互补,发挥其各自功能,配制高性能混凝土,使其成为绿色环保材料。

四、磷渣粉

用电炉冶炼黄磷时,得到的以硅酸钙为主要成分的熔融物,经淬冷成粒的粒化电炉磷渣,磨细加工制成的粉状物料称为磷渣粉。

(一)磷渣的化学成分与品质要求

磷渣的化学成分如表 2-21 所示。

表 2-21 磷渣的化学成分

项目	SiO_2	Fe_2O_3	Al_2O_3	CaO	MgO	K_2O	Na_2O	SO_3	P_2O_5
含量(%)	39.4	0.16	1.24	49.53	1.51	1.31	0.25	1.99	1.53

表 2-21 中列出的磷渣化学成分中,SiO_2 和 CaO 是主要成分,是磷渣活性来源的主要因素。

根据国家标准《用于水泥中的粒化电炉磷渣》(GB/T 6645—2008),对磷渣的质量系数 K 值的计算方法为

$$K=(CaO+MgO+Al_2O_3)/(SiO_2+P_2O_5)$$

标准中 K 值要大于1.10,且磷渣中的 P_2O_5(五氧化二磷)含量不得大于3.5%,不应有元素磷和磷泥等外来夹杂物。磷渣中对 P_2O_5 含量的限制是基于它在水泥石液相中形成[PO_4^{3-}]离子阻碍水泥早期钙矾石(AFt)的生成,致使早期强度发展较慢。

由磷渣的化学成分可知,它的矿物组成主要是硅酸盐和铝酸盐玻璃体,它们的含量在85%~90%,另外含有少量细小晶体,结晶相中有假硅灰石、石英、方解石、氯化钙、硅酸二钙等。磷渣所具有的较高活性,主要是硅酸盐和铝酸盐的玻璃体的作用。这两种玻璃体具有较高的化学潜能,在碱性和硫酸盐激发剂的作用下,能够产生二次火山灰效应。同时,磷渣中的硅酸二钙也有一定的活性,可以自身水化,但其含量少,对早期强度的贡献较少。

根据建设部等规范编制组2006年10月26日编制的国标《矿物掺合料应用技术规范》中磷渣粉的技术要求,以及由长江水利委员会长江科学院等单位编制的中国电力行业标准《水工混凝土掺用磷渣粉技术规范》(DL/T 5387—2007)中磷渣粉的技术要求分别列于表2-22和表2-23中。

表2-22 磷渣粉品质要求

项 目		技术要求
细度(80 μm 方孔筛筛余)(%)		≤5
密度(g/cm³)		≥2.8
比表面积(m²/kg)		≥300
活性指数(%)	7 d	≥50
	28 d	≥70
流动度比(%)		≥95
含水量(%)		≤2.0
三氧化硫(SO_3)(%)		≤4.0
五氧化二磷(P_2O_5)(%)		≤3.5
烧失量(Loss)(%)		≤3.0
安定性		合格

表2-23 水工混凝土掺用磷渣粉品质要求

项目	技术要求
比表面积(m²/kg)	≥300
需水量比(%)	≤105
三氧化硫(SO_3)(%)	≤3.5
含水量(%)	≤1.0
五氧化二磷(P_2O_5)(%)	≤3.5
烧失量(Loss)(%)	≤3.0
活性指数(%)(28 d)	≥60
安定性	合格

活性指数为用30%磷渣粉来代替水泥的胶砂强度与不掺磷渣粉的水泥胶砂强度比,即

$$H(\text{活性指数}) = R/R_0 \times 100$$

式中 H——磷渣粉的活性指数;

R——30%磷渣粉替代水泥的胶砂28 d抗压强度,MPa;

R_0——基准水泥(磷渣粉为0)的胶砂28 d抗压强度,MPa。

注:技术规范中项目标定方法见相应技术规范。

虽然磷渣粉有上述的指标要求,但是水利水电工程所用的混凝土原材料应当是就地取材,结合工程具体条件选用材料。比如对磷渣的细度要求,要达到300 m^2/kg时,可能有难度,这是因为磷渣硬度较大,很难磨细,如果要达到要求的细度,一方面可能降低粉磨效率,另一方面会增大电能消耗,带来经济影响。因此,如果满足上述技术要求有困难,只要有满足设计指标的技术要求,就要综合评价技术经济效益,取得符合本工程要求的磷渣粉技术要求,实事求是地提出相应的技术要求。但必须强调,使用磷渣粉作为水工混凝土掺合料要进行试验确定。

(二)磷渣粉对混凝土性能的影响

1. 对混凝土拌和物的影响

长江科学院在研究贵州某工程混凝土的配合比试验时,在保持混凝土配合比基本不变,配制的混凝土工作度相近的条件下,对常态和碾压混凝土分别掺加30%与20%的磷渣粉,同基准混凝土的用水量对比,试验结果见表2-24。

表2-24 混凝土掺磷渣粉与不掺磷渣粉(基准)的用水量比较

混凝土类别	水胶比	磷渣粉掺量(%)	用水量(kg/m^3)
常态(3级配)	0.55	0	110
常态(3级配)	0.55	30	104
常态(2级配)	0.50	0	132
常态(2级配)	0.50	30	127
碾压(3级配)	0.55	0	83
碾压(3级配)	0.55	20	81

混凝土拌和物试验结果表明,常态混凝土掺比不掺磷渣粉的用水量减少5~6 kg/m^3;碾压混凝土掺磷渣粉可使单位用水量减少2 kg/m^3。试验所采用的磷渣粉细度(80 μm筛筛余)为15.8%,比较粗。

2. 对抗压强度的影响

掺磷渣粉对混凝土抗压强度影响试验结果见表2-25与表2-26。

从表2-25与表2-26可知,抗压强度随磷渣粉掺量增加而降低。对于常态混凝土随水胶比增大,其抗压强度增长率以及抗压强度比均增大。抗压强度比随龄期增加而增加。这些试验结果表明,磷渣粉的后期抗压强度发展较快,磷渣粉的后期抗压强度比大于其掺量。磷渣粉后期强度的发展有利于水工大体积混凝土。在水工结构设计上,可利用这个特性,设计满足结构要求的混凝土建筑物。对于碾压混凝土来说,亦有后期强度增长率较快的特点。

表2-25 掺磷渣粉与不掺混凝土抗压强度及其增长率

类型	水胶比	磷渣粉掺量(%)	抗压强度(MPa)/增长率(%)		
			7 d	28 d	90 d
常态	0.50	0	35.9/80.5	44.1/100	51.8/117.5
常态	0.50	30	25.6/66.8	38.3/100	44.8/117
常态	0.55	0	28.4/74.9	37.9/100	47.0/124
常态	0.55	30	21.7/65.2	33.3/100	44.7/134
碾压	0.50	0	37.2/86.3	43.1/100	48.5/112.5
碾压	0.50	40	21.5/63.8	33.7/100	43.3/128

表2-26 掺磷渣粉与不掺混凝土抗压强度比

类型	水胶比	磷渣粉掺量(%)	抗压强度比		
			7 d	28 d	90 d
常态	0.50	0	100	100	100
常态	0.50	30	72.1	86.8	86.5
常态	0.55	0	100	100	100
常态	0.55	30	76.4	87.9	95.1
碾压	0.50	0	100	100	100
碾压	0.50	40	57.8	78.2	89.3

3. 对抗拉强度、极限拉伸值和抗压弹性模量的影响

不同磷渣粉掺量混凝土抗拉强度、极限拉伸值和抗压弹模见表2-27。

表2-27 不同磷渣粉掺量混凝土抗拉强度、极限拉伸值和抗压弹性模量

类型	水胶比	磷渣粉掺量(%)	劈拉强度(MPa)		轴拉强度(MPa)		极限拉伸值($\times10^{-6}$)		抗压弹性模量(GPa)	
			28 d	90 d	28 d	90 d	28 d	90 d	28 d	90 d
常态	0.48	25	3.15	3.78	3.73	4.87	120	156	38.9	42.5
常态	0.53	30	2.79	3.12	3.18	4.19	117	142	33.7	38.7
常态	0.55	35	2.79	3.67	3.62	4.66	121	148	36.5	42.0
碾压	0.50	65	2.15	3.25	2.00	2.62	78	85	28.4	30.5

对于常态混凝土来说,水胶比在0.48~0.55,磷渣粉的掺量在10%变化(25%~

35%),似乎对混凝土的劈拉强度、轴拉强度、极限拉伸以及抗压弹性模量的影响没有明显的差别。也就是说,水胶比从0.48增加至0.55,增大了0.07,磷渣粉掺量相应从25%增加到35%时,常态混凝土的劈拉、轴拉、极限拉伸值及抗压弹性模量的数值略有下降。即使采用0.55水胶比和35%磷渣粉的常态混凝土,上述性能均能获得较好的结果。特别应指出的是,掺磷渣粉混凝土的极限拉伸值提高,抗压弹性模量又相应较低,掺磷渣粉混凝土的抗裂性好。

对于碾压混凝土而言,在水胶比为0.50时,磷渣粉可以掺入65%,其上述性能亦表明是好的。这就为碾压混凝土采用大掺量磷渣粉提供了一定的条件。

4. 对耐久性的影响

掺磷渣粉混凝土的耐久性见表2-28。

表2-28 掺磷渣粉混凝土耐久性

类型	水胶比	磷渣粉掺量(%)	抗渗等级	含气量(%)	抗冻等级
常态	0.55	35	W8		
常态	0.50	65	W6		
常态	0.55	35		4.6	>F150
碾压	0.50	65		3.6	>F100
常态(2级配)	0.50	0			
常态(3级配)	0.50	30			

掺入35%的磷渣粉常态混凝土抗渗等级>W8,抗冻等级>F150。这表明掺磷渣粉混凝土耐久性并不低。

5. 磷渣粉混凝土绝热温升

对于大体积水工混凝土来说,混凝土温升是重要参数。混凝土温升高,意味着其抗裂性能差。掺磷渣粉混凝土绝热温升值见表2-29。

表2-29 掺磷渣粉混凝土绝热温升值

类型	水胶比	磷渣粉掺量(%)	绝热温升(℃)							
			1 d	3 d	5 d	7 d	10 d	14 d	20 d	28 d
常态	0.53	30	6.00	19.30	21.70	22.45	22.80	23.15	23.30	23.50

用表2-29的绝热温升值与龄期进行回归分析,得到二者的关系,用对数方程表示之,即

$$T_r = \frac{20.78\ \lg(t)}{\lg(t) + 0.245} + 6$$

$$r = 0.999$$

式中 T_r——t 龄期的绝热温升,℃;

t——龄期,d;

r——相关系数。

从 $t \propto T_r$ 的对数方程来说,拟合的相关系数达到0.999,相关性非常好。

通过对水工混凝土中掺加磷渣粉的研究发现,在磷渣粉细度为15.8%时,已具有一定的减水效果。混凝土抗压强度随磷渣粉的掺量加大而降低,但抗压强度降低率小于其掺量,且随龄期增加而增长。掺磷渣粉混凝土强度增长率要大于不掺的。也就是说,掺磷渣粉的混凝土后期强度发展较快。磷渣粉混凝土的抗压强度、极限拉伸值均较高,抗压弹模相对较低。磷渣粉混凝土的耐久性也较好,绝热温升较低。因此,磷渣粉可以作为水工混凝土的掺合料使用。

第三节　外加剂

一、外加剂的基本类型和作用

混凝土外加剂是在拌制混凝土时掺入少量(一般不超过水泥用量的5%),以改善混凝土性能的物质。因此,它是混凝土的重要组成部分。

(一)外加剂的类型

混凝土外加剂的类型,可按其化学成分、主要功能与效果进行分类。

(1)按其化学成分可分为有机外加剂、无机外加剂及有机无机复合外加剂。如减水剂就分为木质素磺酸盐类、糖蜜类、萘系(磺化萘甲醛缩合物)、蜜胺类(磺化蜜胺甲醛缩合物)、聚羧酸盐类以及复合减水剂。

(2)按其功能与使用效果分为:①改善混凝土拌和物性能的外加剂:如减水剂、高效减水剂、泵送剂等;②调节混凝土凝结时间的外加剂:如缓凝剂、早强剂和速凝剂等;③改善混凝土耐久性能的外加剂:引气剂、防水剂、引气减水剂等;④改善混凝土其他性能的外加剂:膨胀剂、防冻剂、着色剂,以及水下混凝土不分散剂等。

水工混凝土常用的外加剂有:

(1)普通减水剂:木质素磺酸钙(木钙)、木质素磺酸钠(木钠)、木质素磺酸镁及丹宁等普通减水剂。

(2)高效减水剂:萘和萘的同系磺化物与甲醛缩合的盐类、胺基磺酸盐、磺化三聚氰胺树脂、磺化古码隆树脂、聚羧酸盐、聚丙烯酸盐脂肪族羟甲基磺酸盐高缩聚物等高效减水剂,由缓凝剂与高效减水剂复合的缓凝高效减水剂等。

(3)引气剂:松香热聚物、松香皂、十二烷基磺酸盐、烷基苯磺酸盐、脂肪醇聚氧氧烯磺酸钠等引气剂,引气剂与减水剂复合的引气减水剂等。

(4)早强剂:硫酸盐、氯盐、亚硝酸盐、三乙醇胺、甲酸盐、乙酸盐、丙酸盐以及有机物与无机盐复合物等早强剂,早强剂与减水剂复合的早强减水剂。

(5)特殊用途的外加剂:泵送剂(是由减水剂、缓凝剂、引气剂复合而成的);水下混凝土不分散剂有聚丙烯酰胺类与纤维素类两种(UWB-1、SCR等);膨胀剂有硫铝酸盐类、方镁石类、氧化钙类、铝粉;防水剂有氯化铁、有机硅表面黏性剂、水溶性树脂乳液等防水剂;缓凝剂以及高效缓凝剂有糖钙、葡萄糖酸盐、木钙、木钠、羟基羧酸及其盐类(如柠檬酸、

酒石酸钾钠、磷酸盐、锌盐、胺盐及其衍生物、纤维素醚等);速凝剂有铝酸盐、碳酸盐为主的无机盐混合物和以铝酸盐、水玻璃等为主的以及其他无机盐复合物。

(二)外加剂的作用

混凝土中掺加少量的化学外加剂,可大大改善了它的性能和降低费用,使资源得到充分利用,还有利于保护环境。

1. 改善混凝土拌和物性能

混凝土掺入引气、减水等功能的外加剂,提高了混凝土的流动性能,改善了和易性。由于混凝土和易性改善,其质量得到保证,可降低能耗和改善劳动条件。掺缓凝类外加剂,延缓了混凝土凝结时间。当浇筑块体尺寸大时,尤其在高温季节可减少或避免混凝土出现裂缝,方便施工,提高混凝土的质量。在泵送混凝土中加入泵送剂,使混凝土具有良好的可泵性,不产生泌水、离析,增加拌和物的流动性和稳定性。同时,使混凝土在管道内的摩阻力减小,降低输送过程中能量的损耗,增强混凝土的密实性。在浇筑大流动度的混凝土时,往往因混凝土拌和物坍落度损失而影响施工质量,掺用缓凝高效减水剂(如聚羧酸类的外加剂)能有效地减少坍落度损失,有利于施工,保证混凝土质量。在水下混凝土施工中,为了抗水下混凝土的分离性,增加拌和物的黏聚性能,掺入能使混凝土保持絮凝状态的水下不分散剂,如我国的 UWB-1、SCR 等都具有这种功能,且水下混凝土有很高的流动性,能自流平、自密实,大大提高了水下混凝土的质量。

2. 提高硬化混凝土性能

1)增加混凝土强度

混凝土中掺入各种类型的减水剂,在维持拌和物和易性与胶材用量不变的条件下,降低用水量,减小水胶比,从而能增加混凝土强度。掺木质素磺酸盐(如木钙)0.25%,可减少用水量5%~15%,掺糖蜜类减水剂可减少用水量6%~11%,掺高效减水剂可减少用水量15%~30%。对于超高强混凝土,减水率甚至可达40%。减水剂的增强效果从5%至30%,甚至更高。掺高效减水剂,水灰比可降低到0.25左右,配制的混凝土抗压强度可超过100 MPa。

增加混凝土早期强度的外加剂,最早使用氯化钙,因其与水泥中铝酸三钙发生化学反应生成氯铝酸盐,加速了铝酸三钙的水化,同时增进硅酸三钙的水化,从而加速水泥的凝结与硬化。掺加1%和2%的氯化钙对普通水泥及火山灰水泥混凝土强度的增长率,2 d分别可达到40%、100%,在低温条件下尤为明显,但氯化钙对钢筋有腐蚀作用,因此对它应限制使用。三乙醇胺早强剂可加速水泥中 C_3A - 石膏 - 水体系形成钙矾石,从而加速 C_3A 的水化反应,但三乙醇胺延缓 C_3S 的初期水化,1 d后则加速其水化。因此,三乙醇胺早强剂掺量为0.03%~0.05%,能提高混凝土2~3 d强度50%左右。早强剂甲酸钙对混凝土早期强度的影响,取决于水泥中铝酸三钙的含量,铝酸三钙含量低的水泥,甲酸钙对其增强效果较好。掺甲酸钙、亚硝酸钠和三乙醇胺复合早强剂2%时,混凝土水灰比为0.55,在低温下(气温3 ℃)可提高3~7 d强度30%~80%,且对钢筋无锈蚀作用。超早强剂,有一种是以三羟甲基氨基甲烷10%、亚硝酸钙16%、硫氰酸钠10%、乳酸4%和60%水组成的液体超早强剂。它的作用是使混凝土凝结后快速增加强度。条件是混凝土拌和后1 h内完成浇筑,且需保持混凝土的温度不低于21 ℃。它主要应用于混凝土工程抢修任务,比如水工建筑物中受高速水流冲刷磨损的混凝土、海港码头遭到海浪磨蚀的混凝土工程。这种混凝土的强度试验结果见表2-30。

表2-30　超早强剂对混凝土早期抗压强度的影响

外加剂	W/C	抗压强度(MPa)		养护条件
		8 h	24 h	
不掺	0.510	1.4	19.9	20 ℃
超早强剂	0.495	3.8	29.3	
不掺	0.500	12.5	25.7	30 ℃
硫氰酸钠	0.495	13.4	28.1	
超早强剂	0.510	15.0	29.0	

这种超早强剂,若与高效减水剂复合使用,降低水灰比,其早期强度会发展更快。

2)提高混凝土耐久性

混凝土掺引气型外加剂,能降低空气与水的界面张力。其机制为引气剂是由一端带有极性的官能团分子,另一端为具有非极性的分子。具有极性的一端引向水分子的偶极,非极性的一端指向空气,因而大量的空气泡在混凝土搅拌过程时引入混凝土中。这些细小的气泡能够均匀、稳定存在于混凝土中,一方面可能是由于气泡周边形成带相反电荷的分子层,另一方面是因为水泥水化形成的水化物吸附在气泡的表面上,增加了气泡的稳定性。混凝土中许多微小气泡具有释放存在于孔隙中的自由水结冰产生的膨胀压力和凝胶孔中过冷水流向毛细孔产生的渗透压力,所以引气混凝土具有较高的抗冻性。换句话说,配制抗冻性高的混凝土,必须掺加引气剂。

3)对混凝土体积稳定性的影响

在水工混凝土中,由于游离水的蒸发和温度变化,形成不均匀的温度场,产生温度应力而引起混凝土收缩,导致其体积不稳定。在混凝土中掺加膨胀剂可以补偿收缩变形。这是因为掺膨胀剂混凝土体积膨胀,在约束情况下能产生一定的预压应力,可抵消温度下降引起的拉应力,提高混凝土的抗裂性。膨胀剂有硫铝酸盐系,如CSA、UEA(包括低碱型UEA-A)、CEA、AEA等;石灰系的膨胀剂是由生石灰(CaO)和硬脂酸以一定比例磨细而成;轻烧氧化镁膨胀剂是$MgCO_3$矿石在较低温度(一般在1 000 ℃左右)煅烧而获得,轻烧MgO可以在混凝土拌和过程中掺入,也可以在粉磨水泥过程中加入。后者称为“厂掺”,这种方法可获得较好的均匀性。前者称为“拌和楼掺”,这种方式加入,一定要使轻烧MgO能在混凝土中均匀分布,否则可能会使混凝土产生不均匀膨胀,导致局部混凝土胀坏。

二、外加剂品质指标和检验标准

(一)品质指标

水工混凝土常用的外加剂有高效减水剂、引气剂、普通减水剂、早强减水剂,缓凝减水剂、引气减水剂、缓凝高效减水剂、缓凝剂和高温缓凝剂等。这些外加剂的品质指标见表2-31和表2-32。

表 2-31　掺外加剂混凝土的性能要求

检验项目		引气剂	普通减水剂	早强减水剂	缓凝减水剂	引气减水剂	高效减水剂	缓凝剂	缓凝高效减水剂	高温缓凝剂
减水率(%)		≥6	≥8	≥8	≥8	≥12	≥15	—	≥15	≥6
含气量(%)		4.5~5.5	≤2.5	≤2.5	≤3.0	4.5~5.5	<3.0	<2.5	<3.0	<2.5
泌水率比(%)		≤70	≤95	≤95	≤100	≤70	≤95	≤100	≤100	≤95
凝结时间差(min)	初凝	-90~+120	0~+90	≤+30	+90~+120	-60~+90	-60~+90	+210~+480	+120~+240	+300~+480
	终凝	-90~+120	0~+90	≤0	+90~+120	-60~+90	-60~+90	+210~+720	+120~+240	≤+720
抗压强度比(%)	3 d	≥90	≥115	≥130	≥90	≥115	≥130	≥90	≥125	—
	7 d	≥90	≥115	≥115	≥90	≥110	≥125	≥95	≥125	≥90
	28 d	≥85	≥110	≥105	≥85	≥105	≥120	≥105	≥120	≥100
28 d 收缩率比(%)		<125	<125	<125	<125	<125	<125	<125	<125	<125
抗冻等级		≥F200	≥F50	≥F50	≥F50	≥F200	≥F50	—	≥F50	—
对钢筋锈蚀作用		应说明对钢筋有无锈蚀危害								

注：①凝结时间差中"-"号表示凝结时间提前，"+"号表示凝结时间延缓。

②除含气量和抗冻等级两项试验项目外，表中所列数据为受检验混凝土与基准混凝土的差值或比值。

表 2-32　外加剂匀质性指标

检测项目	指标
含固量或含水量	对液体外加剂，应在生产厂规定值的3%之内； 对固体外加剂，应在生产厂规定值的5%之内
密度	对液体外加剂，应在生产厂规定值 ±0.02 g/cm^3 之内
氯离子含量	应在生产厂规定值的5%之内
水泥净浆流动度	应不小于生产厂规定值的95%
细度	0.315 筛筛余应小于15%
pH 值	应在生产厂规定值的 ±1 之内
表面张力	应在生产厂规定值的 ±1.5 之内
总碱量($Na_2O+0.658K_2O$)	应在生产厂规定值的5%之内
硫酸钠	应在生产厂规定值的5%之内
泡沫度	应在生产厂规定值的5%之内
净浆流动度	应在生产厂规定值的5%之内
不溶物含量	应在生产厂规定值的5%之内

(二)检验标准

(1)《混凝土外加剂定义、分类、命名与术语》(GB/T 8075—2017)。

(2)《混凝土外加剂应用技术规范》(GB 50119—2013)。

(3)《水工混凝土外加剂技术规程》(DL/T 5100—2014)。

(4)《混凝土外加剂匀质性试验方法》(GB/T 8077—2012)。

三、外加剂对水泥适应性的检验

在混凝土中掺高效减水剂来改善其性能,已取得很好的效果与经验,但是在某些情况下使用萘系高效减水剂后,混凝土的凝结和坍落度变化给施工造成麻烦,从而影响混凝土质量。许多研究成果表明,由于水泥的矿物组成、碱含量、细度和生产水泥时所用的石膏形态、掺量等不同,在同一种外加剂和相同掺量下,对这些水泥的改善效果明显不同,甚至不适应。

水泥熟料的矿物组成中 C_3A 和 C_3S 以及石膏的形态和掺量对外加剂的作用效果影响较大。水泥矿物中吸附外加剂能力由强至弱的顺序为 $C_3A > C_4AF > C_3S > C_2S$。由于 C_3A 水化速度最快,吸附量又大,当外加剂掺入至 C_3A 含量高的水泥中时,减水增强效果就差。当外加剂掺入 C_3A 含量低、C_2S 含量高的水泥中时,其减水增强效果显著,而且使混凝土坍落度损失变化较小。

水泥中石膏形态和掺量对萘系减水剂的作用效果的影响,与水泥中 C_3A 的含量有关。C_3A 含量大时影响较大,反之则小。不同石膏的溶解速度顺序为半水石膏 > 二水石膏 > 无水石膏(硬石膏、烧石膏)。石膏作为调凝剂主要作用是控制 C_3A 的水化速度,使水泥能够正常凝结硬化。这是由于石膏,也就是硫酸钙与 C_3A 反应生成钙矾石和单硫铝酸钙控制 C_3A 的反应速度。掺外加剂对硫酸盐控制水化速度必然会影响水泥的水化过程。采用硬石膏作调凝剂的水泥,木钙对这种水泥有速凝作用。如上所述,硬石膏的溶解速度最低,当掺加木钙后,硬石膏在饱和石灰溶液中的溶解性进一步减小。糖类和羟基酸对掺硬石膏的水泥也具有类似木钙作用而使水泥快速凝结。SO_3 含量低(比如 $<1.3\%$)的中热水泥,曾遇到过掺正常掺量的萘系减水剂时,使掺粉煤灰混凝土凝结时间过长的问题。通过试验表明,在这种情况下,萘系减水剂吸附在 C_3A、C_3S 和 SO_3 的表面上,阻碍了钙矾石的生成,同时也延缓 C_3A 和 C_3S 水化,从而延长了凝结时间。

在高性能混凝土中,由于水胶比小、高效减水剂掺量大,使水泥与减水剂的不适应问题更为突出,其中以坍落度损失较快的居多。对高性能混凝土与减水剂相容性的因素,除水泥的矿物成分、细度、石膏的形态及掺量外,还有碱含量的影响。因为水泥中的碱会增加 C_3A 和石膏反应及其水化物晶体生成,导致高碱水泥凝结时间较短。温度变化也对高效减水剂的效应产生影响,当气温高时,掺高效减水剂混凝土坍落度损失就大。

第四节　细骨料

一、细骨料品质指标和检验标准

水工混凝土常用细骨料有天然砂(河砂、山砂等)、人工砂及混合料(人工砂与天然砂

混合而成)等三种。

(一)砂品质指标

砂料(人工砂、天然砂)的品质要求如下:

(1)砂料应质地坚硬、清洁、级配良好;人工砂的细度模数宜在2.4~2.8,天然砂的细度模数宜在2.2~3.0。使用山砂、粗砂、特细砂应经过试验论证。

(2)细骨料在开采过程中应定期或按一定开采数量进行碱活性检验,有潜在危害时,应采取相应措施,并经专门试验论证。

(3)细骨料的含水率应保持稳定,砂的含水率不宜超过6%,必要时应采取加速脱水措施。

(4)DL/T 5144—2015、SL 677—2014 均给出了细骨料的其他品质要求,见表2-33。

(二)砂品质检验标准

(1)《水工混凝土试验规程》(SL 352—2006)。

(2)《水工混凝土砂石骨料试验规程》(DL/T 5151—2014)。

(3)《建设用砂》(GB/T 14684—2011)。

(4)《水工混凝土施工规范》(SL 677—2014)。

(5)《水工混凝土施工规范》(DL/T 5144—2015)。

表2-33　细骨料的品质要求

<table>
<tr><th colspan="2" rowspan="2">项目</th><th colspan="2">指标</th></tr>
<tr><th>天然砂</th><th>人工砂</th></tr>
<tr><td colspan="2">表观密度(kg/m^3)</td><td colspan="2">2 500</td></tr>
<tr><td colspan="2">细度模数</td><td>2.2~3.0</td><td>2.4~2.8</td></tr>
<tr><td colspan="2">石粉含量(%)</td><td>—</td><td>6~18</td></tr>
<tr><td colspan="2">表面含水率(%)</td><td colspan="2">≤6</td></tr>
<tr><td rowspan="2">含泥量(%)</td><td>设计龄期强度等级≥30 MPa和有抗冻要求的混凝土</td><td>≤3</td><td rowspan="2">—</td></tr>
<tr><td>设计龄期强度等级<30 MPa</td><td>≤5</td></tr>
<tr><td rowspan="2">坚固性(%)</td><td>有抗冻和抗侵蚀要求的混凝土</td><td colspan="2">≤8</td></tr>
<tr><td>无抗冻要求的混凝土</td><td colspan="2">≤12</td></tr>
<tr><td colspan="2">泥块含量</td><td colspan="2">不允许</td></tr>
<tr><td colspan="2">硫化物及硫酸盐含量(%)</td><td colspan="2">≤1</td></tr>
<tr><td colspan="2">云母含量(%)</td><td colspan="2">≤2</td></tr>
<tr><td colspan="2">轻物质含量(%)</td><td>≤1</td><td>—</td></tr>
<tr><td colspan="2">有机质含量</td><td>浅于标准色</td><td>不允许</td></tr>
</table>

二、细骨料品质对混凝土性能的影响

(一)砂的颗粒级配与细度模数对混凝土性能的影响

砂的级配合理与否直接影响到混凝土拌和物的稠度。合理的砂子级配,可以减少拌和物的用水量,得到流动性、均匀性及密实性均较佳的混凝土,同时达到节约水泥的效果,因此颗粒级配是砂料品质中一个重要的检测项目。

砂的细度模数(*FM*)是衡量砂子粗细程度的一项重要参数,即粗砂 *FM* 为3.7~3.1、中砂 *FM* 为3.0~2.3、细砂 *FM* 为2.2~1.6、特细砂 *FM* 为1.5~0.7。采用粗砂拌制的混凝土和易性较差,拌和物易分离,混凝土泌水性较大。砂子 *FM* 在2.4~2.8时,拌制的混凝土和易性良好,混凝土均匀性较好,强度也较高。采用细砂或特细砂配制的混凝土虽然和易性好,但其比表面积大,使用水量及水泥用量增加,混凝土易开裂,因此宜采取低砂率、低陷度及双掺技术措施。

(二)砂的含泥量对混凝土性能的影响

细骨料中所含的泥若包裹在骨料表面,不利于骨料与水泥的黏结,将影响混凝土强度及耐久性;若含的泥是以松散颗粒存在,由于其颗粒细与表面积大,会增加混凝土的用水量,特别是黏土的体积不稳定,干燥时收缩、潮湿时膨胀,对混凝土有干湿体积变化的破坏作用。总之,砂的含泥量超过标准要求时,对混凝土的强度、干缩、徐变、抗冻及抗冲磨等性能均会产生不利的影响。

(三)坚固性对混凝土性能的影响

砂的坚固性是检验砂在气候、环境变化或其他物理因素作用下抵抗破裂的能力。引起砂料发生大的或永久性体积变化的物理原因,主要是冻结和融化、热变及干湿交替变化、化学结晶膨胀作用变化等。砂的坚固性差,会直接影响混凝土的耐久性与强度,特别是质量要求高的混凝土。

(四)密度对混凝土性能的影响

砂的表观密度取决于组成的矿物密度和孔隙的多少,多数天然砂的表观密度为2 600~2 700 kg/m^3。密度大则说明颗粒坚硬致密,可配制高品质混凝土。表观密度是采用绝对体积法计算每立方米混凝土材料用量的基本数据。

松散堆积密度及振实密度。砂的松散堆积密度及振实密度越大,所需采用胶凝材料填充的空隙就越少,砂的堆积密度一般为1 300~1 500 kg/m^3。

(五)砂的吸水率对混凝土性能的影响

砂的饱和面干吸水率是评价砂的颗粒致密度和砂的含孔状态(孔隙率、孔大小及贯通性等)的参数。砂的吸水率大,骨料的密度小,强度一般较低,会影响骨料界面和水泥石的黏结强度,并降低混凝土的抗冻性、化学稳定性和抗磨性等,因此规范规定砂料吸水率应 <2.5%。特别是配制抗冲磨混凝土、抗冻混凝土及抗侵蚀混凝土,砂子的吸水率越小越好。

(六)有机杂质对混凝土性能的影响

砂中的有机杂质通常是腐烂动植物的产物(主要是鞣酸及其衍生物),它们会妨碍水泥的水化,降低混凝土的强度。当比色法试验结果比标准色深时,还应制成胶砂进行强度对比试验,只要其抗压强度不低于无有机质砂强度的95%,则使用比色试验不合格的砂,亦可使用。

三、砂料品质检验的试验方法

(一)砂料颗粒级配试验

砂料颗粒级配试验用于评定砂料品质和进行施工质量控制。砂料颗粒级配试验方法

见《水工混凝土试验规程》(SL 352—2006)2.1“砂料颗粒级配试验”。

(二)砂料表观密度及吸水率试验

砂料表观密度、饱和面干砂表观密度及吸水率试验,供混凝土配合比计算和评定砂料质量。砂料表观密度及吸水率试验方法见《水工混凝土试验规程》(SL 352—2006)2.2“砂料表观密度及吸水率试验”。

(三)砂料堆积密度及空隙率试验

砂料堆积密度及空隙率试验用于评定砂料品质。砂料堆积密度及空隙率试验方法见《水工混凝土试验规程》(SL 352—2006)2.8“砂料堆积密度及空隙率试验”。

(四)砂料黏土、淤泥及细屑含量试验

《水工混凝土试验规程》(SL 352—2006)规定了测定天然砂料中粒径小于0.08 mm的黏土、淤泥及细屑总含量的方法,用于评定砂料品质。试验方法见《水工混凝土试验规程》(SL 352—2006)2.10“砂料黏土、淤泥及细屑含量试验”。应注意不同的标准,对砂中含泥量的定义是不同的。《建设用砂》(GB/T 14684—2011)对含泥量的定义是,天然砂中小于75 μm的颗粒含量。《普通混凝土用砂、石质量及检验方法标准(附条文说明)》(JGJ 52—2006)对含泥量的定义是砂中粒径小于0.08 mm颗粒的含量。

(五)砂料泥块含量试验

《水工混凝土试验规程》(SL 352—2006)规定,烘干砂中粒径大于1.25 mm的颗粒,用手捏碎,小于0.630 mm颗粒的含量为砂料的泥块含量。应检验砂料中泥块含量,以评定砂料品质。试验方法见《水工混凝土试验规程》(SL 352—2006)2.11“砂料泥块含量试验”。应注意不同的标准对砂中泥块含量的定义是不同的,试验方法也不同。《建设用砂》(GB/T 14684—2011)对泥块含量的定义是,砂中原粒径大于1.18 mm,经水浸洗、手捏后小于600 μm的颗粒含量。《普通混凝土用砂、石质量及检验方法标准(附条文说明)》(JGJ 52—2006)对泥块含量的定义是,砂中粒径大于1.25 mm,以水洗、手捏后变成小于0.630 mm颗粒的含量。

(六)人工砂石粉含量试验

《水工混凝土试验规程》(SL 352—2006)把人工砂中小于0.16 mm的颗粒称为石粉,把小于0.08 mm的颗粒称为微粒。测定人工砂中的石粉及微粒含量,供评定砂料品质及混凝土配合比设计用。试验方法见《水工混凝土试验规程》(SL 352—2006)2.12“人工砂石粉含量试验”。

(七)砂料有机质含量试验

砂料有机质含量试验检验砂料被有机质污染程度,用以评定砂料品质。砂料有机含量试验方法见《水工混凝土试验规程》(SL 352—2006)2.13“砂料有机质含量试验”。

(八)砂料云母含量试验

砂料云母含量试验测定砂料的云母含量,用于评定砂料品质。砂料云母含量试验方法见《水工混凝土试验规程》(SL 352—2006)2.14“砂料云母含量试验”。

(九)砂料轻物质含量试验

砂料轻物质含量试验测定砂料中轻物质含量,用于评定砂料品质。砂料轻物质含量试验方法见《水工混凝土试验规程》(SL 352—2006)2.16“砂料轻物质含量试验”。

(十)砂料坚固性试验

砂料坚固性试验检验砂料对硫酸钠饱和溶液结晶破坏作用的抵抗能力,间接评定砂料的坚固性。砂料坚固性试验方法见《水工混凝土试验规程》(SL 352—2006)2.17“砂料坚固性试验”。

(十一)砂料硫酸盐、硫化物含量试验

砂石料硫酸盐、硫化物含量试验测定砂石料中水溶性硫酸盐、硫化物(以 SO_3 质量计)的含量,用于评定砂石料品质。砂石料硫酸盐、硫化物含量试验方法见《水工混凝土试验规程》(SL 352—2006)2.15“砂石料硫酸盐、硫化物含量试验”。

第五节　粗骨料

一、粗骨料品质指标和检验标准

(一)粗骨料(碎石、卵石)的品质要求

(1)粗骨料的最大粒径不应超过钢筋净间距的2/3、构件断面最小边长的1/4、素混凝土板厚的1/2。对少筋或无筋混凝土结构,应选用较大的粗骨料粒径。

(2)施工中,宜将粗骨料按粒径分成几种粒径组合:①当最大粒径为40 mm时,分成 D_{20}、D_{40} 两级;②当最大粒径为80 mm时,分成 D_{20}、D_{40}、D_{80} 三级;③当最大粒径为150(120) mm时,分成 D_{20}、D_{40}、D_{80}、D_{150}(或 D_{120})四级。

(3)应控制各级骨料的超、逊径含量。以原孔筛检验时,其控制标准为超径小于5%、逊径小于10%。当用超、逊径筛检验时,其控制标准为超径为零、逊径小于2%。

(4)采用连续级配或间断级配应由试验确定。

(5)各级骨料应避免分离。D_{150}、D_{80}、D_{40} 和 D_{20} 分别用中径(115 mm、60 mm、30 mm和10 mm)方孔筛检测的中径筛筛余量应在40%~70%。

(6)对含有活性成分、黄锈和钙质、结核等粗骨料,必须进行专门试验论证,待验证确认对混凝土质量无有害影响时,方可使用。

(7)粗骨料表面应洁净,如有裹粉、裹泥或被污染等应清除。

(8)DL/T 5144—2015、SL 677—2014均给出了碎石和卵石的压碎指标值,见表2-34。

表2-34　粗骨料的压碎指标值　(%)

骨料类别		设计龄期混凝土抗压强度等级	
		≥30 MPa	<30 MPa
碎石	沉积岩	≤10	≤16
	变质岩	≤12	≤20
	岩浆岩	≤13	≤30
卵石		≤12	≤16

(9)DL/T 5144—2015、SL 677—2014 均规定了粗骨料的其他品质要求,见表 2-35。

表 2-35 粗骨料其他品质要求

项目		指标
表观密度(kg/m^3)		≥2 550
吸水率(%)	有抗冻和抗侵蚀作用的混凝土	≤1.5
	无抗冻要求的混凝土	≤2.5
含泥量(%)	D_{20}、D_{40}粒径级	≤1
	D_{80}、D_{150}(D_{120})粒径级	≤0.5
坚固性(%)	有抗冻和抗侵蚀要求的混凝土	≤5
	无抗冻要求的混凝土	≤12
软弱颗粒含量(%)	设计龄期强度等级≥30 MPa 和有抗冻要求的混凝土	≤5
	设计龄期强度等级 <30 MPa	≤10
针片状颗粒含量(%)	设计龄期强度等级≥30 MPa 和有抗冻要求的混凝土	≤15
	设计龄期强度等级 <30 MPa	≤25
泥块含量		不允许
硫化物及硫酸盐含量(%)		≤0.5
有机质含量		浅于标准色

(二)检验标准

(1)《水工混凝土试验规程》(SL 352—2006)。

(2)《水工混凝土砂石骨料试验规程》(DL/T 5151—2014)。

(3)《建设用卵石、碎石》(GB/T 14685—2011)。

(4)《水工混凝土施工规范》(SL 677—2014)。

(5)《水工混凝土施工规范》(DL/T 5144—2015)。

二、粗骨料品质对混凝土性能的影响

(一)粗骨料级配对混凝土性能的影响

石料级配是指各级粒径颗粒的分配比例。级配对于混凝土的和易性、强度、抗渗性、抗冻性以及经济性等都有一定的影响,因此水工混凝土的石子最佳级配是通过不同粒径、不同比例组合,采用振实密度法找出最大振实密度,使其组合的粗骨料孔隙最小。使用级配良好的粗骨料,可以配出水泥用量较低、各种性能较好的混凝土。

粗骨料的粒径越大,需要湿润的比表面积越小。因此,大体积混凝土应尽量采用较大粒径的石子,这样可降低砂率、混凝土用水量与水泥用量,提高混凝土强度,减少混凝土温升及干缩裂缝。

(二)粗骨料饱和面干吸水率及表观密度对混凝土性能的影响

石料的表观密度取决于石质、矿物成分,风化程度及空隙率。一般来说,密度小的骨料结构疏松、多孔,空隙率和吸水率大,配制的混凝土强度较低,特别是粗骨料外部孔隙对吸水率影响更大,对混凝土抗渗性、抗冻性、化学稳定性和抗磨性等都将产生一定的不利影响。

(三)粗骨料含泥量及泥块含量对混凝土性能的影响

《建设用卵石、碎石》(GB/T 14685—2011)对含泥量的定义是,卵石、碎石中粒径小于75 μm的颗粒含量。《水工混凝土试验规程》(SL 352—2006)对含泥量的定义是石料中小于0.08 mm的黏土、淤泥及细屑的总含量。《普通混凝土用砂、石质量及检验方法标准(附条文说明)》(JGJ 52—2006)对含泥量的定义是,粒径小于0.08 mm的细颗粒含量。其比表面积大、吸水性大、体积不稳定,吸水湿润时膨胀,干燥时收缩;黏土含量多对混凝土强度、干缩、徐变、抗渗、抗冻融及抗磨损等均产生不良影响。含泥状态不同,影响也有差异,其类型有以下三种:

(1)包裹型含泥——石子所含泥粒一般成浆状黏结或包裹于石子表面,直接影响石子与水泥石的黏结,从而降低混凝土的强度等性能。

(2)松散型含泥——石子中均匀分布的泥粒,在配制低胶材混凝土或砂子细度偏粗时,可以起到改善混凝土拌和物的和易性与提高混凝土密实性的作用,但含泥量达到5%时,混凝土强度有所降低,特别是R_{28}300以上混凝土,当含泥量超过7%时,强度可降低30%以上。

(3)团块型含泥——石子中含有团块状泥土时,对混凝土各种性能都不利,特别对混凝土抗拉强度影响更大,如泥块含量在1%~2%时,混凝土抗拉强度降低10%~25%,同时团块型含泥量越多,对混凝土干缩影响也越大,因此SL 677—2014和DL/T 5144—2015都规定骨料中不允许泥块存在。GB/T 14685—2011规定:C60混凝土泥块为0%,C30~C60抗冻及抗渗等要求泥块含量<0.5%,低于C30要求泥块含量<0.7%。此规定并不适合于水工混凝土。

含泥量对混凝土抗冻性的影响非常明显,当含泥量为1%时,抗冻性降低不明显,但含泥量为3%~7%时,混凝土抗冻性显著降低,含泥量3%时混凝土抗冻性降低36.2%,含泥量7%时混凝土抗冻性降低47.8%。因此,有抗冻要求的混凝土,应严格控制石料中的含泥量。

(四)粗骨料坚固性对混凝土性能的影响

坚固性是石子颗粒在各种物理侵蚀作用下(如冻融、干湿、冷热、温差变化及结晶膨胀等)抵抗崩解破裂的能力,是决定骨料耐久性和体积稳定性的重要参数。为了保证混凝土具有必要的耐久性,对于石子本身的坚固性应有一定的要求,有抗冻要求的混凝土坚固性损失率≤5%,无抗冻要求的混凝土坚固性损失率≤12%。

(五)粗骨料针片状颗粒对混凝土性能的影响

当石子的针片状含量超过一定数量时,使骨料的空隙率增加,不仅对混凝土拌和物的和易性有较大影响,而且会不同程度地影响混凝土的强度等性能,特别是对高强混凝土强度影响更大。针片状含量过大对混凝土的抗拉、抗折强度影响显著。因此,规范规定针片状颗粒含量一般不得大于15%,但碎石中的针片状经试验论证,可以放宽到25%。GB/T 14685—2011规定针片状含量,C60混凝土应小于5%,低于C30混凝土应小于

25%，C30～C60 及有抗冻、抗渗或其他要求的混凝土应小于 15%。

（六）粗骨料强度和压碎指标对混凝土性能的影响

粗骨料在混凝土中起着骨架作用，骨料的强度和压碎指标直接影响混凝土的强度和变形性能，而且对高强混凝土影响更显著，故用来加工碎石的岩石湿抗压强度，低于 C30 混凝土应大于 1.5 倍设计强度，高于 C30 混凝土应大于 2.0 倍设计强度；或者火成岩强度不宜低于 80 MPa，变质岩不宜低于 60 MPa，水成岩不宜低于 30 MPa。

碎石或卵石的压碎指标，是指粒径为 10～20 mm 的颗粒，在标准荷载作用下压碎颗粒含量的百分率。该部分细粒属于软弱颗粒，如风化的卵石、砂岩及泥岩等；碎石的软弱颗粒主要有棱角、针片状、破碎的细粒。软弱颗粒含量过高会降低混凝土强度，特别对于 C40 以上混凝土影响更大。

（七）骨料碱活性对混凝土性能的影响

碱－骨料反应（AAR）类型可分为碱硅酸盐反应（ASR）和碱碳酸盐反应（ACR），AAR 是造成混凝土结构破坏失效的重要原因之一，随着我国重点工程持续大规模建设，预防 AAR 破坏，延长工程的寿命已成为大家普遍关注的大事，需迫切解决的问题。而预防的关键是如何正确判断骨料的碱活性，如何采用有效技术措施防止混凝土工程遭受 AAR 破坏。下面主要简述 AAR 特征、AAR 检测方法及抑制 AAR 的技术措施。

1. AAR 化学反应破坏的特征

（1）混凝土工程发生碱－骨料反应破坏必须具有三个条件：一是配制混凝土时由水泥、骨料、外加剂和拌和用水带进混凝土中一定数量的碱，或者混凝土处于碱渗入的环境中；二是一定数量的碱活性骨料存在；三是潮湿环境，可以供应反应物吸水膨胀时所需的水分。

（2）受碱－骨料反应影响的混凝土需要数年或一二十年的时间才会出现开裂破坏。

（3）碱－骨料反应破坏最重要的现场特征之一是混凝土表面开裂，裂纹呈网状（龟背纹），起因是混凝土表面下的反应骨料颗粒周围的凝胶或骨料内部产物的吸水膨胀。当其他骨料颗粒发生反应时，产生更多的裂纹，最终这些裂纹相互连接，形成网状。若在预应力作用的区域，裂纹将主要沿预应力方向发展，形成平行于钢筋的裂纹；若在非预应力作用的区域，混凝土表现出网状开裂。

（4）碱－骨料反应破坏是由膨胀引起的，可使结构工程发生整体变形、移位、弯曲、扭翘等现象。

（5）碱－硅酸反应生成的碱－硅酸凝胶有时会从裂缝中流到混凝土的表面，新鲜的凝胶呈透明或呈浅黄色，外观类似于树脂。脱水后，凝胶变成白色，凝胶流经裂缝、孔隙的过程中吸收钙、铝、硫等化合物也可变为茶褐色以至黑色，流出的凝胶多有较湿润的光泽，长时间干燥后会变为无定形粉状物，借助放大镜，可与颗粒状的结晶盐析物区别开来。

（6）ASR 的膨胀是由生成的碱－硅酸凝胶吸水引起的，因此 ASR 凝胶的存在是混凝土发生了碱－硅酸反应的直接证明。通过检查混凝土芯样的原始表面、切割面、光片和薄片，可在空洞、裂纹、集料－浆体界面区等处找到凝胶。因凝胶流动性较大，有时可在远离反应骨料的地方找到凝胶。

（7）有些骨料在与碱发生反应后，会在骨料的周边形成一个深色的薄层，称为反应环,有时活性骨料会有一部分被反应掉。

(8)一般认为,ASR膨胀开裂是由存在于骨料-浆体界面和骨料内部的碱-硅酸凝胶吸水膨胀引起的,ACR膨胀开裂是由反应生成的方解石和水镁石,在骨料内部受限空间结晶生长形成的结晶压力引起的。也就是说,骨料是膨胀源,这样骨料周围浆体中的切向应力始终为拉伸应力,且在浆体-骨料界面处达最大值,而骨料中的切向应力为压应力,骨料内部肿胀压力或结晶压力将使得骨料内部局部区域承受拉伸应力,而浆体和骨料径向均受压应力。结果,在混凝土中形成与膨胀骨料相连的网状裂纹,反应骨料有时也会开裂,其裂纹会延伸到周围的浆体或砂浆中去,甚至能延伸到达另一颗粒骨料,裂纹有时也会从未发生反应的骨料边缘通过。

(9)ASR产生过度膨胀而引起的混凝土内部裂缝分别是由其中的粗、细骨料中的反应性硅与碱反应引起的。这种裂缝经常被凝胶填充或部分填充,在混凝土中心处形成网状裂缝,许多裂缝互相交叉连接在一起。在个别情况下,有的反应性颗粒部分被溶解。

(10)内部裂缝的分布对施加或诱发的压应力是敏感的,在应力作用下,裂缝倾向于平行于压应力方向排成一行。混凝土受ASR影响时,一般混凝土内部膨胀,暴露在外表面的混凝土不膨胀,因此表面受张应力,形成表面微裂缝并于暴露表面成直角,这种相互连接的内部裂缝与表面微裂缝,同暴露面紧密地连在一起,这表明混凝土内部已出现了膨胀。

2. 骨料碱活性检验

我国混凝土工程使用骨料种类很多,其中有许多为硅质骨料或含硅质矿物的其他骨料,另外为碳酸盐骨料。建立一种科学、快速和简单的碱活性检测方法,这对我国混凝土工程防止碱骨料反应破坏具有十分重要的意义。

骨料碱活性检验方法根据美国ASTMG-1260-94规定,结合我国碱活性试验研究结果,建筑行业制定CECS 48—93规程,水利水电行业制定了《水工混凝土试验规程》(SL 352—2006),根据规程规定,现将要点简介于下。

1)骨料碱活性岩相检验方法

本试验方法用于通过肉眼和显微镜观察,鉴定各种砂、石料的种类和矿物成分,从而检验各种骨料中是否含有活性矿物,例如,酸性-中性火山玻璃,隐晶-微晶石英、鳞石英、方石英、应变石英、玉髓、蛋白质、细粒泥质灰质白云岩或白云质灰岩、硅质灰岩或硅质白云岩、喷出岩及火山碎屑岩屑等,若有类似矿物存在应采用化学法、砂浆棒快速法鉴定。

2)骨料碱活性化学检验法

本试验用于在规定条件下,测定碱溶液和骨料反应溶出的二氧化硅浓度及碱度降低值,借以判断骨料在使用高碱水泥的混凝土中是否产生危害性反应。若有,应采用砂浆棒定量检验其14 d膨胀率。化学法不适用于含碳酸盐的骨料,不能鉴定由于微晶石英或变形石英所导致的众多缓慢膨胀骨料。

骨料活性的评定:当试验结果出现Rc(碱度降低值,mmol/L)>70而Sc(滤液中二氧化硅浓度)>Rc或Rc<70而Sc>35+Rc/2中的任何一种,该试样就被评为具有潜在有害反应,但不能做最后结论,还需要进行其他方法(如砂浆棒长度法)的检测。如果不出现上述情况,则评定为非活性骨料。

3）骨料碱活性砂浆长度法检验

本试验用于测定水泥砂浆试件的长度变化，以鉴定水泥中碱与活性骨料间反应所引起的膨胀是否具有潜在危害。本试验方法适用于碱骨料反应较快的碱－硅酸盐反应和碱－硅酸反应，不适用于碱－碳酸盐反应。

结果评定应符合下述要求：

对于砂、石料，当砂浆半年膨胀率超过0.1%，或3个月膨胀率超过0.05%时（只有缺少半年膨胀率资料时才有效），即评为具有危害性的活性骨料。反之如低于上述数值，则评为非活性骨料。

4）碳酸盐骨料的碱活性检验

本试验用于在规定条件下，测量碳酸盐骨料试件在碱溶液中产生的长度变化，以鉴定其作为混凝土骨料是否具有碱活性。本试验适用于碳酸盐岩石的研究与料场初选。

结果评定，试件经84 d浸泡后膨胀率在0.1%以上时，该岩石评为具有潜在碱活性危害，不宜作混凝土骨料，必要时应以混凝土试验结果做出最后评定。测长龄期如果没有专门要求，至少应给出1周、4周、8周、12周的资料。

5）骨料碱活性砂浆棒快速法检验

本试验用于测定骨料在砂浆中的潜在有害的碱－硅酸反应，适合于检验反应缓慢或其在后期才产生膨胀的骨料，如微晶石英、变形石英及玉髓等。

结果评定，砂浆试件14 d的膨胀率小于0.1%，则骨料为非活性骨料；砂浆试件14 d的膨胀率大于0.2%时，则骨料为具有潜在危害性反应的活性骨料；砂浆试件14 d的膨胀率在0.1%～0.2%时，对于这种骨料应结合现场记录、岩相分析，开展其他的辅助试验，试件观测时间延至28 d后的测试结果等来进行综合评定。

6）骨料碱活性混凝土棱柱体试验方法

本试验用于评定混凝土试件在温度38 ℃及潮湿条件养护下，水泥中的碱－硅酸反应和碱－碳酸盐反应。

主要条件规定：硅酸盐水泥；水泥含碱量为（0.9±0.1）%（以Na_2O+0.658K_2O计）；通过外加10% NaOH溶液使试验水泥含碱量达到1.25%；水泥用量为（420±10）kg/m^3；水灰比为0.42～0.45；石与砂的质量比为6:4。

试验结果判定，当平均膨胀率小于0.02%时，同一组试件中单个试件的膨胀率的差值（最高值与最低值之差）不应超过0.008%；当平均膨胀率大于0.02%时，同一组试件中单个试件的膨胀率的差值（最高值与最低值之差）不应超过平均值的40%；当试件一年的膨胀率不小于0.04%时，则判定为具有潜在危害性反应的活性骨料；膨胀率小于0.04%时，判定为非活性骨料。

7）抑制骨料碱活性效能试验

本试验以高活性的石英玻璃砂与高碱水泥制成的砂浆试件（标准试件），与掺有抑制材料的砂浆试件（对比试件）进行同一龄期膨胀率比较，以衡量抑制材料的抑制效能。当骨料通过试验被评为有害活性骨料，而低碱水泥又难以取得时，也可用这种方法选择合适的水泥品种、掺合料、外加剂品种及掺量。

主要规定：标准试件用高碱硅酸盐水泥，碱含量为1.0%（以Na_2O计）或通过外加

10% NaOH 溶液使水泥含碱量达到1.0%;判别外加剂的抑制作用,对比试件所用水泥与标准试件所用水泥相同,如判别掺合料效能时用25%或30%掺合料代替标准试件所用水泥。

结果评定:掺用掺合料或外加剂的对比试件,若14 d龄期砂浆膨胀率降低率 R_e 不小于75%,并且56 d的膨胀率小于0.05%,则认为所掺的掺合料或外加剂及其相应的掺量具有抑制碱-骨料反应的效能;对工程所选用的水泥制作的对比试验,除满足14 d龄期砂浆膨胀率降低 R_e 不小于75%的要求,对比试件14 d龄期膨胀率还不得大于0.02%,才能认为该水泥不会产生有害碱-骨料膨胀。

以上各检验方法详见SL 352—2006的有关规定。

3. 碱-骨料反应判定方法研究简介

(1)对硅质骨料碱活性检测方法主要参数的研究结果表明,反应温度对砂浆膨胀率有较大影响,以80 ℃为试验温度,可以使测试结果更迅速,同时又与国际(如美国的ASTMC-1260)现有标准一致。

(2)对于碱活性不同的骨料,存在不同的最适宜的灰砂比,如花岗岩和河卵石,对于有疑问的试验结果,可采用C/S=1/1进行对比,对于高活性的燧石和沸石化珍珠岩,可采用C/S=2/1进行对比试验,以膨胀率最大值进行骨料碱活性判断。

(3)浸泡碱溶液的浓度和种类与砂浆膨胀率存在相关性,规程用1 mol/L NaOH是适宜的。在试验龄期内,低碱水泥在碱溶液中不膨胀,而高碱水泥有较明显膨胀。外加碱后,低碱水泥能更有效地促进反应和膨胀。工程若采用低碱水泥,应以低碱水泥作为标准水泥进行评定。

(4)试件尺寸对试样膨胀的基本规律影响很少,但对试样膨胀值有影响,如2 cm×2 cm×8 cm试样膨胀率比4 cm×4 cm×16 cm试样高,但后者膨胀率试验数据准确性更高,故砂浆试件尺寸应采用4 cm×4 cm×16 cm为准。

(5)除活性组分类型外,骨料的物理构造特征对ASR过程和行为有较大影响,而且尺寸不同,物理构造的影响程度各有差异。不同组配的沸石化珍珠岩和硅质砾岩表现出的不同"最不利现象",主要与两者的物理构造不同有关。

(6)试件膨胀受多种因素影响,不能仅依活性组分的化学活性判定骨料的碱活性,应充分考虑骨料尺寸、骨料的构造等物理因素对膨胀的影响。采用单级配骨料可以在一定程度上弱化骨料构造对反应过程的影响,可以比五级配更好表征骨料的化学反应活性。

(7)测长法鉴定骨料碱活性应充分与岩相法结合,综合考虑骨料中的化学因素和物理构造对膨胀的影响,以利于正确判定骨料碱活性。

4. 抑制碱活性骨料的技术措施

抑制碱活性骨料破坏的技术措施,经国内外各方试验研究结果证明,有碱活性骨料存在时,应采取以下措施:

(1)应采用低碱水泥。水泥含碱量应≤1.0%,f-CaO含量≤1.0%,MgO含量≤5.0%(最好控制在2.5%以下),SO_3 含量≤3.5%,水泥品种为硅酸盐水泥,宜采用回旋窑生产的水泥,其稳定性、安定性及熟料煅烧的均质性均较优。

(2)掺用低碱粉煤灰。ASTMC618限定的用于抑制ASR的粉煤灰含碱量必须小于1.5%。

粉煤灰的细度及颗粒分布与抑制 ASR 有关,比表面积愈大效果愈好。

粉煤灰抑制 ASR 的机制:粉煤灰对碱－硅反应的作用是化学和表面物理化学作用。在适当的条件下,化学作用可以使碱－硅反应得到有效抑制,而表面物理化学作用只能使碱－硅反应得到延缓。上述两种反应与体系中的 $Ca(OH)_2$ 含量有着密切关系,只有当 $Ca(OH)_2$ 含量低到一定程度时,粉煤灰才能抑制碱－硅反应膨胀。

通过试验研究证明,掺用 25% ~35% 的Ⅰ、Ⅱ级粉煤灰,有显著抑制碱活性骨料膨胀破坏的作用,但由于粉煤灰的化学成分、形态、级配及细度有较大差异,使用时必须用工程原材料进行试验论证。

(3)掺用酸性矿渣较优,矿渣掺量以 40% ~50% 为宜。其作用近似于粉煤灰,但研究资料较少。

(4)掺用低碱外加剂。由于化学外加剂中含碱基本上为可溶盐,如 Na_2SO_4、$NaNO_2$ 这些中性的盐加入到混凝土后,会与水泥的水化产物如 $Ca(OH)_2$ 等发生反应,阴离子被部分结合到水泥水化产物中,新产生部分 OH^-,并与留在孔隙溶液中 Na^+ 和 K^+ 保持电荷平衡。因此,外加含碱盐能显著增加孔隙溶液的 OH^- 浓度,加速 ASR 的进行,并进而增加混凝土的膨胀。目前,我国的早强剂、防冻剂和减水剂等外加剂及其复合外加剂均在不同程度上含有可溶性的钾、钠盐,如 Na_2SO_4 和 K_2CO_3 等,此类外加剂不宜使用。JISA 6204—87 规定,无论混凝土是否含有活性骨料,化学外加剂带入混凝土的碱不得超过 0.3 kg/m^3。

(5)国内外研究证明,有活性骨料的混凝土,混凝土的总碱量不得超过 3.0 kg/m^3。

(6)有的试验研究证明,采用硫铝酸盐水泥在试验期内能有效地抑制高活性石英玻璃的碱－硅酸反应及高活性白云质灰岩的碱－碳酸盐反应膨胀。

(7)有资料认为,在碱－碳酸盐反应中去白云化反应的程度和速率取决于溶液的 pH 值,溶液的 pH 值越高,反应程度越大,反应速度越快。当溶液的 pH 值小于 12.0 时,去白云化反应进行得非常缓慢,且易于达到平衡状态,此时基本上不产生碱－白云石反应膨胀。因此,采用硫酸铝水泥能阻止白云化反应的进行,从而有效抑制碱－白云石反应的膨胀。

(8)掺加锂盐后,试件的膨胀值大幅度降低,锂盐对 ASR 有明显的抑制作用。

综上所述,由于各工程使用的各项原材料各有差异,地质条件、气温、环境所处的综合因素均有所不同,对于碱活性骨料的抑制材料都应使用工程材料通过对比试验论证,达到预期目标才能使用。

三、粗骨料品质检验的试验方法

(一)石料颗粒级配试验

石料颗粒级配试验用于选择最优或合理级配,供混凝土配合比试验用。石料颗粒级配试验方法见《水工混凝土试验规程》(SL 352—2006)2.18“石料颗粒级配试验”。

(二)石料表观密度及吸水率试验

石料表观密度及吸水率试验用于测定石料表观密度、饱和面干表观密度及吸水率,供混凝土配合比计算及评定石料质量。石料表观密度及吸水率试验方法见《水工混凝土试验规程》(SL 352—2006)2.19“石料表观密度及吸水率试验”。

(三)石料堆积密度及空隙率试验

石料堆积密度及空隙率试验用于测定石料堆积密度、紧密密度及空隙率,评定石料品质、选择石料级配,适用于粒径150 mm以下的石料。石料堆积密度及空隙率试验方法见《水工混凝土试验规程》(SL 352—2006)2. 21“石料堆积密度及空隙率试验”。

(四)石料振实密度及空隙率试验

石料振实密度及空隙率试验用于测定石料的振实密度及空隙率,供选择碾压混凝土石料级配,以及配合比设计中计算砂浆盈余系数用。石料振实密度及空隙率试验方法见《水工混凝土试验规程》(SL 352—2006)2. 22“石料振实密度及空隙率试验”。

(五)石料含泥量试验

石料含泥量试验用于测定石料中粒径小于0. 08 mm的黏土、淤泥及细屑的总含量,评定石料品质。石料含泥量试验方法见《水工混凝土试验规程》(SL 352—2006)2. 23“石料含泥量试验”。

(六)石料泥块含量试验

石料泥块含量试验用于测定石料中泥块含量,评定石料品质。石料泥块含量试验方法见《水工混凝土试验规程》(SL 352—2006)2. 24“石料泥块含量试验”。

(七)石料有机质含量试验

石料有机质含量试验用于检验石料被有机质污染程度,评定石料品质。石料有机质含量试验方法见《水工混凝土试验规程》(SL 352—2006)2. 25“石料有机质含量试验”。

(八)石料针片状颗粒含量试验

石料针片状颗粒含量试验用于测定石料中针状及片状颗粒的总含量,评定石料品质。石料针片状颗粒含量试验方法见《水工混凝土试验规程》(SL 352—2006)2. 26“石料针片状颗粒含量试验”。

(九)石料超逊径颗粒含量试验

石料超逊径颗粒含量试验用于测定各级粒径的石料中超径和逊径颗粒含量,评定骨料筛分质量,施工中调整石料级配。石料超逊径颗粒含量试验方法见《水工混凝土试验规程》(SL 352—2006)2. 27“石料超逊径颗粒含量试验”。

(十)石料软弱颗粒含量试验

石料软弱颗粒含量试验用于测定石料中软弱颗粒的含量,评定石料品质。石料软弱颗粒试验方法见《水工混凝土试验规程》(SL 352—2006)2. 28“石料软弱颗粒含量试验”。

(十一)石料压碎指标试验

石料压碎指标试验用于检验石料抵抗压碎的能力,评定石料品质。石料压碎指标试验方法见《水工混凝土试验规程》(SL 352—2006)2. 29“石料压碎指标试验”。

(十二)石料坚固性试验

石料坚固性试验用于检验石料对硫酸钠饱和溶液结晶膨胀破坏作用的抵抗能力,间接判断石料的坚固性。石料坚固性试验方法见《水工混凝土试验规程》(SL 352—2006)2. 31“石料坚固性试验”。

(十三)骨料碱活性检验(岩相法)

详见《水工混凝土试验规程》(SL 352—2006)2. 33。

(十四)骨料碱活性检验(化学法)

详见《水工混凝土试验规程》(SL 352—2006)2.34。

(十五)骨料碱活性检验(砂浆棒长度法)

详见《水工混凝土试验规程》(SL 352—2006)2.35。

(十六)骨料碱活性检验(砂浆棒快速法)

详见《水工混凝土试验规程》(SL 352—2006)2.37。

(十七)碳酸盐骨料的碱活性检验

详见《水工混凝土试验规程》(SL 352—2006)2.36。

第六节 拌和水

混凝土用水大致可分为两类:一类是拌和用水,另一类是养护用水。

作为混凝土拌和水,其作用是与水泥中硅酸盐、铝酸盐及铁铝酸盐等矿物成分发生化学反应,产生具有胶凝性能的水化物,将砂、石等材料胶结成混凝土,并使之具有许多优良建筑性能而广泛地应用于建筑工程。

养护水的作用是补充混凝土因外部环境中湿度变化,或者混凝土内部水化过程中而损失的水分,为混凝土供给充足水,确保其水化反应持续进行,混凝土的性能不断发展。

自然界的水根据产地或含有不同的物质,划分为不同名称和种类。比如取自河流中的水称为河水,湖泊水称为湖水,来自海洋中的水叫作海水。按照水储存的地点划分为地表水和地下水;因水中所含的不同物质及其数量分为饮用水、软水、硬水、工业污水和生活污水。

一、水的品质和检验标准

基于水的品质对混凝土性能产生的影响很大,作为混凝土用水必须考虑以下原则:一是水中物质对混凝土质量是否有影响;二是水中物质允许的限度。

按照水工混凝土对水质的要求,凡符合国家标准的饮用水均可用于拌和、养护混凝土。未经处理的工业污水和生活污水不得用于拌和、养护混凝土。地表水、地下水和其他类型水在首次用于拌和、养护混凝土时,须按现行的有关标准,经检验合格后方可使用。水的品质检验项目和指标应符合以下要求:

(1)混凝土拌和、养护用水与标准饮用水试验所得的水泥初凝时间差及终凝时间差均不得大于30 min,且初凝时间和终凝时间应符合GB 175—2007的规定。

(2)用拌和、养护用水配制的水泥胶砂3 d和28 d龄期抗压强度不得低于用标准饮用水配制的水泥胶砂3 d和28 d龄期抗压强度的90%。

(3)拌和、养护混凝土用水的pH值、水中不溶物、可溶物、氯化物、硫酸盐的含量应符合表2-36的规定。

混凝土拌和水品质检验标准有:

(1)《水工混凝土施工规范》(SL 677—2014)。

(2)《水工混凝土水质分析试验规程》(DL/T 5152—2017)。

(3)《水工混凝土施工规范》(DL/T 5144—2015)。

(4)《水工混凝土试验规程》(SL 352—2006)。

(5)《水质悬浮物的测定称重法》(GB 11901—89)。

水品质检验实验室应整洁、安静、光线明亮、通风良好,并保持室内温度适宜。检验药品应齐全,配制的标准溶液要定期检验,药品和检验仪器要存放有序,并及时更换过期的药品和检验所用的试剂,定期率定检测的相关仪器与设备。

表2-36　水工混凝土拌和、养护用水品质指标

检测项目	钢筋混凝土	素混凝土
pH值	≥4.5	≥4.5
不溶物(mg/L)	≤2 000	≤5 000
可溶物(mg/L)	≤5 000	≤10 000
氯化物(以 Cl^- 计)(mg/L)	≤1 200	≤3 500
硫酸盐(以 SO_4^{2-} 计)(mg/L)	≤2 700	≤2 700
碱含量(mg/L)	≤1 500	≤1 500

注:碱含量按 $Na_2O+0.658K_2O$ 计算值来表示。采用非碱活性骨料时,可不检验碱含量。

二、水的品质对混凝土性能的影响

众所周知,混凝土是碱性物质。若混凝土用水含有无机盐电解质、可溶性硫酸盐、氯化物、某些有机物及水的pH值较低,都会对混凝土凝结硬化及其性能产生影响。

(一)拌和水的品质对凝结时间的影响

当拌和水含有羟基羧酸等有机物时,它与水泥中硅酸三钙水化产生的钙离子结合,生成整形化合物吸附于硅酸三钙表面上,阻碍其水化反应,尤其对低碱低铝酸三钙的中热硅酸盐水泥的缓凝作用更为明显。当拌和水含有磷酸盐类的无机盐电解质时,与水泥发生化学反应生成不溶性钙盐,沉积在水泥粒子表面上,形成透水性低的覆盖层,在一定程度上阻止水泥的水化反应,从而延缓混凝土的凝结时间。

(二)拌和水品质对强度的影响

若拌和水是不含或极少含有钙离子的软水,会破坏水泥混凝土中水化物生存的条件,影响混凝土强度的增长。拌和水中含有一定浓度的氯离子与水泥的水化物进行化学反应,生成可溶性的氯化钙、氯化铝、氯化铁等,可使混凝土强度下降10%~80%。如果拌和水含有硫酸盐,它与混凝土中氢氧化钙、铝酸三钙反应生成钙矾石,导致体积膨胀造成内应力,影响混凝土的强度。

(三)拌和水中含有氯离子对混凝土耐久性的影响

水中的氯离子会引起钢筋锈蚀,这是一种电化学过程。氯离子会引起钢筋表面局部活化而成为阳极,钢筋表面的钝化膜为阴极,这样在混凝土内部形成电场而产生微电池效应。在阳极,铁变为铁离子进入溶液中,电子从阳极流向阴极;在阴极有氧、氯和水存在条件下,电子被电解质吸收生成氢氧根离子。随着电化学过程不断发生,进入溶液中的铁离子转变成铁锈,其体积膨胀造成混凝土开裂与表面剥落,钢筋与混凝土黏结力下降,钢筋

有效断面减小，危及混凝土结构的安全性，使建筑物使用寿命缩短。

（四）拌和水中含有 CO_2 对混凝土耐久性的影响

由于水中含有一定数量的二氧化碳，可使水呈现 pH 值较低的酸性水。水中的一部分二氧化碳与混凝土中氢氧化钙反应生成不溶性碳酸钙，存在于混凝土孔隙中而增加密实性；另一部分二氧化碳水溶液进一步与碳酸钙反应生成易溶性的碳酸氢钙，使混凝土受到侵蚀，只有这部分游离的二氧化碳为侵蚀性二氧化碳。由于易溶性碳酸氢钙的流失降低了混凝土的碱度，破坏了水化物生存的稳定条件，导致水化物分解而失去胶凝性能，混凝土的强度随之下降。同时，二氧化碳的碳化作用使混凝土中性化，碱度降低而引起钢筋锈蚀与混凝土开裂剥蚀，钢筋与混凝土握裹力降低，造成建筑物强度和耐久性下降，甚至毁坏。

三、水质分析试验方法

（一）水样的采集与保存

水样采集是为水质分析提供水样。适用于混凝土拌和、养护用水的水质分析和水工建筑物环境水侵蚀性检验。水样的采集和保存方法见《水工混凝土试验规程》（SL 352—2006）9.1“水样的采集与保存”。

（二）pH 值测定方法

水的 pH 值测定方法有比色法和电极法两种。比色法只适用于低色度天然水质的检测，对含较多氧化剂、还原剂的水样不适用。电极法测定水的 pH 值试验方法见《水工混凝土试验规程》（SL 352—2006）9.2“pH 值测定（电极法或酸度计法）”。

（三）水的溶解性固形物测定

溶解性固形物是指溶解在水中的固体物质，如可溶性的氯化物、硫酸盐、硝酸盐、重碳酸盐、碳酸盐等。水中溶解性固形物含量的测定方法见《水工混凝土试验规程》（SL 352—2006）9.11“溶解性固形物测定”。

（四）水的氯离子含量测定

水的氯离子含量测定有硝酸高汞法和摩尔法两种。硝酸高汞法适用于氯离子含量小于 50 mg/L 的水样，摩尔法适用于氯离子含量 10～500 mg/L 的水样。两种氯离子含量测定方法均列入《水工混凝土试验规程》（SL 352—2006）。硝酸高汞法见 9.8“氯离子测定（硝酸高汞法）”，摩尔法见 9.7“氢离子测定（摩尔法）”。

（五）水的硫酸根离子含量测定

水的硫酸根离子含量测定有 EDTA 容量法和称量法两种。EDTA 容量法适用于硫酸根离子浓度为 10～200 mg/L 的水样，而称量法适用于硫酸根离子浓度较高的水样。两种硫酸根离子含量测定方法均列入《水工混凝土试验规程》（SL 352—2006）。EDTA 容量法见 9.10“硫酸根离子含量测定（EDTA 容量法）”；称量法见 9.9“硫酸根离子含量测定（称量法）”。

第三章　混凝土性能

混凝土性能包括混凝土拌和物性能与硬化混凝土性能两大部分,而硬化混凝土性能包括力学性能、变形性能、热学性能与耐久性能。

第一节　混凝土的结构

混凝土是按设计比例将水泥、砂、石、外加剂、掺合料和水混合拌和,并经浇筑、养护获得预定形状、强度和性能的建筑材料。

混凝土由固相、气相和液相三相组成,其中固相有水泥石、砂石骨料,气相为混凝土孔隙中存在的空气,液相则是孔隙中的溶液。

混凝土的拌和物和硬化混凝土的性能与其结构组成状况有密切联系,因此在学习混凝土拌和物性能和混凝土性能之前,应先了解混凝土结构组成的一般知识。

一、混凝土的水泥石和结构

混凝土中的水泥石由水化硅酸钙、硫铝酸钙、氢氧化钙和未水化的水泥颗粒组成。其中水化硅酸钙是CS、C_2S、C_3S与水反应生成的,为凝胶态,采用C-S-H表示,符号C表示CaO,S表示SiO_2,H表示H_2O;硫铝酸钙是C_3A在有硫酸盐条件下与水反应生成的,称为钙矾石,其化学式为$C_6AS_3H_{32}$,然后转化为单硫型水化硫铝酸钙,化学式为C_4ASH_{12},符号S表示SO_4^-、A表示Al_2O_3;氢氧化钙是CS、C_2S、C_3S与水反应生成的产物,采用CH表示;未水化的水泥颗粒的多少,取决于水泥的水化程度。

C-S-H具有四种形貌:①纤维状粒子(Ⅰ型),由水泥向外辐射出去的细长条形,长0.5~2 μm,宽小于0.12 μm;②网络形粒子(Ⅱ型),由一些小的粒子咬合而成;③等大粒子(Ⅲ型),通常不大于0.3 μm;④内部产物(Ⅳ型),存在于原水泥粒子周界的内部。

CH的形貌:初期呈薄的六面板形,宽约几十微米,然后随着水泥水化进程增厚,失去六角形轮廓,并侵入含有C-S-H凝胶以及其他组分的区域。

钙矾石的形貌:长4~5 μm,细棒状。

二、固相的界面

(一)界面的空腔

由于离析,骨料下面往往形成水腔,混凝土硬化过程中,水因毛细作用析出,原来的水腔保留下来形成较大的空腔,该空腔成为具有一定长度和宽度、厚度的四周封闭的宏观孔隙,附着于骨料边界,是裂缝发展的根源之一。

(二)界面的结合强度

由于析水作用,骨料周边存在一薄层(几微米)水膜,水泥水化过程中,CH最先溶入

水膜中并持续长大，形成疏松的网状结构。该结构强度低，且骨料附近的薄层水泥砂浆的水灰比也比混凝土本体的大，故水泥砂浆与骨料结合的强度是混凝土本体水泥砂浆强度的1/3～1/2。

三、混凝土的气相

混凝土的气相存在于由不同孔径连接组成的空间网络形的孔隙中。这些孔一般分为凝胶孔、毛细孔和气孔。

凝胶孔存在于C-S-H凝胶内，是C-S-H凝胶中的层间孔，其孔径为0.5～2.5 nm，在固体C-S-H中孔隙率约为28%；毛细孔是在水泥石中未被水化产物占据的不规则形状的空间，孔径为10～50 nm，早期可达3～5 μm。气孔一般呈球形，采用引气剂引入的孔径为50～200 μm，拌和时裹入的孔径可达3 mm。

混凝土内含气量是影响强度的重要因素，一般每增加1%的含气量，抗压强度降低3%～5%。

四、混凝土的液相

混凝土中的液相是存在于由不同孔径连接组成的空间网络形的孔隙中的水或水溶液。这些溶液一般分为化学结合水、层间水、吸附水和毛细孔水。

化学结合水存在于水泥水化产物中，是化学产物结合的水；层间水存在于凝胶孔内，由于极性作用，与凝胶体结合比较牢固，为化学键固定水；吸附水存在于毛细孔的孔壁表面，由于与孔壁距离近，物理吸附作用比较明显，为物理吸附水；张力固定水，存在于5～50 nm的孔内，由于受到水的表面张力的作用，这部分水不能自由流动，在比较大的外压力下才可能摆脱张力的作用，产生流动；毛细孔水，存在于孔径大于50 nm的毛细孔中，由于孔径比较大，这部分水受到外部力的作用小，可以自由流动，是自由水。

混凝土内水的存在和丧失是影响混凝土体积稳定性的关键因素。

第二节　混凝土拌和物的性能

混凝土拌和物的性能主要有工作性、凝结时间与含气量三项，而工作性包括流动性、可塑性、稳定性、易密性四种特性。

一、工作性

（一）混凝土拌和物的流动度

1. 坍落度

坍落度适用于流动性较大的常用的塑性混凝土（坍落度3～22 cm），不适用于坍落度很小或无坍落度的干硬性混凝土（碾压混凝土），也不适用于特大坍落度（大于22 cm）自流平自密实混凝土。

2. 维勃稠度 *VB* 值

维勃稠度 *VB* 值适用于无坍落度的干硬性混凝土。

3. 工作度 VC 值

工作度 VC 值适用于碾压混凝土,维勃振动台上的试样表面加压重块,用其振动液化泛浆所需时间(单位为 s)来表示。

4. 坍扩度

坍扩度适用于坍落度大于 22 cm 的自流平自密实混凝土,是用混凝土坍塌后其扩散直径的大小来表示其流动性的指标性参数。

(二)影响混凝土工作性的主要因素

1. 用水量

混凝土坍落度随用水量的增加而加大,但不能增加太多,用水量太大,会降低混凝土拌和物的稳定性,易发生离析。

2. 骨料最大粒径

一般来说,骨料最大粒径越大,在相同用水量情况下混凝土拌和物的流动性就越大。增大骨料最大粒径,虽然可以提高混凝土的流动性,但对混凝土拌和物稳定性是不利的。

3. 砂率

砂率过大混凝土起砂,坍落度减小,塑性差、内聚性差,易分解;过小则易泛浆、黏聚性差,易离析;砂率无论过大还是过小均会使工作性降低。在混凝土胶材用量、用水量相同条件下,坍落度最大时的砂率即为最佳砂率。

4. 骨料

骨料对混凝土拌和物工作性的影响,主要指骨料颗粒形态与岩石种类的影响,骨料颗粒形态会影响混凝土拌和物的内摩擦阻力,外形圆、表面光滑的骨料(如卵石),其表面积小、内摩擦阻力较小,在一定用水量条件下可以得到较大的流动性,而外形多棱角、表面粗糙的骨料(如碎石),其表面积大、内摩擦阻力较大,在相同用水量情况下,混凝土拌和物的流动性就小。

碎石,还有岩石种类的影响,石灰岩碎石粒形较好,几何尺寸比较均匀,外表面较细密,而粗结晶花岗岩碎石的粒形较差,表面粗糙,针片状含量较大。因此,采用石灰岩碎石的混凝土比采用粗结晶花岗岩碎石的混凝土的流动性好,达到相同坍落度,前者比后者用水量可降低。

5. 水灰比和骨灰比

混凝土工作性随混凝土水灰比的加大而增加,但水灰比不宜过大,过大会影响混凝土拌和物的尺寸稳定性。

当混凝土水灰比一定时,骨料体积与水泥浆体积之比(骨灰比)越大,混凝土工作性越差,但当骨灰比小于 2 时,基本不影响混凝土的工作性。

6. 外加剂

混凝土外加剂是用以改善混凝土性能的物质,是现代混凝土必不可少的一个组成成分。使用外加剂应谨慎、适度,应经试验论证,并非不用选择也不是越多越好。

掺减水剂可提高混凝土的工作性,或在保持相同流动性时减少混凝土的用水量。

掺引气剂可提高水泥浆体的黏度,从而改善混凝土拌和物的和易性,同时掺引气剂引入的大量气泡所起到的滚动润滑作用也能提高混凝土拌和物的流动性。

7. 水泥品种

不同品种的水泥矿物成分组成、掺合物、细度不同,因而其需水量不同,因此水泥品种对混凝土用水量有显著影响,从而导致混凝土的工作性不同。普通硅酸盐水泥的需水量较小(21% ~27%),而矿渣硅酸盐水泥的需水量较大(26% ~30%),火山灰硅酸盐水泥需水量最大(30% ~45%)。因此,在相同用水量条件下,选用需水量小的水泥,混凝土有较好的流动性;采用需水量大的水泥,混凝土流动性差。

8. 掺合料

常用掺合料有粉煤灰、硅粉、磨细矿渣粉、凝灰岩粉、磷渣粉等。以粉煤灰来说,由于颗粒形态、细度、表面状态和含碳量不同,不同的粉煤灰需水量比有很大差别,导致混凝土用水量差别也很大。粉煤灰分三个等级,规定其中Ⅰ级灰需水量比≤95%,掺Ⅰ级灰可以提高混凝土坍落度,或减少用水量。例如,长江三峡枢纽工程采用优质Ⅰ级灰(需水量比≤91%),其减水率大约为8%。

硅粉颗粒极细,其比表面积高达 $2\times10^5\ cm^2/g$,但其需水量比大,因此在混凝土中掺硅粉时一定要掺高效减水剂。

9. 时间

新拌混凝土中水泥的水化反应随时间的延长而发展,水泥浆体结构也在不断变化。水泥浆体的屈服应力与黏度都随时间的延长而增加,因此新拌混凝土的工作性随时间的延长而降低,这也就是混凝土坍落度的经时损失问题。

10. 温度

环境温度对水泥水化反应速度影响很大,环境温度越高,水泥水化反应速度越快,水泥浆体中的凝聚结构越多、黏度越大,混凝土拌和物的工作性越差。

二、凝结时间

(一)初凝时间、终凝时间

水泥遇水之后立即开始水化反应,具有凝结的性能,混凝土也具有与水泥相对应的凝结性能,即混凝土有初凝和终凝特性。

水泥混凝土加水拌和,水泥水化反应就立即开始。

水泥水化反应一般可分四个阶段,即初期反应期、休止期、凝结期与硬化期。在前两个阶段,由于水泥水化的产物较少,没有形成网状的凝聚结构,混凝土拌和物尚处于流动状态。随着水化反应的发展,水化产物不断增加,当水化产物形成网状的凝聚结构时,水泥水化即进入凝结期。这种凝结作用达到一定程度时,使混凝土拌和物失去流动性,此时混凝土拌和物达到初凝;随着水化反应继续发展,水化产物的网状凝聚结构逐步致密,从而使混凝土有了强度,此时混凝土拌和物达到终凝。

在实际应用时,把水泥水化反应初步显现,混凝土拌和物刚开始固化,贯入阻力为3.5 MPa时定义为初凝;水泥水化进一步深入,混凝土拌和物完全固化,贯入阻力达到28 MPa时定义为终凝。

初凝时间:从加水拌和开始至混凝土拌和物达到初凝状态的时间。

终凝时间:从加水拌和开始至混凝土拌和物达到终凝状态的时间。

准确掌握混凝土初凝时间、终凝时间在实际工作中很重要。例如,开展混凝土试验时,混凝土初凝以后抹面,扰动刚固化的混凝土,则会影响混凝土试件的强度;混凝土坝体施工时,所浇筑的混凝土在达到初凝后再继续浇混凝土(层面不处理),浇筑层面就会出现冷缝。冷缝会导致大坝渗水,引起溶蚀。终凝时间过长则混凝土强度增长缓慢,迟迟不能拆除模板,模板利用周期加长,影响模板周转使用,导致施工周期加长。

(二)影响凝结时间的主要因素

1. 水泥品种

水泥凝结时间的长短,直接决定混凝土拌和物凝结时间的长短。水泥凝结时间短的,相应混凝土拌和物凝结时间也短。

2. 外加剂

外加剂性能和掺量也影响混凝土拌和物凝结时间的长短。在实际工作中,一般选择性能合适的外加剂掺入混凝土拌和物中,以求得预定的凝结效果。木钙、糖蜜减水剂都有缓凝作用,速凝剂有速凝作用。

3. 水灰比

水泥品种相同情况下,水灰比大的混凝土拌和物凝结时间长。

4. 环境温度

环境温度高,水泥水化快,混凝土拌和物凝结时间短。

5. 环境相对湿度

在干燥气候条件下,环境相对湿度小,混凝土拌和物中水分蒸发较快,凝结时间相应缩短。

三、含气量

(一)含气量对混凝土拌和物性能的影响

混凝土拌和物是一种固体、液体、气体的多相混合物,气体在混凝土中形成许多大小不同的气泡与孔隙。这些气泡与孔隙的构成情况称为孔结构,孔结构对混凝土拌和物和硬化混凝土性能均会带来较大的影响。

混凝土拌和物内部的气体来源有:原材料本身携带的;引气剂引入的;拌和时裹入的;施工时,如入仓、平仓时带入的;混凝土硬化过程中水分蒸发后,外部补充进入的。

1. 对坍落度的影响

混凝土拌和物的坍落度随含气量增加而增加(见图3-1)。

2. 对泌水率的影响

混凝土拌和物的泌水率随含气量增加而减小(见图3-2)。

3. 对表观密度的影响

混凝土拌和物的表观密度随含气量增加而降低(见图3-3)。

4. 对凝结时间的影响

混凝土拌和物含气量大,其凝结时间长。

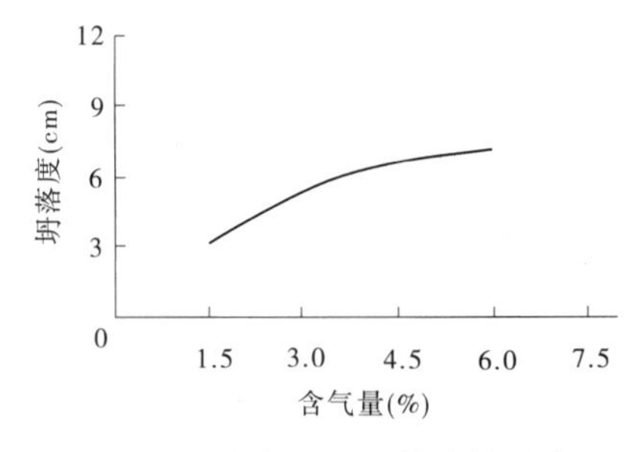

图 3-1 含气量对坍落度的影响

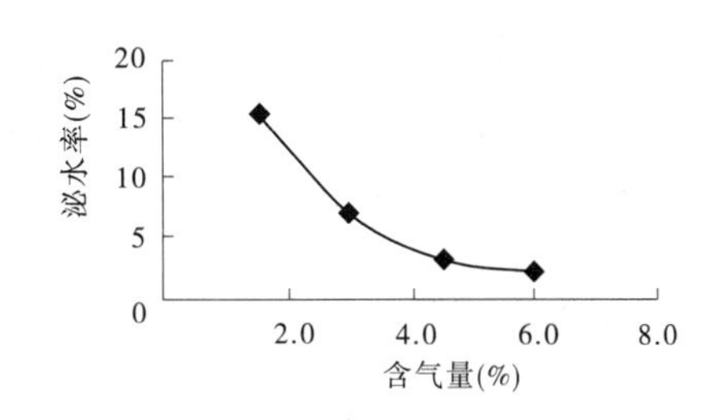

图 3-2 含气量对泌水率的影响

(二)影响混凝土拌和物含气量的主要因素

1. 原材料与混凝土配合比

1)外加剂

外加剂的功能和掺量决定混凝土拌和物引入气体的气泡直径和数量。一般的外加剂都具有一定的引气效能,但引入气体的气泡直径大小和数量与引气剂不同。

不掺外加剂混凝土的含气量较小,一般为0.8%~1.5%,且气泡较大;掺入引气剂或引气减水剂后,混凝土拌和物的含气量随引气剂掺量增加而增加,气泡呈球形,直径很微小,为50~200 μm,且互相独立不相连通。

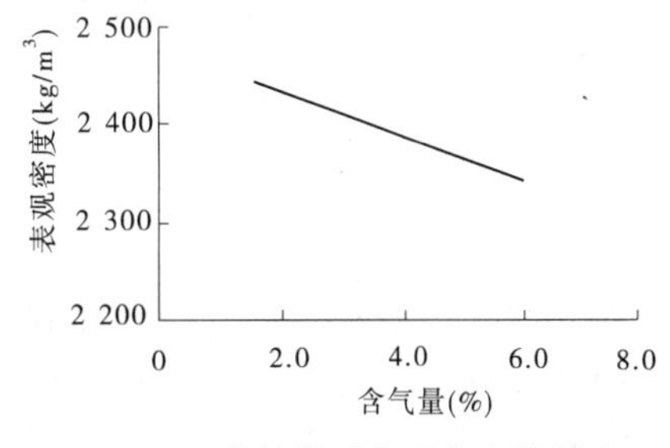

图 3-3 含气量对表观密度的影响

2)水泥品种

在掺用相同引气剂时,不同品种的水泥,含气量不同。例如,掺入相同品种和量的引气剂,采用普通水泥的混凝土拌和物的含气量比采用矿渣水泥的混凝土拌和物的含气量大。

3)粉煤灰

粉煤灰颗粒为中空球状,其表面积大,加上其中含有一定量的碳粒子,对外加剂有较强的吸附作用,因此同样掺量的引气剂,掺粉煤灰的混凝土拌和物比不掺的混凝土拌和物的含气量有所降低,如果需要得到相同的引气量,掺粉煤灰的混凝土拌和物需要掺比较多的引气剂,特别是大掺量粉煤灰,如碾压混凝土引气剂掺量比常态混凝土需增加几倍甚至十几倍。

4)水灰比

水灰比大的混凝土,流动性较大,容易裹挟气体,利于形成气泡,混凝土含气量也较大。

5)骨料

一般来说,混凝土最大骨料粒径越大,混凝土含气量越小;骨料颗粒形态好,几何尺寸均匀,表面粗糙度低,含气量大。

2. 拌和工艺

1)拌和方式

混凝土拌和物用机械拌和比用人工拌和含气量大。

2)拌和时间

混凝土拌和物的含气量随拌和时间延长而增加,但超过一定限值时,含气量不会继续增加。

3)拌和机形式

拌和机容量大、功率强,混凝土拌和物的含气量大。

3. 环境温度

一般情况下,环境温度高,混凝土拌和物的含气量小;环境温度低,混凝土拌和物的含气量相应增加。

4. 运输与振捣成型工艺

1)运输

采用吊罐运输,混凝土含气量基本不发生变化;采用皮带运输、泵送等,混凝土含气量会降低。

2)振捣成型

手工捣实成型,对混凝土拌和物含气量的影响极小,基本不变;振动台振实成型,对混凝土拌和物含气量有一定影响,主要消除其内部的大气泡,降低1%左右;高频插入或振捣器振实,对混凝土拌和物含气量影响比较显著,不但消除其内部的大气泡,也消除一定量的小气泡,降低2%左右。因此,开展混凝土抗冻试验时,混凝土试件不能采用高频振捣器振捣成型。

第三节 混凝土的力学性能

混凝土力学性能主要包括抗压强度、抗拉强度、弹性模量、抗弯强度、抗剪强度等,都以 MPa 为单位。

一、抗压强度

混凝土抗压强度是混凝土的主要性能之一,其结果稳定性好,是设计采用的主要指标,也是施工质量统计分析的主要依据参数。

(一)对抗压强度试验要求

(1)试件轴线与试验机轴线重合,偏离度不大于试件端面尺寸的4%,对边长15 cm的立方体试件,其偏离不应大于6 mm。

(2)试件轴心应与压板表面垂直,压板表面应平整,压板不平整度不大于边长的0.02%。

(3)试验机压板下应放置同心球座,球座应灵活,以调整偏心影响。

(4)对混凝土芯样试件(或圆柱体试件)端面,应采用强度和弹性与试件混凝土相近的材料进行处理。

(二)试验条件对混凝土抗压强度测试结果的影响

1. 试件端面约束

混凝土试件在承受压力荷载时,其横向产生张拉变形,此时受压混凝土试件的受压面受到钢压板的摩阻力而不能变形。试验机压板的约束影响可扩展到整个混凝土立方体试件,因此试件处于复杂的三向应力状态。混凝土破坏过程是由内部裂缝逐渐扩展为贯通裂缝,最终失去承载能力的。试件端面上的摩阻力直接影响裂缝的扩展与贯通,从而使混

凝土能在较高的荷载下才破坏。在试件与钢压板之间采取减摩措施,如在试件承压面上涂蜡或放置垫片等,混凝土试件横向张拉变形的约束减小,内部趋近单向应力状态,垂直裂缝顺利张开,其强度明显下降,试件破坏形态与无减摩措施的不同。试件破坏形态见图3-4。我国国家标准和行业标准都规定对立方体试件进行强度试验时不采用减摩措施。

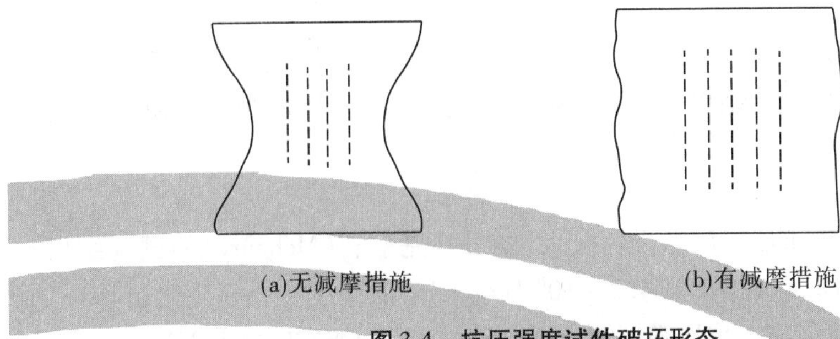

(a)无减摩措施　　(b)有减摩措施

图3-4　抗压强度试件破坏形态

2. 试件高度

试件端面约束所产生的剪应力随离压板距离的增加而减小,横向张拉变形随离压板距离增大而加大。试验研究表明,当圆柱体试件高度大于1.73D(直径)时,端面约束可以忽略不计。因此,当试件高度/直径大于2时,试件中间部分不受端面摩阻力影响而处于单轴压缩状态。

美、日、加等国混凝土抗压强度的标准试件采用ϕ15 cm×30 cm的圆柱体,中、俄、英、德等国混凝土抗压强度的标准试件采用15 cm×15 cm×15 cm的立方体。显然,采用ϕ15 cm×30 cm圆柱体试件的强度试验结果比采用15 cm×15 cm×15 cm立方体试件的低,其比值随混凝土抗压强度的增加而加大。

3. 试件尺寸

混凝土抗压强度随试件尺寸的增大而降低,这就是所谓的混凝土试件的尺寸效应。中国水利科学研究院所做的不同尺寸立方体试件的抗压强度试验结果列于表3-1。从表3-1可见,以边长15 cm立方体试件为准,边长10 cm立方体试件强度有所提高,而边长20 cm、30 cm立方体试件强度都有所降低。

表3-1　不同尺寸立方体试件相对强度

试件尺寸(cm×cm×cm)	统计组数	龄期(d)	相对强度
10×10×10	12	28	1.04
15×15×15	12	28	1.00
20×20×20	12	28	0.95
30×30×30	12	28	0.93

4. 试件的表面平整度

混凝土试件的表面应平整,若平整度超过要求,则施压时试件表面局部集中承受荷载而破坏,导致抗压强度结果偏小,因此不得将成型时抹面的端面作为受压面。

5. 试件的面面夹角

混凝土试件保持立方体形态对试验结果有重要作用,试验装模时应密切注意,面面夹角应严格掌握,不得超过标准要求0.5°。研究结果表明,当边长为150 mm的立方体试件受压面偏斜0.25 mm时,抗压强度试验结果降低约35%。

6. 试件的潮湿状态

所有的标准都规定,进行强度检验的混凝土试件应处于饱和面干状态。混凝土的潮湿状态对混凝土的强度试验结果有显著影响。研究表明,气干试件的抗压强度试验结果比饱和面干试件的高出20%~25%。

7. 加荷速率

加荷速率对混凝土抗压强度结果有较大影响,马克亨利(Mchenry)的试验结果表明,加荷速率从0.042 MPa/min增加到4.2×10^6 MPa/min,混凝土抗压强度可增加一倍。因此,各国试验规程都对混凝土抗压强度测定的加荷速率做了规定,如表3-2所示。

表3-2 中、英、美等国规范对抗压强度试验加荷速率的规定

规范	加荷速率(MPa/min)
美国ASTMC39—84	8.4~20.4
英国BS 1881 Part4 1970	15.0
中国水工混凝土试验规程SL 325—2006	18~30

(三)影响混凝土抗压强度的因素

1. 水灰比

1918年阿勃拉斯(Abrams)提出"水灰比定则",即当混凝土充分密实时,混凝土强度R_C与水灰比W/C成反比,即

$$R_C = \frac{K_1}{K_2 \frac{W}{C}}$$

式中 K_1、K_2——试验常数。

上式近似为双曲线关系,使用不方便。

试验表明,当灰水比C/W为1.0~2.5时,混凝土强度R_C与C/W近似为直线关系,这就是保罗米(Bolomey)公式:

$$R_{C28} = A\,R_{28}^{C}(C/W - B)$$

式中 R_{C28}——28 d龄期混凝土抗压强度,MPa;

R_{28}^{C}——28 d龄期水泥强度(软练法),MPa;

A、B——试验常数。

2. 骨料最大粒径

在相同水灰比条件下,采用大粒径粗骨料,抗压强度降低,对于小水灰比混凝土强度下降幅度大,而大水灰比强度降低不明显(见图3-5)。

美国垦务局试验结果(见图3-6)表明,在不同水泥用量条件下,最大骨料粒径对混凝

土强度影响是不同的，对水泥用量高的混凝土，最大骨料粒径超过 40 mm 强度反而下降；对低水泥用量（167 kg/m^3），混凝土强度随最大骨料粒径增大而增加；对中等水泥用量（279 kg/m^3），骨料最大粒径超过 40 mm 后强度基本不变。

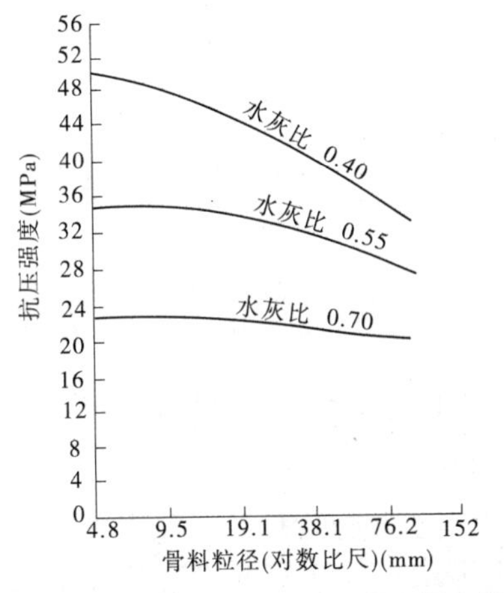

图 3-5 最大骨料粒径对混凝土抗压强度影响

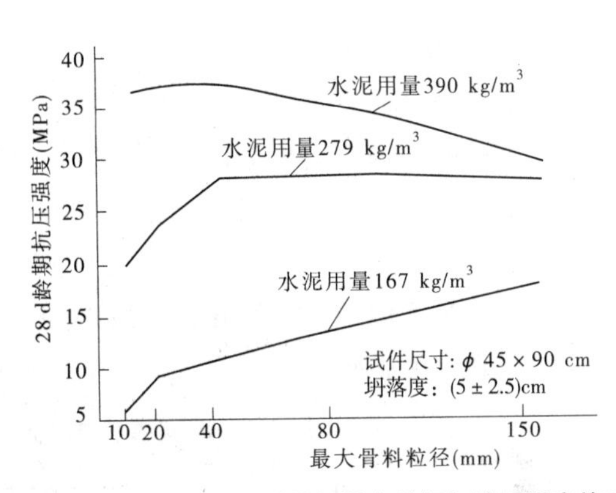

图 3-6 不同水泥用量时骨料最大粒径与抗压强度关系

3. 含气量

混凝土含气量高，抗压强度低，每增加 1% 含气量，抗压强度降低 3% ~5% 。

4. 龄期

混凝土强度增长与胶凝材料水化程度有关，一般来说，混凝土抗压强度与龄期的对数值近似呈直线关系，即

$$\frac{R_t}{R_{28}} = 1 + m\ln\left(\frac{t}{28}\right)$$

式中 R_t——t 龄期混凝土抗压强度，MPa；

R_{28}——28 d 龄期混凝土抗压强度，MPa；

t——龄期，d；

m——试验常数，与水泥品种、掺合料品质有关，m 值为直线的斜率，表示混凝土强度增长速率。

二、抗拉强度

混凝土抗拉强度是表征混凝土抗开裂性能的主要参数，是重要的设计指标。

混凝土抗拉强度分劈裂抗拉强度（劈拉强度）与轴向拉伸抗拉强度（轴拉强度）两种。

轴向抗拉强度试验在技术实施上有不可克服的缺陷，导致结果的不稳定性，因此一般不进行轴向抗拉强度试验。本节介绍劈拉强度。

（一）劈拉强度测定的理论依据

根据弹性理论，当圆柱体承受径向荷载时，其沿直径呈现均匀的受拉应力状态。混凝土的劈裂抗拉强度试验就是基于该理论分析确定的（见图 3-7）。

在劈裂试验中，试件受到一对压力荷载 P 时，其断面中部任一点水平拉应力 σ_x 为

$$\sigma_x = \frac{2P}{\pi a^2} = 0.637\frac{P}{A}$$

式中 a——立方体试件边长；

P——受压荷载；

A——劈裂面积。

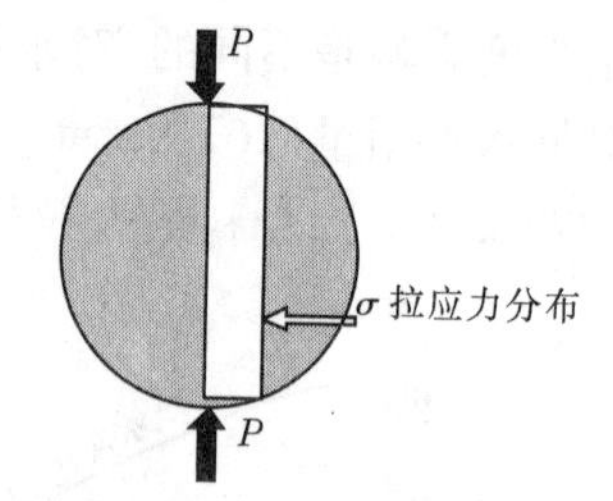

图 3-7 劈拉强度测定的理论依据

(二)影响劈拉强度的因素

1. 垫条形状与尺寸

劈拉试验时,需在试件与压板之间垫上垫条,垫条的形状与尺寸对劈拉强度试验结果有影响。垫条形状一般采用断面为正方形与半圆形两种。

不同尺寸半圆形垫条对劈拉强度影响列于表3-3。从表3-3可以看出,边长15 cm的立方体劈拉强度随半圆形垫条直径的增大而提高。

表3-3 圆钢垫条直径大小对劈拉强度的影响

垫条直径(cm)	3	5	10	12	14	15	20
劈拉强度(MPa)	1.90	1.85	2.20	2.30	2.40	2.55	2.70

我国《水工混凝土试验规程》(SL 352—2006)规定,劈拉强度试验采用断面为5 mm×5 mm正方形钢垫条,试件尺寸为15 cm×15 cm×15 cm立方体。全级配混凝土大试件45 cm×45 cm×45 cm立方体劈拉强度试验采用断面为15 mm×15 mm正方形钢垫条。

2. 试件表面平整度

试件受压表面有平整度要求,表面不平整,则受压时会有局部部位受力集中现象,应力分布恶化,试验结果偏小。

3. 试件尺寸

苏联B. И. 奥西泽曾对不同直径圆柱体试件(直径与高度比为1.0)进行劈拉强度对比试验,其试验结果列于表3-4,从表3-4可见,劈拉强度试验结果明显随试件尺寸的增大而降低。可见,对劈拉试验,同样存在试件的尺寸效应。

表3-4 试件尺寸对混凝土劈拉强度的影响

试件直径(mm)	试件数量	劈裂面积(cm^2)	平均劈拉强度(MPa)	离差系数(%)	强度换算系数
10	60	100	3.28	13.81	0.83
15	60	225	2.72	10.07	1.00
20	60	400	2.30	8.99	1.18
30	60	900	1.93	8.61	1.41
40	60	1 600	1.88	8.32	1.45

4. 加荷速率

混凝土劈拉强度试验结果随加荷速率的增大而提高,因此各国规范都规定了劈拉强

度试验的加荷速率,如我国水工混凝土试验规程规定为0.04～0.06 MPa/s,日本JISA—1113规定为4～5 MPa/min。

5. 偏心

混凝土试件未很好对中,以致产生偏心荷载,则破坏荷载会减小,也就是偏心导致劈拉强度试验结果降低。

三、弹性模量

混凝土的弹性模量是表征混凝土受力变形的性能参数,是重要的设计指标。

混凝土弹性模量分为静弹性模量、剪切弹性模量和动弹性模量三种。而静弹性模量又可分为初始切线弹性模量、切线弹性模量、割线弹性模量三种。

(一)静弹性模量

根据静荷载试验得到的应力—应变(σ—ε)曲线(见图3-8)分析计算得出的弹性模量称为静弹性模量。其物理意义是,使混凝土产生单位应变ε所需的应力σ,即$E=\sigma/\varepsilon$。

1. 初始切线弹性模量

初始切线弹性模量($\tan\alpha_0$)是通过σ—ε曲线坐标原点所作切线的斜率,它几乎没有什么意义。

2. 切线弹性模量

在σ—ε曲线上任意一点所作切线的斜率称为该点的切线弹性模量($\tan\alpha_T$)。切线弹性模量仅适用于切点处荷载上下变化很微小的情况。

3. 割线弹性模量

在σ—ε曲线上规定两点的连线(割线)的斜率($\tan\alpha_A$)称为割线弹性模量,在工程上常被采用。

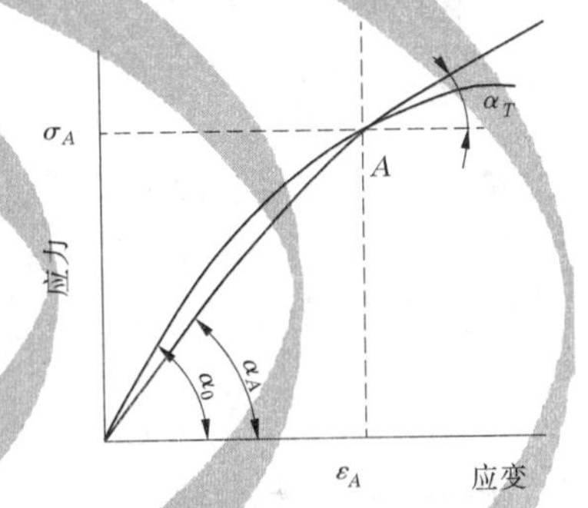

图3-8 混凝土应力—应变曲线

从图3-8可以看出,割线弹性模量随加荷应力的增大而减小。

根据设计计算,混凝土的实际受力一般不会超过其极限强度的40%,《水工混凝土试验规程》(SL 352—2006)规定,在σ～ε曲线上对压应力为0.5 MPa和压应力为混凝土破坏强度的40%两点截取割线,计算静力弹性模量。

混凝土弹性模量与加荷速率有关,弹性模量随加荷速率的提高而加大,混凝土弹性模量随骨料弹性模量的增大而增加,也随混凝土强度提高而增加,还随混凝土龄期增长而增加。

由于试验时混凝土受力条件不同,混凝土弹性模量又分拉伸弹性模量与压缩弹性模量两种,一般来说,拉伸弹性模量与压缩弹性模量之比为0.96,即前者比后者低些。为方便起见,通常取两者相等。

(二)剪切弹性模量

根据虎克定律,剪切弹性模量G为

$$G=\frac{\tau'}{\gamma'}$$

式中　τ'、γ'——剪应力、剪应变。

剪切弹性模量一般不是通过试验直接测定的,而是由抗压弹性模量 E 与泊松比 μ 按下式计算而得

$$G = \frac{E}{2(1+\mu)}$$

(三)动弹性模量

用动力法(共振法、超声法)在周期性交变的动荷载下混凝土处于很小的应力状态时测定的弹性模量称为动弹性模量。混凝土动弹性模量随混凝土强度的提高而增加,英国结构混凝土实用规范 CP110(1972)中的混凝土动弹性模量 E_d 与混凝土抗压强度 R 关系式为

$$E_d = 7.6R^{1/3} + 14$$

中国水利科学研究院曾对混凝土动弹性模量 E_d 与静弹性模量 E 进行过对比试验,共进行60组,结果动弹性模量比静弹性模量高,经统计计算得到其关系式为

$$E = 0.803E_d - 0.2172 \quad (n = 60, r = 0.80)$$

四、抗弯强度

混凝土抗弯强度实际上是弯曲抗拉强度,抗弯强度试验采用三分点加荷(见图3-9),试件尺寸为15 cm×15 cm×55 cm或10 cm×10 cm×51.5 cm棱柱体。

抗弯强度 R_f 计算公式为

$$R_f = \frac{PL}{bh^2}$$

式中　P——破坏荷载,kN;

L——梁的跨度,m;

h——梁断面高度,m;

b——梁断面宽度,m。

混凝土抗弯强度随梁断面尺寸的增加而减小,也随加荷速率的增大而增加。

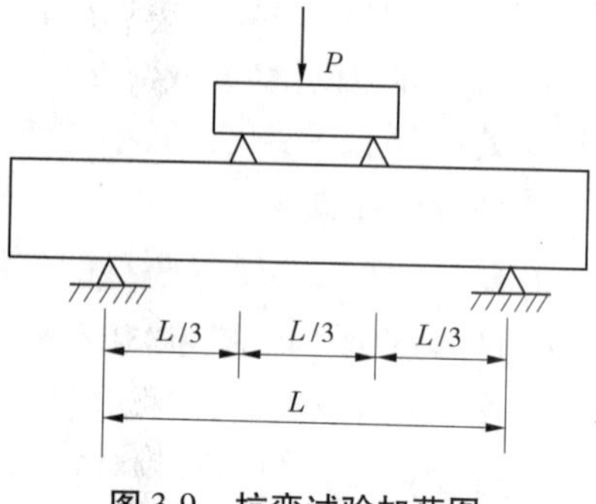

图3-9　抗弯试验加荷图

五、抗剪强度

实际上,混凝土抗剪强度与法向应力大小有直接关系(见图3-10)。

混凝土抗剪强度(τ)计算公式为

$$\tau = f'\sigma + C'$$

式中　f'——摩擦系数;

C'——黏聚力,MPa;

σ——法向应力,MPa。

f'、C'通过混凝土剪切试验求得,$f' = \tan\alpha$,C'为直线截距。

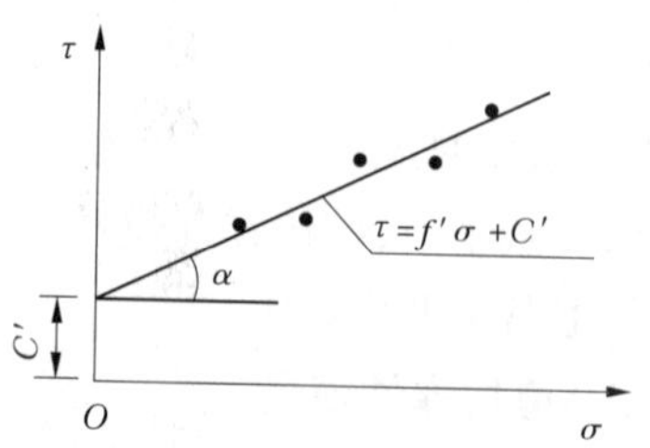

图3-10　混凝土抗剪强度与法向应力的关系

《水工混凝土试验规程》(SL 352—2006)规定，混凝土抗剪试验的试件尺寸为15 cm×15 cm×15 cm立方体，水平剪切荷载的加荷速率为0.4 MPa/min，而对混凝土芯样试件一般为ϕ150或ϕ200圆柱体试件。

混凝土的抗压强度高，其f'和C'也高，混凝土抗剪强度随混凝土抗压强度的增大而增大。例如，坑口电站工程碾压混凝土芯样(ϕ150)的抗压强度约为18 MPa，抗剪试验结果：其摩擦系数f'为1.0～1.1，黏聚力C'为0.99～1.17 MPa；而三峡三期围堰碾压混凝土芯样(ϕ150)的抗压强度约为50 MPa(450 d龄期)，抗剪试验结果：其摩擦系数f'为2.8～3.0，黏聚力C'为2.1～3.06 MPa。

第四节　混凝土的变形性能

混凝土变形性能主要包括极限拉伸变形、徐变、干缩、自生体积变形与温度变形等，都以10^{-6}为单位。

一、极限拉伸变形

混凝土极限拉伸变形是在混凝土拉伸试验的拉伸应力—应变曲线上最大应力值所对应的拉应变值(见图3-11)。

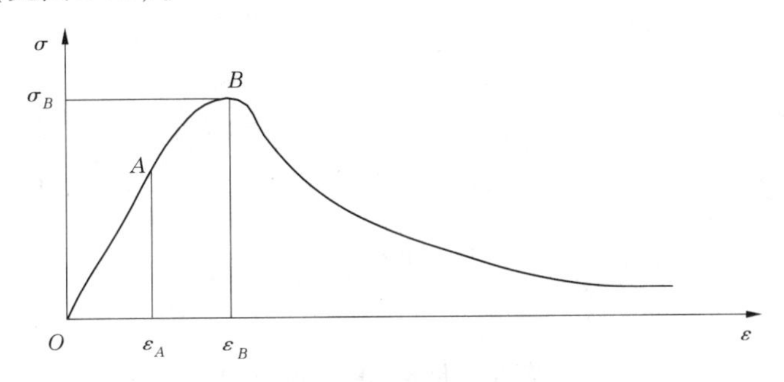

图3-11　混凝土的应力—应变全过程曲线

从拉伸试验得到的应力—应变曲线可见，从O点到A点(混凝土极限荷载40%～50%)的范围，σ与ε呈线性关系，即图3-11中曲线OA段，ε_A为弹性变形；当荷载继续增加，混凝土中的微裂缝开始扩展，其应力—应变曲线就逐渐偏离直线而向下弯曲，微裂缝继续扩展，直至极限荷载σ_B，$\varepsilon_B—\varepsilon_A$为塑性变形。因此，混凝土极限拉伸变形包括弹性变形与塑性变形两部分。

由于试验技术存在无法克服的困难，混凝土极限拉伸试验结果离散性大。

影响极限拉伸试验结果的因素有试验条件、混凝土水灰比和龄期等。

(一)试验条件

(1)试件成型装料不均匀，骨料集中，导致试验结果偏低；

(2)拉伸试验时有偏心，使试验结果偏小；

(3)加荷速率快，导致极限拉伸值偏低，《水工混凝土试验规程》(DL/T 5150—2001)规定加荷速率为0.4 MPa/min。

(4)试件尺寸大,也会导致极限拉伸值降低。

(二)混凝土水灰比

混凝土水灰比小、混凝土灰浆率大、强度高,相应极限拉伸值也大;混凝土水灰比大、混凝土灰浆率低、强度低,相应极限拉伸值也小。

(三)龄期

混凝土极限拉伸值随混凝土龄期增长而加大。

二、徐变

徐变是表征混凝土受长期荷载下变形的性能参数,是设计需要考虑的因素。

(一)基本概念

1.徐变

在荷载持续作用下,混凝土变形随时间不断增加,这种现象称为徐变。徐变变形比瞬时弹性变形大1~3倍。

徐变对结构的影响有有利方面,也有不利方面。众所周知,徐变引起预应力钢筋混凝土结构预应力损失,在大跨度梁中徐变增加梁的挠度,这些都是徐变对结构的不利方面,故应尽量减小混凝土徐变。然而在大体积混凝土结构中,徐变能降低温度应力、调整(均化)应力分布、减少收缩裂缝,徐变对结构是有利的,因此在这些结构中,在保持强度不变条件下,要设法提高混凝土徐变。

2.徐变度

混凝土在外荷载作用下,立刻产生弹性变形 ε_y,随持荷时间增长,其变形不断增加,增长的变形扣除补偿变形 ε'_0(不加荷试件的变形),即为徐变变形 C,为应用方便起见,定义单位应力作用下的徐变变形称为徐变度,即 $C(t,\tau)=\dfrac{\varepsilon-\varepsilon'_0}{\sigma}$。

3.徐变恢复

当外荷载持续一段时间后卸荷,随即产生变形的弹性恢复 ε'_y,但 $\varepsilon'_y<\varepsilon_y$(见图3-12)。随着时间的增长,便产生徐变恢复 C_d,残余的徐变变形成为永久变形(不可恢复徐变),也称流动变形 C_f,因此徐变变形分为两部分,即 $C=C_d+C_f$。

4.应力松弛

混凝土结构在荷载作用下,如果保持变形为常量,则结构应力随时间延长而逐渐减小,这种现象称为应力松弛(见图3-13)。

(二)混凝土徐变影响因素

影响混凝土徐变的因素很多,归纳起来可分为内部影响因素与外部影响因素两部分,内部因素主要有混凝土原材料与配合比,外部因素主要有环境温度与湿度、加荷龄期、持荷时间、加荷应力及结构尺寸。

1.内部影响因素

1)水泥品种与水泥用量

水泥品种对混凝土徐变影响不大,在早龄期加荷情况下,徐变度从小到大的次序为高铝水泥、快硬水泥、普通水泥、矿渣水泥、低热水泥,当增加水泥用量以提高强度时,徐变减小;当保持强度不变,水泥用量增加时,徐变就增大。

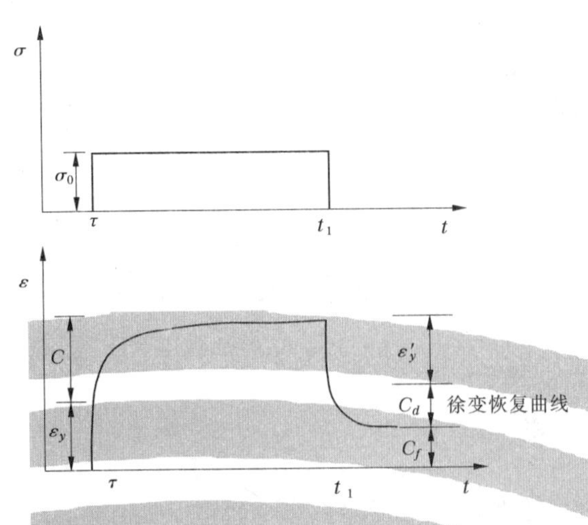

图 3-12 混凝土徐变与徐变恢复

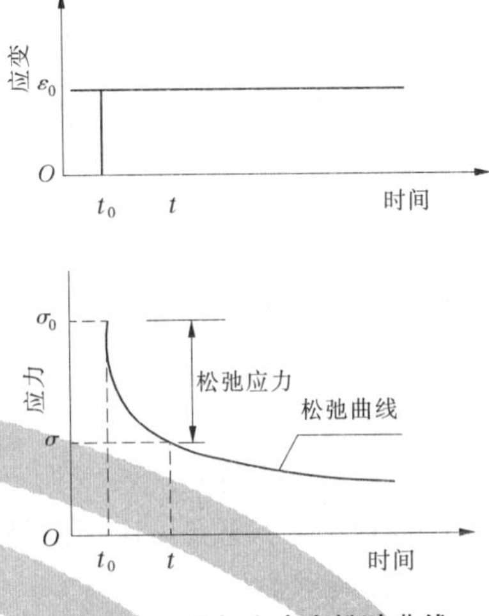

图 3-13 混凝土应力松弛曲线

2)骨料

骨料对水泥浆体有约束作用和吸水作用,约束程度取决于骨料的硬度与含量。试验结果表明,砂岩骨料混凝土徐变最大,石灰岩骨料混凝土徐变最小,玄武岩与花岗岩骨料混凝土徐变居中(见图 3-14)。

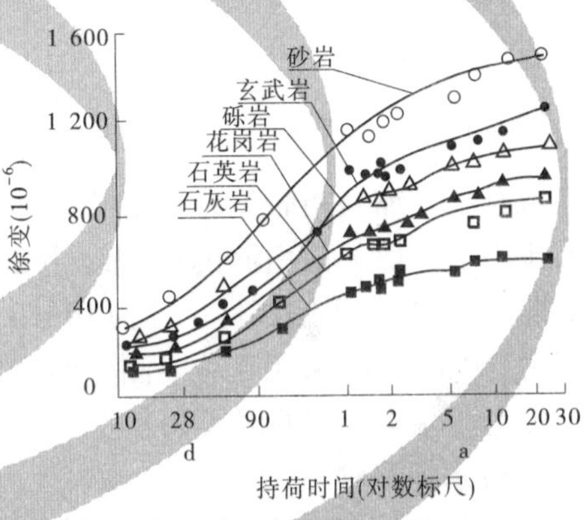

图 3-14 骨料品种对混凝土徐变的影响

3)水灰比

混凝土水灰比是影响混凝土徐变的主要因素,徐变与水灰比近似直线关系,徐变随水灰比增大而增大。

4)灰浆率

单位体积混凝土内水泥浆体的含量称为混凝土灰浆率,它综合反映了水泥和水的影响,也反映了骨料体积含量的影响,是混凝土产生徐变的主要来源。若保持强度不变,混凝土徐变随灰浆率的增加而增大,两者近似正比关系。

5)外加剂

减水剂对混凝土徐变的影响分三种情况:第一种掺减水剂是为了提高强度,则徐变减小;第二种掺减水剂是为了节约水泥、保持强度不变,则徐变基本不受影响;第三种配合比不变,是为了提高流动度,则徐变增大。

当配合比不变时,掺引气剂的混凝土徐变增大。

6)粉煤灰

掺粉煤灰混凝土早期强度比不掺的低,徐变增大,而后期强度比不掺的高,故徐变减小。

2. 外部影响因素

1) 加荷龄期

混凝土徐变随加荷龄期的增长而减小。混凝土早期强度低,徐变较大,随着龄期增长,混凝土强度不断提高,故晚龄期加荷,混凝土徐变较小。若以28 d龄期加荷徐变为准,则3 d龄期加荷的徐变为1.6~2.3倍,7 d的为1.5倍,而90 d的为70%,365 d的为35%~60%。

2) 加荷应力

加荷应力小于40%混凝土抗压强度时,一般徐变与加荷应力成正比,而大于40%时,加荷应力与徐变就不是线性关系了。

3) 持荷时间

混凝土徐变随持荷时间的增长而增加(见图3-15),但徐变增长速率随持荷时间的增长而降低。

4) 温度

混凝土徐变随环境温度的上升而增大。

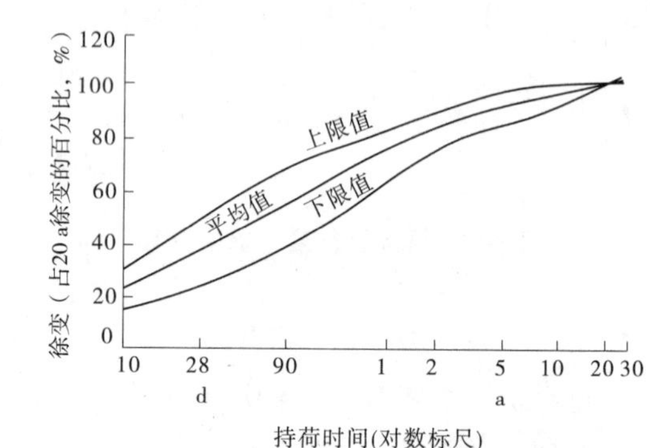

图3-15 相对徐变与持续时间关系

三、干缩

混凝土干缩是指置于未饱和空气中混凝土因水分散失而引起的体积缩小变形。实际试验时,干缩试件尺寸为10 cm×10 cm×51 cm棱柱体,环境温度(20±2)℃、相对湿度(60±5)%,采用百分表测变形,混凝土干缩变形为(300~500)×10^{-6}。

影响混凝土干缩的因素如下。

(一)水泥品种

一般来说,使用C_3A含量大、细度较细的水泥配制的混凝土干缩较大,使用矿渣水泥配制的混凝土干缩比使用普通水泥或中热水泥配制的混凝土干缩大。

掺粉煤灰可减小混凝土干缩。

(二)混凝土配合比

在用水量一定条件下,混凝土干缩随水泥用量的增加而减小。混凝土干缩随水灰比加大而增加,随用水量的增加而加大。

(三)骨料

骨料岩石种类对混凝土干缩影响如图3-16所示,从图可见,砂岩骨料混凝土干缩最大,石英岩与石灰岩骨料混凝土干缩最小。

混凝土干缩随骨料含量的增加而减小,也随骨料弹性模量的增加而减小。

(四)外加剂

不同品种的外加剂对混凝土的干缩产生不同的影响。一般来说,传统的外加剂均使混凝土干缩增加,如普通减水剂、引气剂、引气减水复合外加剂等。因此,近年来国内外许多单位投入大量精力研究开发新型外加剂如减缩剂、延迟膨胀多功能复合外加剂等,对混

凝土的减缩具有很好的效果。

(五)环境温、湿度

混凝土干缩随环境相对湿度的增加而减小，直至相对湿度达100%时表现为湿胀(见图3-17)。

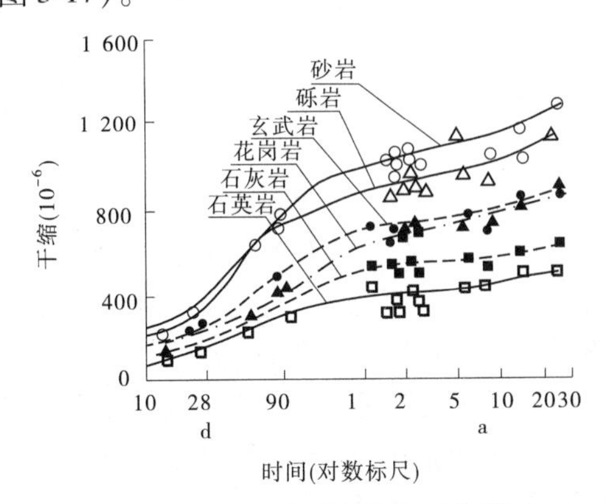

图3-16 骨料种类对混凝土干缩影响

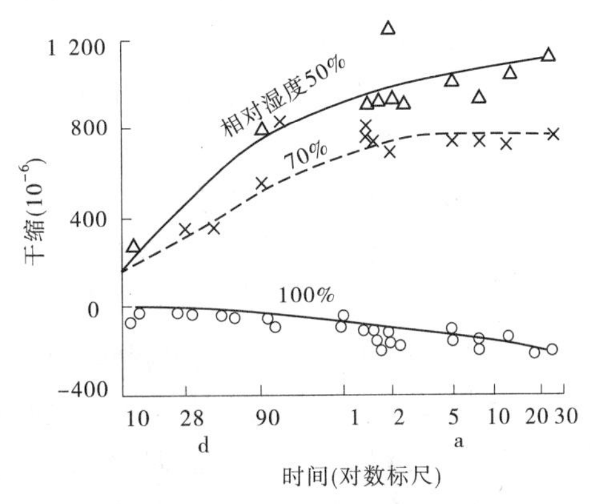

图3-17 空气相对湿度与混凝土干缩的关系

环境温度升高将导致混凝土干缩增大。

混凝土表面采用各种覆盖物或涂料，均可减小混凝土湿度梯度，从而降低干缩应力，干缩相应也变小。

(六)结构特征

混凝土干缩随体积与表面积之比值的增加而直线下降。小试件干缩比大试件的干缩大得多，其差值随龄期的增加而减小。

混凝土干缩还随钢筋混凝土含钢率的增加而减小。

四、自生体积变形

在恒温绝湿条件下，由胶凝材料的水化作用引起的混凝土体积变形称为自生体积变形(简称自变)。

混凝土自生体积变形值与水泥品种、水泥用量、水泥混合材种类、混凝土掺合料品种和掺量等有关。

一般来说，普通水泥混凝土自变为收缩，而矿渣水泥、MgO含量大的中热水泥混凝土自变为膨胀，混凝土自变值随粉煤灰掺量的增加而减小。

混凝土自变值一般为$(20\sim100)\times10^{-6}$，相当于混凝土温度变化2~10 ℃所引起的变形，这充分说明混凝土自变对混凝土抗裂性有着不容忽视的影响。

提高自变膨胀值的措施：

(1)采用低热微膨胀水泥，该水泥拌制混凝土14~31 d膨胀率为$(130\sim147)\times10^{-6}$。

(2)采用内含MgO含量3.5%~5.0%的中热水泥，使用这种水泥拌制混凝土1年自变膨胀值可达$(20\sim60)\times10^{-6}$。例如，原抚顺矿渣大坝水泥MgO含量高达4.5%，用该水泥拌制混凝土具有微膨胀自变，经测试，7年自变值达102×10^{-6}。

(3)外掺轻烧MgO粉，使混凝土有微膨胀，自生体积变形为膨胀。

(4)掺适量膨胀剂,其膨胀量可根据要求进行调节。

五、温度变形

混凝土与别的材料一样也会热胀冷缩,混凝土随温度升降而发生的膨胀、收缩变形称为混凝土的温度变形。

混凝土不仅因外部温度的变化产生变形,也因自身的温度变化产生变形,这就导致混凝土温度变形问题比较复杂。

众所周知,水泥石是多孔质的含水凝胶体,当温度上升时,除凝胶颗粒热膨胀外,还有水泥石中水的热膨胀,水的线膨胀系数约 $210 \times 10^{-6}/℃$,大大高于混凝土的线膨胀系数 $(6 \sim 12) \times 10^{-6}/℃$。另外,水泥石内部还存在毛细孔,当温度上升时,毛细孔水的表面张力就减小,作用在水泥石毛细孔壁的一部分收缩力释放,水泥石就膨胀。

在约束条件下,混凝土浇筑块产生温差 ΔT 引起的温度变形为 $\alpha\Delta T$,α 为混凝土线膨胀系数。当 $\alpha\Delta T > \varepsilon_P$(极限拉伸值)时,混凝土即出现裂缝,但实际上混凝土有徐变与塑性变形,约束条件也不可能是绝对约束。因此,大量工程实践表明,当 $\alpha\Delta T > \varepsilon_P$ 时,很多情况并不开裂。但也有当 $\alpha\Delta T < \varepsilon_P$ 时,混凝土似乎不该裂却又裂了,这是因为存在有害收缩变形,除温降收缩变形外,还有干缩变形,因此没有很好湿养护的混凝土很易产生裂缝。

第五节　混凝土的热学性能

水泥混凝土加水拌和时,其中的水泥水化反应时释放出一定量的热能,导致混凝土温度升高,这就是混凝土的水泥水化温升现象。

混凝土热学性能主要包括绝热温升、比热、导热系数、导温系数、热膨胀系数等,这些性能都与温度有关。

一、绝热温升

在绝热条件下,由于水泥水化反应所释放的热量使混凝土升高的温度值,称为混凝土绝热温升。在混凝土温度控制计算温度应力时,它是一个必要的参数。

影响混凝土绝热温升的因素有:

(1)水泥品种。水泥品种对混凝土绝热温升影响反映在水泥矿物组成上,水泥中发热量最大、速率最快的是 C_3A,其他成分按次序排列是 C_3S、C_2S、C_4AF。因此,低热水泥混凝土绝热温升最低,中热水泥次之,硅酸盐水泥高,早强水泥为最高。

(2)水泥用量。混凝土绝热温升随水泥用量的增加而增加。

(3)掺合料。混凝土掺加掺合料(粉煤灰、矿渣粉等)对混凝土绝热温升有显著影响,一般绝热温升随掺合料掺量增加而降低,例如碾压混凝土水泥用量低而粉煤灰掺量高,其绝热温升就比常态混凝土低。

二、比热

比热表示 1 kg 物质温度升高或降低 1 ℃时所吸收或释放的热量,其单位为kJ/(kg · ℃)。

影响混凝土比热的因素有温度、龄期、配制混凝土的用水量、水泥品种、骨料品种等。

混凝土比热受温度影响比较明显，温度从 10 ℃增加到 65 ℃，混凝土比热大约增大 20%。

混凝土拌和用水量从 4%（按单位体积混凝土质量计）增加到 8%，混凝土比热增加 10%左右。

水泥品种、骨料品种、龄期等对混凝土比热影响都相对较小。

三、导热系数

导热系数是指厚度 1 m、表面积 1 m^2 的材料，当两侧面温差为 1 ℃时，在 1 h 内所传导的热量，是表征混凝土热传导能力的性能参数。其单位为 kJ/(m · h · ℃)。导热系数越小，材料的隔热性能愈好。

影响混凝土导热系数的因素有粗骨料岩石种类、含水状态（潮湿、干燥）、混凝土含水量、水泥品种、水灰比、龄期等。

粗骨料岩石种类是影响混凝土导热系数的重要因素。试验结果表明，石英岩骨料混凝土导热系数最大，玄武岩骨料混凝土导热系数最小，前者比后者高 1.7 倍（见图 3-18）。

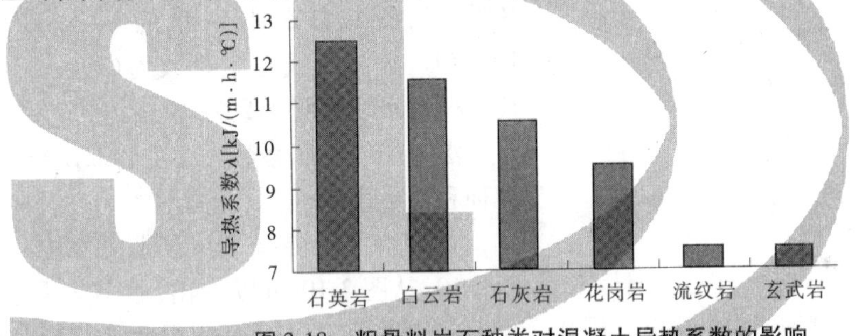

图 3-18　粗骨料岩石种类对混凝土导热系数的影响

混凝土用水量对混凝土导热系数的影响比骨料品种小。因为水的导热系数（20 ℃）约为 2.1 kJ/(m · h · ℃)，比骨料低 3 ~ 7 倍，所以配制混凝土时用水量增加，骨料相应减少，总体上，混凝土导热系数会降低。

水饱和混凝土的导热系数比干燥混凝土的大，这是因为水的导热系数比空气的大数倍。

水泥品种和用量、含气量、水灰比及龄期等对混凝土导热系数的影响不明显或可忽略不计。

四、导温系数

混凝土导温系数表示材料在冷却或加热过程中，各点达到同样温度的速率。其单位为 m^2/h。

影响混凝土导温系数的因素有粗骨料岩石种类与用量、用水量、温度、龄期等。

混凝土导温系数为 0.002 ~ 0.006 m^2/h，主要取决于骨料矿物成分。石英岩骨料混凝土导温系数最大，其次按下列顺序减小：白云岩、石灰岩、花岗岩、流纹岩、玄武岩骨料。

混凝土导温系数随骨料用量的增加而增大。

混凝土导温系数随用水量增加而降低,随温度的升高也降低。

水泥品种和混凝土龄期对导温系数无明显影响。

混凝土导温系数与导热系数之间有以下关系:

$$k = \frac{\lambda}{\rho B}$$

式中 k——导温系数,m^2/h;

λ——导热系数,kJ/(m·h·℃);

ρ——混凝土表观密度,kg/m^3;

B——混凝土比热,kJ/(kg·℃)。

五、线膨胀系数

单位温度变化导致混凝土单位长度的变化称为混凝土线膨胀系数 α,其单位为 10^{-6}/℃。

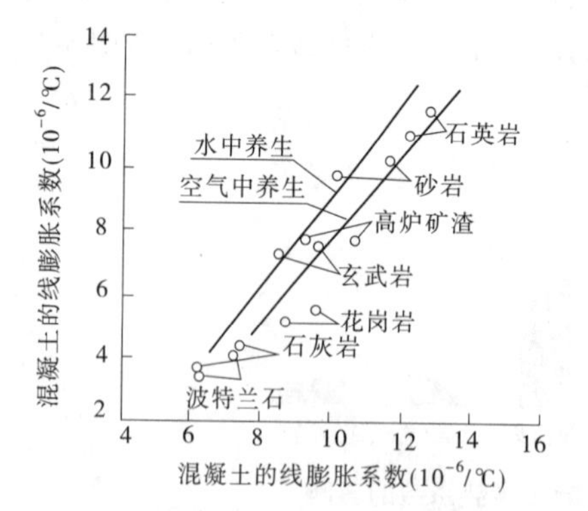

图3-19 骨料品种对混凝土线膨胀系数的影响

混凝土线膨胀系数为(5~12)×10^{-6}/℃,骨料线膨胀系数为(4~13)×10^{-6}/℃,水泥石线膨胀系数为(11~20)×10^{-6}/℃,水线膨胀系数为210×10^{-6}/℃。

混凝土线膨胀系数大小主要取决于骨料品种和温度高低。

骨料品种对混凝土线膨胀系数影响见图3-19,从图3-19可以看出,石英岩骨料混凝土 α 值最大,石灰岩骨料混凝土 α 值最小。因为 α 值大小直接影响混凝土温度收缩变形 $\alpha\Delta T$(有害)的大小,石灰岩骨料 α 值为(5~6)×10^{-6}/℃,而砂岩、石英岩骨料混凝土 α 值为(12~13)×10^{-6}/℃,当降低1 ℃时,后者温降变形比前者大一倍,对混凝土抗裂性极为不利,因此在可能条件下,尽量选用石灰岩骨料,不选用砂岩。

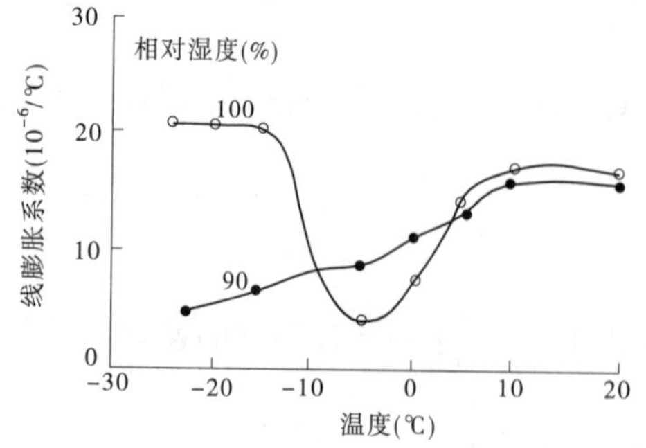

图3-20 混凝土线膨胀系数与混凝土试件温度、湿度关系

混凝土温度对混凝土线膨胀系数影响见图3-20。从图3-20可以看出,当相对湿度为90%,温度>10 ℃时,α 值几乎不变;温度<10 ℃时,α 值随温度下降而减小。当混凝土相对湿度为100%,温度>10 ℃时,α 值也几乎不变;温度<10 ℃时,α 值随温度下降而减小,且比湿度为90%时下降快。温度接近-5 ℃时 α 值最小,继续降温,α 值又逐渐增大,下降到-15 ℃以下时,α 值又几乎不变,且比大于10 ℃室温时的略高。

第六节 混凝土的耐久性

混凝土的耐久性指在环境的作用下,随着时间的推移,混凝土维持其应用性能的能力。还有另一种说法是,混凝土对风化作用、化学侵蚀、磨耗或任何其他破坏过程的抵抗能力,从而保持其原来的形状、质量和实用性。

混凝土耐久性主要包括抗冻性、抗渗性、抗冲磨性、抗空蚀性、抗化学反应侵蚀性、抗碳化性等。

一、混凝土抗冻性

混凝土抗冻性是混凝土一项很重要的性能,混凝土设计要求中一般都有抗冻要求,水利行业标准《水工建筑物抗冻设计规范》(SL 211—2006)规定,对严寒、寒冷、温和地区水工混凝土建筑物都有抗冻要求,最高为F300、最低为F50。

(一)混凝土冻融破坏机制

混凝土在低温下冻结时,毛细孔内的水结冰膨胀,膨胀体积达9%,对毛细孔壁产生巨大的挤压作用,毛细孔张开,产生塑性变形,孔径变大;混凝土内部凝胶孔的过冷水在高蒸汽压的作用下向外迁移,对混凝土产生渗透压力。此时,混凝土内部承受拉应力。

升温时,混凝土内部的冰融化,重新成为液态水,水的体积收缩,毛细孔张开的孔径部分收缩,但因塑性变形的作用,比初始时大,外部的水分补充进入,混凝土内部的水分增加。

如此反复冻融,混凝土内部的毛细孔孔径越来越大,混凝土所承受的拉应力也越来越大,到一定程度,超过混凝土的抗拉强度时,产生局部微小裂缝,最后微小裂缝互相贯通,导致混凝土呈整体崩解状破坏。

(二)提高混凝土抗冻性的措施

1.掺加引气剂

引气剂是具有憎水作用的表面活性物质,它可以明显降低拌和水的表面张力,使混凝土内部产生大量微小、稳定、分布均匀和互不连通的气泡。

当降温冻结时,毛细孔内的水结冰膨胀,毛细孔张开与附近的气泡连通,过冷水被迅速地挤压到气泡内,部分缓解毛细孔壁承受的挤压力,同时也减小了凝胶孔内过冷水的渗透压力。

当温度升高,混凝土内部的冰融化,重新成为液态水,水的体积收缩,气泡内的部分水回到毛细孔内,外部的水分补充进入混凝土表面一定厚度区域的毛细孔和气泡内。

如此反复冻融,表面一定厚度区域的混凝土内的气泡逐渐被水分占满,冻结压力越来越大,最后表面部分被破坏剥落。

掺引气剂的混凝土冻融破坏的形态与普通混凝土整体崩解不同,是由表及里逐层剥落,外部虽然剥落,但内部仍然保持比较好的状态,动弹性模量仍然维持在比较高的水平。因此,混凝土内部由引气剂引入的大量直径为25~500 μm的球形气泡,减少了毛细孔的数量,阻隔了毛细孔相互之间的连通,在冻融作用时起到容纳部分水的蓄水作用,减少了毛细孔内的水分,极大地消解了冻结时混凝土内部产生的拉应力,同时气泡连接毛细孔壁产生的微小裂缝后,可以减小微裂缝尖端的应力集中效应,迟滞裂缝的扩展和连通。

基于以上原理,有抗冻要求的混凝土必须掺用引气剂,使混凝土含气量达到3%~6%,保证混凝土有一定抗冻等级。

2. 严格限制水灰比

水灰比小,混凝土的密实度高、强度高、毛细孔数量少,其吸水率低,可以减小水冻结时产生的破坏力。

在混凝土含气量相同条件下,混凝土抗冻等级随水灰比增大而降低,因此混凝土水灰比需根据混凝土抗冻要求严格控制。

3. 选用优质骨料

含泥量大的骨料会降低混凝土抗冻性,吸水率大的骨料同样会降低混凝土抗冻性,因此应选用含泥量与吸水率都小的骨料,对混凝土抗冻性有利。

二、混凝土抗渗性

混凝土抗渗性也是混凝土一项很重要的性能,混凝土设计要求中一般都有抗渗要求。混凝土抗渗性用抗渗等级 *W* 表示,抗渗等级 *W*4 ~ *W*15。根据水工混凝土建筑物水头大小、水力坡降及建筑物重要性来确定抗渗等级。

(一)混凝土渗透机制

由于混凝土不够密实和混凝土拌和物泌水等,混凝土中孔隙占混凝土体积的1%左右,且相互连通,形成空间孔隙网络。水在压力作用下,沿混凝土内部相互连通的孔隙向压力低的方向流动的现象,就是水在混凝土内的渗透现象。

渗透水流出混凝土,期间把混凝土内的CaO溶于水后带出,导致水泥石的结构孔隙逐渐增多、增大,使混凝土结构疏松、强度降低、渗漏量加大。当混凝土中CaO损失33%时,混凝土内部碱性丧失,水泥水化产物分解,混凝土强度几乎降为0,混凝土结构完全破坏。

(二)提高混凝土抗渗性措施

1. 尽量降低混凝土水灰比

混凝土水灰比对混凝土抗渗性影响很大。混凝土的水灰比小,密实度高,其内部的孔隙少,尤其是有利于渗透的大孔隙少,因而抗渗性好。混凝土抗渗性随混凝土水灰比的增大而降低,对大中型大坝工程上游防渗外部混凝土水灰比不宜大于0.55。

2. 掺用外加剂

掺减水剂可明显降低混凝土用水量,改善混凝土拌和物和易性,提高其密实性,减少其内部的孔隙数量和减小孔隙的直径,尤其是减小混凝土泌水形成的毛细孔数量和密集于骨料周边的气孔,从而提高混凝土抗渗性。

掺引气剂,使混凝土内部产生大量微小、不连通的气泡,这些气孔阻隔了毛细孔之间的相互连通,可阻断渗透水流动,从而提高混凝土抗渗性。

3. 掺用优质掺合料

掺用优质粉煤灰,例如Ⅰ级灰,其需水量比≤95%,掺Ⅰ级灰可以降低用水量,相当是

固体减水剂,其减水率可达8%左右。另外,掺粉煤灰可改善混凝土和易性,减少泌水,增加密实性,减少了孔隙数量和骨料周边的气孔,从而提高混凝土抗渗性。

4. 保证混凝土施工质量

大量的实践证明,水工建筑物混凝土抗渗性低的主要原因是施工不良引起的混凝土不均匀,局部孔隙大而多,甚至存在大的孔洞;此外因施工工艺不合理,混凝土产生许多裂缝,尤其是上下游贯通的裂缝。

优化的混凝土配合比,如果施工质量得不到保证,仍会发生渗漏,因此必须保证混凝土施工质量,在施工过程中应防止骨料集中、漏振、欠振、冷缝等现象发生。

三、混凝土抗冲磨性

(一)混凝土冲磨破坏机制

我国的河流属多泥沙河流,混凝土坝高度已达到300 m级,高坝大库已很多,由于水头高,高速水流流速已达40 m/s以上,高速水流挟带大量泥沙(汛期)和直径达1 m以上的石块对泄流建筑物表面造成严重的冲刷磨损破坏。另外,在我国西南地区河流推移质很多,对建筑物造成冲击磨损破坏。

高速水流挟带砂石,在混凝土表面滑动、滚动和跳动,对混凝土表面产生冲击、淘刷、摩擦切削、冲撞捶击作用,导致混凝土破坏,这就是混凝土的冲磨破坏机制。

因此归纳起来,混凝土的冲磨破坏可分为两种:一种是悬移质(泥沙)高速水流造成的冲刷磨损破坏;另一种是推移质(块石、卵石)高速水流造成的冲击磨损破坏。

(二)提高混凝土抗冲磨强度措施

1. 尽量降低水灰比

一般来说,掺用高效减水剂、降低混凝土用水量、降低水灰比、提高混凝土抗压强度,可使混凝土抗冲磨强度随混凝土抗压强度的增加而增加。

2. 选用优良的抗冲磨护面材料

(1)选用硬质耐磨骨料混凝土,如花岗岩、石英岩、铁矿石等骨料作为抗冲磨混凝土骨料,特别是铁矿石骨料混凝土抗冲磨性最好。

(2)掺用微珠含量高的优质粉煤灰,粉煤灰混凝土抗压强度也可达70~90 MPa,其抗冲磨强度也高。

(3)铸石骨料混凝土:铸石是一种很好的抗磨材料,但其性脆,将其粉碎后作为骨料拌制成铸石骨料混凝土,其C50抗冲磨强度比C50普通混凝土提高3倍。

四、抗空蚀性

(一)混凝土空蚀破坏机制

水中溶有空气,当高速水流流经不平整表面或表面曲面低于水流射流形成的自然曲面时,水流脱离混凝土表面,局部水流形态恶化,形成真空区。在真空作用下,水迅速蒸发,形成水蒸气,水中的空气在低压作用下从水中向外逃逸,气泡在逃逸过程中迅速长大,达到水流表面时在真空区爆炸破裂。混凝土表面经受不住这样大的爆炸力而破坏。破坏的细屑立即被水流带走,局部形成更加不平整的表面,空蚀作用加剧,短时间可形成大面积的空蚀坑。这就是混凝土的空蚀破坏机制。

(二)发生空蚀的条件

(1)高速水流,一般流速 >25 m/s。

(2)过流表面不平整,或过流表面体型不合理,水流条件不好。

(三)提高混凝土抗空蚀性措施

(1)修改过流面体型、改善水流条件,保证水流不出现脱离表面的真空区。

(2)控制和处理过流表面不平整度,并符合有关标准要求。

(3)设置通气设施。

(4)改进泄流运行方式。

(5)采用高抗空蚀材料护面,如高强混凝土抗空蚀性较好。

五、抗化学侵蚀性

(一)混凝土化学反应侵蚀的分类

由于外部介质,如酸、碱、盐及大气中有害气体与混凝土中某些组分发生化学反应产生的病害称为化学反应侵蚀。

化学反应侵蚀物质都是以水为媒介而传入混凝土内部,并通过液相与水泥水化产物产生化学反应的。

化学反应侵蚀速度取决于侵蚀物质的性质、浓度及有害物质的迁移速度,其他因素包括结构物暴露环境条件、侵蚀介质的浓度、水压力、流速、结构物形状及截面大小、混凝土材料组分、施工质量等。

化学反应侵蚀按其破坏性质可分四大类。

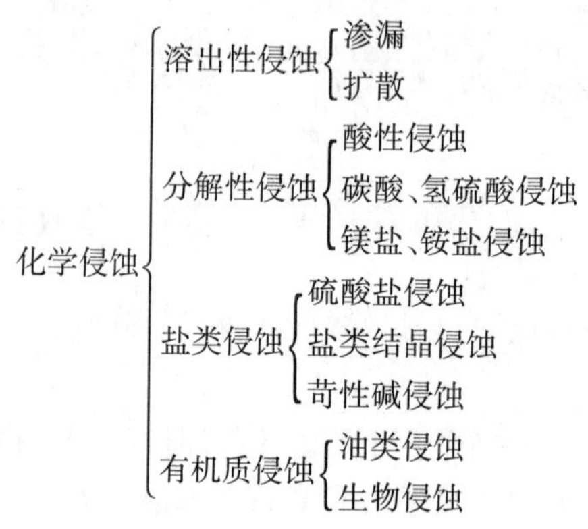

1. 溶出性侵蚀

长期与水接触的混凝土建筑物,混凝土中的石灰被溶失,使液相石灰浓度下降,导致水泥水化物分解,称为溶出性侵蚀。石灰溶出可分两种方式:一种为渗漏,对于承受水压的建筑物,环境水通过连通的毛细管道向无压边渗出,将石灰溶解成 CH 渗出;另一种为扩散,对优质密实混凝土,连通毛细管很少,几乎不溶漏,但在内外浓度差为扩散动力作用下,也能使石灰溶解溶出。

2. 分解性侵蚀

由于物理或化学作用,引起混凝土介质碱度下降,导致水泥水化产物分解,称为分解

侵蚀。分解性侵蚀又分三种,即酸性侵蚀、碳酸与氢硫酸侵蚀、镁盐与铵盐侵蚀。

1)酸性侵蚀

混凝土中 CH 与酸反应生成盐,CH 被分解。

$$Ca(OH)_2 + H_2SO_4 \longrightarrow Ca_2SO_4 \cdot 2H_2O$$

2)碳酸与氢硫酸侵蚀

大气中 CO_2、H_2S 气体溶于水后生成碳酸与氢硫酸,碳酸与混凝土中 CH 反应生成极易溶解的重碳酸钙而流失,化学反应式如下:

$$CO_2 + H_2O \longrightarrow H_2CO_3$$

$$H_2CO_3 + Ca(OH)_2 \longrightarrow CaCO_3 + H_2O$$

$$CaCO_3 + H_2CO_3 \longrightarrow Ca(HCO_3)_2$$

3)镁盐与铵盐侵蚀

矿化度较高的环境水中普遍存在 Mg^{2+},而海水中 Mg^{2+} 含量更高,Mg^{2+} 与混凝土中 CH 反应生成难溶的 $Mg(OH)_2$,反应式如下:

$$Ca(OH)_2 + Mg^{2+} \longrightarrow Mg(OH)_2 \downarrow + Ca^{2+}$$

这样将混凝土中 CH 不断分解掉。

3. 盐类侵蚀

环境水中含有盐类物质时,通过化学或物理作用会产生结晶,对混凝土产生很大膨胀破坏作用,其中以硫酸盐化学侵蚀和因水分蒸发导致盐类结晶的物理侵蚀最为严重。盐类侵蚀又分为硫酸盐侵蚀、盐类结晶侵蚀、苛性碱侵蚀三种。

1)硫酸盐侵蚀

水泥中 C_3A 水化产物铝酸四钙与硫酸钙反应生成硫铝酸三钙(称钙矾石)。由于硫铝酸三钙晶体体积增大(C_3A 转变成钙矾石体积增大 8 倍)产生巨大膨胀力,导致混凝土开裂破坏。

$$3CaOAl_2O_3 + Ca(OH)_2 + 18H_2O \longrightarrow 4CaO \cdot Al_2O_3 \cdot 19H_2O$$

$$4CaO \cdot Al_2O_3 \cdot 19H_2O + CaSO_4 + 13H_2O \longrightarrow 3CaO \cdot Al_2O_3 \cdot CaSO_4 \cdot 32H_2O + Ca(OH)_2$$

除钙矾石外,硫酸盐还与石灰反应析出石膏晶体,反应式如下:

$$Ca(OH)_2 + SO_4^{2-} + 2H_2O \longrightarrow CaSO_4 \cdot 2H_2O \downarrow + 2OH^-$$

由于石灰转变为石膏,其体积增加一倍,因此硫酸盐侵蚀包括钙矾石膨胀与石膏膨胀两种膨胀破坏作用。

2)盐类结晶侵蚀

盐类结晶侵蚀是混凝土一端与含盐溶液接触,通过毛细作用,溶液沿毛细管上升至混凝土临空面水分蒸发,溶液达到饱和在毛细管中析晶,在转化温度以下,由带水晶体向含结晶水晶体转化,体积显著增加而产生巨大膨胀力,导致混凝土破坏。

盐类结晶侵蚀以 Na_2SO_4 最为严重,其转化温度为 32.3 ℃,在 32.3 ℃以上析出无水硫酸钠,在 32.3 ℃以下析出带 10 个结晶水的硫酸钠(芒硝)。因此在日温差较大地区,白天混凝土表面温度大于 32.3 ℃,析出无水硫酸钠,夜间气温低时,在大气湿度条件下吸水潮解,使无水 Na_2SO_4 晶体软化成有结晶水的硫酸钠($Na_2SO_4 \cdot 10H_2O$),产生巨大膨胀应力导致混凝土破坏。

3)苛性碱侵蚀

碱金属与硫酸盐一样,也会对混凝土造成盐类结晶侵蚀,以 NaOH 为例,一方面 NaOH 与大气中 CO_2 反应(碳化)生成 Na_2CO_3,另一方面是水的蒸发,结果使含有结晶水的 $Na_2CO_3 \cdot 10H_2O$ 晶体积聚在混凝土表面的孔隙中,导致盐类结晶侵蚀,反应式如下:

$$2NaOH + CO_2 \longrightarrow Na_2CO_3 + H_2O$$

$$Na_2CO_3 + 10H_2O \longrightarrow Na_2CO_3 \cdot 10H_2O$$

4. 有机质侵蚀

1)油类侵蚀

豆油、杏仁油、花生油、核桃油、亚麻仁油、牛油、猪油等对混凝土均有较强侵蚀。

2)生物侵蚀

生物侵蚀是指菌类、细菌、藻类、苔藓、幼虫在混凝土表面生长繁殖时,会留下多种斑点及污足迹。

(二)混凝土化学反应侵蚀的防护措施

1. 选用合适的水泥品种

针对不同类型侵蚀选用不同抗侵蚀水泥。

对溶出性侵蚀应选用不易水解的水泥,如火山灰水泥、矿渣硅酸盐水泥,使 CH 与活性 SiO_2 反应生成 C-S-H 凝胶,减少溶出性侵蚀。

对酸性侵蚀,应选用耐酸水泥。

对硫酸盐侵蚀,应选用硫铝酸盐水泥、抗硫酸盐水泥、矾土水泥等。

2. 掺用火山灰质活性掺合料

混凝土中水化产物 CH 存在是必不可少的,但它参与侵蚀,因此掺入火山灰质活性掺合料(粉煤灰、硅粉等),可以与 CH 发生二次水化反应生成难溶的化合物,从而减轻溶出性侵蚀,同时对减小镁盐、硫酸盐侵蚀效果也是较好的。

3. 提高混凝土密实性和抗渗性

因为各种化学侵蚀介质都是以水为媒介通过混凝土中孔隙、毛细孔而进入的,因此提高混凝土密实性对减轻各种化学侵蚀都是有效的。密实混凝土首先是正确选择混凝土原材料与配合比,掺减水剂降低用水量、减小水灰比、保证必要的水泥用量,浇筑时加强振捣,防止漏振、欠振或过振,加强湿养护,冬季施工应加强保温措施,防止发生温度裂缝与干缩裂缝,以及对表面缺陷进行及时处理等。

4. 混凝土表面防护处理

在混凝土建筑物表面涂抹聚合物水泥砂浆、沥青涂层、专用涂料、浸渍混凝土表面等。

5. 混凝土保护层必须有足够厚度

混凝土受侵蚀往往引起钢筋锈蚀,而钢筋锈蚀又会引起混凝土裂缝,必将加速混凝土遭受化学侵蚀,因此保证钢筋有足够的混凝土保护层厚度,也能提高钢筋混凝土结构抗化学侵蚀能力。

六、抗碳化性

混凝土碳化是指大气中的二氧化碳在有水的条件下(实际上真正的媒介是碳酸)与

水泥的水化产物 CH 发生化学反应生成碳酸钙和游离水，其化学反应式如下：

$$Ca(OH)_2 + CO_2 + H_2O \longrightarrow CaCO_3 + 2H_2O$$

混凝土碳化消耗混凝土中部分 CH，使混凝土碱度降低。混凝土抵抗碳化作用的能力称为混凝土抗碳化性。

(一)影响混凝土碳化的因素

1. 混凝土水胶比

混凝土水胶比越大，混凝土越不密实、孔隙率越大，外界 CO_2 易侵入，越容易碳化；反之，即水胶比小、混凝土密实、孔隙率小，则不易发生碳化。

2. 周围介质相对湿度

混凝土碳化作用要在适中的相对湿度环境条件下(约 50%)才会较快进行，这是因为过高的湿度(100%)使混凝土孔隙中充满了水，二氧化碳不易扩散到水泥石中去，或水泥石中的钙离子能通过水扩散到混凝土表面，碳化生成的 $CaCO_3$ 把混凝土表面孔隙堵塞，碳化作用也不易进行；相反，过低的相对湿度(如 25%)，孔隙中没有足够的水使 CO_2 生成碳酸，显然碳化作用也不易进行。

3. 大气中 CO_2 的浓度

在大气中 CO_2 的正常含量为空气体积的 0.03% ~0.04%，但在工业区则相对较高，而室内可达 0.1%。因此，混凝土碳化作用的强弱与所在地区或位置的 CO_2 浓度有关。显然，大气中 CO_2 浓度高则碳化作用强，反之则碳化作用弱。据有关试验结果表明，室内结构混凝土碳化速率为室外的 2 ~3 倍。

4. 碳化经历时间

很明显，碳化深度随碳化时间的延长而增加。有关研究结果表明，混凝土碳化深度与碳化时间的平方根成正比。

5. 混凝土碱度

采用纯熟料水泥(硅酸盐水泥)配制混凝土碱度高，有较多 CH 与 H_2CO_3 起反应，其碳化速度较低，而掺用火山灰质掺合料(如粉煤灰等)的水泥混凝土，因粉煤灰二次水化需消耗掉一部分 CH，致使混凝土碱度有所降低，碳化速率较高。

(二)碳化的危害性

混凝土发生碳化有两大危害：其一是使混凝土碱度降低，破坏钢筋混凝土中钢筋的钝化膜，使钢筋易发生锈蚀；其二是碳化导致混凝土发生碳化收缩变形。

1. 钢筋锈蚀、混凝土保护层开裂剥落

钢筋混凝土中钢筋保护层被碳化后，会导致钢筋锈蚀，从而把混凝土保护层胀裂，最后导致钢筋混凝土结构承载能力下降。因混凝土保护层碳化而导致钢筋锈蚀的机制后文有专门介绍。

2. 碳化收缩

从碳化反应中可以看出，混凝土中 CH 与 CO_2 反应生成 $CaCO_3$ 和水，伴随着固相体积减小和水分排出而产生收缩，也就是所谓碳化收缩，碳化收缩是一种不可逆收缩，也会导致混凝土表面发生裂缝。

这里需说明一点,一般不进行专门的碳化收缩试验,而混凝土干燥收缩试验结果实际上已包含了碳化收缩的影响。然而,干燥收缩与碳化收缩在本质上是完全不同的,干燥收缩是物理收缩,而碳化收缩是化学收缩。

(三)提高混凝土抗碳化性的措施

(1)尽量降低混凝土水胶比,提高混凝土密实性、减少空隙率,使 CO_2 很难侵入到混凝土中去。

(2)加强施工质量控制,振捣密实,不漏振、不欠振,混凝土表面抹面要用力压实,使混凝土表面也密实,CO_2 不易侵入混凝土内部。

(3)选用合适的水泥品种,优先选用硅酸盐水泥和普通硅酸盐水泥。

(4)混凝土表面涂刷防碳化涂料作保护层,阻止 CO_2 入侵混凝土。

(5)钢筋混凝土中钢筋的混凝土保护层有足够厚度,以尽量延长碳化时间。

(6)钢筋混凝土中混凝土掺钢筋阻锈剂,防止混凝土碳化后钢筋生锈。

第七节　钢筋混凝土结构的耐久性

钢筋混凝土结构的耐久性就是钢筋混凝土结构及其部件在可能引起材料性能劣化的各种作用下能够长期维持其应有性能的能力。

钢筋混凝土耐久性主要研究的是钢筋混凝土内部钢筋锈蚀引起的结构破坏问题。

研究表明,引起钢筋混凝土结构内部钢筋锈蚀的主要原因是,空气中的 CO_2 侵入混凝土内部,导致保护层混凝土碳化和氯离子侵入混凝土内部到达钢筋表面并聚集。

一、钢锈蚀机制

(一)钢锈蚀的条件

钢表面锈蚀的过程是电化学过程,其基本原理见图3-21:

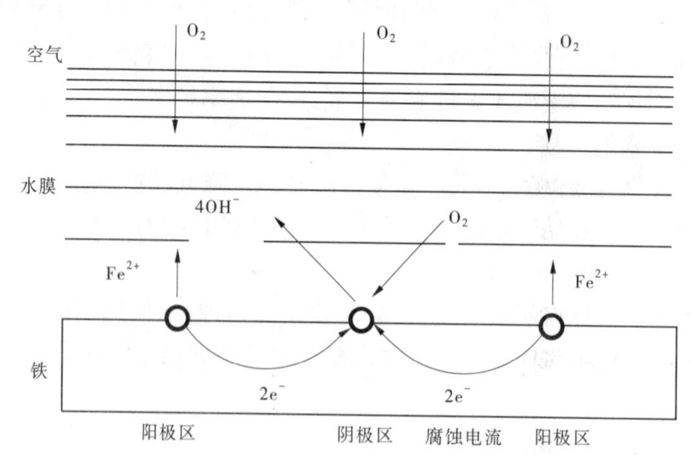

图3-21　钢锈蚀的基本原理

铁在热力学上是不稳定的,有力图恢复为原来能量较低、更为稳定的氧化物的倾向。

铁在环境作用下,进行这种自发的释放能量的氧化过程就是铁的腐蚀。表面锈蚀需要满足以下四个条件:

(1)钢是由不同结晶体组成的,并且含有杂质,形成了许多性能不同的微小区域,这些区域具有不同的电位,其表面因此也具有电化学的不均匀性,不同的微小区域之间存在电位差,由此产生众多微小的阴极区和阳极区。

(2)在这些阴、阳极区之间有电解质存在,把阴、阳极联系起来,有利于离子的迁移而构成电回路。

(3)在阴极区,钢表面上的电解质溶液中具有足够数量的氧化剂(通常是氧气),可进行如下的得到来自阳极区的电子的还原反应:

$$O_2 + 2H_2O + 4e \rightarrow 4OH^-$$

(4)在阳极区,钢表面处于活化状态,能进行失去电子的氧化反应:

$$Fe - 2e \rightarrow Fe^{2+}$$

(二)钢筋不锈蚀的情况分析

在下述情况下,钢筋不产生锈蚀:

(1)在干燥环境下存放的钢筋,即钢筋表面周围虽然有丰富的氧气,却没有作为电解质的水分,因此钢筋不锈蚀。

(2)钢筋表面涂有油膜时,钢筋表面既无氧气也无水分,钢筋也不锈蚀。

(3)在饱和的钢筋混凝土内的钢筋表面,没有氧气继续向内部补充,氧气不足,无法实现持续的原电池回路的有效通路,钢筋不锈蚀。

(4)正常的钢筋混凝土内,因周围环境的高碱性,钢筋表面存在一层致密的氧化膜,称为钝化膜,阻隔原电池的连通,钢筋也不锈蚀。

二、钢筋混凝土内部钢筋锈蚀的条件

对照钢筋锈蚀的四个条件,钢筋混凝土给予钢筋的环境应具备以下条件:

首先,钢筋本身的组织结构与钢材一样,其表面具有电化学的不均匀性,不同的微小区域之间存在电位差,由此产生了众多微小的阳极区和阴极区。

其次,钢筋表面总是被存在于混凝土内部的孔隙液所包围,而孔隙液是良好的电解质,因此孔隙液可以把不同电位区域联系起来构成导电通道,而钢筋本身也就是良导体,这样就具备了形成一系列闭合的原电池回路的客观条件。

再次,氧气可以通过混凝土中相互连通的毛细孔通道扩散到钢筋混凝土内部,在钢筋附近的混凝土孔隙液内自然也含有一定量的氧气,并且可以不断地得到补充。

可见,钢筋混凝土给予钢筋的外部环境已经满足了钢材可以锈蚀的三个条件。

最后,钢筋混凝土内部的钢筋是否锈蚀,就取决于钢筋表面是否处于活化状态,以便进行氧化反应,使原电池回路接通,能够连续畅通地运转起来。

三、混凝土碳化导致钢筋锈蚀

如上所述,在钢筋混凝土内部的钢筋,因其周围环境的高碱性,表面存在一层厚约1 nm的致密氧化膜,这层氧化膜保护了内部的钢本体,不至于向内部氧化,称为钝化膜。

当环境的pH值降低到11.5以下时,钢筋表面的钝化膜就不稳定,并有局部破裂,呈现出活化的状态。

混凝土的碳化导致混凝土丧失CH,碱性大幅度降低,测试证明,其pH值可到8左右,在这种低碱性环境条件下,钢筋表面的钝化膜不稳定,并被破坏,钢筋表面处于活化状态。

碳化的结果,钢筋表面的状态满足了钢锈蚀的第四个条件,即由于钢筋表面的活化,使钢筋表面局部微小的阳极区能够持续进行失去电子的氧化反应,而微小的阴极区也能够连续进行得到来自阳极区电子的还原反应,众多微小的原电池回路能够持续连通,并顺利运转,钢筋产生锈蚀。

四、氯离子侵蚀导致钢筋锈蚀的机制

氯离子导致钢筋混凝土内部的钢筋锈蚀的过程大致如下:

(1)因浓差作用,外部高浓度的氯离子通过存在于混凝土内部相互连通的毛细孔的溶液进入混凝土内部,并到达钢筋表面。

(2)氯离子在钢筋表面聚集,浓度逐渐升高。

(3)当聚集在钢筋表面的氯离子浓度达到临界浓度时,钢筋表面的钝化膜不稳定,并被破坏,钢筋表面呈现活化状态。

氯离子的侵入,最终导致钢筋表面钝化膜的破坏,钢筋表面的状态满足了钢锈蚀的第四个条件,即由于钢筋表面的活化,使钢筋表面局部微小的阳极区能够持续进行失去电子的氧化反应,而微小的阴极区也能够连续进行得到来自阳极区电子的还原反应,众多微小的原电池回路能够持续连通,并顺利运转,钢筋产生锈蚀。

第八节　混凝土的抗裂性能

混凝土抗裂性能是一个综合概念,它反映混凝土本身抗裂能力的大小,当混凝土应力超过抗拉强度,或混凝土收缩变形超过混凝土极限伸长变形值时,混凝土结构就会产生裂缝。因此,混凝土抗裂性是混凝土有利膨胀变形与有害收缩变形的关系问题。

一、影响混凝土抗裂性的孔隙和缺陷

混凝土内部有由凝胶孔、毛细孔和大孔在微观上相互连通组成的空间孔隙网络。宏观上,毛细孔、大孔之间不相连通,其中孔径大的毛细孔曲折向上,具有明显的方向性,附着于骨料边的气孔一般比毛细孔直径大,更具有危害性。

混凝土内部除存在孔隙网络,还存在许多微细裂缝。这些微细裂缝是由于在水泥水化凝结硬化过程中各组分沉陷、干燥、碳化等因素产生的。这些裂缝是石子与砂浆黏结面上的裂缝(黏结裂缝)、砂浆本身的裂缝(砂浆裂缝)和穿越石子的裂缝。这些裂缝就是混凝土先天存在的缺陷。

在荷载的作用下,毛细孔和大孔以及微裂缝张开、长大,宏观上连通,最后形成裂缝。

二、混凝土裂缝产生的原因

混凝土裂缝产生的根本原因是荷载的作用使混凝土内部的应力超过了混凝土承受的能力，或混凝土的变形超过了其极限变形的能力。

（一）作用在混凝土上的荷载特点

对水工建筑物的混凝土，作用其上的荷载分为显形荷载和隐性荷载。显形荷载一般是，水压力、风力、建筑物的质量形成的重力、地震力、机械力等；隐性荷载有自身水化热和环境温度变化导致混凝土温度上的分布和变化差异，以及因此产生的混凝土变形受约束形成的温度荷载、收缩形成的收缩荷载等。

（二）混凝土的力学和变形特点

混凝土的力学性能特点是抗压强度大，抗拉强度小，并且早期强度小，28 d 后基本稳定。这一特点决定了早期裂缝容易产生。

混凝土的变形有：自生体积变形，一般呈收缩状态；湿胀、干缩变形；热胀、冷缩变形；外荷载作用下的拉伸和压缩变形。

混凝土的热学性能特点是随环境温度的变化热胀冷缩和其自身固有的水化热导致的内部温升。环境温度变化和自身温度变化加上外部或内部对变形的约束，使混凝土的变形行为更加复杂。

（三）混凝土早期裂缝产生的环境因素

水工混凝土建筑物早期裂缝发生得最多，也最难以防范。早期裂缝在适当的条件下可以长长、扩宽，发展为深层裂缝甚至贯穿裂缝，对建筑物造成极大的危害。

1. 寒潮袭击

混凝土环境日平均气温如连续下降，其幅度达到一定程度就形成寒潮。寒潮对早期混凝土的冲击尤其明显。例如，在 2 ~ 5 d 内遭受日平均气温下降幅度达到 7 ℃，即形成了寒潮的袭击时，如保护措施跟不上，早期混凝土就会出现裂缝。

根据计算可以知道，混凝土在正常施工条件下，达到最高温度的时间一般是在浇筑后 3 ~ 6 d，以后就开始逐渐下降。如果不采取人工冷却的措施，那么自然冷却达到稳定温度的历时是很长的。所以这时，内部的混凝土仍然处于水化热刚刚释放完毕，是已经达到最高温度或刚刚开始降温而温度仍然相当高的时候。正在热胀的内部混凝土，对遭遇温度骤降而急剧收缩的外部表层混凝土产生约束作用。此时混凝土的抗拉强度和极限拉伸值都仍然较低。由于温降时间历程短，幅度大，徐变性能不能发挥作用，约束程度接近 100%。温度应力极易超过极限抗拉强度，局部变形也容易超过当时的极限拉伸值，出现表面裂缝。

表面裂缝发生初期，其开度从发丝到 1 ~ 2 mm 的都有，深度从几厘米到几十厘米，一般发生在混凝土块体的中部和棱角处。

对混凝土早期发生裂缝跟踪观测的结果表明，6 ~ 20 d 龄期期间发生裂缝的百分比在 90% 以上，占了绝大多数，可见这个时期内，是发生裂缝的最为危险的龄期；而在再短的龄期内，即使遭遇较大的寒潮，产生裂缝的机会也非常小，一般不超过 3%；20 d 龄期以后发生裂缝的情况大幅度地降低，为 5% 左右，可以认为，在此后的时间，发生裂缝的概率也是很低的。

必须指出,寒潮的出现不仅在寒冷的冬季,即使在夏季,对混凝土来说也会出现寒潮,因此无论什么季节,都必须注意防止寒潮对混凝土的袭击。

2. 冷却水温度过低

水工混凝土浇筑块一般布置有冷却水管,有的工程因冷却水温度过低,导致混凝土温度与冷却水之间的温度差超过了能承受的限度,在冷却水管附近的混凝土发生裂缝。还有的水工建筑物在刚浇筑混凝土后遭遇洪水,混凝土浸泡于温度低的水中,导致混凝土表面开裂。

3. 风干效应

正常养护不足,混凝土表面缺水收缩,发生裂缝;有穿堂风部位拆模后,不注意继续养护,造成表面迅速失水,发生干裂;拆模时机掌握不当,在降温时拆模,导致混凝土表面遭受寒潮和风干双重冲击,发生裂缝。

(四)混凝土裂缝产生的设计和施工因素

1. 设计因素

对混凝土结构形式设计不当,暴露面多,块体长、开孔部位不当、体形复杂、锐形转角等。对混凝土施工时遇到的问题考虑不足,导致混凝土温度控制能力不足。

2. 施工因素

混凝土拌和、运输、平仓、振捣、养护和表面保护等施工工艺不合理;工艺规定虽合理,但措施不严密,执行正确的工艺不坚决,出现不正当的干扰,导致混凝土出现裂缝。

三、混凝土的抗裂性

(一)混凝土材料抗裂性影响因素

混凝土抗裂性影响因素可分为两类:一类是对混凝土抗裂有利的因素,如混凝土极限拉伸变形、抗拉强度、徐变、膨胀型自生体积变形等;另一类是对混凝土抗裂不利的因素,如混凝土温降收缩变形 $\alpha\Delta T$(α 为混凝土线膨胀系数、ΔT 为水化热温升)、干缩变形、收缩型自生体积变形等。

(二)混凝土抗裂性表达式

混凝土抗裂性表达式用混凝土抗裂指数公式来表示。自从20世纪60年代以来,我国先后提出好几个抗裂指数(K)计算公式,下面介绍两个公式。

1. 20世纪60年代公式

$$K = \frac{\varepsilon_P R_L}{E_L \varepsilon_s} \tag{3-1}$$

式中 ε_P——极限拉伸值,10^{-6};

R_L——抗拉强度,MPa;

E_L——拉伸弹模,MPa;

ε_s——干缩变形,10^{-6}。

式(3-1)没有考虑温度变形、徐变、自生体积变形,因此考虑因素不全面,式(3-1)物理意义不明确。

2. 2005 年公式

20 世纪 60 年代以来,采用的各种混凝土抗裂指数计算公式都存在着或多或少的问题,如考虑影响因素不够全面,有的物理意义不够明确等。为此,2005 年黄国兴提出以下公式

$$K = \frac{\varepsilon_P + R_L C + G}{\alpha T_r + \varepsilon_s} \tag{3-2}$$

式中　C——混凝土徐变度,10^{-6}/MPa;

G——自生体积变形,10^{-6}(膨胀为 +,收缩为 -);

T_r——混凝土绝热温升,℃;

α——混凝土线膨胀系数,10^{-6}/℃;

其他字母意义同上。

式(3-2)考虑因素全面,物理意义明确,分子为在拉应力作用下混凝土产生的极限拉伸变形与徐变变形,还有混凝土本身的自生体积变形;而分母为在温度与相对湿度变化作用下混凝土发生的有害收缩变形——温度变形与干缩变形。显然,两者比值愈大,表明混凝土抗裂指数愈大,混凝土抗裂性能愈好。

(三)提高混凝土材料抗裂性的措施

由式(3-2)可以看出,提高混凝土抗裂性措施主要从两方面考虑:一方面要提高混凝土有利抗裂的拉伸变形——极限拉伸 ε_P、徐变变形 C 与自生体积变形膨胀量 G;另一方面要尽量减小有害的收缩变形——温度变形 $\alpha\Delta T$ 与干缩变形 ε_s。为了达到以上目的,必须在混凝土原材料选择与配合比优化方面下工夫。

1. 选择优质骨料

骨料用量占混凝土的 80% 左右,是混凝土中含量最多的原材料,因此骨料品种的优劣直接影响混凝土抗裂性。在混凝土性能中已提到骨料岩石品种对混凝土线膨胀系数 α、干缩、徐变都有很大影响。例如,石灰岩骨料混凝土的线膨胀系数 α 最小、干缩也较小、徐变最小,虽然徐变小对抗裂不利,但 α 小、干缩小对混凝土抗裂性特别有利。另外,石灰岩人工粗骨料粒形好、表面圆滑,可降低混凝土用水量。因此,在现场许可条件下,应尽量选用石灰岩骨料。

2. 选用发热量低、具有微胀型自生体积变形的水泥

为了降低水化热温升,应选用发热低的低热硅酸盐水泥或中热硅酸盐水泥,还应选用含 MgO 为 3.5% ~5.0% 的中热水泥,使其混凝土具有膨胀型自生体积变形。另外,也可外掺轻烧 MgO 粉,使混凝土具有微膨胀性,自生体积变形不收缩且有微膨胀。

3. 掺用活性掺合料

为了降低水泥用量、减少水化热温升,可掺活性掺合料,如粉煤灰、磷渣粉、活性指数较低的凝灰岩粉等。

4. 掺用外加剂

掺用减水剂以降低混凝土用水量,降低水灰比,提高混凝土强度。

掺用引气剂不但能提高混凝土抗冻性,而且能提高混凝土韧性,对抗裂有利。

5. 优化混凝土配合比

尽量降低水胶比,提高混凝土抗拉强度与极限拉伸值。

第四章　特种混凝土

凡是采用特种施工方法(碾压密实、泵送、喷射、自流平自密实)或具有特种性能(水下不分散、膨胀、抗渗性优、黏结强度高、韧性好)的混凝土均称为特种混凝土,归纳起来主要有以下九种:①碾压混凝土;②泵送混凝土;③喷射混凝土;④自流平自密实混凝土;⑤水下不分散混凝土;⑥膨胀混凝土;⑦纤维混凝土;⑧聚合物混凝土;⑨沥青混凝土。

本章概要介绍各种特种混凝土对原材料的要求、配合比特点、特性及用途。

第一节　碾压混凝土

一、概述

碾压混凝土是采用振动碾压密实的干硬性(无坍落度)混凝土。未凝固碾压混凝土拌和物性能与常态混凝土完全不同,凝固后又与常规混凝土性能基本相同。

碾压混凝土施工机械与常规混凝土完全不同,仓内运输用自卸汽车、摊铺混凝土用推土机或铺料机,振实用振动碾压机,要求压实度不小于97%。

碾压混凝土筑坝的设想是1970年由美国工程基金会提出的,1971年美国在泰斯福特(Tims Ford)坝上进行第一次碾压混凝土现场试验,1980年日本建成世界上第一座坝心(内部)碾压混凝土坝——岛地川重力坝,1982年美国建成世界上第一座全碾压混凝土坝——柳溪坝(Willow Creek)。

我国于1978年着手研究碾压混凝土筑坝技术,1979年和1984年先后在四川省铜街子水电站公路做过两次现场试验,1983年在厦门机场跑道进行一次大型碾压混凝土试验。1984年铜街子工程采用碾压混凝土修筑了左岸坝肩牛日溪沟一号坝,1985年福建省沙溪口水电站围堰和开关站挡墙浇筑了碾压混凝土2万m^3。1986年福建省坑口水电站采用碾压混凝土修筑了坝高56.8 m的重力坝,这是我国第一座碾压混凝土试验坝。自此以后,我国已修建数十座碾压混凝土坝、碾压混凝土围堰。

碾压混凝土属干硬性混凝土,无坍落度,因此其工作度用VC值来表示,所谓VC值是振动液化反浆所需时间(单位为s),在20世纪80~90年代,VC值一般采用10~15 s,21世纪开始将VC值下降至5~10 s,以利于碾压混凝土层面结合。

碾压混凝土胶凝材料比常态混凝土低,且粉煤灰掺量高达60%左右,因此碾压混凝土水化热温升较低,混凝土干缩小,对混凝土抗裂有利。

碾压混凝土机械化程度高,改善了劳动条件和环境,施工速度快、效率高,与常态混凝土施工相比,浇筑工期可缩短1/3~1/2,节约水泥30%~60%,简化温控措施,降低成本。

碾压混凝土主要用于混凝土大坝工程、混凝土围堰工程及公路工程。

二、碾压混凝土对原材料的要求

(一)水泥

在选用碾压混凝土用水泥时,应选用强度等级不低于32.5级的硅酸盐水泥、普通硅酸盐水泥、中热硅酸盐水泥、低热硅酸盐水泥和低热矿渣硅酸盐水泥。应优先选用优质粉煤灰或其他活性材料作为掺合料,掺量超过65%时,应通过试验论证。

(二)掺合料

碾压混凝土常用掺合料为粉煤灰,个别可掺凝灰岩粉、磷渣粉等。

(三)外加剂

碾压混凝土掺用外加剂应采用缓凝型减水剂与优质引气剂。减水剂分普通减水剂与高效减水剂,缓凝型普通减水剂常用的有木质素磺酸钙(简称木钙)、糖蜜,其减水率为8% ~10%,凝结时间推迟3 ~6 h,常用的缓凝型高效减水剂有萘系减水剂与聚羧酸类减水剂。

对有抗冻要求的碾压混凝土,应掺用引气剂。

(四)骨料

粗骨料最大粒径,从减少碾压混凝土卸料时分离考虑,一般选用80 mm,即采用三级配混凝土而不采用四级配混凝土。粗骨料最大粒径应考虑料场级配、碾压机械、铺料层厚度和材料分离等因素来选定。

细骨料可选用天然砂或人工砂。天然砂细度模数宜为2.0 ~3.0,含泥量应不大于5%;人工砂细度模数宜为2.2 ~2.9,石粉含量(粒径 <0.16 mm)应控制在12% ~22%,其中粒径小于0.08 mm的微粒含量不宜小于5%,最佳石粉含量应通过试验确定。

三、碾压混凝土配合比特点

(1)碾压混凝土粉煤灰掺量比普通混凝土大,一般为60%左右。

(2)碾压混凝土单位用水量与胶凝材料用量比普通混凝土低。

(3)碾压混凝土一般选用缓凝型减水剂,推迟凝结时间,有利于层面结合。

(4)碾压混凝土引气剂掺量比普通混凝土的高得多,这是因为碾压混凝土粉煤灰掺量大,粉煤灰中碳颗粒对引气剂有吸附作用,使有效引气剂量降低;另一个原因是碾压混凝土属干硬性混凝土,搅拌时不易引气所致。

(5)碾压混凝土级配一般采用三级配,骨料最大粒径为80 mm,这是因为碾压混凝土拌和物在卸料时易发生骨料分离现象。若用四级配混凝土,最大骨料粒径为150 mm,卸料时特大石(粒径80 ~150 mm)很容易发生分离,因此碾压混凝土限制骨料最大粒径为80 mm。

(6)碾压混凝土砂率比普通混凝土大。

(7)碾压混凝土配合比必须通过现场碾压试验调整后确定。

四、碾压混凝土特性

(1)碾压混凝土拌和物工作度用*VC*值表示;

(2)碾压混凝土极限拉伸、徐变、干缩、绝热温升均较低,其原因是碾压混凝土单位用水量与水泥用量比普通混凝土低所致;

(3)碾压混凝土卸料时易发生骨料分离;

(4)碾压混凝土施工必须采用摊铺机、振动碾等机械进行铺料、碾压密实;

(5)碾压混凝土施工采用薄层浇筑,一般不埋设冷却水管进行冷却。

五、碾压混凝土用途

(1)浇筑重力坝、拱坝;

(2)浇筑施工导流围堰;

(3)公路路面;

(4)机场道路。

第二节 泵送混凝土

一、概述

采用混凝土泵进行混凝土运输与浇筑的混凝土称为泵送混凝土。混凝土泵是一种专门用于混凝土输送和浇筑的施工设备,它能一次连续完成水平运输和垂直运输,效率高、劳动力省、费用低,特别适合空间狭窄和有障碍物的混凝土浇筑。

泵送混凝土的关键施工设备——混凝土泵在100年前就开始研究,早在1907年德国率先研究混凝土泵,1913年美国制造出全世界第一台混凝土泵,1927年德国制造出立式单缸混凝土泵,1932年荷兰制造出卧式缸混凝土泵,20世纪50年代德国又制造出液压式混凝土泵,其功率大、排量大、运输远且能无级调节。

我国在20世纪50年代就从国外引进混凝土泵,到60年代,上海重型机械厂生产了仿苏C-284型混凝土泵(排量为40 m^3/h)。1981年电力工业部水电七局水工机械厂研制成HB-30型混凝土泵,液压活塞式混凝土泵是当今混凝土泵发展的主流。

我国建工、铁道、冶金、交通、水利、水电、矿山等行业都广泛应用泵送混凝土。

二、泵送混凝土对原材料的要求

(一)水泥

由于泵送混凝土要求泌水率低,特别是压力泌水率要低,因此泵送混凝土用水泥不宜选用矿渣水泥,宜选用硅酸盐水泥、中热硅酸盐水泥、低热硅酸盐水泥、普通硅酸盐水泥。

(二)掺合料

为了提高泵送混凝土的可泵性,减少混凝土泌水,宜选用微珠含量较高的Ⅰ级或Ⅱ级粉煤灰,不宜选用Ⅲ级粉煤灰。

(三)外加剂

泵送混凝土要求坍落度损失小、不离析,因此要求选用的减水剂混凝土坍落度损失小、较黏稠,一般选用专用的泵送剂。《水工混凝土外加剂技术规范》(DL/T 5100—2014)

规定的泵送剂品质要求列于表4-1。另外,为了提高可泵性和混凝土抗冻性,应选用优质引气剂。

表4-1 掺泵送剂混凝土性能要求

<table>
<tr><th>序号</th><th colspan="2">检测项目</th><th>性能要求</th><th>序号</th><th colspan="2">检测项目</th><th>性能要求</th></tr>
<tr><td>1</td><td colspan="2">减水率(%)</td><td>≥15</td><td>5</td><td colspan="2">坍落度
1 h经时变化量(mm)</td><td>≤60</td></tr>
<tr><td>2</td><td colspan="2">泌水率比(%)</td><td>≤70</td><td rowspan="2">6</td><td rowspan="2">抗压强度比</td><td>7d</td><td>≥115</td></tr>
<tr><td>3</td><td colspan="2">含气量(%)</td><td>≤4.5</td><td>28 d</td><td>≥110</td></tr>
<tr><td rowspan="2">4</td><td rowspan="2">凝结时间差(min)</td><td>初凝</td><td rowspan="2">≥+120</td><td rowspan="2">7</td><td colspan="2" rowspan="2">收缩率比(%)</td><td rowspan="2">≤125</td></tr>
<tr><td>终凝</td></tr>
</table>

(四)粗骨料

粗骨料的级配、粒径与形状对混凝土拌和物的可泵性影响很大。粗骨料应采用连续级配,针片状颗粒含量不宜大于10%。粗骨料最大粒径与运输管径之比应根据泵送高度确定,建工行业标准《混凝土泵送施工技术规程》(JGJ/T 10—2011)规定:“泵送高度在50 m以下时,对碎石不宜大于1∶3,对卵石不宜大于1∶2.5;泵送高度50~100 m时,宜在1∶3~1∶4;泵送高度超过100 m时,宜在1∶4~1∶5。”

(五)细骨料

细骨料对混凝土拌和物可泵性影响比粗骨料大得多,混凝土拌和物所以能在运输管中顺利流动,是由于砂浆润滑管壁和粗骨料悬浮在灰浆中的缘故。因此,要求泵送混凝土细骨料采用有良好级配的中砂,其通过0.315 mm筛子孔的颗粒不应小于15%。这是因为“细料”含量过低,混凝土中水从拌和物中“析出”,其他材料不能随水一起流动,运输管容易堵塞,也就是可泵性差。

三、泵送混凝土配合比特点

(1)泵送混凝土配合比,除必须满足混凝土设计强度和耐久性要求外,尚应满足可泵性要求,并进行现场泵送试验确定混凝土配合比。

(2)混凝土具有可泵性,可泵性可用压力泌水试验结合施工经验进行控制,要求10 s的相对压力泌水率不宜超过40%。

(3)泵送混凝土坍落度较大(100~200 mm),根据泵送高度选用,泵送高度30 m以下为100~140 mm,泵送高度30~60 m为140~160 mm,泵送高度60~100 m为160~180 mm,泵送高度超过100 m为180~200 mm。

泵送混凝土经时坍落度允许损失值,根据环境温度高低来确定,环境温度10~20 ℃时为5~25 mm;环境温度20~30 ℃时为25~35 mm;环境温度30~35℃时为35~50 mm。

(4)泵送混凝土砂率比普通混凝土的大4%~8%,泵送混凝土的砂率宜为35%~45%,混凝土的用水量与胶凝材料总量之比不宜大于0.6。

(5)泵送混凝土水泥用量比普通混凝土高,胶凝材料用量不宜低于300 kg/m³。胶凝材料用量过低,无法泵送。

(6)泵送混凝土级配,一般用二级配骨料,骨料最大粒径为40 mm,极少用三级配混凝土(最大骨料粒径80 mm)。

(7)泵送混凝土配合比应经过泵送试验调整后确定施工配合比。

四、泵送混凝土的特性

(1)泵送混凝土经泵送后到达浇筑仓面,其坍落度与含气量都有所减小,而温度升高,日本试验结果显示,平均升高0.4~1.0 ℃。

(2)泵送混凝土水泥用量较高,因此其极限拉伸值、干缩、水化热温升都比较大,特别是后两者对混凝土抗裂性不利。

五、泵送混凝土的用途

(1)水工隧洞衬砌;

(2)高压引水钢管外回填混凝土;

(3)导流洞与导流底孔封堵混凝土,特别是其顶部回填封堵;

(4)钢筋密集、空间狭窄部位混凝土;

(5)大型基础;

(6)高层建筑。

第三节　喷射混凝土

一、概述

喷射混凝土是用加固和保护结构或岩石表面的一种具有速凝性质的混凝土,将胶凝材料、骨料等按一定比例拌制的混凝土拌和物通过喷射机管道输送,由喷射机喷头在一定的压力下高速喷射到受喷面而迅速凝结而成。该混凝土的初凝时间一般为2~5 min,终凝时间不大于10 min。

喷射法施工将混凝土运输、浇下料、捣实三者结合为一道工序,不要或只要单面模板,可通过输料软管在高空、深坑或狭小工作区向任意方位浇筑薄壁或外形复杂的混凝土结构,机动灵活,适应性强。

喷射法施工分干喷法和湿喷法两种,干喷法是将水泥、砂石骨料、粉状速凝剂等干拌均匀,在喷射机喷头出口加水进行喷射;湿喷法是将水泥、砂石骨料、液态速凝剂、水在搅拌机内拌制混凝土拌和物,用喷射机直接喷射。湿喷法比干喷法具有明显的优点,湿喷法混凝土拌和物水灰比控制得好,有利于水泥水化,混凝土拌和均匀,混凝土匀质性好;喷射时粉尘小、回弹率低。因此,今后发展趋势是采用湿喷法进行喷射混凝土施工。

喷射混凝土的关键施工设备——混凝土喷射机,早在1942年瑞士阿利瓦公司研制成功转子式混凝土喷射机,能喷射最大骨料粒径25 mm的混凝土,1947年德国BSM公司研制成功双罐式混凝土喷射机,以后法国、瑞典、美国、加拿大、苏联、日本等国相继在土木建筑工程采用喷射混凝土技术。

我国冶金、水电部门于20世纪60年代初期,也着手研究喷射混凝土及喷射混凝土施工技术。1968年,我国回龙山水电站地下厂房及梅山铁矿竖井工程采用了喷射混凝土与锚杆相结合的支护(喷锚支护)。几十年来,喷射混凝土技术得到了很大发展和创新。从干喷机到湿喷机,从手工操作到智能机械手喷射,从粉状有碱速凝剂到液态无碱速凝剂,使喷射混凝土质量大大提高。

二、喷射混凝土对原材料的特殊要求

(一)水泥

喷射混凝土用水泥应选用标号不低于32.5 MPa的普通硅酸盐水泥,也可采用标号不低于42.5 MPa的矿渣水泥,喷射钢纤维混凝土用水泥应选用标号不低于42.5普通水泥,并应符合现行国家标准《通用硅酸盐水泥》(GB 175—2007)的规定,这是因为普通水泥的C_3S和C_3A含量较高,能速凝、快硬,后期强度高。

选用喷射混凝土水泥必须考虑水泥与速凝剂的相容性,应做相容性试验来确定。

(二)矿物掺合料

(1)粉煤灰的等级不应低于Ⅱ级,烧失量不应大于5%,其他性能应符合现行行业标准《水工混凝土掺用粉煤灰技术规程》(DL/T 5055—2007)的规定。

(2)粒化高炉矿渣粉的等级不应低于S95,其他性能应符合现行国家标准《用于水泥、砂浆和混凝土中的粒化高炉矿渣粉》(GB/T 18046—2017)的规定。

(3)硅灰应符合现行国家标准《砂浆和混凝土用硅灰》(GB/T 27690—2011)的规定。

(4)当采用其他矿物掺合料时,其性能除应符合现行国家标准《矿物掺合料应用技术规范》(GB/T 51003—2014)外,还应通过试验验证,确定喷射混凝土性能满足设计要求后方可使用。

(三)细骨料

喷射混凝土用细骨料宜选用级配在Ⅱ区的中粗砂,细度模数宜为2.5~3.0,干拌法喷射时,细骨料的含水率不宜大于6%。砂子过细会使其干缩增大,砂子过粗,则会增加回弹量,因此选用中粗砂。

(四)粗骨料

喷射混凝土用粗骨料应先用级配良好的碎石或卵石,其最大粒径不宜大于15 mm,要求粒径5~10 mm颗粒含量不小于70%,粒径10~15 mm颗粒含量不大于20%,粒径小于5 mm颗粒含量不大于10%,且不允许有超径。喷射钢纤维混凝土的粗骨料最大公称粒径不宜大于10 mm。当使用碱性速凝剂时,不得使用含有活性二氧化硅的骨料。这是因为粗骨料粒径大喷射混凝土回弹多,因此应严格控制骨料级配。

(五)外加剂

喷射混凝土必须掺用速凝剂和减水剂,一般不掺引气剂。因为在喷射过程中能引气,室内试验抗冻等级能大于F250。

速凝剂应与水泥具有良好的适应性,速凝剂掺量应通过试验确定,且不宜超过10%。

速凝剂分粉状与液态两大类,前者用于干喷法,后者用于湿喷法。液态速凝剂又分有碱液体速凝剂与无碱液体速凝剂,粉状速凝剂均为有碱速凝剂。建材行业标准《喷射混凝土用速凝剂》(JC 477—2005)规定了掺速凝剂水泥净浆与水泥砂浆的性能要求列于表4-2。

表4-2 掺速凝剂水泥净浆及砂浆性能要求

产品等级	检测项目			
	水泥净浆		水泥砂浆	
	初凝时间(min)	终凝时间(min)	1 d抗压强度(MPa)	28 d抗压强度比(%)
一等品	≤3	≤8	7.0	≥75
合格品	≤5	≤12	6.0	≥70

常用喷射混凝土用速凝剂产品列于表4-3。

表4-3 常用喷射混凝土用速凝剂产品

序号	速凝剂名称	类型	常用掺量(%)	用途	生产单位
1	红星一型	有碱粉状	2.5~4.0	干喷法	黑龙江鸡西水泥速凝剂厂
2	711型	有碱粉状	2.5~3.5	干喷法	上海硅酸盐制品厂
3	782型	有碱粉状	6~7	干喷法	湖南冷水江水泥速凝剂厂
4	尧山型	有碱粉状	3.5	干喷法	陕西蒲白矿务水泥厂
5	8604型	有碱粉状	3.5~5.0	干喷法	河南巩义市特种建材厂
6	8604-Ⅰ	低碱液态	3.5~5.0	湿喷法	河南巩义市特种建材厂
7	SW	低碱液态	5	湿喷法	云南昆明生威
8	8604-FJ	无碱液态	—	湿喷法	河南巩义市特种建材厂
9	SA160	无碱液态	—	湿喷法	上海麦斯特建材公司
10	AF400	无碱液态	—	湿喷法	马贝厦门米兰公司

(六)其他

(1)混凝土拌和用水和养护用水应符合本教材第二章第六节的规定。

(2)喷射混凝土用钢纤维和合成纤维应符合下列规定:

①钢纤维的抗拉强度不宜低于600 N/mm^2,直径宜为0.30~0.80 mm,长度宜为20~25 mm,且不得大于拌和物输送管内径的70%,钢纤维的掺量宜为干混合料质量的3.0%~6.0%。

②钢纤维不得有明显的锈蚀和油渍及其他妨碍钢纤维与水泥黏结的杂质;钢纤维内含有的因加工不良造成的黏连片、铁屑及杂质的总重量不应超过钢纤维重量的1%。

③合成纤维的抗拉强度不应低于270 N/mm^2,直径宜为10~100 μm,长度宜为12~25 mm。

④纤维其他性能应符合现行行业标准《纤维混凝土应用技术规程》(JGJ/T 221—2010)的规定。

三、喷射混凝土配合比特点

(1)湿喷法混凝土坍落度宜控制在80~120 mm。

(2)湿喷法混凝土砂率比普通混凝土的高得多。

干喷法喷射混凝土砂率宜控制在45% ~55%，湿喷法喷射混凝土砂率宜控制在50% ~60%，湿喷钢纤维混凝土砂率宜控制在60% ~70%。

(3)喷射混凝土水泥与骨料之比(简称灰骨比)比普通混凝土高。

干喷法水泥与石的质量比宜为1∶4.0 ~1∶4.5，湿喷法喷射混凝土灰骨比宜控制在1∶3.5 ~1∶4.0，湿喷钢纤维混凝土灰骨比宜控制在1∶3.0 ~1∶4.0。

(4)喷射混凝土水灰比。干喷法喷射混凝土水灰比宜控制在0.40 ~0.45，湿喷法喷射混凝土水灰比宜控制在0.42 ~0.50，湿喷钢纤维混凝土水灰比宜控制在0.40 ~0.45。

(5)喷射混凝土水泥用量比普通混凝土高，一般为400 ~ 450 kg/m^3，最高达500 kg/m^3。

(6)喷射混凝土矿物掺合料的掺量应通过试验确定。

(7)喷射混凝土配合比设计方法与普通混凝土不同，其配制强度计算应考虑基准混凝土(不掺速凝剂)与喷射大板试件强度差值。

喷射混凝土抗压强度试件是在现场喷大板，用切割法或钻芯法加工成边长为100 mm的立方体或ϕ100 mm×100 mm的圆柱体试件。在喷射混凝土配合比设计时，不可能去现场喷大板切割加工试件检验混凝土抗压强度，一般采用在室内成型基准混凝土(不掺速凝剂)试件检测抗压强度。而室内基准混凝土试件抗压强度比现场喷大板抗压强度高得多。中国三峡总公司试验中心进行了25组基准混凝土与喷大板抗压强度对比试验，其试验结果列于表4-4。

表4-4 基准混凝土与喷大板混凝土抗压强度对比试验结果

设计强度	试验项目	基准混凝土	喷大板混凝土	抗压强度差
C25	组数	25	25	—
	28 d抗压强度(MPa)	55.5	39.7	15.8
CF30	组数	9	9	—
	28 d抗压强度(MPa)	66.4	49.6	16.8

从表4-4可以看出，基准混凝土比喷大板28 d抗压强度高16 MPa左右。因此，在计算配制强度时应加上这差值，即

$$R_{配} = R_{设} + t\sigma + \Delta R$$

式中 $R_{配}$——混凝土配制强度，MPa；

$R_{设}$——混凝土设计强度，MPa；

t——概率度系数；

σ——喷大板试件强度均方差，MPa；

ΔR——基准混凝土与喷大板混凝土抗压强度之差，MPa。

(8)喷射混凝土试配的水胶比应考虑喷射工艺、速凝剂对强度的影响。在无配制经验时，喷射混凝土试验的水胶比宜符合《喷射混凝土应用技术规程》(JGJ/T 372—2016)的规定。

(9)喷射混凝土配合比必须通过现场喷射试验，并用喷大板切割法或钻芯法制作加工强度试件，进行喷射混凝土性能试验，试验结果均满足设计要求后确定施工配合比。

四、喷射混凝土特性

(1)喷射混凝土(大板)抗压强度比基准混凝土低很多,据陈文耀、李文伟(2007)试验结果,前者比后者低16 MPa左右,其原因可能有四个:①喷射混凝土密实性、均匀性不如基准混凝土标准试件;②喷射带入混凝土一定的气泡,使混凝土强度降低;③喷大板试件需切割加工成立方体,加工过程、试件尺寸和形状不一定精确;④喷大板混凝土中掺入速凝剂,混凝土凝结得快,水化产物结构较粗大,使混凝土强度有所降低。

(2)喷射混凝土的干缩比普通混凝土的大。这是因为喷射混凝土水泥用量大,又掺速凝剂,使混凝土收缩增大。

(3)喷射混凝土(不掺引气剂)的抗冻性比普通混凝土的高。

不掺引气剂的普通混凝土抗冻性较差,一般抗冻等级为F50~F100,而不掺引气剂的喷射混凝土,因在喷射时带入一部分气,使喷射混凝土含气量增大2%左右,从而提高了混凝土抗冻性,三峡右岸地下电站主厂房C25喷射混凝土不掺引气剂,抗冻等级可达F250。

(4)喷射混凝土与围岩轴拉黏结强度比喷大板劈拉黏结强度低得多。

某地下电站工程喷射混凝土与围岩黏结强度试验结果列于表4-5。从表4-5可以看出,现场芯样轴拉法和喷大板轴拉法得出喷射混凝土与围岩轴拉黏结强度为0.27~0.71 MPa,均达不到1.0 MPa,而喷大板劈拉法得出劈拉黏结强度为1.16~1.70 MPa,均超过1.0 MPa。该试验结果表明,喷射混凝土与围岩轴拉黏结强度还不到劈拉黏结强度的一半。其原因是,现场钻芯拉拔法钻芯时摆动对芯样有损伤,安装拉力架与膨胀螺栓存在偏心问题,以及喷层厚度不足时引起应力集中现象等,以上因素都是导致现场钻芯拉拔法得出的轴拉黏结强度比实际的黏结强度低。另外,遇到现场随机钻芯的围岩完整性差,钻芯时易发生芯样断裂现象,导致现场钻芯拉拔法成功率不高。

表4-5 某地下电站工程喷射混凝土与围岩黏结强度试验结果

试验方法	28 d黏结强度(MPa)	备注
喷大板劈拉法	1.56	一组3块、平均强度
	1.64	一组3块、平均强度
	1.56	一组3块、平均强度
	1.70	一组3块、平均强度
	1.16	一组3块、平均强度
喷大板轴拉法	0.67	单块强度
	0.71	单块强度
现场芯样轴拉法	0.27	单块强度
	0.32	单块强度
	0.52	单块强度

喷大板劈拉法虽然可以避免现场钻芯拉拔法存在问题的发生,但喷射混凝土与围岩结合面不可能做到在劈拉试验时完全在同一垂直面上,多少有些剪切现象,导致喷大板劈

拉法得出的劈拉黏结强度比实际的黏结强度高。另外,由于劈拉试验方法不同,受垫条宽度影响,也使劈拉强度与轴拉强度不相等。

五、喷射混凝土的用途

(1)水工隧洞喷锚支护与衬砌;
(2)地下电站厂房等洞室喷锚支护与衬砌;
(3)岩石开挖边坡,特别是高边坡喷锚支护护坡;
(4)水工混凝土结构补强加固;
(5)其他,如交通隧道、矿山竖井与平巷、基坑、地下仓库等地下工程的初期支护与最终衬砌。

第四节　自流平自密实混凝土

一、概述

自流平自密实混凝土具有高流动度、不离析和均匀性及稳定性都好的特点。浇筑时依靠自重流动,无须振捣就能达到密实。自流平自密实混凝土技术的发展至今已有20年历史,在国内也已应用10多年,1993年日本开始有免振捣自流平自密实混凝土技术的报道。由于自密实混凝土施工质量好、节省劳动力、减小施工噪声污染,因而该项技术发展很快,20世纪90年代后期自流平自密实混凝土已占日本混凝土浇筑点量的50%以上。日本建筑学会于1998年制定了《自密实混凝土施工指南》,按钢筋最小间距自流平自密实混凝土分为三级,即一级钢筋最小间距为35~60 mm,二级为60~200 mm,三级为大于200 mm,欧洲于2002年2月也制定了《自密实混凝土规范和指南》。

我国中南大学等单位曾在2005年制定了《自密实高性能混凝土设计与施工指南》,中国土木工程学会标准化委员会制定了《自密实混凝土应用技术规范》(CECS 203:2006)。

自流平混凝土配合比不仅应考虑混凝土水胶比,而且应考虑水粉比以满足自流平混凝土的自密实性能的要求,水粉比是自流平混凝土配合比中特有的参数。所谓水粉比,是混凝土单位用水量与单位体积粉体量的体积之比,其中粉体量是指混凝土原材料中的水泥、掺合料与骨料中粒径小于0.08 mm的颗粒含量的总和。

自流平自密实混凝土的拌和物自密实性能包括流动性、抗离析性和充填性三项性能,分别采用坍落扩展度(简称坍扩度)试验、V形漏斗试验(或T50试验)和U形箱试验进行检验。

自密实混凝土可用于现浇混凝土,又可用于预制混凝土构件生产,特别适用于薄壁、钢筋密集和振捣困难的部位。

二、自密实混凝土对原材料的要求

(1)自密实混凝土掺合料,既可掺活性掺合料,如粉煤灰、矿渣粉、硅粉、沸石粉等,也可掺非活性(惰性)掺合料,如石英岩粉、石灰石粉,惰性掺合料品质应满足表4-6的要求。

表4-6　惰性掺合料品质指标

检测项目	SO_3	烧失量	氯离子含量	比表面积	流动度比	含水量
品质指标	≤4%	≤3.0%	≤0.02%	≥350 m^2/kg	≥90%	≤1.0%

(2)自密实混凝土细骨料宜选用偏粗中砂,粗骨料最大粒径不宜大于20 mm,且针片状颗粒含量应不大于8%。

(3)自密实混凝土宜选用聚羧酸系高性能减水剂,同时可掺增黏剂,以提高混凝土黏聚性而不离析。

自密实混凝土不宜掺用速凝剂、早强剂。

(4)自密实混凝土可掺用钢纤维或合成纤维,以改善混凝土力学性能(如韧性等),减少塑性收缩。

三、自密实混凝土配合比特点

(1)自密实混凝土配合比参数比普通混凝土多一个很重要的“水粉比”参数。水粉比大小决定自密实混凝土流动性和抗离析性能,水粉比过小使得混凝土拌和物抗离析性提高,但黏度增大使流动性降低,水粉比宜取0.80~1.15。

(2)自密实混凝土用水量宜为155~180 kg/m^3,单位体积粉体含量宜为0.16~0.23 m^3,单位体积浆体量宜为0.32~0.40 m^3。

(3)自密实混凝土单位体积粗骨料量,根据自密实性能等级选用,一级为0.28~0.30 m^3、二级为0.30~0.33 m^3、三级为0.32~0.35 m^3。

(4)自密实混凝土配合比设计表格列于表4-7。

表4-7　自密实混凝土配合比设计表

自密实混凝土强度等级		
自密实混凝土性能等级		
自密实混凝土坍扩度设计值(mm)		
V形漏斗通过时间设计值(s)		
水胶比(质量)		
水粉比(体积)		
含气量(%)		
粗骨料最大粒径(mm)		
单位体积粗骨料绝对体积(m^3)		
原材料	体积用量(L/m^3)	质量用量(kg/m^3)
水		
水泥		
掺合料		
细骨料		
粗骨料		
高性能减水剂		
其他外加剂		

四、自密实混凝土特性

(1)自密实混凝土拌和物自密实性是一项特别重要的性能,它包括混凝土拌和物的流动性、抗离析性与充填性三项特性。

(2)自密实混凝土流动性用坍扩度表示,抗离析性用V形漏斗通过时间或T50(坍落扩展至50 cm直径所需时间)来测定;自密实混凝土拌和物充填性用U形箱充填高度来测定。

(3)自密实混凝土自密实性能分成三个等级,其技术要求列于表4-8。

表4-8 自密实混凝土自密实性等级指标

自密实性能等级	一级	二级	三级
坍扩度(mm)	700±50	650±50	600±50
T50(s)	5~20	3~20	3~20
V形漏斗通过时间(s)	10~25	7~25	4~25
U形箱试验充填高度(mm)	>320	>320	>320
	1型障碍隔栅	2型障碍隔栅	无障碍

(4)根据结构或构件形状、尺寸、配筋情况等选用自密实性能等级。

一级适用于钢筋最小净间距35~60 mm、结构形状复杂、断面尺寸小的部位;

二级适用于钢筋最小净间距60~200 mm的部位;

三级适用于钢筋最小净间距超过200 mm、断面尺寸大、配筋量少的钢筋混凝土结构或无筋混凝土结构。

(5)自密实混凝土因水泥用量高,导致其收缩、徐变较大,而弹性模量较低等特点,设计者应给予足够的重视。

(6)自密实混凝土较黏稠,为了确保其均匀性,尽量采用强制式搅拌机搅拌,且适当延长搅拌时间。

(7)自密实混凝土搅拌投料顺序宜先投入细骨料、水泥和掺合料搅拌20 s后,再投入2/3的用水量和粗骨料搅拌30 s以上,然后加入剩余水量和外加剂搅拌30 s以上。

(8)自密实混凝土运输宜选用搅拌运输车,卸料前搅拌运输车应高速旋转1 min以上方可卸料,宜在90 min内卸料完毕(从搅拌加水起算),混凝土运输速度应保证施工的连续性。

(9)自密实混凝土浇筑时的最大自由落下高度宜在5 m以下,最大水平流动距离不宜超过7 m。

五、自密实混凝土的用途

(1)大坝导流底孔顶部封堵;

(2)地下工程导流洞顶部封堵;

(3)钢筋密集部位;

(4)薄壁结构;

(5)预制构件。

第五节 水下不分散混凝土

一、概述

水下不分散、自流平自密实混凝土称为水下不分散混凝土。

水下工程常遇到水下浇筑混凝土,但水泥混凝土拌和物直接倒入水中进行浇筑水下混凝土是不可能的,这是因为水泥混凝土拌和物穿过水层时,骨料与水泥就分离,因此无法浇筑成型。为此,要求在与环境水隔离条件下进行水下混凝土浇筑。在实际中,常用导管法施工,即将导管埋入混凝土中,导管随混凝土面上升而逐渐上提,但要保证导管埋在混凝土中一定深度,这种施工方法混凝土表面与水接触部位易发生水泥浆流失,使其混凝土强度降低,底层与基础黏结强度不高。据有关文献介绍,用导管法施工其表层混凝土强度损失可达50%,因而常常要清除15~45 cm厚表层低强水下混凝土,或每边富裕15 cm左右厚混凝土,造成较大浪费。

以上在施工方法上解决水下浇筑混凝土质量的措施在很长一段时间广泛应用,但存在表层混凝土低强等问题。为此,1970年起联邦德国开始研究改善混凝土本身性能(水下不分散)来提高水下混凝土质量,1974年联邦德国率先在工程实际中应用,并定名为水下不分散混凝土(简称NDC)。1980年日本从西德引进该项技术,并于1981年开始在工程上应用,而后英、美等国也都开展了该项技术研究与应用。我国于1985年由原石油部施工技术研究所(天津塘沽)从日本引进该项技术,并研制成功我国第一种水下不分散剂UWB-1,而后交通部二航局科研所研制出不分散剂PN,南京水利科学研究院研制成功NNDC-2型水下不分散剂,中国水利水电科学研究院结构材料所研制成功NDC-IA水下不分散剂,华东水电勘测设计院科研所研制成功水下不分散剂NDC-A、NDC-B。

因此,水下不分散混凝土在我国已经有20多年应用历史,广泛应用于桥梁、码头、港口、水利工程等工程。

水下不分散混凝土试验方法已有了电力行业标准,即《水下不分散混凝土试验规程》(DL/T 5117—2000)。

二、水下不分散混凝土对原材料的要求

水下不分散混凝土原材料与普通混凝土基本相同,其不同点是必须掺用抗分散剂,以及粗骨料最大粒径不宜超过20 mm。

常用抗分散剂可分成聚丙烯酰胺类与纤维素类两种。

聚丙烯酰胺类抗分散剂有:UWB-1、UWB-2(中国石油天然气总公司工程技术研究所),PN(交通部二航局科研所),NDC-1A(中国水利水电科学研究院结构材料所),NDC-A、NDC-B(华东水电勘测设计院科研所)。纤维素类抗分散剂有NNDC-2(南京

水利科学研究院材料结构所）。

掺抗分散剂水下不分散混凝土性能应满足表4-9要求。

表4-9 掺抗分散剂水下不分散混凝土性能要求

检测项目		普通型	缓凝型
泌水率(%)		<0.5	<0.5
含气量(%)		<4.5	<4.5
坍落度损失(cm)	30 min	<3.0	<3.0
	120 min	—	<3.0
抗分散性	水泥流失量(%)	<1.5	<1.5
	悬浊物含量(mg/L)	<50	<50
	pH值	<12	<12
凝结时间	初凝(h)	>5	>12
	终凝(h)	<24	<36
水气强度比(%)	7 d	>60	>60
	28 d	>70	>70

注:水气强度比为水中与大气中成型试件抗压强度之比。

三、水下不分散混凝土配合比特点

(1)水下不分散混凝土中必须掺用水下不分散剂。

(2)水下不分散混凝土水泥用量比普通混凝土大,一般在350 kg/m^{3}以上。

(3)水下不分散混凝土骨料最大粒径不宜大于20 mm,因为水下不分散混凝土属自流平自密实混凝土,粗骨料粒径大于20 mm,易发生骨料沉淀,流动困难,影响混凝土流动性、均匀性。因此,一般水下不分散混凝土最大骨料粒径为20 mm(一级配),个别的也用到40 mm的,如三峡右岸重件码头(缆车斜坡式),高程66 m以下120 cm厚水下不分散混凝土斜坡道采用二级配混凝土,最大骨料粒径40 mm。

(4)混凝土配合比设计应采用水下成型与养护的混凝土抗压强度,不能采用大气环境成型与标准养护室养护的混凝土抗压强度。

(5)水下不分散混凝土流动性应采用坍扩度或扩展度,一般不再用坍落度。因为坍落度大于22 cm后测不准。

四、水下不分散混凝土特性

(1)水下不分散混凝土具有水下不分散特性,且能自流平自密实。

(2)水下不分散混凝土在水中成型抗压强度比在大气中成型的低得多,一般低20%~30%(见表4-10)。

表4-10 水下不分散混凝土水气强度比

抗压强度(MPa)	水泥用量(kg/m³)								
	436			501			550		
	水	气	强度比	水	气	强度比	水	气	强度比
7 d	21.1	24.9	0.85	21.5	26.8	0.74	23.8	27.8	0.86
28 d	26.7	35.3	0.75	34.9	46.9	0.74	39.1	50.3	0.77

(3)水下不分散混凝土水气强度比比普通混凝土的高得多(见表4-11)。

表4-11 普通混凝土与水下不分散混凝土水气强度比

类别	水	气	强度比
普通混凝土	13.1	38.4	0.34
NDC	26.8	31.8	0.84
	34.0	37.8	0.90

(4)水下不分散混凝土水下成型抗压强度、劈拉强度、抗弯强度、黏结强度等均比普通混凝土水下成型的各种强度高(见表4-12)。

表4-12 水下不分散混凝土与普通混凝土力学性能比较

混凝土种类	抗压强度(MPa)		劈拉强度(MPa)		抗弯强度(MPa)		黏结强度(MPa)	
	水	气	水	气	水	气	水	气
普通混凝土	7.7	32.3	0.8	2.8	1.6	6.6	0.6	2.2
NDC	28.0	33.9	3.0	3.4	5.0	6.8	1.7	2.1

(5)水下不分散混凝土可在水深30～50 cm情况下直接浇筑,但水深大于50 cm则需采用导管法施工。

(6)水下不分散混凝土宜在静水中浇筑,水流流速在0.3～0.5 m/s时混凝土流失量较少,但当流速大于0.5 m/s时应采取措施,如采用导管埋入混凝土中提升浇筑等。

(7)在水下不分散混凝土浇筑完后,在混凝土硬化过程中应避免受动水、波浪等冲刷造成水泥浆流失及混凝土被淘刷,必须进行表面保护。

五、水下不分散混凝土的用途

(1)港口、码头、桥梁、船坞等新建工程水下部位混凝土浇筑。

(2)海堤护坡、河道护岸、堤防加固等水下部位混凝土浇筑。

(3)水电厂尾水护坦、水垫塘、消力池底板等水下补强加固。

(4)码头、桥梁桥墩等水下补强加固。

第六节 膨胀混凝土

一、概述

普通硅酸盐水泥混凝土常因水泥水化发生收缩而开裂，为了提高水泥混凝土的抗裂性，补偿收缩，甚至使混凝土内部产生化学预应力，采用膨胀水泥或在混凝土中掺膨胀剂都能配制膨胀混凝土。

早在1890年，凯德洛特(C. Candlot)就发现铝酸三钙和硫酸钙在水介质中相互作用，会生成水化硫铝酸钙(即钙矾石)，钙矾石含有32个结晶水，体积发生膨胀。1935年法国洛西叶(H. Lasier)在波特兰水泥中掺入矾土、石膏和白垩磨成生料，经煅烧成熟料，再加入适量矿渣共同粉磨而成膨胀水泥。1942年苏联米哈依洛夫、1964年美国克莱恩(A. Klein)先后都研制成功了膨胀水泥 。

1962年日本购买了美国K型膨胀水泥专利技术，并在此基础上首次研制成功了硫铝酸钙膨胀剂，取名CSA。这种膨胀剂是用石灰石、矾土和石膏煅烧成熟料后粉磨而成，在硅酸盐水泥中掺入8%～12%和17%～25%的CSA，即可分别配制成补偿收缩混凝土与自应力混凝土(膨胀混凝土)，膨胀剂是由日本首创。用膨胀剂来配制膨胀混凝土，可以降低造价，且使用灵活方便。

我国自20世纪50年代开始研制膨胀水泥，1957年吴中伟、曹永康等研制成功了硅酸盐自应力水泥(膨胀水泥)。我国膨胀剂研制始于20世纪70年代，经过多年的努力，已研制出10多种膨胀剂产品，主要有硫铝酸钙类、硫铝酸钙—氧化钙类、氧化钙类等三类混凝土膨胀剂。

另外，我国水利水电工程还用轻烧MgO作为膨胀剂配制水工大体积补偿收缩混凝土，轻烧MgO膨胀剂是由菱镁矿石($MgCO_3$)经过1 000 ℃左右温度煅烧、粉磨而成。MgO与水反应生成$Mg(OH)_2$，体积膨胀，因煅烧温度比水泥熟料煅烧温度(1 450 ℃左右)低，故称轻烧MgO。轻烧MgO因煅烧温度低，作为水工混凝土膨胀剂的轻烧MgO，一般到180 d时膨胀基本稳定，正好补偿温降收缩变形。

硫铝酸钙类与氧化钙类膨胀剂使混凝土早期(1～7 d)膨胀量大，在约束条件下产生预压应力，因此适用于填充性补偿收缩混凝土与自应力混凝土，而轻烧MgO膨胀剂在水泥水化初期膨胀量很小，一般在7～90 d膨胀量较大，至180 d膨胀基本趋于稳定。因此，轻烧MgO膨胀剂适用于水工大体积混凝土，使其自生体积变形为膨胀变形，以提高水工混凝土抗裂性。

因膨胀水泥膨胀量不可调、价格贵、保存防潮较困难，而膨胀剂膨胀量可用膨胀剂掺量来调节、掺量少、价格较便宜、易防潮保存等。因此，一般不采用膨胀水泥配制膨胀混凝土，而是采用膨胀剂配制膨胀混凝土。

根据要求膨胀量大小，可分为微膨胀、小膨胀、较大膨胀与大膨胀四个等级：

(1)微膨胀：水中14 d限制膨胀率$<1.5\times10^{-4}$，用于大体积混凝土补偿收缩。

(2)小膨胀：水中14 d限制膨胀率$\geq1.5\times10^{-4}$，用于补偿收缩混凝土。

(3)较大膨胀:水中14 d限制膨胀率≥2.5×10^{-4},用于填充用膨胀混凝土。

(4)大膨胀:水中14 d限制膨胀率≥4.0×10^{-4},用于自应力混凝土。

掺膨胀剂的补偿收缩混凝土应在限制条件与潮湿环境下使用,否则达不到预期效果。

二、膨胀混凝土对原材料要求

膨胀混凝土与普通混凝土原材料差别在于前者必须掺适宜的膨胀剂。

(一)膨胀剂种类

(1)硫铝酸钙类膨胀剂,如UEA、AEA、PNC等,与水泥、水拌和后经水化反应生成钙矾石。

(2)硫铝酸钙—氧化钙类膨胀剂,如CEA,与水泥、水拌和后经水化反应生成钙矾石和氢氧化钙。

(3)氧化钙类膨胀剂,与水泥、水拌和后经水化反应生成氢氧化钙。

(4)轻烧氧化镁膨胀剂,与水泥、水拌和后经水化反应生成氢氧化镁。

(二)膨胀剂品质要求

(1)硫铝酸钙类、硫铝酸钙—氧化钙类、氧化钙类膨胀剂品质要求列于表4-13。

表4-13 混凝土膨胀剂品质要求

序号	检测项目			技术要求
1	氧化镁含量(%)			≤5.0
2	含水率(%)			≤3.0
3	总碱量(%)			≤0.75
4	氯离子含量(%)			≤0.05
5	细度	比表面积(m^2/kg)		≥250
		0.08 mm筛筛余(%)		≤12
		1.25 mm筛筛余(%)		≤0.5
6	凝结时间	初凝(min)		≥45
		终凝(h)		≤10
7	限制膨胀率($\times10^{-4}$)	水中	7 d	≥2.5
			28 d	≤10.0
		空气中	21 d	≥ -2.0
8	抗压强度(MPa)	A法	7 d	≥25
			28 d	≥45
		B法	7 d	≥20
			28 d	≥40
9	抗折强度(MPa)	A法	7 d	≥4.5
			28 d	≥6.5
		B法	7 d	≥3.5
			28 d	≥5.5

注:细度仲裁用比表面积或1.25 mm筛筛余,强度仲裁用A法。

(2)轻烧氧化镁膨胀剂品质要求。由原能源部水利水电规划设计总院1994年颁布的《水利水电工程轻烧氧化镁材料品质技术要求》(试行)规定的轻烧氧化镁膨胀剂品质要求列于表4-14。

表4-14　轻烧氧化镁膨胀剂品质要求

序号	检测项目	技术要求	序号	检测项目	技术要求
1	MgO 含量(%)	≥90	4	SiO_2 含量(%)	<4
2	活性指标(s)	240±40	5	细度筛余量(%)	180孔目/英寸(0.077 mm 标准筛)≤3
3	CaO 含量(%)	≤2	6	烧失量(%)	≤4

三、膨胀混凝土配合比特点

(1)膨胀混凝土必须掺用适宜的膨胀剂,掺量较大,但可取代水泥(内掺)。

(2)根据要求的膨胀量大小,选择膨胀剂品种与掺量。①大体积混凝土微膨胀量$(50\sim150)\times10^{-6}$,选用轻烧氧化镁;②补偿收缩混凝土小膨胀量$(150\sim250)\times10^{-6}$,选用硫铝酸钙类膨胀剂等,若选用UEA,掺量为10%~12%;③填充用膨胀混凝土较大膨胀量$(250\sim400)\times10^{-6}$,选用硫铝酸钙类膨胀剂等,若选用UEA,掺量为13%~15%;④自应力混凝土大膨胀量($>400\times10^{-6}$),选用硫铝酸钙类膨胀剂等,掺量>15%。

(3)膨胀混凝土配合比设计必须对选定膨胀剂品质和掺膨胀剂混凝土限制膨胀率进行试验。通过试验,确定是否满足膨胀量设计要求。

四、膨胀混凝土的特性

(1)膨胀混凝土具有微膨胀性(大体积微膨胀混凝土)或小膨胀性(补偿收缩混凝土),或较大膨胀性(填充性膨胀混凝土)。

(2)掺膨胀剂的膨胀混凝土的抗裂性、抗渗性均比普通混凝土的高,这是因为在限制条件下,膨胀剂在混凝土中建立一定预压应力,改善了混凝土内部的应力状态,从而提高了混凝土抗裂性。另外,在水泥凝结硬化过程中,膨胀结晶体(如钙矾石等)在混凝土内部起到填充、切断毛细孔缝的作用,从而改善了混凝土孔结构,使混凝土更加密实,从而提高了混凝土抗渗性及力学性能。

(3)掺粉煤灰的膨胀混凝土的膨胀率比不掺粉煤灰的有所降低,这是因为粉煤灰火山灰反应会消耗部分膨胀剂中的硫酸盐和体系中的氢氧化钙,使浆体液相pH值降低,在没有足够碱度和一定数量的$Ca(OH)_2$条件下生成的钙矾石往往以粗粒状形态结晶,表现出较差膨胀性能。

(4)膨胀混凝土7 d龄期抗压强度比不掺膨胀剂混凝土有所降低(约10%),这是因为掺硫铝酸钙类膨胀剂的膨胀混凝土1~7 d膨胀量较大,在不带模养护条件下,混凝土产生自由膨胀,使混凝土结构变得不够致密,导致混凝土7 d抗压强度降低,而28 d龄期混凝土抗压强度可以达到设计强度,应以28 d抗压强度来判定。

(5)膨胀混凝土拌和时间应比普通混凝土延长30 s,以保证膨胀剂和水泥、减水剂等拌和均匀,提高混凝土匀质性。

(6)掺膨胀剂的膨胀混凝土能在低温条件下膨胀,且低温比常温条件下产生更大的膨胀值,这是由于低温条件下溶液中的$Ca(OH)_2$浓度较高,从而导致细粒钙矾石体生成,产生较大的膨胀量。

(7)大体积补偿收缩混凝土内部温度达80 ℃高温,钙矾石就可能向AFm(低硫型水化硫铝酸钙—$3CaO \cdot Al_2O_3 \cdot CaSO_4 \cdot 12H_2O$)转化,使硬化体固相体减少,空隙率增加,混凝土性能下降,并可能危害混凝土结构。因此,大体积混凝土中掺用硫铝酸钙类膨胀剂,应控制大体积混凝土内部最高温度不超过80 ℃。

(8)掺各类膨胀剂的膨胀混凝土,施工时必须进行不少于14 d湿养护,以保证有足够水供水化反应,达到预期膨胀量。

五、膨胀混凝土的用途

(1)大体积补偿收缩混凝土,如水电站大坝混凝土、大型结构基础大体积混凝土;

(2)导流底孔与导流洞封堵混凝土;

(3)厂坝之间宽缝回填混凝土;

(4)坝基坑塘、断层挖槽等回填混凝土;

(5)工业与民用建筑无缝浇筑混凝土(微膨胀混凝土+后浇加强带);

(6)核电站混凝土工程,秦山核电站二期工程与江苏田湾核电站有关结构工程,已用AEA、UEA膨胀剂5 000余t,取得良好效果。

第七节　纤维混凝土

一、概述

纤维混凝土是在混凝土基体中掺入乱向分布的短纤维所组成的一种多相、多组分水泥基复合材料。

掺入混凝土中的纤维有两种:一种是钢纤维,另一种是合成纤维。钢纤维按生产工艺可分为钢丝切断型、薄板剪切型、熔抽型与钢锭铣削型等四种。合成纤维为高分子材料,按其材质可分为聚丙烯(丙纶)纤维、聚丙烯腈(腈纶)纤维、改性聚酯(涤纶)纤维与聚酰胺(尼龙)纤维等四种。

掺入钢纤维对混凝土基体产生增强、增韧和阻裂效应,从而能显著地提高混凝土抗拉与抗弯强度、限裂与限缩能力、抗冲击与耐疲劳性能,大幅度提高混凝土的韧性,改变混凝土脆性易裂的破坏形态,延长使用寿命。与普通混凝土相比,钢纤维混凝土除抗压强度与弹性模量外,其他各项性能均有显著提高。

由于钢纤维混凝土的优异特性,它已广泛地应用于公路路面、机场道面、桥面、防水屋面、工业厂房地面、隧道与涵洞衬砌、水利水电工程、港口与海洋工程、建筑结构工程、国防抗爆与弹道工程等。

常用合成纤维为聚丙烯纤维与聚丙烯腈纤维，两者区别在于聚丙烯腈纤维的抗拉强度、弹性模量均比聚丙烯纤维高，常用合成纤维形状为单丝状与膜裂网片状两种，因此聚丙烯纤维适用于防止和减少混凝土早期收缩裂缝，而聚丙烯腈纤维适用于硬化后混凝土增韧。

二、纤维混凝土对原材料的要求

纤维混凝土比普通混凝土原材料多掺一种纤维（钢纤维或合成纤维），其他原材料与普通混凝土相同。

（一）钢纤维

1. 钢纤维的分类

（1）按生产工艺分为钢丝切断型、薄板剪切型、熔抽型和钢锭铣削型等四种。

（2）按材质分为碳钢型、低合金型与不锈钢型等三种。

（3）按形状分为平直形和异形两种，而异形钢纤维又分为压痕形、波形、端钩形、大头形和不规则麻面形等。

（4）按强度分为 380 级——抗拉强度≥380 MPa 而 < 600 MPa；600 级——抗拉强度≥600 MPa而 <1 000 MPa；1000 级——抗拉强度≥1 000 MPa。

2. 钢纤维外形尺寸

（1）钢纤维长度或标称长度宜为 20 ~ 60 mm；

（2）钢纤维直径或等效直径宜为 0. 3 ~0. 9 mm；

（3）钢纤维长径比宜为 30 ~ 80。

3. 钢纤维品质要求

钢纤维品质检验项目与技术要求列于表 4-15。

表 4-15　钢纤维品质检验项目与技术要求

序号	检测项目	技术要求	序号	检测项目	技术要求
1	长径比偏差（%）	≤10	4	直径与等效直径偏差（%）	≤10
2	抗拉强度（MPa）	≥380*	5	形状合格率（%）	≥90
3	长度偏差合格率（%）	≥90	6	弯折不断裂率（%）	≥90

注：* 根据钢纤维强度等级定。

（二）合成纤维

1. 合成纤维分类

（1）按材质分为聚丙烯（丙纶）纤维、聚丙烯腈（腈纶）纤维、聚酰胺（尼龙）纤维、改性聚酯（涤纶）纤维等四种。

（2）按形状分为单丝、束状单丝和膜裂网状等三种。

2. 合成纤维外形尺寸

（1）直径为 2 ~ 65 μm。

（2）长度为 4 ~ 25 mm。

3.合成纤维的品质要求

常用合成纤维品质检验项目与技术要求列于表4-16。

表4-16 常用合成纤维品质检验项目与技术要求

序号	检测项目	技术要求	
		聚丙烯纤维	聚丙烯腈纤维
1	纤维直径偏差(%)	≤10	≤10
2	纤维长度偏差(%)	≤10	≤10
3	密度(g/cm^3)	≥0.90	≥1.18
4	熔点(℃)	≥160	≥220
5	抗拉强度(MPa)	≥350	≥910
6	弹性模量(MPa)	≥3 500	≥17 100
7	伸长率(%)	8~30	10~20
8	抗碱能力*(%)	≥99	≥99

注:*抗碱能力为抗拉强度保持率(%)。

三、纤维混凝土配合比特点

(一)钢纤维混凝土配合比特点

(1)钢纤维混凝土配合比设计采用根据混凝土抗压强度计算水胶比和依据混凝土抗拉或抗弯强度计算钢纤维体积率(掺量)的双控方法。

(2)由于钢纤维在混凝土基体中交叉与搭接,对混凝土流动性产生很大阻力,稠度显著增大,因此用坍落度评定钢纤维混凝土工作性不太合适,用维勃稠度仪测定的VB(s)来判断与控制其工作性较合适。

(3)钢纤维混凝土骨料最大粒径不宜大于20 mm,应为钢纤维长度的1/2~2/3;粗骨料针片状含量不宜大于5%,含泥量不应大于1%,泥块含量不应大于0.5%。

(4)钢纤维混凝土的砂率比普通混凝土高,一般为45%~50%,其砂率随钢纤维体积率的增加而增大。

(5)钢纤维混凝土的单位用水量比普通混凝土高,其用水量随钢纤维体积率的增加而增大。

(6)钢纤维混凝土的水胶比不宜大于0.50。

(二)合成纤维混凝土配合比特点

(1)合成纤维混凝土体积率宜在0.05%~0.3%选取。

(2)合成纤维混凝土试配时,可不考虑纤维对混凝土抗压强度的影响。

(3)合成纤维混凝土坍落度可比普通混凝土相应要求适当降低。

(4)合成纤维混凝土用水量比不掺的普通混凝土提高较多。

四、纤维混凝土的特性

（一）钢纤维混凝土的特性

（1）钢纤维混凝土的韧性高，这是钢纤维混凝土优异特性之一，对混凝土基体强度等级C40的混凝土，掺钢纤维可提高混凝土韧性15～20倍。

（2）钢纤维混凝土的抗疲劳性高，这又是钢纤维混凝土优异特性之一，因此钢纤维混凝土适用于弯曲疲劳荷载作用下的结构（如公路路面、机场道面、桥面等）和构件（如铁路轨枕等）。

（3）钢纤维混凝土的抗冲击性能好，与不掺钢纤维基体混凝土相比，掺钢纤维混凝土初裂冲击次数可提高12～14倍、破坏冲击次数可提高11～13倍、冲击韧性提高10～14倍。这是由于钢纤维的掺入，完全改变了混凝土在冲击荷载作用下粉碎性的破坏形态，在初裂后钢纤维混凝土仍能继续承担冲击荷载，且因冲击而出现的裂缝发展十分缓慢，因此掺钢纤维可明显提高混凝土的抗冲击性能。

（4）钢纤维混凝土具有优异的限缩与阻裂能力，与不掺钢纤维混凝土相比，掺钢纤维混凝土的收缩率降低50%左右，且收缩稳定期提前，这是由于钢纤维长径比较大、纤维间距小，对混凝土收缩产生限制作用所致。

（5）钢纤维混凝土耐久性高。由于掺入钢纤维，使混凝土裂缝数量减少、裂缝缝宽减小，提高了抗氯离子侵蚀能力。钢纤维通过阻裂效应，不仅改善混凝土孔结构，而且有效地抑制因冰冻产生的膨胀压力，这两个作用复合后，又相互促进、相互补充，产生“阻裂”与“缓冲”双重效应，从而降低了混凝土冻融损伤程度，相应提高了混凝土抗冻性。

（二）合成纤维混凝土的特性

（1）掺合成纤维能提高混凝土早期抗裂性，减少塑性收缩裂缝。

（2）合成纤维混凝土比普通混凝土的弯曲韧性高、抗冲击和抗疲劳性能也有所提高。

（3）合成纤维混凝土拌和物黏聚性高，可减少喷射混凝土的回弹率。

五、纤维混凝土的用途

（一）钢纤维混凝土用途

（1）水工混凝土建筑物抗冲耐磨部位。

（2）水工隧洞与地下厂房工程支护和衬砌。

（3）水工混凝土建筑物补强加固工程。

（4）公路路面、桥梁、机场跑道、工业建筑地面混凝土工程。

（5）屋面、地下室和水池刚性防水工程。

（6）专用铁路轨枕。

（7）国防抗爆与弹道工程。

（二）合成纤维混凝土用途

（1）混凝土面板堆石坝的混凝土面板工程。

（2）地下厂房岩锚梁。

(3)混凝土预制板材、管材。

(4)屋面、地下室、储水池等刚性防水层。

第八节　聚合物混凝土

一、概述

聚合物混凝土是聚合物—混凝土复合材料的简称,它是以聚合物与水泥或以聚合物为胶结材料的混凝土材料,聚合物混凝土可分为三类,即聚合物水泥混凝土(掺聚合物乳液改性、以水泥为主要胶结材料的聚合物改性水泥混凝土)、树脂混凝土(以树脂为胶结材料的混凝土)、聚合物浸渍混凝土(用聚合物单体浸渍到已硬化的水泥混凝土中去,聚合物填充混凝土孔隙而成)。

众所周知,水泥砂浆(混凝土)的缺点是脆性大、抗拉强度低、变形性能与黏结性能均较差,为了改善水泥砂浆(混凝土)的变形性能、黏结性能和耐久性,采用有机高分子材料(聚合物)与无机材料复合,即配制成聚合物改性水泥砂浆(混凝土),可发挥有机、无机材料各自优点,能明显提高砂浆(混凝土)的极限拉伸、抗拉强度、黏结强度,降低弹模、减小干缩率,提高混凝土密实性、抗渗性及抗冻性等。

早在古代,我国将天然聚合物用于古建筑,已有悠久历史。例如,古代用糯米粥和榆树叶汁拌石灰砌城墙和墓穴。

1923年,英国里特布尔(Letebure)申请用天然橡胶乳液改性水泥砂浆及混凝土的专利。1932年,英国邦德(Bend)申请用人造橡胶乳液改性水泥砂浆及混凝土的专利。

20世纪40~50年代,人们申请了多种合成聚合物胶乳进行改性水泥砂浆及混凝土的发明专利。20世纪60~70年代,研究用不同形态的聚合物,例如应用聚合物单体、树脂、聚合物胶乳、聚合物粉末等对水泥砂浆及混凝土进行改性。

1971年,美国混凝土学会(ACI)成立548委员会(聚合物混凝土)。从1979年开始,每隔3年左右即召开一次聚合物混凝土国际学术讨论会,1990年第六届聚合物混凝土国际学术讨论会在上海同济大学召开。

美国和日本都制定了聚合物水泥砂浆及混凝土的应用标准。

我国由于化学工业较落后,直至20世纪60年代才开始聚合物乳液对水泥砂浆及混凝土的改性研究,主要研究天然橡胶乳、丁苯胶乳、氯丁胶乳、氯偏胶乳、丙烯酸酯共聚乳液(丙乳)等聚合物水泥砂浆的性能及应用。广泛应用于防渗、防腐、防冻部位及工程修补。

2001年颁布了电力行业标准《聚合物改性水泥砂浆试验规程》(DL/T 5126—2001)。

在实际工程中,由于聚合物混凝土太贵,聚合物浸渍混凝土工艺复杂、能耗大、成本高,而聚合物水泥混凝土是在普通水泥混凝土掺入少量聚合物乳液对水泥混凝土进行改性,成本比前两种低得多,且具有很多优良性能,因此在工程上应用得较多,本节仅对聚合物水泥混凝土进行扼要介绍。

二、聚合物水泥混凝土(砂浆)对原材料的要求

聚合物水泥混凝土特有的原材料是聚合物乳液。

(一)聚合物乳液的分类

聚合物乳液可分为橡胶乳液、树脂乳液与混合乳液三类,而每类乳液又包括几种,详见下面聚合物乳液分类。

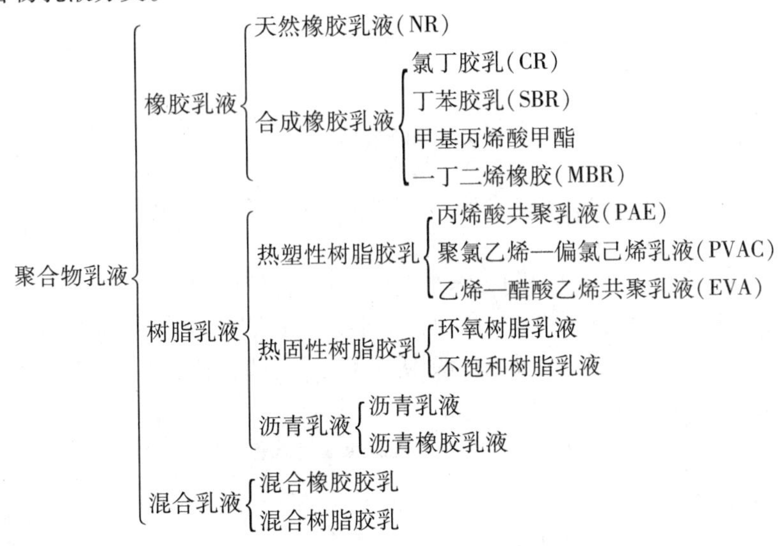

(二)聚合物乳液性能

常用聚合物乳液有丙乳(PAE)、氯丁胶乳(CR)、丁苯胶乳(SBR)、氯偏胶乳(PVAC),其性能列于表4-17。

表4-17 聚合物乳液性能

聚合物乳液种类	PAE	CR	SBR	PVAC
固形物含量(%)	46	42	48	50
稳定剂种类	非离子	非离子	非离子	非离子
比重(26 ℃)	1.09	1.10	1.01	1.09
pH值	9.5	9.0	10.0	2.5
黏度(20 ℃)	250 CP	10 CP	24 CP	17 CP
表面张力(26 ℃)	4.0 Pa	4.0 Pa	3.2 Pa	—

三、聚合物水泥混凝土(砂浆)配合比特点

(1)聚合物水泥混凝土(砂浆)配合比设计时多一个参数——聚灰比,即掺入聚合物乳液中固形物质量与水泥的质量比,聚灰比一般为5%~15%。

(2)聚合物水泥混凝土(砂浆)的用水量低,这是由于聚合物乳液在生产过程中都要加入表面活性剂,使聚合物乳液的减水率高达37%~45%,达到相同坍落度情况下,聚合物水泥混凝土的水灰比大大降低,详见表4-18。

表 4-18　丙乳砂浆与混凝土的减水性能

聚合物水泥砂浆					聚合物水泥混凝土				
灰砂比	水灰比		聚灰比	减水率(%)	水泥:砂:石	水灰比		聚灰比	减水率(%)
	普通	乳液				普通	乳液		
1:1	0.39	0.24	0.12	35	1:2.4:3.6	0.60	0.38	0.10	37
1:3	0.62	0.25	0.12	43	1:2.4:3.6	0.60	0.33	0.15	45
流动度	(180±10) mm				坍落度	50~60 mm			

四、聚合物水泥混凝土(砂浆)的特性

(1)聚合物水泥混凝土(砂浆)的凝结时间比不掺的有所延长,这是聚合物乳液对水泥水化有延缓作用所致。

聚合物水泥混凝土(砂浆)拌和物保水性优于普通混凝土(砂浆)。

(2)聚合物水泥混凝土(砂浆)极限拉伸变形大而干缩变形小,能显著提高混凝土(砂浆)抗裂性。聚合物水泥混凝土(砂浆)极限拉伸变形随聚灰比的增加而增大,而干缩变形随聚灰比的增大而减小,见表4-19。

表 4-19　丙乳水泥混凝土性能试验结果

丙乳掺量(%)	抗压强度(MPa)	抗拉强度(MPa)	极限拉伸值($\times10^{-6}$)	抗拉弹模(GPa)	干缩变形($\times10^{-6}$)
0	24.0	2.1	98	24.5	253
5	23.0	2.6	122	22.5	281
10	23.6	2.9	157	21.5	243
15	20.4	2.4	237	14.7	105

(3)聚合物水泥混凝土(砂浆)密实性远远优于同灰砂比的普通混凝土(砂浆),因此其抗渗性高、吸水率极低、抗氯离子渗透性强。

(4)聚合物水泥混凝土(砂浆)具有优良的黏结性能,且是一种常温水硬性黏结材料,无论被黏结体潮湿或在潮湿空气中,均可呈现优良的黏结性能。丙乳水泥砂浆与普通水泥砂浆抗拉黏结强度对比试验结果见表4-20。

表 4-20　丙乳水泥砂浆与普通水泥砂浆抗拉黏结强度对比试验结果

砂浆种类	养护条件	与钢材黏结强度(MPa)	与普通水泥砂浆黏结强度(MPa)	
			基面用砂纸打毛	基面用丙酮去油
普通	7 d湿21 d干	0	1.39	0
丙乳		0.38	7.83	2.33
普通	7 d湿21 d水	0.17	1.73	1.97
丙乳		0.33	7.90	4.32

(5)聚合物水泥混凝土(砂浆)具有很高的抗冻性与耐老化性能。南京水利科学研究院曾研究过丙乳水泥砂浆的抗冻性,快速冻融300次后,丙乳砂浆的相对动弹模仍在95%以上,质量损失率几乎为0,说明其有优异的抗冻性,还进行了老化试验,对丙乳砂浆试件在日本WE-2型紫外型碳弧灯全气候老化箱中试验2 160 h,丙乳砂浆试件抗拉强度及极限拉伸均未降低,说明其耐老化性能优良。

(6)聚合物水泥混凝土(砂浆)具有一定耐盐、耐碱、耐油脂矿物油和低浓度酸的能力,例如丙乳砂浆、氯丁砂浆的耐腐蚀性能如下:

丙乳砂浆:耐浓度≤2%的硫酸,耐浓度≤20%的氢氧化钠,耐浓度≤5%的盐酸、硝酸、醋酸、铬酸、氢氟酸,耐碳酸钠、氨水、尿素、乙醇、苯。

氯丁砂浆:耐浓度≤2%的盐酸、硝酸、醋酸、铬酸、氢氟酸,耐浓度≤20%的氢氧化钠,耐碳酸钠、氨水、尿素、丙酮、乙醇、汽油、苯。

(7)聚合物水泥混凝土(砂浆)养护特点是必须先进行潮湿养护7 d,使水泥水化,然后进行自然干燥养护21 d,使聚合物分散体失水而凝胶化,并进一步干燥形成网状膜。

五、聚合物水泥混凝土(砂浆)的用途

(1)新建水工混凝土建筑物表面防渗材料,如碾压混凝土坝上游喷涂聚合物水泥砂浆作防渗层等。

(2)水工混凝土建筑物冻融破坏修补,如北京西斋堂与崇青水库溢洪道、潘家口与岳城水库溢洪道等冻融破坏采用丙乳砂浆进行修补。

(3)水工钢筋混凝土建筑物渗漏处理,如渡槽、倒虹吸管等水工钢筋混凝土建筑物渗漏采用丙乳砂浆或氯丁砂浆进行防渗处理。

(4)防钢筋混凝土碳化处理,如对湖南省的韶山灌区、铁山灌区、岳阳水库、白马水库、马迹塘水电站,浙江永康水电站,江苏沭阳闸等工程都采用丙乳砂浆进行防碳化处理。

(5)工业建筑防腐材料、防氯盐腐蚀、防弱酸、耐碱等工业厂房地面、墙面、槽池护面等。

第九节 沥青混凝土

一、概述

沥青混凝土是以石油沥青为胶结材料的混凝土。在水工建筑物上采用沥青材料历史十分悠久,远在5 000年以前,埃及就在尼罗河护岸砌石工程中采用天然沥青作为胶结材料,在美索不达米亚地区和印度河流域,采用沥青材料进行防渗已比较普遍。至18~19世纪,英、法等国开始采用沥青铺设道路,起初用天然沥青,直到19世纪末叶,由于石油工业发展,提供了石油沥青,石油沥青一跃成为道路工程的主要建筑材料。

从20世纪20年代开始,沥青材料在水利工程中逐步推广应用。1929年美国建成全世界第一座沥青材料防渗的索推里坝(坝高12 m);1934年德国建成阿梅克沥青斜墙坝(坝高12 m);1936年阿尔及利亚建成格里卜沥青混凝土心墙堆石坝(坝高72 m);1951

年美国建成鲍德温山土坝,坝高83 m,采用沥青混凝土护坡;日本从1957年起,沥青材料用于堤防防渗工程,1971年建成深山沥青混凝土斜墙土石坝,沥青混凝土防渗面积达4.1万m^2,坝高75 m。

我国在历史上很早就采用沥青作为各种建筑物的填缝止水材料。新中国成立初期,甘肃、新疆采用沥青材料作引水渠道防渗衬砌,1972年东北白河水电站大坝(坝高24.5 m)与甘肃省党河水库大坝(坝高58 m)都采用沥青混凝土防渗。1979年建成陕西省石砭峪水库沥青混凝土斜墙土石坝(坝高85 m),1985年建成辽宁省碧流河水库大坝(坝高53.5 m),采用沥青混凝土心墙作为防渗体。2004年建成的三峡水库副坝(高104 m),采用沥青混凝土心墙堆石坝。

沥青混凝土防渗体在土石坝中应用,我国比国外虽然晚20年左右时间,但在20余年来,水工沥青防渗技术已得到了较快发展。

水工沥青混凝土主要用于水工建筑物防渗体与老坝渗漏处理工程。

二、沥青混凝土对原材料的要求

沥青混凝土的原材料有沥青、粗骨料、细骨料、填充料、掺合料等。

(一)沥青

1.沥青分类

(1)按材料来源分为地沥青(天然沥青、石油沥青)与煤沥青(焦油沥青)两类。

(2)按冶炼工艺分为直馏沥青、氧化沥青、溶剂脱沥青与调合沥青等四种。

(3)按用途分为道路沥青、建筑沥青、普通沥青与其他沥青(水工、涂料)等四种。

(4)按常温形状分为黏稠沥青、液体沥青与固体沥青等三种。

(5)按原油基属分为环烷基、石蜡基与中间基沥青三种。

水利水电工程主要采用环烷基的直馏道路石油沥青,特殊部位也可使用稀释沥青或乳化沥青。

2.石油沥青品质要求

我国黏稠石油沥青中的道路沥青、建筑沥青、普通沥青的等级,均按针入度来划分。

石油沥青品质检验项目有针入度、针入度比、软化点、延度、溶解度、闪点、含蜡量等。

我国交通行业标准《公路沥青路面施工技术规范》(JTJF 40—2004)规定的石油沥青品质检验项目及技术要求列于表4-21。

(二)粗骨料

粗骨料是指粒径大于2.36 mm的石子(碎石或卵石),必须选用能与沥青黏结良好的碱性岩石,如沉积岩中的石灰岩、白云岩,岩浆岩中的玄武岩、辉绿岩等。

粗骨料最大粒径应根据沥青混凝土的种类进行选择,表层不大于层厚的1/3,基层不大于层厚的2/5。

粗骨料与沥青黏结力,一般不应低于4级。

(三)细骨料

细骨料是指粒径为0.074~2.5 mm的砂料。一般可用河砂、人工砂,或天然砂与人工砂混合料。

表 4-21 道路石油沥青品质要求

序号	检测项目		石油沥青等级				
			AH－130	AH－110	AH－90	AH－70	AH－50
1	针入度 (25 ℃、100 g、5 s,0.1 mm)		120～140	100～120	80～100	60～70	40～60
2	软化点(环球法)(℃)		40～50	41～51	42～52	44～54	45～55
3	延度(5cm/min,25℃)(cm)		≥100	≥100	≥100	≥100	≥100
4	闪点(开口)(℃)		≥230	≥230	≥230	≥230	≥230
5	含蜡量(蒸馏法)(%)		≤3	≤3	≤3	≤3	≤3
6	薄膜加热试验 (163 ℃、5 h)	质量损失率(%)	≤1.3	≤1.2	≤1.0	≤0.8	≤0.6
7		针入度比(%)	≥45	≥48	≥50	≥55	≥58
8		延度(cm)	≥75	≥75	≥75	≥50	≥40

细骨料与石油沥青的黏结力,一般不应低于4级。

(四)填充料

沥青混凝土的填充料是指粒径小于0.074 mm的细料,又称矿料。常用填充料有石灰岩粉、白云岩粉、水泥等碱性材料,要求填充料含水量不大于0.5%。

(五)掺合料

为了改善沥青混凝土的性能,一般掺入石棉、橡胶、树脂、水泥、消石灰等掺合料。

1. 石棉

为了提高沥青混凝土的热稳定性与强度,可加入少量石棉。石棉分青石棉与温石棉两种,因青石棉性脆、只耐酸,故不宜采用,而温石棉韧性与可弯曲性好、可劈成细纤维,且有良好黏结性,因而常掺用温石棉。

2. 橡胶

为了改善沥青混凝土低温抗裂性和提高其高温稳定性,常在沥青混凝土中掺入少量橡胶。橡胶分天然橡胶、合成橡胶(丁苯橡胶、氯丁橡胶)、再生橡胶等,按其状态分为粉末橡胶、液状橡胶、固体橡胶,以上三种状态均可用。

沥青中掺入橡胶,黏度增加、针入度降低、软化点上升、感温性下降、脆点下降,而韧性及黏附性增加。

3. 树脂

沥青与树脂(聚乙烯、聚醋酸乙烯树脂、环氧树脂等)相溶性较好,沥青加热至130～160 ℃可直接掺入树脂。在沥青中掺入树脂,使脆点降低、延度减小、黏度变高、感温性降低,而热稳定性变好。

三、沥青混凝土特殊技术要求

水工沥青混凝土对温度特别敏感,因此在沥青混凝土配合比设计时,应考虑对沥青混凝土的特殊技术要求,主要有沥青混凝土热稳定性、低温抗裂性、抗老化性等。

(一)热稳定性

石油沥青对温度变化敏感,在配合比设计中若沥青混凝土中自由沥青含量较多,高温(温度超过软化点)时沥青黏度变小,对骨料凝聚下降,沥青混凝土会发生流动变形,如夏季沥青混凝土斜墙的表面温度可达60 ℃,易发生流动变形,使水面以上部位沥青混凝土表面出现拥坡现象。因此,在沥青混凝土配合比设计中必须考虑沥青混凝土热稳定问题。

(二)低温抗裂性

冬季寒潮引起气温骤降,沥青混凝土发生温度收缩变形,在 -20 ~ 10 ℃沥青混凝土平均收缩系数约 33×10^{-6}/℃,沥青混凝土易发生开裂破坏。因此,应选用温度敏感性小、脆点低的石油沥青,在配合比设计时适当提高沥青混凝土中骨料、填充料用量及选用碱性高的骨料等。

(三)抗老化性

沥青混凝土建筑物长期遭受大气、阳光和水的作用,要求沥青混凝土具有一定耐久性,耐久性包括抗老化性、水稳定性及抗疲劳性。一般来说,水工沥青混凝土孔隙率小于4%,水稳定性是有保证的。沥青属高分子材料,因此沥青混凝土抗老化性特别重要。

四、沥青混凝土的特性

(1)沥青混凝土拌制前必须将砂石骨料烘干加热,将石油沥青加热恒温,并采用强制式搅拌机拌和,拌和温度为160 ~ 180 ℃。

(2)沥青混凝土拌和物温度对沥青混凝土施工质量影响特别大。这是因为沥青混凝土拌和物温度过低,不利于骨料与沥青黏附,难以碾压密实;沥青混凝土拌和物温度过高,碾压时发生流动且黏附在碾磙上,也无法压实。因此,沥青混凝土施工应严格控制沥青混凝土拌和物出机口温度与浇筑温度,这与水泥混凝土施工严格控制水泥混凝土拌和物坍落度一样重要。

(3)沥青混凝土力学特性(应力—应变关系)随温度与加荷速度而变化。沥青混凝土的破坏有三种:①强度破坏:温度低、加荷速度快,在一次荷载作用下产生脆性破坏。②疲劳破坏:沥青混凝土允许变形随荷载次数的增加而减小,在反复荷载作用下,变形不断增加,最后超过允许变形发生破坏,即所谓疲劳破坏。③徐变破坏:在长期荷载作用下,沥青混凝土徐变变形逐渐增大,产生大的徐变变形会引起裂缝而破坏。

因此,沥青混凝土在低温或短时间荷载作用下,它的性能近于弹性,而在高温或长期荷载作用下,就表现出黏弹性或近于黏性。

(4)沥青混凝土变形性能好,变形模量(温度低、加荷时间短时称弹性模量)较低,柔韧性好,适用于软基或不均匀沉降较大的基础上的防渗结构。

(5)沥青混凝土耐水性(水稳定性)好,石油沥青是饱和碳氢化合物的混合物,其化学性质稳定,与水不发生化学反应,因此沥青混凝土耐水性强,也就是水稳定性好。

五、沥青混凝土用途

(1)土石坝防渗工程,如沥青混凝土斜墙土石坝、沥青混凝土心墙堆石坝等。

(2)引水渠道防渗工程,如灌区渠道沥青混凝土衬砌等。

(3)抽水蓄能电站上库防渗工程。

(4)土石坝与混凝土坝渗漏处理工程,如重力坝上游面沥青混凝土防渗处理、土石坝上游沥青混凝土防渗处理等。

(5)公路路面工程。

第五章　变形缝止水材料

由于水泥混凝土的性能，混凝土建筑物在建造和运行过程会发生各种变形，如混凝土温降收缩变形 $\alpha\Delta T$（α 为混凝土线膨胀系数 $(5\sim12)\times10^{-6}/℃$、ΔT 为温度差），干缩变形为 $(300\sim500)\times10^{-6}$，收缩型自生体积的变形为 $(20\sim100)\times10^{-6}$，这些变形使混凝土内产生应力，当此应力超过其拉伸强度或混凝土的收缩变形值超过其极限伸长变形值时，混凝土结构就会产生裂缝。其中，自生体积的变形可通过选用原材料（如水泥品种、水泥用量、水泥混合材及混凝土掺合料等）措施进行控制；干缩变形除通过选用原材料，还可以调整环境湿度，控制混凝土水分散失等措施减少变形，而混凝土的温降收缩变形 $\alpha\Delta T$，其中混凝土的线膨胀系数 α 是单位温度变化导致混凝土单位长度的变化。所以，当 ΔT 及 α 确定后，只能通过调整混凝土建筑物的尺寸控制混凝土的温降、收缩变形，使建筑物由于温降引起的混凝土收缩变形引发的混凝土应力和变形不超过混凝土允许的拉伸强度和极限变形值。据此，将建筑物分割为若干个具有适宜尺寸的块体，块体间设置温度变形缝，当环境温度发生变化时，块体的温降收缩变形不会导致块体混凝土产生裂缝，以保障整体建筑物的安全运行。

水工建筑物体积庞大、基础地质复杂、基础承载能力难以均一，且常有断层、裂隙出现，因而水工建筑更容易发生贯穿性裂缝，蓄水后这些裂缝又难以闭合，会引起基础和建筑物本身的破坏。所以，水工混凝土建筑物建造时要人工设置变形缝。

变形缝的功能是在基础变形、气温变化、混凝土硬化和荷载变化等情况下使建筑物块体能自由变形。

按产生变形的因素变形缝可分为温度伸缩缝和基础沉降缝。

按缝的宽度可分为窄缝 0.3～4.0 cm，中缝 4.0～10.0 cm，宽缝 >10.0 cm。

为防止压力水通过变形缝渗漏，在接缝内设置各种止水结构，常用的止水结构有铜片止水、橡塑材料止水和填料止水等。

变形缝在建筑物上的布置及缝内各止水结构的布置如图 5-1 所示。

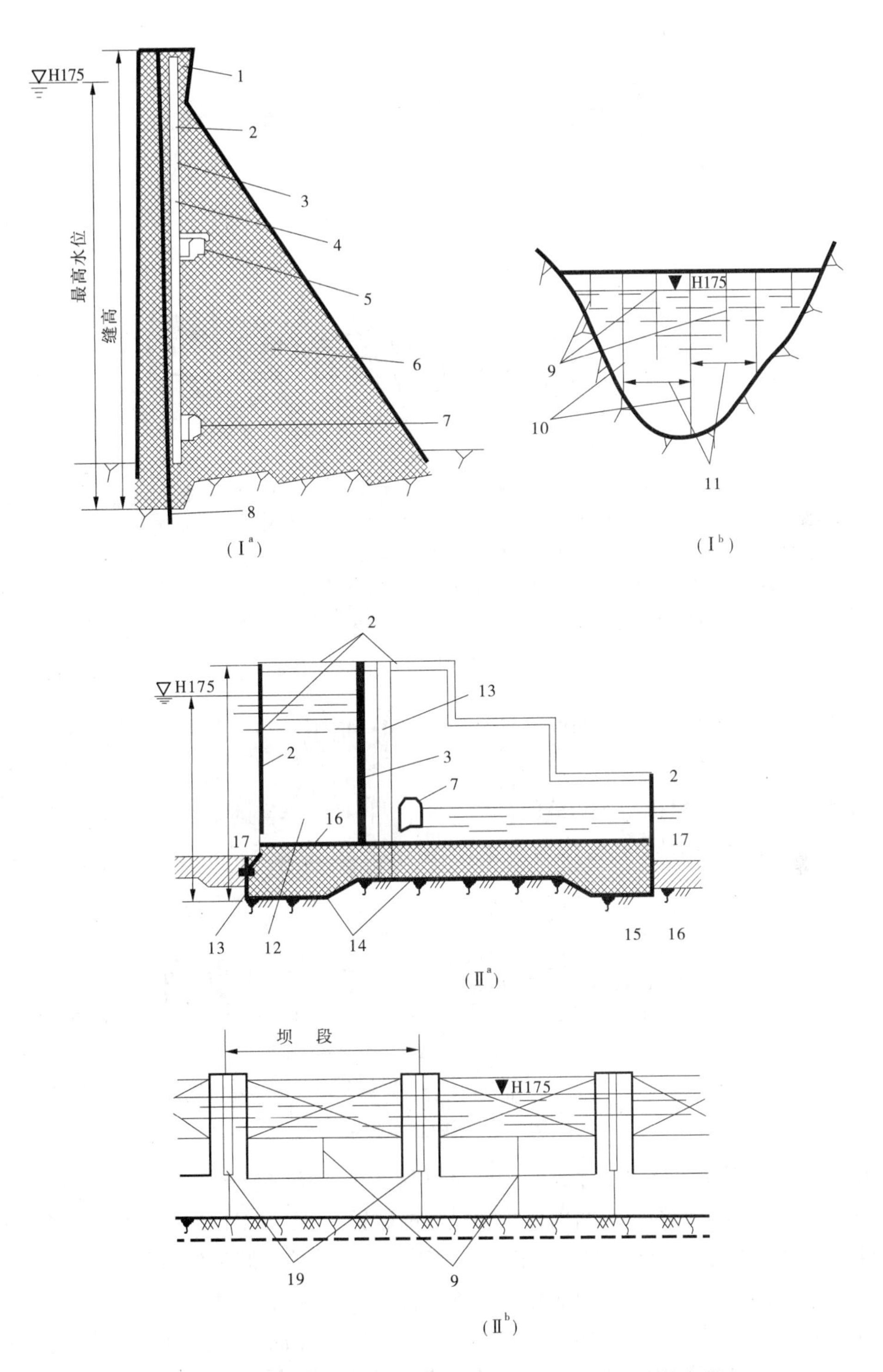

图 5-1　变形缝在建筑物上的布置及缝内各止水结构的布置

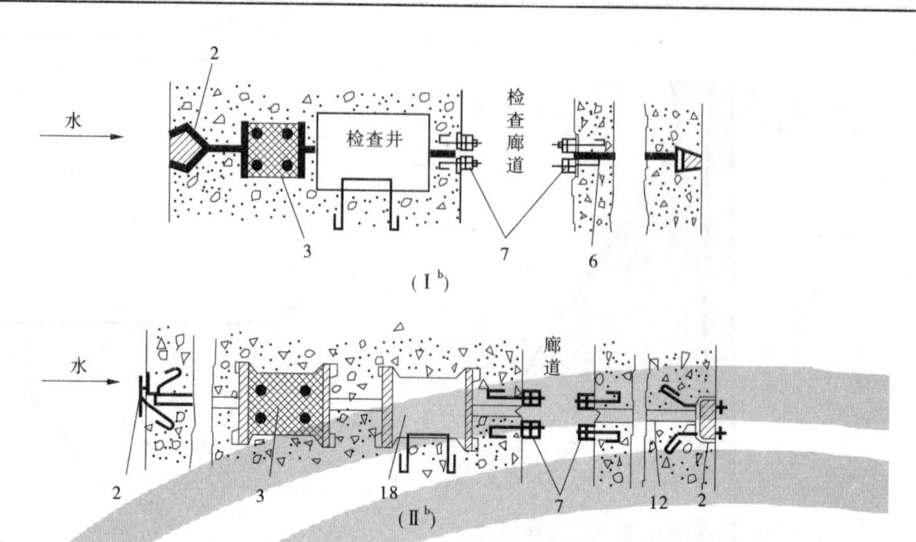

Ⅰ—温度变形缝;Ⅱ—沉降变形缝;a—沿缝断面;b—上游面;B—接缝平面;
1—补偿键腔;2—辅助止水;3—主要竖向止水;4—检查廊道;5—方圆廊道转变段;6—缝腔填充;7—内部辅助止水;
8—基础连接缝;9—非贯穿温度缝;10—贯穿温度缝;11—坝段;12—沉降缝空腔;13—连接基础止水;
14—底部主要水平止水;15—窄缝1~2 cm;16—水平辅助止水;17—与护坦连接的柔性止水;
18—备用止水键(可用作检查井);19—贯穿的温度—沉降变形缝

续图5-1

第一节　止水铜片

止水铜片是水工建筑物变形缝的传统止水材料,拥有丰富的实践经验,铜片止水至今仍不失为一种止水结构形式,常作为接缝的第一道止水,如图5-2所示。

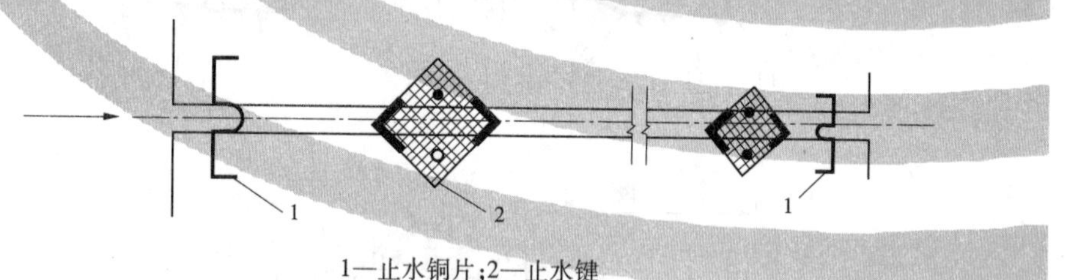

1—止水铜片;2—止水键

图5-2　缝中止水布置

铜片止水是根据预计水工建筑物运行时可能产生的接缝变形量和变形方向,以及上游最高水位等数据设计的一定断面形状和尺寸的软铜片,在施工过程中,将其骑缝浇筑在基础和接缝两侧的混凝土块体中,以阻止上游压力水沿接缝键腔发生渗漏。

铜片止水的工作原理是利用铜片的不透水性和耐水性,以及其与水泥砂浆的黏附性阻止上游压力水通过铜片本身和绕过铜片与混凝土接触界面的渗漏;利用软质铜材的柔韧性和铜片断面几何形状的变形承受接缝的伸缩变形和接缝两侧块体的相对变形。

铜片止水常用作岩基上水工建筑物温度变形缝和沉降量小的温度—沉降变形缝的接缝止水。铜片止水采用的铜片断面形状有F形和W形,如图5-3所示。

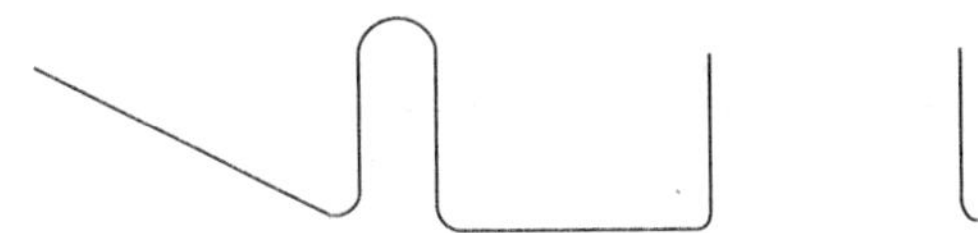

(a)F 形止水铜片

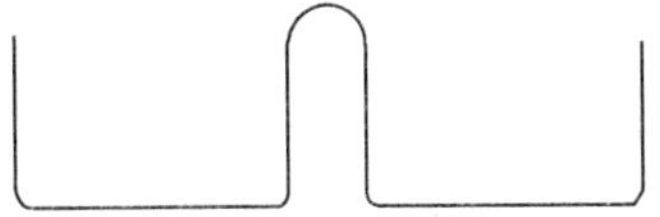

(b)W 形止水铜片

图 5-3　止水铜片形式

一、铜片基本物理性能及品质要求

(一)铜片物理性能

国内外水工混凝土接缝止水用铜材多为紫铜,其 Cu 含量不低于 99.5%,表面呈紫红色,常见的紫铜牌号有 T_1、T_2、T_3 及 T_4,其 Cu 含量分别为 99.95%、99.90%、99.70% 及 99.50% 以上。

紫铜的基本物理性能见表 5-1。

表 5-1　紫铜的基本物理性能

性能指标	抗拉强度(MPa)	延伸率(%)	密 度(g/cm^3)	熔 点(℃)	弹性模量(MPa)	线膨胀系数(10^{-6}/K)
软态(M)	196~235	50	8.94	1 083	1.287×10^5	16.8
硬态(Y)	392~490	6				

硬态(Y)和半硬态(Y/2)紫铜可采用退火方式恢复其软态紫铜的良好塑性。理想的退火温度应控制在 550~600 ℃。本次试验采用的紫铜片基本物理性能如表 5-2 所示。

表 5-2　本次试验采用的紫铜片基本物理性能

生产厂家	牌号	状态	厚度(mm)	硬度(HB)	密度(g/cm^3)	抗拉强度(MPa)
洛阳铜加工厂	T_2	硬态(Y)	1.0	133~135	8.89	445

退火后,按《金属材料　拉伸试验　第 1 部分:室温试验方法》(GB/T 228.1—2010),检验结果见表 5-3。

表 5-3　1.0 mm 厚紫铜片拉伸试验结果

退火方式	屈服强度(MPa)	破坏强度(MPa)	延伸率(%)
退火(软态)	60	225	48.5
未退火(硬态)	—	445	3.2

(二)铜片品质要求

电力行业标准《水工混凝土施工规范》(DL/T 5144—2015)条文说明规定了紫铜片品

质指标,列入表5-4。

表5-4　紫铜片品质指标

检测项目	指标
抗拉强度	≥240 MPa
延伸率	≥30%
冷弯	冷弯180°不出现裂缝;在0~60 ℃连续张闭50次不出现裂缝
密度	≥8.89 g/cm³
熔点	≤1 084.5 ℃

二、止水铜片断面形状尺寸的确定

W形止水铜片埋入混凝土中的翼板是折曲断面,与两侧混凝土块体连接牢固,接缝变形时不会被拔出,而F形止水铜片有一边翼板以平直的断面形状嵌入混凝土中,是借助铜片与混凝土的黏附力将翼板固结于混凝土中,如果翼板嵌入混凝土中的长度较小,黏附力较小,接缝变形时,该翼板可能从混凝土中被拔出,所以要根据实际工程采用的混凝土对铜片的黏附强度确定平直翼板埋入混凝土中的长度,故需进行铜片与混凝土的黏附测试。

(一)铜片与混凝土的黏附性能

为了解铜片与混凝土的黏附性,一般需进行埋入混凝土中的铜片拉拔试验。试验用混凝土配比为面板坝常采用的混凝土配比,如表5-5所示。

表5-5　铜片拉拔试验用混凝土配合比

水灰比	525水泥(kg/m³)	砂(kg/m³)	小石(kg/m³)	中石(kg/m³)	DH_9引气剂掺量(%)	抗压强度(MPa)
0.45~0.5*	320	663	565	565	0.01	39.7

注:*根据砂中含水量调整。

将10个断面为50 mm×1.0 mm的铜片按2、4、6、8、10、12、14、16、18、20 cm的深度浇入混凝土块中。以加荷速率10 kN/min进行拉拔试验,试验结果表明,拉拔力随铜片位移的增大而增加,并存在一个最大值。将该值除以铜片与混凝土的黏附面积即得铜片与混凝土间的平均剪切强度,绘入图5-4(a),由不同埋深试件的平均剪切强度可得图5-4(b)。

从图5-4中可以推出铜片埋深趋于零时的平均剪切强度,即黏附强度约为2.4 MPa。平均剪切强度S_a(MPa)与铜片埋深D(cm)之间试验回归关系为$S_a=2.421\,8-0.220\,2D+0.006\,2D^2$,($r^2=0.982\,2$),最后将各试件出现最大拉拔力时的铜片拔出的位移作为破坏位移,它与埋深的关系绘入图5-5。

试验结束后,对埋深为16、18、20 cm的三个试件的混凝土块沿铜片平面劈开后,发现18 cm埋深试件中的铜片被拉断,断裂位置距缝口4 cm。这表明F形的止水铜片其平

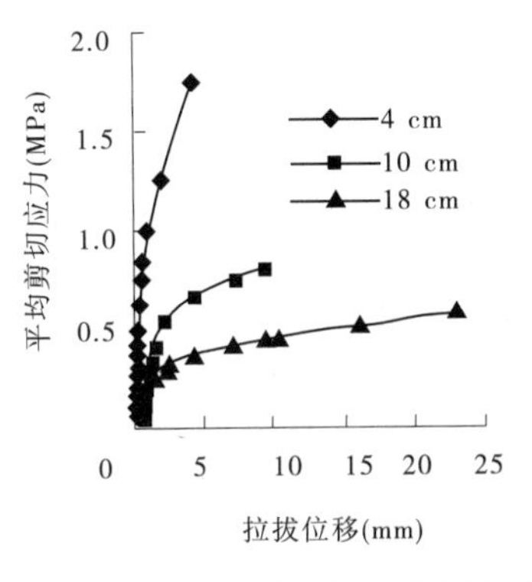

(a)拉拔位移与平均剪切应力

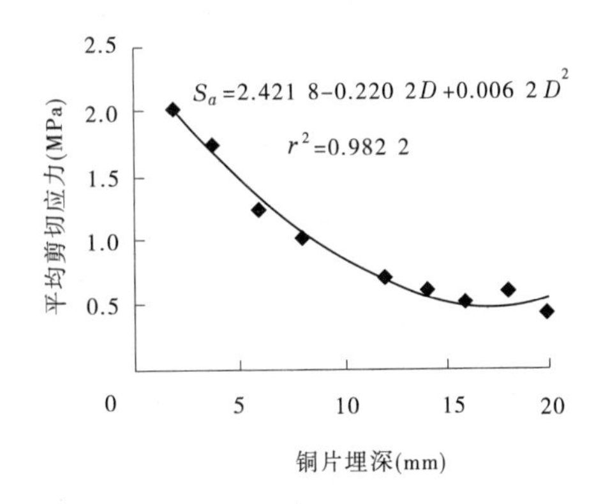

(b)铜片埋深与平均剪切应力

图 5-4 不同埋深铜片拉拔试验结果

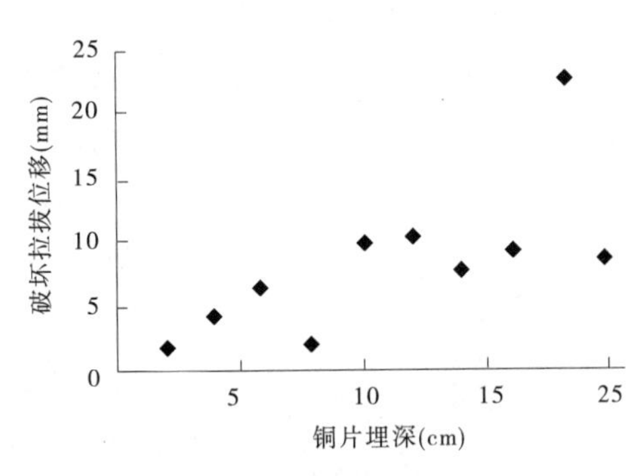

图 5-5 铜片破坏拉拔位移与埋深的关系

直翼板埋入混凝土中的长度不宜大于 18 ~ 20 cm。同时,也表明铜片承受水压力产生拉拔位移时破坏了铜片与混凝土的黏附界面,降低界面阻止水流绕渗性能。

(二)F 形铜片止水的抗剪切性能

F 形铜片止水的抗剪切性能需进行剪切试验来确定。首先进行平面的剪切试验,主要检验止水片长度和鼻形高宽比对剪切作用的影响,剪切试件如图 5-6 所示,止水铜片尺寸见表 5-6。

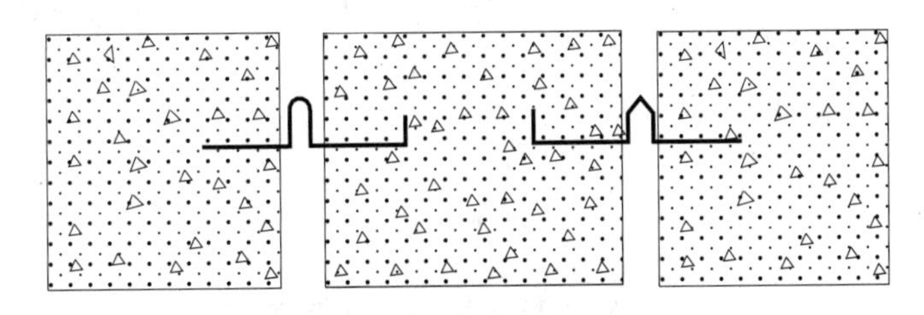

图 5-6 止水铜片平面剪切

试验剪切速率为 0. 5 mm/min,总剪切变形量为 50 ~ 55 mm,铜片与混凝土交接处的平均剪应力达到 30 MPa 时的剪切位移仅为 1. 0 mm。铜片已进入屈服阶段,见图 5-7。位移为 50 mm 时,第 3 组的平均剪切应力达到 80 多 MPa,第 1 组为 68 MPa,第 3 组比第 1 组大25%。这表明 H/B 值越大,其折曲段吸收剪切变形的能力越好。铜片长度的影响不够明显。

表5-6　止水铜片尺寸

组号	铜片长度 L (mm)	折曲直线段长度 (mm)	折曲段宽度 B (mm)	折曲总高度 H (mm)	折曲段总长 (mm)	H/B
1	50	60	25	72.5	159.3	2.9
2	80	60	25	72.5	159.3	2.9
3	50	40	25	52.5	119.3	2.1

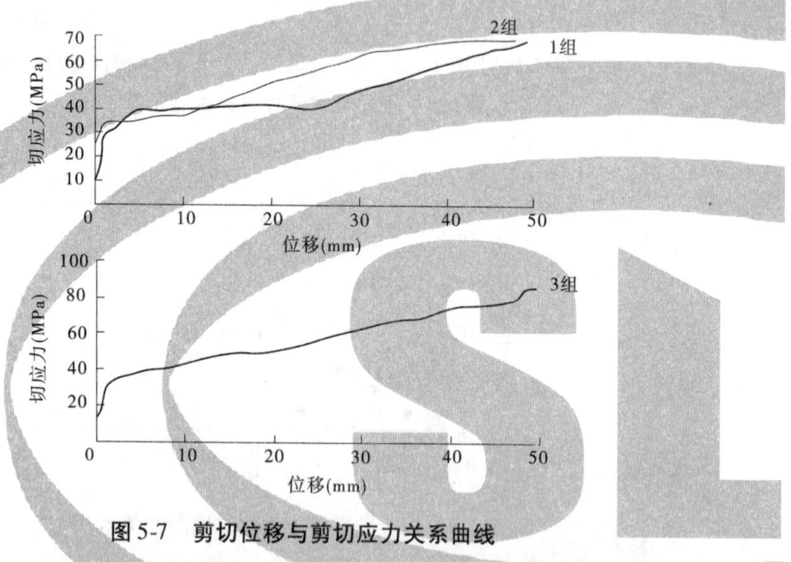

图5-7　剪切位移与剪切应力关系曲线

三维变形试验:先对铜片做近行张开及沉降变形试验,由于此两项位移均平行于铜片横断面,因此进行了简化处理,即将止水铜片一次张开达到两项位移的矢量和,即 $\sqrt{5^2+10^2}\approx 11$(cm),然后在此基础上对铜片施加纵向剪切位移5 cm,见图5-8。

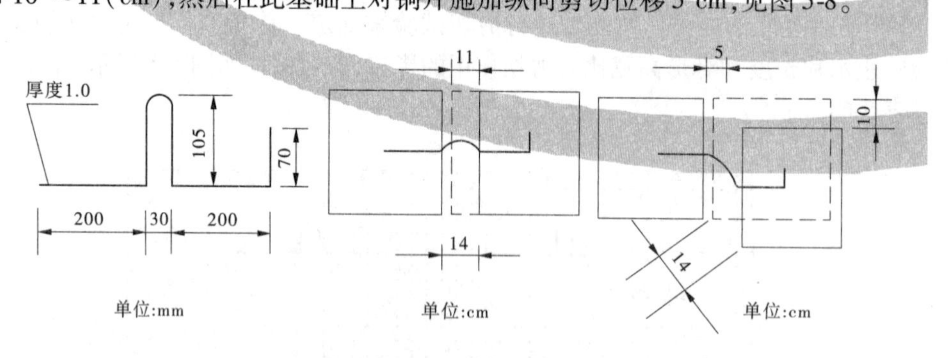

图5-8　F形止水铜片变形示意图

控制变形速率为0.5 mm/min,最终剪切变形量为5 cm。铜与混凝土相交直线段的平均剪切应力为39 MPa。试验后观察铜片无任何损坏,然后又进行铜片抗绕渗性能试验,在水压为0.4 MPa时渗漏,稳压60 min,单位渗量为6.8 mL/(m·s)。

三、铜片止水抗绕渗性能及改善措施

铜片止水抗绕渗性能优劣可通过模型试验来确定，三种铜片止水结构模型如图5-9所示，用1 mm厚铜片加工成直径20 cm圆桶，圆桶两端各埋入混凝土中20 cm。模型A是传统的光紫铜片；模型B在圆桶的上游面复合亲水泥浆的GB黏弹性止水条，圆桶下游面贴紧一层1.0 mm厚的PVC片，模拟实际工程的垫层表面；模型C不同于模型B之处是将PVC垫片去掉，改涂一层机油使铜片下游面与混凝土脱开，以了解铜片复合亲水泥浆GB胶条后的抗绕渗效果。

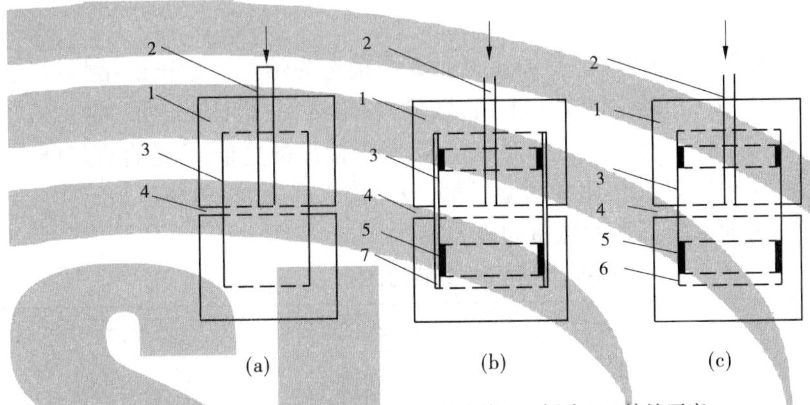

1—混凝土块；2—压力水管；3—铜片；4—接缝开度；
5—复合GB(长10 cm、厚0.6 cm)；6—涂抹机油；7—PVC垫厚0.1 cm

图5-9 铜片止水抗绕渗模型示意图

铜片止水抗绕渗模型压水试验结果见表5-7。

表5-7 铜片止水抗绕渗模型压水试验结果

模型	接缝开度(cm)	水压力(MPa)	稳压时间(min)	渗漏量(mL)	单位渗漏量[mL/(m·s)]
A	0	0.5	10	0	0
		1.0	10	0	0
		1.5	10	开始渗	未测
		2.0	60	340	0.15
		2.5	30	220	0.10
B	0	1.0	60	0	0
		2.0	60	0	0
		2.5	>1 440	0	0
	1.0	2.5	>1 440	0	0
C	0	1.0	60	0	0
		2.0	60	0	0
		2.5	>1 440	0	0
	1.0	2.5	>1 440	0	0
	4.0	2.0	>60	0	0

从表5-7可以看出,传统形式的铜片止水,接缝无伸缩变形的情况下只能承受约小于1.5 MPa水压力的抗绕渗能力,而在铜片的上游面复合亲水泥浆的GB胶条后,在接缝张开4 cm情况下,能承受大于2.0 MPa水压力的绕渗。

四、止水铜片的焊接

(一)焊接方法

工程接缝铜片止水系统是由水平止水和竖向止水组成的,同时在多数情况下止水铜片的加工是在车间分段成型到现场拼装的,所以焊接工序是不可缺少的。铜片处焊接有两种方法:

(1)熔焊:将母材接头加热熔化,不加压力完成焊接称为熔焊。紫铜的熔焊性能差,这是因为它的导热系数大,为碳钢的7~11倍,散热快,难熔化;熔体的表面张力小,流动性大,难成形;焊缝易氧化,为避免氧化则需氩弧焊,其焊接设备复杂,不适合现场施工。

(2)钎焊:母材不熔化,钎料熔化并润湿母材,填充接头缝隙,将母材连为整体。钎焊有黄铜焊钎和银钎,两种不同钎料的性质如表5-8。

表5-8　两种不同钎料的性质

钎料品种	牌号	含铜或银量(%)	熔点(℃)
黄铜焊条	H62	62(铜)	900
银焊条	Harris	30(银)	600~700

(二)焊缝拉伸强度

不同焊缝的抗拉强度试验结果见表5-9。

表5-9　不同焊缝的抗拉强度试验结果

焊接方法	焊缝宽度(mm)	焊缝厚度(mm)	抗拉强度(MPa)	破坏发生部位
铜焊一遍	7~9	0.9~1.1	165	焊缝薄弱处
铜焊两遍	9~11	1.7~2.2	186	焊缝处铜片本体
银焊两遍	9~11	0.9~1.5	195	焊缝处铜片本体

这里所指的银焊、铜焊两遍与紫铜的双面焊接不同,它是指在焊接一遍后,在焊缝上再补焊一遍。从焊接工艺上讲,这样做首先可以消除焊缝的薄弱面,提高抗拉强度,其次由于第二遍焊缝对前一道焊缝可起到退火作用,因此可以提高焊缝的塑性。由表5-9看出,用铜焊条施焊一遍,焊缝先于本体破坏而破坏,而铜焊和银焊两遍焊缝后于本体破坏而破坏。

(三)焊缝的弯曲性能

焊缝的塑性性能可通过弯曲试验来确定,焊缝弯曲试验方法见图5-10,试验结果见表5-10。

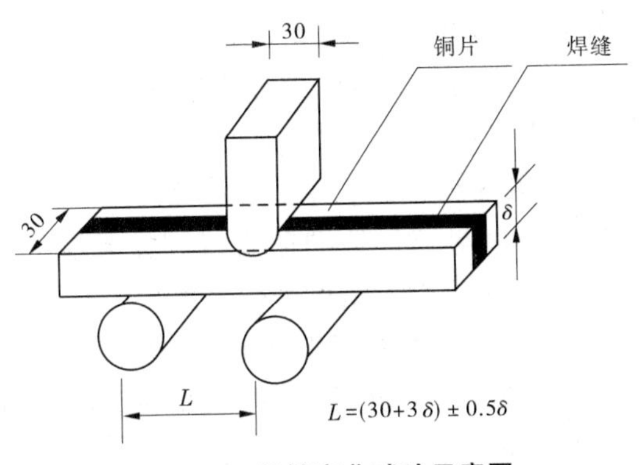

图 5-10 焊缝弯曲试验示意图

表 5-10 不同焊缝的塑性性能

焊接方法	弯曲角	备注
铜焊一遍	180°	焊缝未见裂缝出现
铜焊两遍	180°	焊缝未见裂缝出现
银焊两遍	4°~5°	焊缝出现横向裂缝

(四)单层焊道黄铜焊缝(铜焊一遍)的抗剪变形

试验结果表明,当剪切变形量达到 20 mm 时,焊缝的薄弱处被拉开。焊缝的破坏是因为焊缝的抗拉强度较母材低所致。

双层焊道银焊缝,黄铜焊缝三维试验时,当剪切位移 5 cm 后发现银焊缝由于弯曲有明显的塑性破坏,而黄铜焊缝变形平滑无破坏。

(五)几种焊接方法的比较

氩弧焊性能最好,但工艺复杂,现场难实现;银焊可焊性好,工艺简便、价格高,焊缝强度高而塑性差;黄铜焊,焊条熔点高,较银焊难,单层焊强度低,双层焊能提高强度,焊缝塑性好。因此,工程宜采用黄铜双层焊。

综合分析上述铜片止水试验,可知为确保铜片止水的工程质量应按下列工序对止水铜片的品质进行检验和施工质量的控制:

(1)水工用止水铜片一般采用厚度为 1.0~1.5 mm 的软态紫铜片,加工前应按有关规定的检测方法对原材料进行性能检测。检测结果应满足电力行业标准《水工混凝土施工规范》(DL/T 5144—2015)条文说明规定的紫铜片品质指标要求。

(2)在检测过程中如发现所检验的铜片为硬态铜材(根据检验结果),必须对其进行退火处理,退火操作时,可直接将整张的铜片或裁剪成每段止水铜片要求尺寸的铜片置于加热至退火温度(高于)的导热油槽中,当紫铜铜片的表面温度为 550~600 ℃时,维持稳定温度 30 min 后,取出放入 20 ℃水中骤冷,对退火后的铜片按规定试验方法进行性能检验,符合上述 DL/T 5144—2015 指标要求后,才能进行止水铜片成型加工。

(3)如果是整张退火的紫铜片,则按每段止水铜片的平面展开图的尺寸进行裁剪,然后采取逐级冲压工艺进行止水铜片的成型加工，以保证止水铜片弯曲部位(尤其鼻梁部位)的几何形状及尺寸准确,厚度均匀。冲床应有止水铜片的平面定位装置,以保证成型后产品端部的边线平直且与止水片鼻梁长度方向的中轴线垂直,以利焊接。其垂直度的检验方法,将冲压成型的止水铜片竖立在放样平台或玻璃板平面上,用直角尺量测止水铜片长度方向的5条线(两条边线、鼻梁座脚两条直线和鼻梁顶点轴线)与平台面的垂直度。如5条线与台面都成直角,则检验合格可进行焊接。

(4)被焊接的两段止水铜片的断面几何形状的轮廓线应相互吻合相接,其鼻梁长度方向的中心轴线应落在同一直线上方可进行钎焊,采用黄铜焊条,在同一侧焊两遍,焊缝厚度1.7～2.2 mm,宽9～12 mm。

(5)焊缝质检。

①缝厚量测:可用自制的厚度测规(见图5-11),使用前先将测规在平面玻璃板上校准百分表,垂直立在玻璃表面时两个百分表分别调至零度。量测时测规的两个脚板的长度方向与焊缝中轴线平行。百分表测杆尖端落在焊缝中轴线上,且与铜片表面垂直。

测点位置:鼻梁顶点为一个测点,沿中轴线上顶点前后10～15 mm各为一个测点,取三点平均值(顶点前后的两点位置也可见顶点附近焊缝的熔体波纹取其峰、谷各一点)。鼻梁两侧直线段各测三点,点距8～10 mm,也可视峰、谷情况,要求测到峰厚和谷厚。

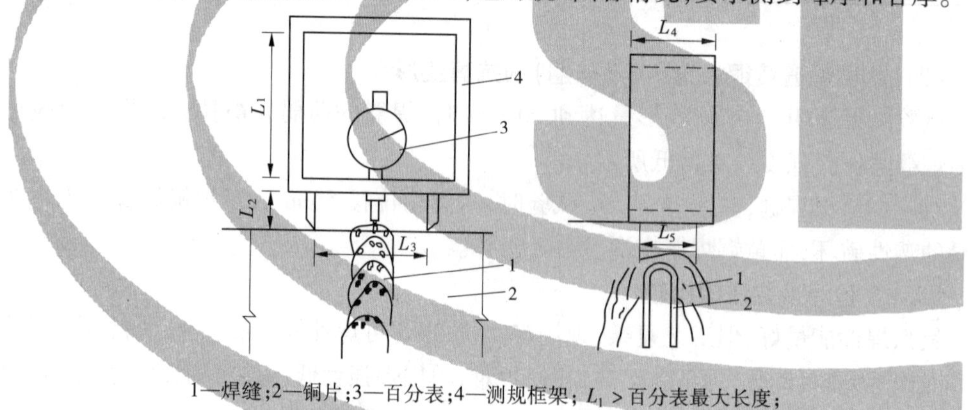

1—焊缝;2—铜片;3—百分表;4—测规框架; L_1 > 百分表最大长度;
$L_2 \geq$ 焊缝厚度2倍(5 mm); $L_3 \geq$ 焊缝宽度(30～400 mm); $L_4 \geq$ 百分表厚度; L_5 = 30 mm

图5-11　铜片鼻梁的侧视图

②焊缝宽度测量:宽度测点应在相应厚度测点的两侧,骑缝用卡规测量,卡规两尖脚应靠近焊缝边缘。尖脚连线与焊缝中轴线正交。缝宽测点的位置应与缝厚测点的位置相对应(即宽度测点与厚度测点在同一个断面上),取三个测点的平均值。

③焊缝熔体与铜片表面接触情况检验:将焊好的铜片的宽度方向斜侧立(60°～70°)便于观察焊缝背面情况。沿焊缝熔体边线用医用注射器将有颜色的溶剂(汽油)注入熔体与铜片的接触边线,观察焊缝背面是否有溶剂渗出。如有渗出痕迹,表明缝熔体与铜片表面接触不良,可进行补焊。所用溶剂应有较强的挥发性,以免残留在铜片表面影响补焊效果。

(6)焊接处两段铜片断面的几何形状轮廓线应相吻合、挤紧,先点焊几点,以初步固

定两段止水铜片相对位置。观察两段铜片边线的吻合程度和两段铜片中线是否在一直线上，如有误差可稍调整铜片位置。待观察符合要求后，方可沿焊缝进行焊接，行进速度应均匀，保证焊缝厚度一致。

(7)焊缝两侧铜片表面在焊接操作前应用细砂布打磨，去掉表面氧化层，打磨宽度为30～50 mm。

(8)一次焊接铜片的长度应略大于混凝土块一次浇筑高度，长度不要过长以免增加下次连接铜片时的焊接难度。一次焊接长度的铜片应在平台上焊接成整体后再与混凝土浇筑块露出的铜片接头焊接，以方便焊缝质检。

(9)对焊接人员先进行培训，使其焊接合格率大于90%后方可上岗操作。

(10)铜片表面GB板条的复合操作可参照图5-12。铜片一次长度焊接完成后即可进行复合操作，这个工序也应在平台上进行。

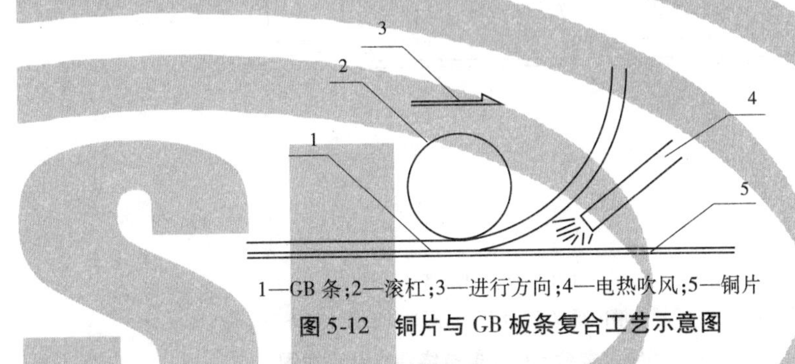

1—GB条；2—滚杠；3—进行方向；4—电热吹风；5—铜片

图5-12　铜片与GB板条复合工艺示意图

(11)铜片复合GB板条工艺。

①画线：在止水铜片两侧翼板的上游面放置中心线。

②沿中心线两侧大于GB板条宽度的范围内用细砂布打磨铜片表面，同时将其表面上的铜粉及污物除尽。

③复合GB前用溶剂(汽油、乙酸乙酯等)擦拭打磨后的铜片表面。

④剥去GB板条一侧宽度表面的防粘纸。

⑤将剥去防粘纸的GB板条表面朝向铜面。按图5-12所示进行复合操作。

⑥一次GB板条的复合长度小于一次焊接的铜片长度。距铜片两端边线100～150 mm JP内不复合GB板条以免焊接时烧坏，待与混凝土块体上的铜片焊接后在现场进行补作复合工艺或用黏合剂黏结GB板条与铜片。

⑦复合好的GB板条应保留三面的防粘纸直到浇筑混凝土时再处理，在处理时参看图5-12，浇筑混凝土时，GB板条的上游侧面(即承受上游压力水P_1右侧面，也就是靠近鼻梁的受力面)的防粘纸保留，防止GB板条与混凝土黏结，GB板条其他两面(左侧面上表面)的防粘纸要剥去。

⑧复合GB板条的止水铜片如图5-13所示。

复合GB板条能增强止水铜片抗绕渗性能的机制示意图见图5-14。

要求GB与铜片表面粘牢，无缝隙，以求水压力P_1只作用于GB条的侧面，形成$P_2>P_1$效果。

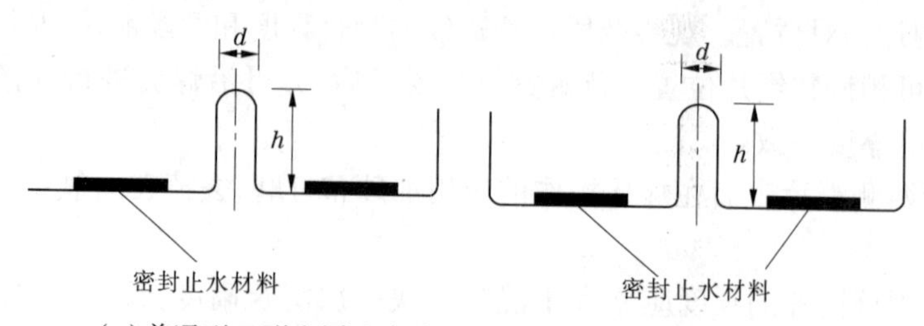

(a)普通型F形金属止水片　　(b)普通型W形金属止水片

图5-13　复合GB板条的止水铜片

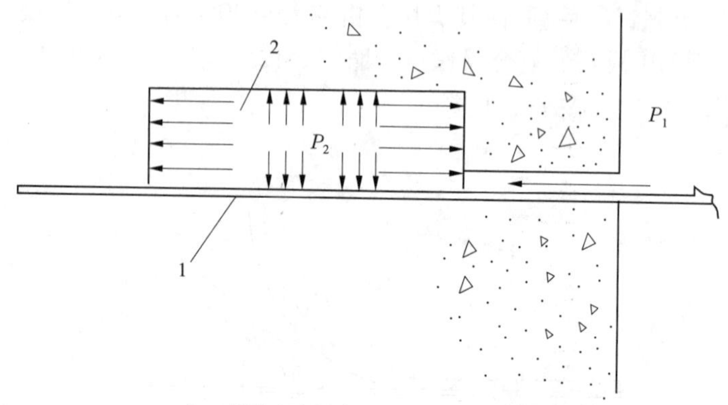

P_1—接缝中水压力;P_2—GB胶条的压力;

因GB封闭在混凝土槽内承受P_1水压力,同时其密度大于水,$P_2 > P_1$

图5-14　铜片复合GB板条抗绕渗机制示意图

(12)复合GB板条铜片的施工现场安装工艺见图5-15。为提高挡头板的使用周转,铜片上游侧的挡头板可在铜片附近隔开,靠近铜片的挡头模板待浇筑Ⅱ期混凝土前折除,以保护止水铜片。

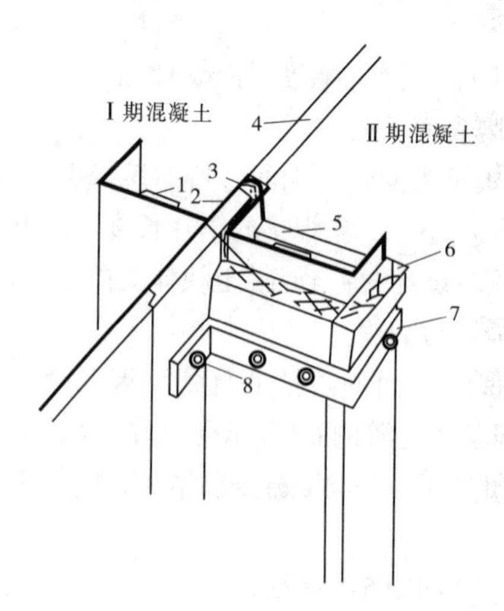

1—GB板条;2—铜片;3—硬泡沫板;4—挡头模板;5—木板;

6—保护板;7—固定Z形铁板;8—穿过挡头板螺栓

图5-15　铜片施工现场安装示意图

(13)浇筑混凝土前应检查止水铜片的断面几何形状和GB板条的完整性，并剥去其表面的防粘纸，如有不合要求之处应尽快处理。

(14)实际工程中经常存在各个方向铜片的交接情况。故需要平面的十字和T形铜片接头，理论分析只有如图5-16所示的铜片接头才能发挥平面两向变形的作用。为保证铜片结点处的变形，要求十字和T形接头应在工厂冲压加工成型。到施工现场只做单一方向的焊接，如京郊十三陵抽水蓄能电站的混凝土面板铜止水接头则采取工厂冲压成型工艺。

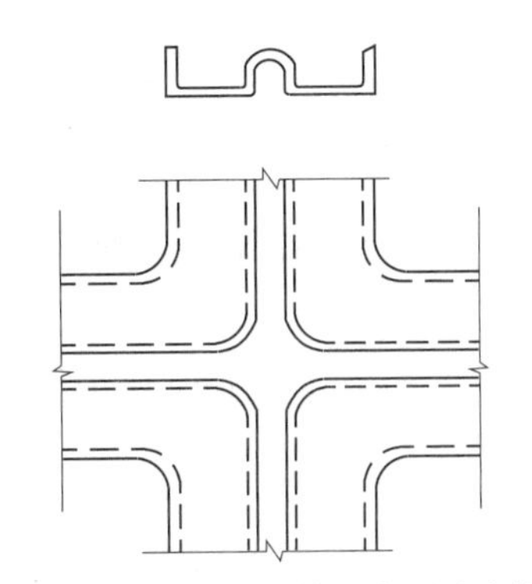

图5-16　冲压成型的十字形止水铜片

第二节　橡胶及塑料止水带

铜材的延展性有限，铜止水片的加工成型和焊接工艺复杂，价格昂贵，同时铜止水片的变形和抗绕渗能力较小，急需寻找替代材料。随着石油化工及合成技术的发展，早在20世纪40年代，国外工程界已采用橡胶或塑料类高聚物的止水带代替止水铜片作为变形接缝的止水结构。我国研制聚合物止水带的工作起步较晚，20世纪60年代由于当时铜片止水材料奇缺，中国水利水电科学研究院开始研制PVC(聚氯乙烯)和天然橡胶止水带，并试用于三盛公、刘家峡、岳城等大型水利工程，目前已成为水工建筑物变形接缝的止水结构，普遍应用于土建工程中。

橡、塑止水带设施是在混凝土建筑物的施工过程中，将有一定断面形状及尺寸的橡、塑止水带骑变形缝，将其一端埋入基础，其断面两边的翼板分别埋入变形缝两侧的混凝土体块体中，以阻止上游压力水通过变形缝腔的渗漏。

一、止水带的断面形式

目前常采用的橡、塑止水带断面形式分以下4种：

(1)平板形止水带，见图5-17；

(2)中心圆孔形止水带，见图5-18；

(3)中心非圆孔形止水带，见图5-19；

(4)波形止水带，见图5-20。

(5) Ω形止水带，见图5-21；

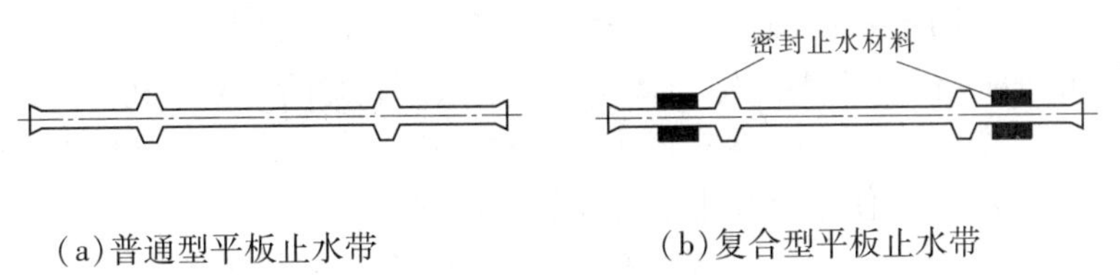

(a)普通型平板止水带　　(b)复合型平板止水带

图5-17　平板形止水带

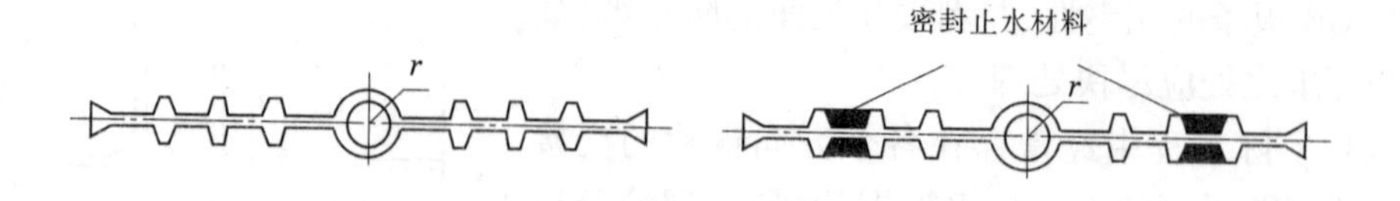

(a)普通型中心圆孔形止水带　　(b)复合型中心圆孔形止水带

图 5-18　中心圆孔形止水带

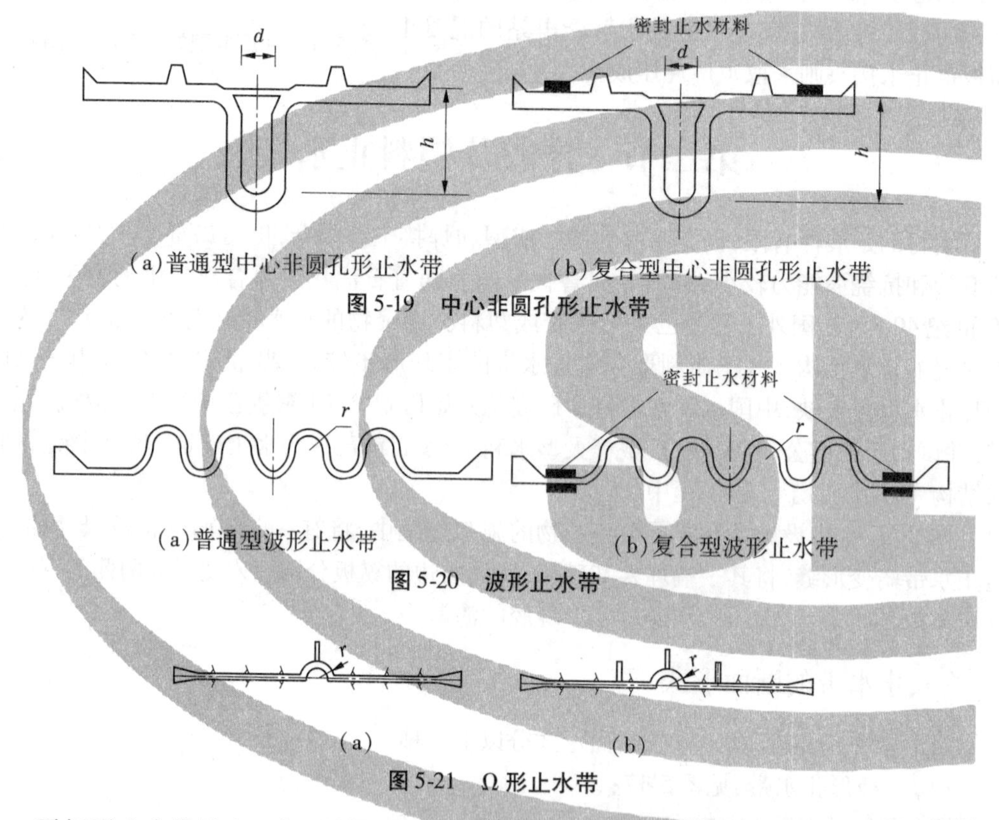

(a)普通型中心非圆孔形止水带　　(b)复合型中心非圆孔形止水带

图 5-19　中心非圆孔形止水带

(a)普通型波形止水带　　(b)复合型波形止水带

图 5-20　波形止水带

(a)　　(b)

图 5-21　Ω 形止水带

平板形止水带没有几何可伸展的变形,故适应接缝的变形性能差,一般用于建筑物的水平施工缝的止水和坝段细缝灌浆的止浆片,当低温时纵缝的张开变形拉伸平板形止水带,借助材质的橡胶回弹力使其肋筋上游侧面压紧混凝土面,阻止水泥浆的渗漏。

中心圆孔形止水带是初期研制产品,施工过程中发现固定止水带的模板的拼装,架立困难,且容易沿止水带漏浆,如图 5-22(b)所示。之后改进成 Ω 形止水带,其中央半圆孔的直径位置(上游面)有一段厚度为 2～3 mm 的平板薄膜封闭住半圆孔,防止水泥砂浆流入半圆孔,同时薄膜的刚度很小,容易将止水带横断面的中轴线折曲成 90°角固定在模板上,且使横板成为整体,方便立模和止浆,如图 5-21(a)所示。

波形止水带用于混凝土面板坝周边缝的止水,依靠在填料止水上,传递上游传来的压力。

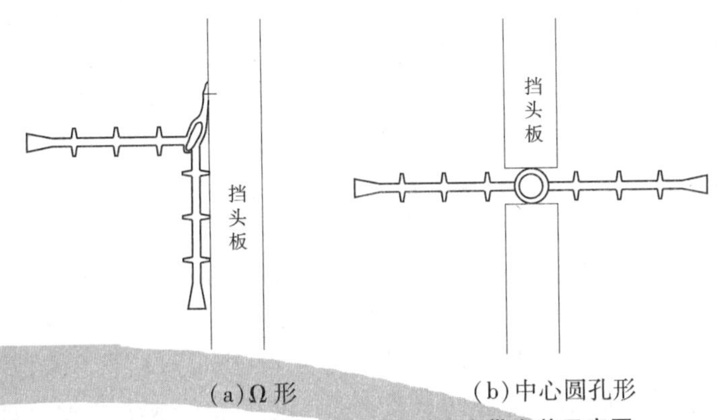

(a)Ω形　(b)中心圆孔形

图 5-22　Ω形及中心圆孔形止水带安装示意图

二、橡胶止水带的工作机制

在埋设止水带施工时,未硬化的混凝土拌和物在自重作用下对止水带产生侧压力,使止水带断面发生弹性压缩变形。当拌和物硬化过程中产生硬化收缩,止水带周围的拌和物硬化后形成一个轮廓与止水带断面形状完全符合的混凝土模壳,此时被压缩的止水带如果有足够的回弹变形能量,则使止水带断面发生回弹变形,及时充满混凝土模壳,且对模壳表面产生一定的挤压强度,阻止压力水在模壳与止水带的界面间的水力劈裂和渗透,如图 5-23 所示。当接缝张开变形时,由于止水带表面凸起的肋筋嵌固在混凝土中,接缝的张开变形使止水带的断面受拉伸,由于橡塑材质具有较大的柔韧性和泊松比,止水带断面厚度产生缩颈趋势,使厚度变薄,止水带对混凝土界面的挤压应力松弛,甚至止水带表面与混凝土脱开,形成渗径。与此同时,止水带断面内的拉应力传递到肋筋并使其产生向断面中央位移的趋势,导致肋筋的上游侧面压紧混凝土面,阻止沿止水带与混凝土界面间的绕渗。为了分析橡塑止水带的工作机制,进行止水带在混凝土中拉伸时其断面形状的变化情况及抗绕渗模型试验。

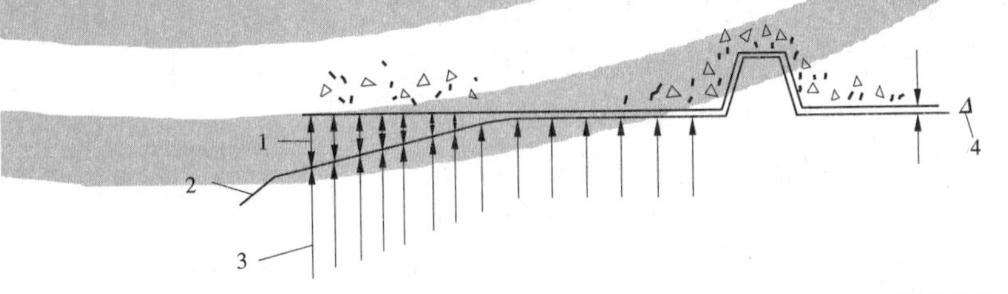

1—压力水劈裂力;2—止水带表面;3—止水带材质回弹力;4—混凝土硬化收缩变形

图 5-23　止水带与混凝土界面间作用力

将一段长 20 cm 的 654 型止水带的两个翼板分别埋入两个混凝土块中,如图 5-24(a)所示,两个混凝土块中间留有 12 mm 间隙,拉伸两个混凝土块使其中间缝隙逐渐增大,在拉伸过程中发现止水带变形的初始阶段,止水带中央拱圈产生几何变形所需的拉力很小,随着拉伸位移增大,拱圈变形所需的拉力增大。与此同时,止水带内应力增大引起止水带变形,止水带断面厚度开始变薄,呈现出缩颈趋势,变薄的翼板与混凝土的接触界面脱开,形成缝隙,如图5-24(b)所示。这个脱开的缝隙随着混凝土块中间距离的增大逐渐向混凝土内部延伸,且延伸速度逐渐减小,当延伸到止水带的第一条肋筋处则有被阻现象,第一条肋筋的下游侧面与混凝土脱开而上游侧面与混凝土面挤紧,如图5-24中细部A所示。在挤压面上产生与止水带拉应力成正比的挤压应力,当此挤压应力大于渗水压强时,止水带起止水作用;如果止水带内拉应力松弛,将导致该挤压应力降低;当挤压应力低于渗水压强时,渗水压力劈开肋筋侧面与混凝土的接触面形成渗水通道产生绕渗现象。当继续拉伸混凝土块时,第一条肋筋产生剪切变形向混凝土块外移动,肋筋后的止水带翼板逐渐变薄,且与混凝土接触而产生缝隙,如图5-24(c)所示。如此伴随着两块混凝土间隙的增大,止水带翼板与混凝土接触面间形成的脱开缝隙逐渐发展,直至翼板端形成贯通裂隙,止水带完全失去止水作用。为验证这个预测,进行了止水带变形下的抗压力水绕渗试验。

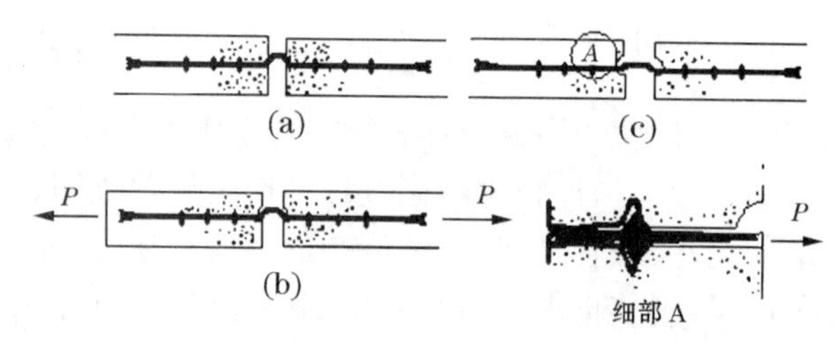

图5-24 止水带拉伸时断面形状变化

三、止水带抗绕渗性能试验

止水带抗渗性能可通过止水结构模型试验来确定,该试验是结合天生桥一级工程的面板周边缝止水结构试验进行的。模型的组成由H_2-861型塑胶止水带焊接成圆桶连接上下两块混凝土块,中间缝宽12 mm,以止水带中央拱圈变形部分形成圆盒形压力室承受水压力,模型如图5-25所示,止水带抗绕渗试验结果列入表5-11,试验过程分析如下:

2号模型试验的加水压方式是从0.2 MPa开始,每级压力差为0.2 MPa,稳压0.5 h逐级加压至1.2 MPa时,已历时3.0 h。由于止水带材质是用橡胶增韧的PVC(聚氯乙烯)粉料,塑性较大,应力已松弛,止水带断面形状已发生压缩变形,断面厚度减小,止水带翼板与混凝土界面可能脱开,形成缝隙。同时,接缝处于静止状态,接缝中的止水带无任何方向的变形,因而止水带翼板上的第一条肋筋(表面凸起的棱)无位移变形,所以肋筋上游侧面与混凝土表面的挤压应力可能小于缝中水压力而引起界面的劈裂应力,故形成压力水的绕渗。

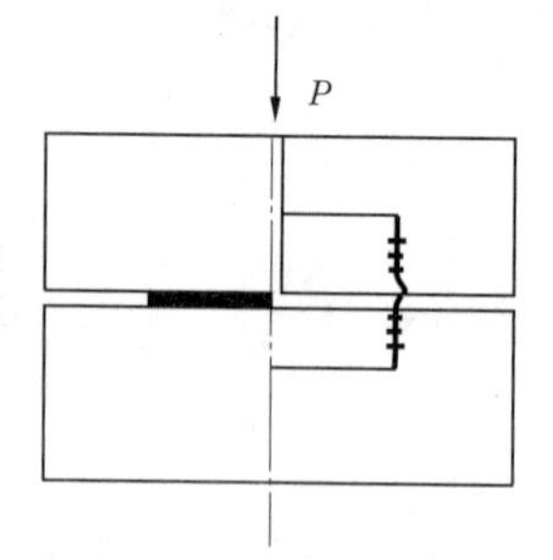

图5-25 止水带抗绕渗模型

5号模型试验的加压方式不同于2号,开始就加压1.0 MPa,稳压0.5 h后,立即使接缝产生设计最大的三维变形量的50%后,又稳压41 h,之后又继续使接缝变形达到设计的最大三维变形量,再稳压2.5 h后,加水压到1.2 MPa时,止水带中央吸收接缝变形的拱圈被水压反转撕裂,试验终止,未发生绕渗。通过该试验说明,首先是中心非圆孔形止水带的施工安装时应注意止水带中心拱圈方向应背水流方向；其次是该试模虽承压时间较长，但是接缝的三维变形大，使止水带产生的内应力也大，且没松弛完，可能止水带翼板上的第一条肋筋对混凝土表面有足够的压应力阻止水力绕渗。

表 5-11　止水带三维变形下抗绕渗试验结果

模型编号	止水带表面处理及布置方式	接缝位移(mm)			渗水压强(MPa)	稳压时间(h)	承压时间(MPa·h)	破坏形式及测试过程
		Δ	Ω	τ				
2		0	0	0	1.6	0.3	3.28	绕渗
5	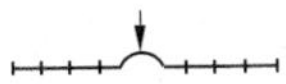	74.2	32.6	27.1	1.2	44.5	44.5	初始水压 1.0 MPa，稳压 0.5 h 后加位移到 Δ = 48.4 mm，Ω = 24.09 mm，τ = 19.59 mm 时稳 41 h，再加位移到表中值稳 2.5 h，再加压到 1.2 MPa 时拱圈反转撕裂
7		0	0	0	1.6	5.0	8.0	初始水压 P_1 = 1.6 MPa 后，稳压 5.0 h 未破坏
8		72.0	29.0	33.3	1.0	46.5	46.5	初始水压 1.0 MPa，稳压 0.5 h 后加位移到 Δ = 32.6 mm，Ω = 20.7 mm，τ = 22.1 mm 时稳 42 h，再加位移到表中值 3.5 h 后，混凝土开裂，翼板厚度减小 30%，卸荷后未恢复
9		0	0	0	1.6	12.0	19.2	初始水压 P_1 = 1.6 MPa，未破坏
15		66.1	31.2	23.6	1.6	22	35.19	翼板及胶条均加厚一倍 P_1 为 1.6 MPa 稳压 13.8 h，P_2 为 1.8 MPa 稳压 5.7 h，卸压后再逐级加位移及相应水压到表中值时，加强板脱焊止水带破裂

备注：

①Δ—沉降；Ω—开度；τ—剪切。

②逐级加水压：级差 0.2 MPa，稳压 0.5 h。

③逐级加位移：经有限元分析，面板周边缝的三维位移与相应水压关系如右表，每级位移后稳压 0.5 h。

④承压时间：逐级压力值与其相应的稳压时间的积之和。

⑤各模型在表中所示的稳压时间为按逐级加压程序加到表中所示的渗水压强时的稳压时间。

⑥7 号、9 号模型重复使用。

水压(MPa)	接缝位移		
	Δ	Ω	τ
0.5	6.8	3.4	2.4
1.0	27.4	13.7	9.6
1.2	39.4	19.7	13.8
1.4	53.6	26.8	18.8
1.6	70.0	35.0	24.5

8 号模型加压方式与 5 号基本相似，不同处是止水带的中央拱圈是背水流方向埋设的，故止水带未破坏也未绕渗，但是混凝土模型在距接缝 20 cm(相当于止水带的翼板长度)处发生环形断裂缝，沿裂缝破坏混凝土后，发现止水带翼板厚度减小约 30%，导致水力劈裂缝隙沿翼板上游面延伸到第一条肋筋处阻断，因而增大翼板下游面对混凝土的水

压力,使混凝土破裂。

9号模型与2号模型基本相同,只是在止水带翼板的第一、二条肋筋之间复合亲水泥浆的GB止水胶条,因而阻断压力水的绕渗。

15号模型是通过上述几个模型试验认为止水带的厚度不够,因而想探索试验加厚止水带翼板的方法,因加工方法不妥试验未果。

综合分析上述几个模型试验的加水压过程,由其变形情况和绕渗现象可看出:

(1)橡塑止水带的止水机制可变为借助橡塑材质的不透水性和耐水性阻止上游压力通过变形缝腔的渗漏;利用材质的橡胶弹性的回弹拉伸力,拉动止水带两边翼板上的肋筋向止水带断面中央位移,使肋筋的上游侧面压紧混凝土面时产生的挤压强度大于上游压力水的劈裂强度,阻止压力水的绕渗;利用止水带断面几何形状的可伸展变形和材质的柔韧性适应接缝的三维变形。所以,止水带的技术规范中要求材质有一定的拉伸强度和扯断伸长率。但是在较大荷载的长时间作用下,橡塑材质可能产生应力松弛,使拉伸强度降低,导致肋筋侧面与混凝土面的挤压强度下降,发生绕渗现象,故技术规范中要求当作用水头高于100 m时,宜采用在翼板上复合密封材料的止水带;要求止水带一侧翼板上至少有2个肋筋,且肋高、肋宽不宜小于止水带的厚度。

(2)橡塑止水带与水泥砂浆几乎没有黏附性能,所以接缝无变形时,橡塑止水带的抗绕渗能力是在混凝土硬化后,止水带断面厚度方向产生的回弹变形作用在混凝土面产生的压强阻止压力水的绕渗,如图5-23所示。因此,技术规范要求材质有一定的硬度和较小的压缩永久变形。为改善止水带的抗绕渗能力,宜采用复合有密封材料的止水带。

(3)采用中心非圆形拱圈变形的止水带安装时要注意拱圈应背向水流方向。

(4)研制止水带、设计止水带的断面形状和尺寸时应考虑到,使止水带中央吸收接缝变形量的可变形部位发生变形所需的拉伸强度传递到翼板上第一条肋筋时,能使此肋筋向上游位移,同时此位移肋筋的上游侧面与混凝土界面上的压强应大于接缝水力劈裂的强度。

(5)调制止水带原材料配比时,应考虑使材质有足够的回弹变形和拉伸强度。

四、止水带原材料的选定

根据上述止水带的工作原理,可认为止水带的材质必须具有适当的橡胶弹性,高分子材料的橡胶弹性宏观现象取决于其分子运动决定的分子间存在的物理缠结,而材料的分子运动与材料的玻璃化转换温度有关联,因而首先应了解材质具有的玻璃化转换温度(T_g)。玻璃化温度(T_g)是聚合物特征温度之一,所谓塑料和橡胶,就是按它们的玻璃化温度是在常温以上还是在常温以下而分类的。温度对聚合物分子运动影响显著,如温度对聚合物的模量关系如图5-26所示,该曲线可以有效地描述聚合物在不同温度下的分子运动和力学行为,图中的E是材料拉伸时应力与应变的比值,即$E(10)$是用应力拉伸松弛试验测定的,括号内"10"代表测量时间规定为10 s。图中分5个区:

(1)玻璃态区:区内聚合物类似玻璃,是脆性的,不属于止水带工作性质要求的。

(2)玻璃-橡胶转换区:此区的温度幅度在20~30 ℃内,此时一般有10~5个主链原子(即链段)运动,故材质的模量较(1)区内下降1 000倍,模量下降速度最大处的温度取做玻璃化温度(T_g)。

(3)橡胶－弹性平台区:模量在转变区内急剧下降之后,到该平台区又变为几乎恒定的。在此区内,由于分子间存在物理缠结,聚合物表现橡胶弹性。如果是线型聚合物,模量将缓慢下降(如石油沥青)。这个区是研制止水带时要重点了解和研究的。该平台区的宽度主要由聚合物的分子量控制,分子量越大平台越长,如图5-27所示。所以,选原材料时,在满足各方面的要求下应尽量选用大分子量的同一原料。最好能使实际工程的运行温度范围控制在该平台区长度所限定的温度范围内。未硫化的橡胶,其制品不能保持一定形状。交联后的聚合物如图5-26中的虚线,形成平台弹性增加,蠕变被抑制。对半晶态聚合物,其平台长度由结晶度控制,结晶平台一直延续到其熔点(T_m)。

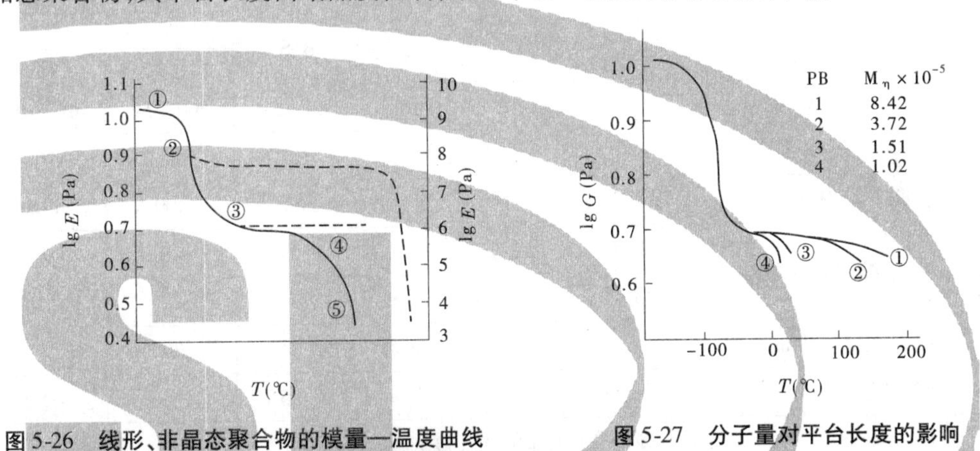

图5-26　线形、非晶态聚合物的模量—温度曲线

图5-27　分子量对平台长度的影响

(4)橡胶流动区:在此区内的聚合物既有弹性又有流动性,交联聚合物无此区,石油沥青有此区间性能。

(5)液体流动区:此时分子链整链运动。

从上述可知,聚合物的玻璃化转换温度 T_g 所表征的是聚合物呈现橡胶弹性力学行为的最低温度标志,因而研制实际工程应用的橡胶止水带时选用原材料的 T_g 必须低于实际工程运行时止水带可能的最低工作温度。所以,止水带技术规范中要求材质具有一定的脆性温度(脆性温度一般略高于 T_g),必要时可采取调整措施改变原材料的 T_g。

聚合物 T_g 的调整措施:为了满足各种用途对聚合物 T_g 的不同要求,除了选择适当 T_g 的聚合物,也可以通过增塑、交联、共混等措施使聚合物的 T_g 在一定范围改变。

(1)增塑:向聚合物内添加增塑剂使聚合物分子链间作用力减弱,因此 T_g 下降。添加某些低分子组分使 T_g 下降的现象称为外增塑。在20世纪60年代研制PVC止水带时就是采取这个途径。PVC粉料的 T_g 为87 ℃,在室温下呈现为硬质塑料,此温度远高于实际工程用止水带的最低运行温度。因此,掺入45%～50%的苯二甲酸二辛酯,使其 T_g 下降至－30 ℃左右,因而满足了实际工程要求。增塑剂掺量依据要求的 T_g 按公式计算确定。

(2)交联:是分子间交联阻碍了分子运动,提高了聚合物的 T_g;如天然橡胶的 T_g 为－65 ℃,加入20%硫黄则 T_g 提高到－24 ℃,硫黄掺量>30%则成硬橡胶。

(3)共混也是常用的方法:如降低石油沥青的 T_g,可混入 T_g 比沥青的低得多的橡胶制成改性沥青,使其 T_g 下降到 −20 ~ 30 ℃。

为满足止水带的强度和模量的要求,可向聚合物中加入胶体碳黑、碳酸镁、氧化锌等活性增强填料,加入超细的 $CaCO_3$ 可增韧。

五、橡胶止水带品质及检验方法

(一)橡胶止水带的品质指标

橡胶止水带品质要求见表 5-12。

表 5-12　橡胶止水带的品质要求

序号	项目			指标		
				B、S	J	
					JX	JX
1	硬度(邵尔 A)(度)			60 ± 5	60 ± 5	40 − 70[a]
2	拉伸强度(MPa)		≥	10	16	16
3	拉断伸长率(%)		≥	380	400	400
4	压缩永久变形(%)	70 ℃ ×24 h,25%	≤	35	30	30
		23 ℃ ×168 h,25%	≤	20	20	15
5	撕裂强度(kN/m)		≥	30	30	20
6	脆性温度		≤	−45	−40	−50
7	热空气老化 23 ℃ ×168 h	硬度变化(邵尔 A)(度)	≤	+8	+6	+10
		拉伸强度(MPa)	≥	9	13	13
		拉断伸长率(%)	≥	300	320	300
8	臭氧老化 50×10^{-8};20%,(40 ±2) ℃ ×48 h			无裂纹		
9	橡胶与金属黏合[b]			橡胶间破坏	—	—
10	橡胶与帘布黏合强度[c](N/mm)		≥	—	5	—

注:遇水膨胀橡胶复合止水带的遇水膨胀橡胶部分按 GB/T 18173.3 规定执行。

若有其他特殊需要,则可由供需双方协议适当增加检验项目。

a 该橡胶硬度范围为推荐值,供不同沉管隧道工程 JY 类止水带设计参考使用。

b 橡胶与金属黏合项仅适用于与钢边复合的止水带。

c 橡胶与帘布黏合项仅适用于与帘布复合的 JX 类止水带。

(二)品质检验方法

(1)止水带的规格尺寸用量具测量,厚度精确到 0.05 mm,宽度精确到 1 mm;其中厚度测量取制品上的任意 1 m 作为样品(必须包括一个接头),然后自其两端起在制品的设计工作面的对称部位取四点进行测量,取其平均值。

(2)外观质量用目测及量具检查。

(3)物理性能的测定。

从经规格尺寸检验合格的制品上裁取试验所需的足够长度试样,按《橡胶物理试验

方法试验制备和调节通用程序》(GB/T 2941—2006)的规定制备试样,并在标准状态下静置 24 h 后,按表 5-13 的要求进行试验。

(4)硬度试验按《硫化橡胶或热塑性橡胶　压入硬度试验方法　第 1 部分:邵氏硬度计法(邵尔硬度)》(GB/T 531.1—2008)、《硫化橡胶或热塑性橡胶　压入硬度试验方法　第 2 部分:便携式橡胶国际硬度计法》(GB/T 531.2—2009)的规定进行。

(5)拉伸强度、扯断伸长率试验按《硫化橡胶或热塑性橡胶拉伸应力应变性能的测定》(GB/T 528—2009)的规定进行,用Ⅱ型试样;接头部位应保证使其位于两条标线之内。

(6)压缩永久变形试验按《硫化橡胶或热塑性橡胶压缩永久变形的测定　第 1 部分:在常温及高温条件下》(GB/T 7759.1—2015)的规定进行,采用 B 型试样,压缩率为 25%。

(7)撕裂强度试验按《硫化橡胶或热塑性橡胶撕裂强度的测定》(GB/T 529—2008)中的直角形试件进行。

(8)脆性温度试验按《硫化橡胶或热塑性橡胶　低温脆性的测定(多试样法)》(GB/T 15256—2014)的规定进行。

(9)热空气老化试验按《硫化橡胶或热塑性橡胶热空气加速老化和耐热试验》(GB/T 3512—2014)的规定进行。

(10)臭氧老化试验按《硫化橡胶或热塑性橡胶耐臭氧龟裂静态拉伸试验》(GB/T 7762—2014)的规定进行,试验温度为 ±40 ℃。

(11)橡胶与金属的黏合可采用任何适用的剪切或剥落试验方法,但试样撕裂部分应在弹性体之间。

(12)防霉性试验按《长霉实试方法》(GB/T 2423.16—2008)的规定进行。

六、塑料止水带的品质及检验方法

塑料止水带的品质指标及检验方法见表 5-13。

表 5-13　PVC 止水带品质指标及检验方法

检验项目		品质指标	试验方法
拉伸强度(MPa)		≥14	GB/T 1040 Ⅱ型试件
扯断伸长率(%)		≥300	
硬度(邵尔 A)(度)		≥65	GB/T 2411
低温弯折(℃)		≤ -20	GB 18173
热空气老化 (70 ℃ ×168 h)	拉伸强度(MPa)	≥12	GB/T 1040 Ⅱ型试件
	扯断伸长率(%)	≥280	
耐碱性 10% $Ca(OH)_2$ (23 ±2)℃,168 h	拉伸强度保持率(%)	≥80	GB/T 1690
	扯断伸长率保持率(%)	≥80	

注:PVC 止水带耐碱水浸泡试验方法。

(1)取三片 150 mm×150 mm 的试片,厚度为 2 ~ 8 mm。将试片擦洗干净,并晾置约 1 h。

(2)称取每个试片的质量,精确至0.01 g,并按照GB/T 2411测出每个试片的硬度(邵尔A)。

(3)将试片浸没在20~25 ℃新配制的碱溶液中7天。碱溶液按1 L蒸馏水添加5 g化学纯NaOH和5 g化学纯KOH的比例配制而成。

(4)浸泡7天以后将试片取出清洗干净、擦干,并晾置约1 h。

(5)按照前述方法称取每个试片的质量,并测出每个试片的硬度。

(6)数据处理:将每个试片的质量和硬度的变化值除以该试片的原始质量和硬度,并用百分数表示,即得到该试片的原始质量变化值和硬度变化值,对三个试片的结果取平均值。

七、橡塑止水带的应用及施工

应用橡塑止水带应考虑的问题如下:

(1)按电力行业标准《水工建筑物止水带技术规范》(DL/T 5215—2005)规定的试验方法及标准要求检验产品的合格性。

按试验规程测得的强度是标准强度,应用橡塑材料的强度时应考虑尺寸及荷载时间的效应影响:硫化橡胶板的拉伸强度与标准强度之比为0.5,长期强度为0.3,因而应用于宽度较大接缝的止水带,应在其下游面设置支撑。

(2)根据图5-26及图5-27展示的资料关系购置止水带对实际工程的适用性,即利用能控制试验温度和变形速度的万能材料试验机测试不同温度下止水带材质模量变化情况,即从实际工程运行过程中的前低气温开始每天升高10 ℃的试验温度下,以统一的恒定变形速度测试止水带材质的拉伸强度,直至试验温度升到实际工程运行过程中的前高气温。如果在试验温度变化过程中,止水带材质的拉伸强度变化不大且大于电力行业标准中要求的材质拉伸强度,则表明所购置的止水带完全符合实际工程要求,是完全适用的,否则是部分适用的。根据实际工程运行过程的气温情况评估止水带的适用性。

(3)止水带外观检查验收:① 止水带表面是否有开裂、缺胶、海绵状等缺陷。②从断面处检查中心孔的偏差程度,要求偏差小于1/3壁厚;翼板的缺陷深度小于2 mm,缺陷面积小于16 mm^2,宽度±0.5 mm,长度1.0 mm。③复合GB板条的完整性。

(4)止水带的长度:如无特殊要求,用硫化工艺连接的橡胶止水带,一般硫化部分长度以20 m为宜,长度误差2 cm,长度两端各预留生胶条5 cm。采用熔接的PVC止水带每条长20 m、长度误差5 cm。

(5)橡塑止水带一般都卷成圆盘包装,最小圆盘直径应不使止水带断面中央圆孔有折曲的永久变形。

(6)止水带包装完整,防止油质玷污。

(7)止水带圆盘应平面堆放,防止堆压产生永久变形,防止雨淋、日晒。

(8)止水带安装前应进行全面检查表面破损及残留变形情况并及时处理。

(9)橡胶止水带的连接工艺:① 橡胶止水带采用生胶条硫化工艺连接,将止水带端部预留的生胶条用汽油擦拭干净,裁剪生胶条的长度与硫化器的硫化槽长度相同。②将两条止水带的生胶条从硫化器的两侧搭接在硫化器底板的硫化槽中,搭接厚度应稍高出硫

化器底板硫化槽深度的 2 倍,如有不足可用生胶料添补。③盖好硫化器的上板,使上下板的硫化槽对齐,拧紧上、下板的连接螺栓,开始加热。在加热过程中不断拧紧连接螺栓,保持对硫化槽中的生胶条有一定压力,逐渐加热升温至硫化温度 140 ~ 145 ℃,持续恒温 15 ~ 20 min(通过试验确定)后,放松上、下板连接螺栓,拿去上硫化板,取出硫化接头自然冷却。④最佳硫化温度及硫化时间需通过试验确定,硫化接头的拉伸强度应为母材的 60% ~80%。

(10)PVC 止水带连接采用熔接工艺,有两种方法:①用两侧辐射的加热板同时烘烤两条止水带的端部断面,如图 5-28 所示。两条 PVC 止水带的连接端分别用模具夹住,置于两侧辐射红外加热器的两边,同时加热两条止水带断面,当断面呈现流态移动趋势时,去掉中间加热器,推动两个模具带动熔化的止水带对接挤紧,熔体从止水带接触面挤出,自然冷却成型后,削去挤出的熔体,熔接强度可达到母材强度的 60% ~80%。②用专用焊枪熔化焊料如图 5-29 所示,将两条 PVC 止水带连接端削成 45°棱体,棱体尖端对接固定在平台上,用 PVC 焊条,最好用母材削成小条状(易熔化),将焊料条置于焊缝腔中,用焊枪同时加热焊料条端部及母材表面,同时加热到 140 ℃左右,焊料条与母材相熔接,堆积在缝腔内,如此堆满半个焊缝腔,冷却后翻转止水带,以相同工艺焊接另半个缝腔。

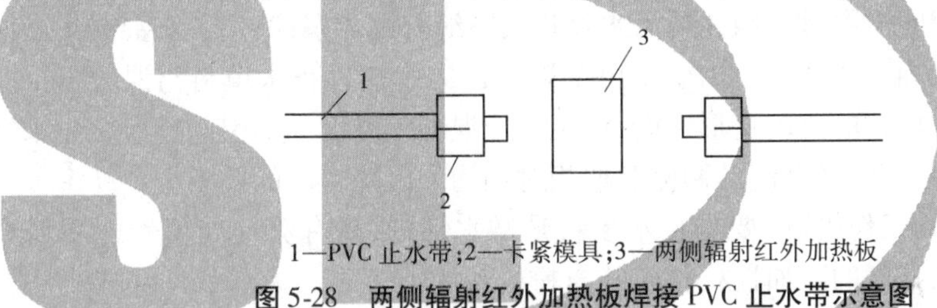

1—PVC 止水带;2—卡紧模具;3—两侧辐射红外加热板

图 5-28　两侧辐射红外加热板焊接 PVC 止水带示意图

采用熔焊应注意熔体温度,当焊料形成熔体则抬高焊枪保持温度约 140 ℃,使熔体堆积冷却,注意熔体不能发烟、变黄、焦化。

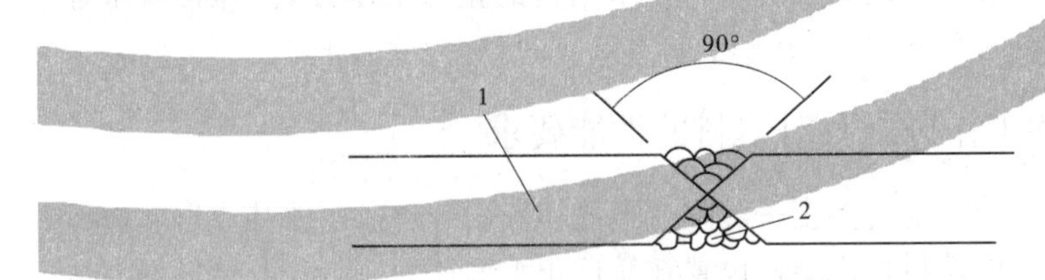

1—PVC 止水带;2—焊料熔体

图 5-29　PVC 止水带钎焊示意图

(11)应先对现场焊接人员进行培训,当焊接人员产品合格率达 90% 时才可上岗接焊,一般焊缝强度为母材的 60% ~80%。

(12)混凝土浇筑块外露止水带的长度一般为 2.0 ~3.0 m,以便与下个浇筑块的止水带连接时铺平和翻转操作。

(13)混凝土浇筑块外露的止水带应卷成圆盘,包装好防止日晒和雨淋,尤其是防止混凝土养护水的浸渍。

(14)止水带的安装如图 5-22 所示,Ω 形止水带附近的挡头板可保留到Ⅱ混凝土浇筑时拆除。中心圆孔形止水带难以弯成90°存在挡头板内,可采用止水铜片的保护方式,见图5-15。

(15)中央变形止水带埋入混凝土中的肋筋数量应不少于2个。

(16)低于-6℃时,PVC止水带变形性能降低,易开裂,故不宜用于低温环境。

第三节　填料止水

填料止水是将具有一定物理化学性能的止水填料填充于嵌入变形接缝两侧的混凝土块体中、具有一定断面形状和尺寸的止水结构的腔体内,借助止水填料的止水工作机制,在接缝变形的情况下阻止压力水经过缝腔和绕过止水结构渗漏的一种阻水措施,其特点是能适应接缝三维大变形的工作条件要求,尤其能满足接缝两侧混凝土块体发生相对不均匀沉降变形下的止水要求。

止水填料的止水工作机制:

止水填料是胶结材料(黏结剂)、增强剂、活性剂和活性填料(粉粒料)等膏状混合物,其材质具有耐久性、不透水性和流动变形(自行坍落)性能,以及与水泥混凝土的面黏附性。利用其耐水性和不透水性,阻止压力水经过接缝缝腔的渗漏;利用其与混凝土面的黏附性和流动变形性(自行坍落)产生的侧压强,阻止压力水绕过止水填料与混凝土接触界面的渗漏;利用止水填料的流动变形性能,满足由于混凝土温度变形引起缝腔中止水结构腔体的伸缩变形和基础沉降引起的两侧腔壁相对不均匀沉降变形的要求。

根据止水填料的工作机制,要求止水填料是憎水性的,具有流动变形性能和最大密度,所以一般选用大密度的亲油性材料或其与粉粒料的混合物。为降低产品成本和调整至符合实际工程要求的流动变形性能,多采用线型分子结构的烯、烃类聚合物为黏结剂,将其与亲油的活性填料(粉粒料)炼制成的混合物。

不同结构形式水工混凝土建筑物的填料止水结构的止水工作方式不同,因而对止水填料性能的要求也不同。

一、填料止水的工作机制及对填料的性能要求

重力式水工混凝土建筑物的温度—沉降变形缝一般用于建造在软基或岩基断裂带上建筑物的横缝。接缝中的填料止水结构设置在靠近止水铜片的上、下游,填料止水结构的形式一般采用直边形断面的缝槽,如图5-30所示。

由于考虑建筑物运行时可能的不均匀沉降量,接缝的宽度较大(与建筑物高度有关)。因而接缝中的止水结构经常承受较大的水荷载和地基不均匀沉降引起的剪切变形,使止水铜片或止水带难以承受,故在片状止水后增设填料止水键,以键腔内止水填料的各向均一性承受接缝的三维大变形,以其与水的密度差产生的压强阻止压力水的渗漏。受气温变化止水键的工作状态有以下四种。

(一)相对静止状态

当止水键周围环境温度没有明显变化时,接缝就处于相对静止状态,键腔内体积没有明显变化,腔内的止水填料无明显的流动变形,腔内压力近于恒定,如图5-31中的水平线2

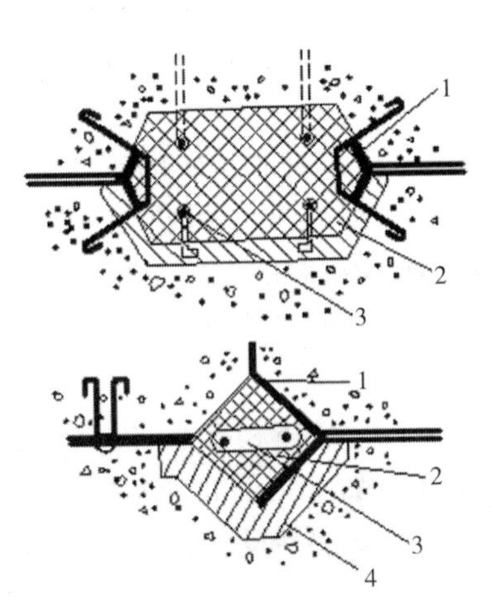

(a)温度—沉降缝止水键

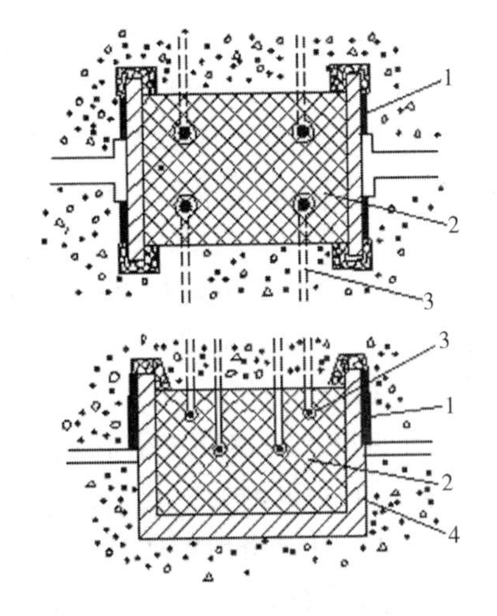

(b)沉降缝中止水键(软基)

1—止料设施;2—止水填料;3—加热设施;4—施工用钢筋混凝土槽

图 5-30　填料止水缝断面示意图

所示,此时止水键的止水效应是键腔内止水填料的密度与腔外接缝内水的密度差,使填料作用于键腔内壁上的侧压强大于腔外水作用在内壁面上的水力劈裂强度,因此沿内壁形不成绕渗途径,因而要求填料具有一定的密度。

(二)键腔张开状态

当气温骤降时,建筑物混凝土块体收缩而接缝张开,键腔断面扩张使填料发生水平方向流动,瞬时使填料作用于腔壁上的压力强度下降,但仍须高于最高水位时的外水压强如图 5-31 中的曲线 4 所示,随着键腔张开速度的减缓,腔内填料侧压强逐渐升高,趋向相对静止状态。此时能调控填料压强的因子只有键腔断面的半径和填料的黏性,见式(5-1):

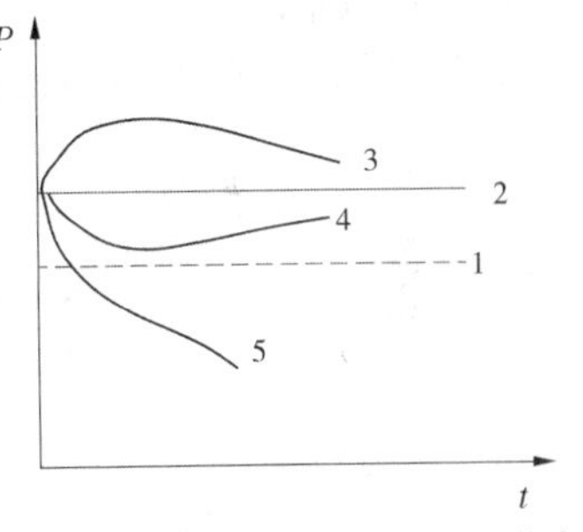

1—最高水位;2—相对静止;3—缩小状态;4—张开状态;5—破坏状态

图 5-31　键腔内填料压力变化

$$R_{\phi} = \left[\frac{2^{\beta+1}H \cdot u \cdot [\eta] \cdot (\beta+3)}{\pi(\gamma\sin\alpha)^{\beta}}\right]^{\frac{1}{\beta+2}} \qquad (5\text{-}1)$$

式中　R_{ϕ}——键腔断面半径,cm;

H——键腔内填料高度,cm;

γ——填料密度,g/cm^3;

α——止水键中心线倾斜角;

$[\eta]$——填料的黏度,Pa · s;

β——填料的变异指数;

u——接缝变形速度,cm/s。

从上式根据建筑物的情况确定 R_{ϕ} 可能的最大值后,可调控的因子只有止水填料的流变参数$[\eta]$、β 等。因为上述公式要确定建筑物运行过程中绝对最低气温时所必需的键腔断面半径,所以也要确定实际工程最低温度时的填料流变参数。实际工程具体要求的止水填料性能是，在满足工程要求的最低温度填料流变参数的前提下，填料具备一定的物理化学方面的性能，如填料的密度大于 1.6 g/cm³，以及运行时最低温度或加热设施开始工作最低温度时填料的变形性能等。

键腔张开状态下的止水效应主要取决于接缝的张开速度和填料的流变性质，特别是填料的低温流变性能。当这个性能无法满足时，如找不到 T_g 低于最低要求温度的填料的黏结剂，则止水键必须在结构或运行中采取措施，如放大键腔的有效半径 R_ϕ 或在键腔内增设加热设施，以便当气温降至填料最低允许运行温度时加热填料。

(三)键腔缩小状态

当气温升高时混凝土块体膨胀引起接缝缩小导致键腔体积变小、内部压强上升，如图5-31中的曲线3所示，此时影响止水键安全运行的是键腔内防止止水填料因升温黏性变小，当腔内压强增大时被挤出键腔的止料(止浆)设施的强度。为核算止料设施的强度，需求出键腔缩小时腔内的压强 P_{max}，可参照式(5-2)：

$$P_h = \frac{2\beta}{\beta+1}\left(\frac{2(\beta+3)u[\eta]}{\pi R^{\beta+2}}\right)^{\frac{1}{\beta}}\left(H^{1+\frac{1}{\beta}} - h^{1+\frac{1}{\beta}}\right) + \gamma\sin\alpha(H-h) \tag{5-2}$$

式中　h——计算断面到键底(基础)的距离，当 $h=0$，$P_h=P_{max}$ 在缝底。

式中的填料流变参数是最高气温(计算温度)时的参数。

当键腔缩小时，将填料挤压向键腔上端敞开口，如图5-32所示，此时键腔上端应留有足够的空键腔以免填料溢出，有时空键腔的允许长度也影响止水填料的研制，如实际工程运行温度变化幅度大、止水填料黏结剂的热敏感系数大，允许空腔长度不能满足要求。此时只能对填料黏结剂进行改性处理。

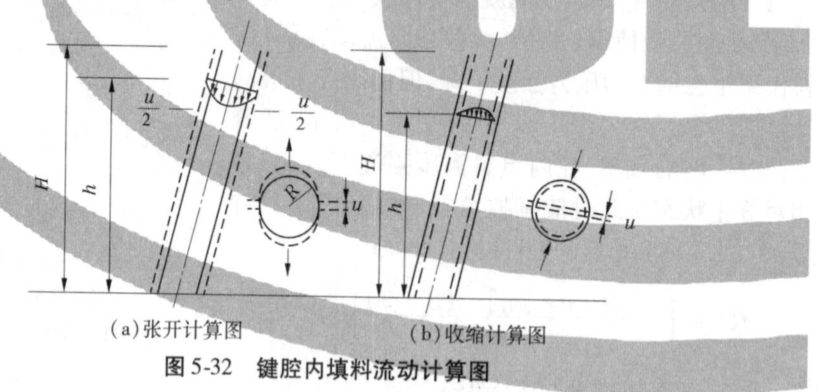

图5-32　键腔内填料流动计算图

(四)键腔破坏状态

键腔破坏发生在两种情况下：一是高温时期，腔内的压强压坏了止水浆设施，由于填料密度大，则从键腔流出，使腔内压强骤降，如图5-31中的曲线5；二是破坏发生在最低气温时期，因填料的流变参数与键腔的有效半径 R 和接缝变形速度 u 不匹配，使填料内出现拉应力，而降低压强严重时可能导致填料从腔壁混凝土界面拉开，这是最危险也难以补救的。如果填料内部有拉伸裂隙，还可以借助填料的触变性进行自愈。所以，研制填料时应选择有触变性的黏结剂，同时，在调制配方时应控制填料的拉伸强度小于填料与混凝土的黏结强度，填料具有一定的低温拉伸变形性能。除上述研制填料采取措施外，也可在冬季运行时注意即时启用止水缝的加热设备，以提高填料的工作温度。

二、面板坝的混凝土面板沉降变形缝的止水填料性能

混凝土面板沉降变形缝多设置在软基或不均匀沉降基础上高度较小的水工混凝土建筑物块体之间。接缝变形受温度的影响较小，如混凝土面板坝的周边缝和面板间接缝。周边缝建造在沉降性较大的填筑体与几乎不沉降的岸边或岩基的接触带上，键腔错动变形很大且是三维的，片状止水构件难以承受。沿接缝的长度，接缝上端全部承受水压，其止水结构形式与坝体横缝上游缝端止水相似，只是三维变形特大，其止水结构形式如图 5-33 所示。

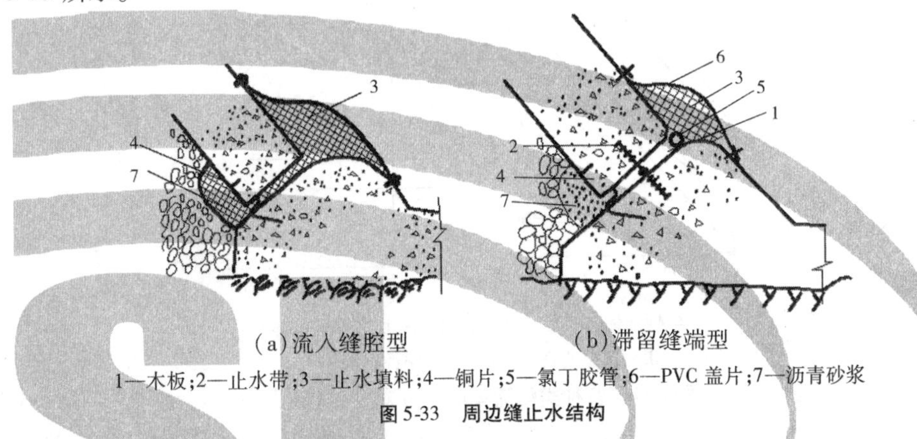

1—木板；2—止水带；3—止水填料；4—铜片；5—氯丁胶管；6—PVC 盖片；7—沥青砂浆

图 5-33　周边缝止水结构

图 5-33(a)的设计思路就是考虑当接缝发生三维大变形时，接缝上游端堆积的止水填料借助水压直接流入缝中，要求止水填料有一定的流动性，保证在接缝变形的过程中填料能及时流入缝中并始终充满缝腔。利用填料与水的密度差，在填料与混凝土的接触界面上产生一定的压强，阻止在此产生的水力劈裂而形成渗漏，因而研究这种止水填料的性能时，首先要求填料满足实际工程对流动性要求，衡量填料流动性的指标就是止水填料具有一定温度下的黏度指标，确定此指标应根据实际工程设计时预计工程投入运行 1 ~2 年可能发生的最大沉降量引起的接缝三维大变形产生的缝腔，在一定时间内充满该键腔所必须的单宽填料流量，可参照非黏性液体在平行板间的流动式(5-3)进行计算。

$$Q = \frac{(\rho + \gamma\iota\sin\alpha)^{\beta}\delta^{\beta+2}}{2^{\beta+1}\cdot(\beta+2)\cdot\iota^{\beta}[\eta]} \tag{5-3}$$

式中　ρ——填料上的水压力，MPa；

γ——填料密度，g/cm^3；

ι——缝深度，cm；

α——$\alpha = 90°$；

δ——缝的张开度，cm；

β、$[\eta]$——填料的流变参数。

根据式(5-3)推算出填料应具备一定温度下的黏度，则可选择填料的黏结剂。

上述阐明了填料可流动性的重要性，但同时应考虑到面板坝上游坡度对接缝上游端堆贮填料的稳定影响，长时间堆贮的填料可能发生沿坡的流动变形和对其表面上铺覆的 PVC 盖板的侧压力，因而选择黏结剂时最好考虑具有初始剪切强度的假塑性宾汉体，如

图 5-34 所示的 PB 型材料,通过对填料的剪切试验选定适宜的初始剪切强度。

检验填料的触变性和自愈性能,如果止水填料在水中有一定的自愈性,则可以提高接缝止水结构运行中的安全度。用持续剪切方法,检验填料的特性(如表观黏度)。如果填料的特性是不断地随时间而改变,则称此填料为"与时间有关"的流体,具有触变性,可能有自愈性能。

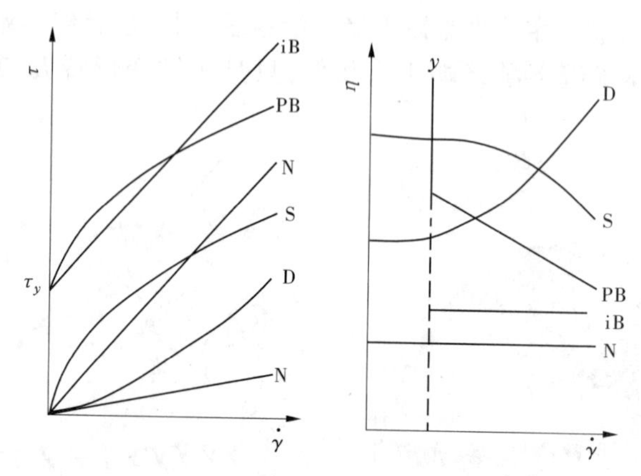

N—牛顿液体;D—切力增稠液体;S—切力变稀液体;
iB—理想的宾汉体;PB—假塑性宾汉体

图 5-34　各种类型流体的 τ、η 对 $\dot{\gamma}$ 依赖性

采用持续剪切试验检验,如果维持恒定剪切速率所需的切力随持续时间的增加而减小,即呈现图 5-35 或图 5-36 中触变体的曲线则为触变体。

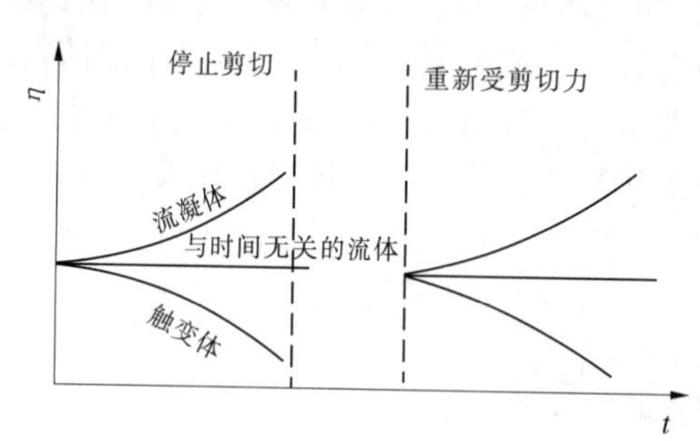

图 5-35　流体表观黏度与时间的关系

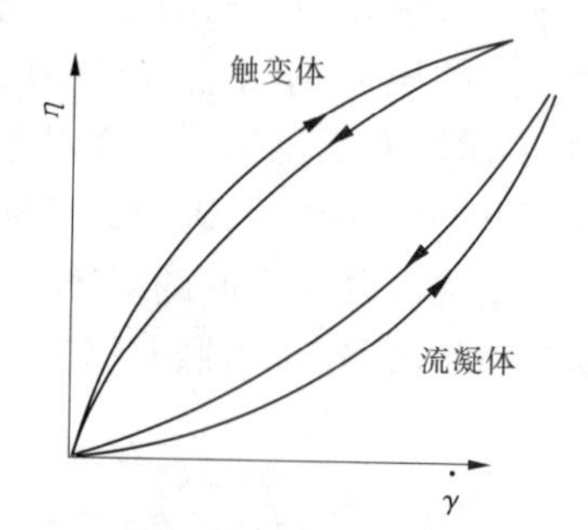

图 5-36　触变体和流凝体的滞回流动曲线

如果填料检验有触变性,则可用图 5-37 所示的填料流动止水试验仪进行填料的水中自愈性试验。将填料预制成与试验仪上部贮料室相似的梯形棱柱体试件,如图 5-37(a)所示,将仪器底盖关住将贮料室内充满水,然后将试件置入贮料室的水中。从仪器顶盖加水压(恒定水头),再打开仪器底盖,在持续水流的冲切作用下填料的黏度变小开始流动变形,则将试件与仪器的贮料表面粘牢,水流中断,填料被压入仪器的接缝中,然后将试件取去切下流入仪器接缝中的片状填料,再将片状填料试件[如图 5-37(b)所示]置于仪器接缝的底部的仪器底盖上,底盖与仪器底端面间留有一定缝隙,使压力水能排出。再加恒

定的水头的水流冲切接缝中的试件，持续一定时间后，片状试件将仪器接缝底部封堵住，水流中断，表明填料的自愈性符合要求。

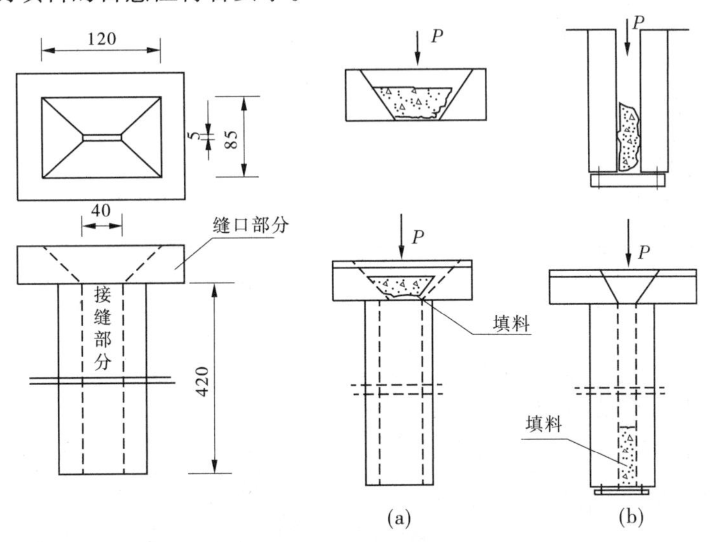

图 5-37　柔性填料流动止水试验仪　（单位：mm）

为炼制符合实际工程要求的止水填料，需要对其原材料和产品的主要性能进行测试。

（一）黏结剂的脆化温度（或玻璃化温度）测试

由于要求止水填料在实际工程全部运行过程的温度范围（绝对最高、最低温度）内部具有一定的流动变形性能，所以要求选用作黏结剂的材料在实际工程运行的绝对最低温度下，具有分子链质量中心发生位移的可能性。因而，要求黏结剂材料的脆化温度（或玻璃化温度）应低于实际工程运行过程中可能发生的绝对最低温度。

影响聚合物玻璃化温度的因素极其复杂，测试时需要专门的仪器设备且测试结果有一定的变化范围。故一般情况下，根据实际的可行性，针对具体材料的性状制定出材料脆化温度的测试方法。如石油沥青类的热塑性材料脆化温度的测试方法简述如下。

测试用的仪器设备如图 5-38 所示。

取(0.4 ±0.01) g 的材料试样，加热后均匀地涂布在长(41 ±0.05) mm、宽(20 ±0.02) mm、厚(0.15 ±0.02) mm 的薄钢片上。然后将涂有试样的薄钢片固定在如图 5-38(b)所示的夹钳中，并置该夹钳于可控制降温速度的玻璃管中，控制玻璃管中温度的下降速度为 1 ℃/min，当其温度降至高于预计的脆化温度 10 ℃时开始使玻璃管内的薄钢片沿长度方向压弯至长度为(40 ±0.1) mm 之后再放开恢复原始长度 41 mm 状态。这样使薄钢片每分钟弯曲一次，直至试样涂层出现裂缝时的温度即为该材料的脆化温度。如果材料的软化点高于常温，则可将材料先在模具内压制成长(41 ±0.05) mm、宽(20 ±0.02) mm、厚(0.5 ±0.05) mm 的试片。将其热粘在薄钢片上，进行上述条件下的测试。取误差在 3 ℃范围内的平行试验 3 次结果的平均值作为最终测试结果，一般材料的脆化温度略高其玻璃化温度。

对厂家生产的定型产品，则可按软化点高于常温的材料测试。测试方法详见《公路工程沥青及沥青混合料试验规程》(JTG E20—2011) T0720。

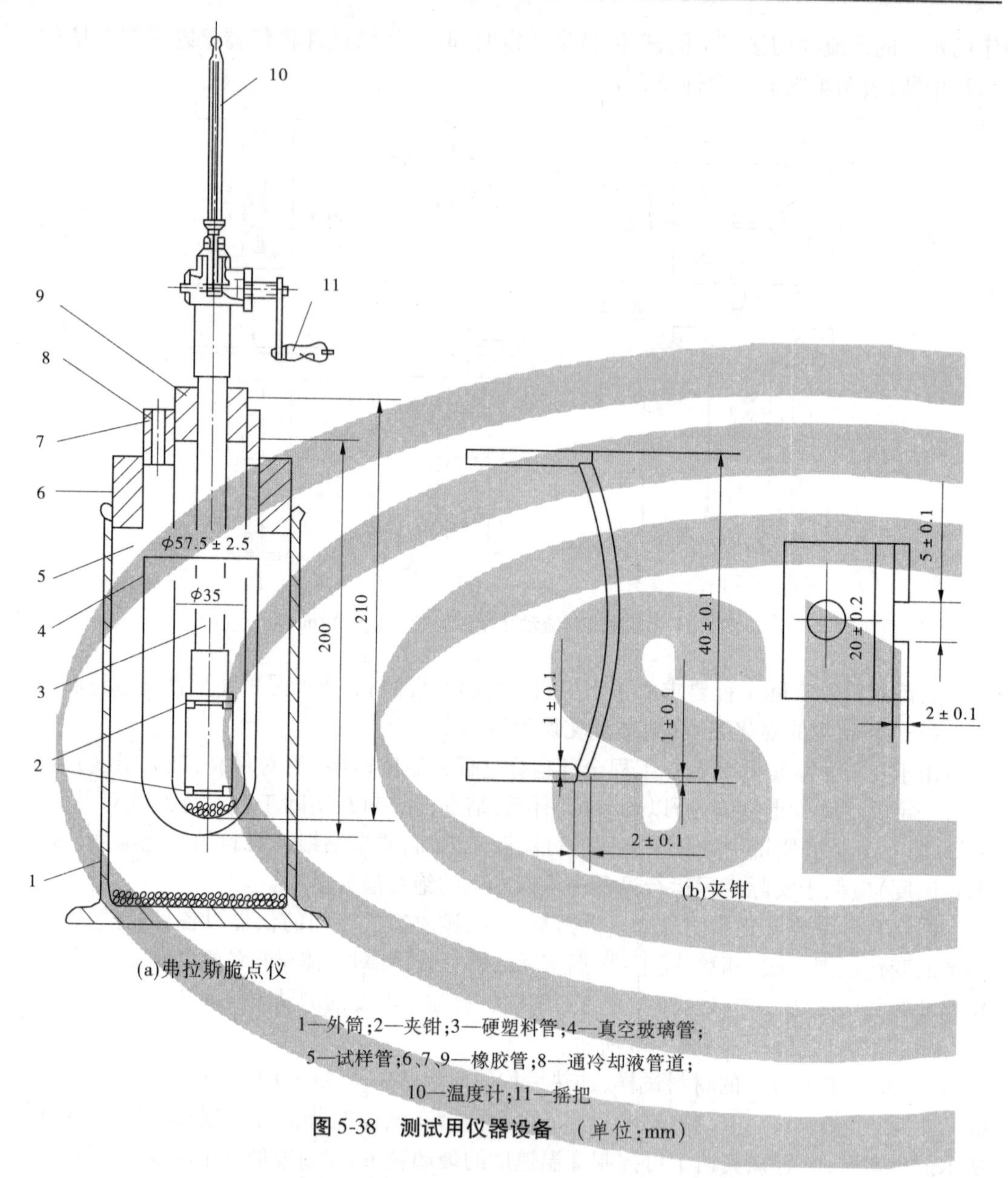

1—外筒;2—夹钳;3—硬塑料管;4—真空玻璃管;
5—试样管;6、7、9—橡胶管;8—通冷却液管道;
10—温度计;11—摇把

图5-38　测试用仪器设备　(单位:mm)

(二)填料(粉粒料)与黏结剂亲和性的测定

为调整止水填料的黏性和密度,使其符合实际工程应用的要求,一般情况下采用掺入粉粒填料的方法。对黏结剂有亲和性的粉粒料可以增强两者的黏合强度。石油沥青和橡胶类的聚合物要求采用亲油性粉粒填料(即亲水系数小于1.0的填料)。石油沥青及橡胶材料可以在亲油填料粒子的表面形成一层黏性较大的扩散结构膜,因而使一定数量的粉粒填料在煤油(烯烃类)介质中体积增大,在水介质中则无此现象,所以可用体积法进行测定,即将一定质量(5 ±0.01) g粉粒填料(已烘干)分别投入盛有煤油的试管中,观测其最终沉淀后的体积 V_1,及盛蒸馏水的试管中观测其最终沉淀体积 V_2,亲水系数 η =

$\frac{V_2}{V_1}<1.0$ 即为亲油性填料。测试方法详见《公路工程沥青及沥青混合料试验规程》(JTG E20—2011)T0720。

三、止水填料耐水或耐溶液的稳定性试验

止水填料的炼制是将黏结剂与干燥的粉粒填料在一定的工艺条件下进行的，黏结剂与填料粒子互相牢固地黏附着，且形成黏性较大的扩散结构层，但是遇到极性较强的水介质、水蒸气可透过黏结剂的扩散结构层在填料粒子表面形成吸附水膜，剥离开黏结剂结构层与填料粒子的接触界面，按常规的渗透概念可认为大多数聚合物，如橡胶、沥青是不透水的，但它们还是有一定的透水系数，即当蒸气压差为 1 mmHg，厚度为 1 cm，面积为 1 cm^2 的聚合物试样，在 1 h 内仍有一定量的水蒸气扩散到试样内。如石油、沥青的透水系数大体上为 $(4.0\sim9.0)\times10^{-9}$ g/(cm · cm^2 · 1 mmHg · h)，同时止水填料中的其他配料也可能有溶水性，所以应进行这方面的试验，测试方法及指标可依据中水科海利工程技术有限公司企业标准 Q/HD KHL003—2005 GB 柔性填料。

四、止水填料黏性系数的测定

根据止水填料的工作机制可知，变形缝中的填料止水结构是借助止水填料的流动变形性能在接缝变形过程中发挥其止水效应，不同的接缝变形状态要求止水填料具有不同力度的流动变形性能，表示填料流动变形力度的指标是其黏性系数，因而要通过测定止水填料的黏性系数，评定止水填料对实际工程的适用性。

止水填料是黏稠膏状的物质，需要用图 5-39 所示平行板式流变仪测试它的黏性系数。平行板式流变仪由 3 块平行板组成，如图 5-39(b)所示，使止水填料试样产生双剪切变形，试样宽度 b 和长度 h 是固定的，而试样的厚度 a 应通过实测确定。因为黏性系数计算公式的推导条件是在试样全厚度范围内的材料都发生剪切位移，即如图 5-39(b)所示的试样剪切时产生的流动变形条纹应当近似直线，如果试样厚度过大，接近板子表面处的材料质点可能不产生剪切位移，使试样发生如图 5-39(c)中的曲线条纹，所以须调小厚度 a，使剪切位移条纹呈直线，确定厚度 a 的尺寸后，可组装 3 块平行板，使中间板的两侧形成腔体，将试样加热呈现塑流状态，浇筑在腔体中，冷却后则可进行试验，实际上是在恒定的温度 T_1 下的剪切徐变试验，施加一定的荷载 P_1，记录中间板剪切位移变形与时间曲线，如图 5-39(d)所示，当呈现出直线段时则表明试样呈现等速剪切变形，求得 P_1 荷载下的等速位移速度 v_1，然后在同一恒等温度 T_1 下再求得 P_2 荷载下的 v_2，将 v_1、v_2 代入下式，求得 β

$$\beta=\frac{\lg v_1-\lg v_2}{\lg\left(\frac{P_1}{bh+a\rho g}\right)-\lg\left(\frac{P_2}{bh}+a\rho g\right)}$$

将两个荷载中的任意一个荷载，如 P_1 及其相应的变形速度 v_1 代入下式，求得黏性系数[η]：

$$[\eta]=\frac{\left(\frac{P_1}{abg}+a\rho g\right)^{\beta+1}-\left(\frac{P_1}{abh}\right)^{\beta+1}}{(\beta+1)v_1\rho g}$$

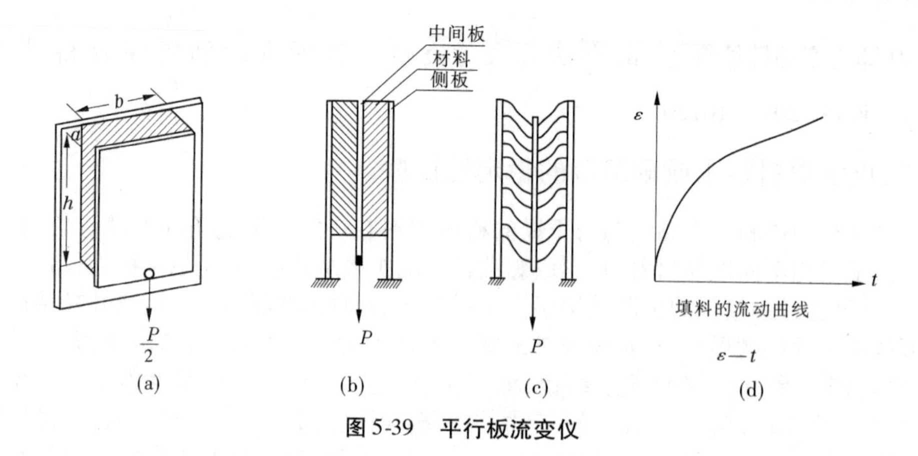

图5-39　平行板流变仪

式中　g——重力加速度,980 cm/s^2;

ρ——试样材料的密度,g/cm^3;

a、b、h——试样的厚、宽、长,cm;

v——变形速度,cm/s。

平行板流度仪测定黏性系数需时间较长,不宜在施工现场操作,因而建议求出不同温度下黏性系数[η]与针入度 P_T 的关系,在现场可用图5-40所示的针入度仪测定止水填料的针入度 P_T 进行止水填料的质检。

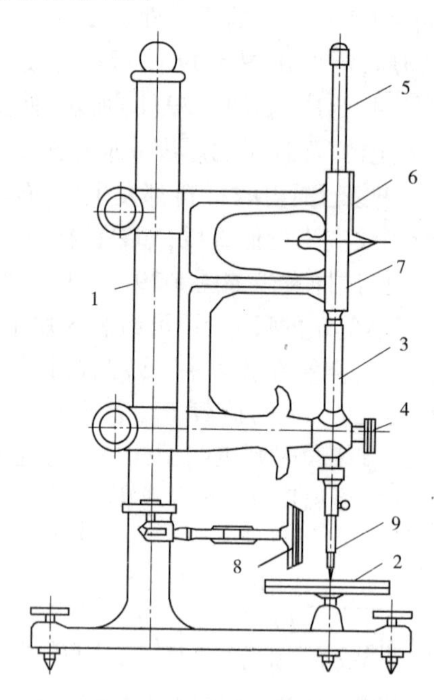

1—金属柱石;2—试样皿平台;3—针连杆;4—按钮;5—测杆;
6—指示针;7—刻度盘;8—反光镜;9—标准针

图5-40　针入度仪

五、止水填料的初始剪切强度 τ_y 的测定

初始剪切强度 τ_y 是评定止水填料的热稳定性指标，所以要采用实际工程运行中的绝对最高温度为试验温度，可用有控温、控速(变形速度)的万能材料试验机，慢速均匀施加荷载并记录 τ—γ(变形)。

六、止水填料动水中自愈性能测试

试验用仪器和方法见前述内容。

七、GB 柔性填料的性能测试

面板坝周边缝中滞留型缝端止水结构用的 GB 柔性填料的性能测试，按北京中水科海利工程技术有限公司行业标准 Q/HD KHL003—2005 GB 柔性填料进行。

八、用作温度变形缝止水填料对施工的要求

(1)止水键填筑止水填料的升高速度大于二期混凝土浇筑块的上升速度。由于键腔由预制混凝土模板组成，模板的稳定借助二期混凝土的侧压力，所以键内填料的填筑速度与二期混凝土的浇筑速度应匹配，防止混凝土养护水的污染，止水填料填筑面应高于混凝土浇筑面，见图 5-41。

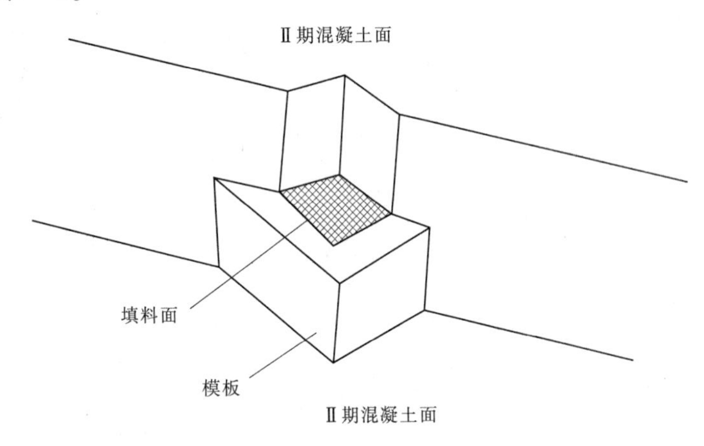

图 5-41 填料面高于Ⅱ期混凝土面

(2)止水填料填筑面应干燥、无污染，以保证与继续填筑的填料结合好。

(3)填筑填料前混凝土表面应处理干净，保持干燥面，涂抹的黏结剂中的溶剂应挥发完。

直接流入型面板周边缝止水填料的填筑施工要求分层填筑时层间接触紧密，无缝隙及空气夹层，以保证填料的整体性。

滞留缝端型周边缝止水填料按厂家施工要求。

第二篇　混凝土检测方法

第六章 混凝土拌和物性能检测

第一节 对混凝土拌和试验室的要求

水泥和其他原材料均匀拌和后到开始凝结硬化前，这一阶段的混凝土拌和物称为新拌混凝土。新拌混凝土经运输、平仓、捣实、抹面等工序，都可以看作是对新拌混凝土的加工过程。因此，新拌混凝土的重要特性就是在加工过程中能否良好地工作，这一特性称为新拌混凝土的工作性。新拌混凝土的性能直接影响到施工的难易程度和硬化混凝土的性能与质量。改善新拌混凝土的工作性，不仅能保证和提高结构物的质量，而且能够节约水泥、简化工艺和降低能耗。新拌混凝土的其他特性，如含气量、凝结时间、表观密度等也均与混凝土的施工和硬化后混凝土的质量有着密切的关系。研究并掌握新拌混凝土的性能，对于保证大体积混凝土质量、改善施工条件、加快施工速度和节约投资都有着重要意义。

为室内试验提供混凝土和碾压混凝土拌和物时，人工拌和一般用于拌和较少量的混凝土，机械拌和一次拌和量不宜小于搅拌机容量的20%，不宜大于搅拌机容量的80%，碾压混凝土必须采用机械拌和。《水工混凝土试验规程》(SL 352—2006)3.1“混凝土拌和物室内拌和方法”对混凝土拌和操作有规定。

一、环境要求

(1)在拌和混凝土时，室内温度保持在(20 ± 5) ℃。所拌制的混凝土拌和物应避免阳光照射及吹风。

(2)用以拌制混凝土的各种材料，其温度应与拌和实验室温度相同。

二、仪器设备

(1)混凝土搅拌机：容量 50 ~ 100 L，转速 18 ~ 22 r/min。

(2)拌和钢板：平面尺寸不小于 1.5 m × 2.0 m，厚 5 mm 左右。

(3)磅秤：称量 50 ~ 100 kg、感量 50 g。

(4)台秤：称量 10 kg、感量 5 g。

(5)天平：称量 1 000 g、感量 0.5 g。

(6)盛料容器和铁铲等。

第二节 混凝土拌和物坍落度检测

坍落度检测是测量新拌混凝土工作性最早的试验方法，早在 20 世纪 30 年代美国就开始采用坍落度试验量测新拌混凝土的稠度,此方法简单便捷效果好,是混凝土施工中迄今为止应用最广泛的一种测量方法。

坍落度试验主要机具是一个上口直径为100 mm、下口直径为200 mm、高度为300 mm的截圆锥容器筒。试验时将拌好的混凝土分三层装入筒内,每层用捣棒插捣25次,最后抹平筒口,并将筒体垂直提起。此时新拌混凝土锥体在重力作用下,克服内摩擦阻力而坍落,用尺量取锥体坍落的高度,即为混凝土的坍落度值。

坍落度试验主要反映了新拌混凝土的流动性。坍落度值越大,新拌混凝土的流动性越大。这种试验方法适用于塑性混凝土,而不适应于坍落度很小或无坍落度的干硬性混凝土。

测量坍落度值以后,再辅以其他方法,还可对新拌混凝土的黏聚性做定性的判断。用捣棒在已坍落的混凝土锥体侧面敲打,如拌和物锥体不易被打散,则说明该种混凝土的黏聚性较好。

坍落度试验使用机具少,操作简单,对同一种混凝土含水量的变化,反映较为敏感,因此广泛用于现场混凝土质量检控。但该试验均为手工操作,人为因素较多,容易引起试验误差,因此试验应由熟练的专职人员操作。一般做坍落度试验时容易出现的差错是:放置坍落度筒的底板平整度和刚度不足、踏踩坍落度筒不稳、插捣不到位不均匀、提起坍落度筒时过快或坍落度筒内壁碰到混凝土等。坍落度试验方法详见《水工混凝土试验规程》(SL 352—2006)3.2“混凝土拌和物坍落度试验”。

第三节　碾压混凝土拌和物工作度测定

无振动条件下,新拌碾压混凝土堆积体在黏聚力和内摩擦力作用下处于稳定状态。在振动条件下,碾压混凝土的内摩擦力显著减小,堆积体失去稳定状态而流动,此种现象称为液化。液化后的碾压混凝土为重液流体状态,骨料颗粒在重力作用下滑动,排列紧密构成骨架,骨架间的空隙被流动的灰浆所填充,形成密实的碾压混凝土体。

振动液化时间长短反映了碾压混凝土拌和物的流变特性,因此采用振动液化时间表征碾压混凝土拌和物工作度,又称*VC*值。试验表明,工作度(*VC*值)对碾压混凝土拌和物含水率变化反应灵敏。为建立碾压混凝土拌和物工作度测定方法,必须研究施振特性与碾压混凝土拌和物液化时间的关系。

一、加速度与碾压混凝土拌和物振动液化时间的关系

试验结果表明,碾压混凝土拌和物液化时间随振动质点加速度增加而减少,最大加速度小于$5g$,液化时间急促增加,但当最大加速度大于$5g$后,液化时间变化平稳,已趋稳定。加速度与振动液化时间的关系见图6-1。图中显示的加速度是不同的振动频率和振幅组合下计算的加速度。因此,不论是高振幅低频率的振动台,或是低振幅高频率的振动台,只要最大加速度大于$5g$均可以达到同样的液化作用效果。

二、表面压重质量与碾压拌和物振动液化时间的关系

表面压重质量与碾压混凝土拌和物振动液化时间关系的试验结果见图6-2。它说明碾压混凝土拌和物振动增实过程中表面压重质量对碾压混凝土拌和物液化作用有明显影响。随着表面压重质量增加，液化时间减小，压重质量增至17.75 kg以后变化平稳。

上述试验研究表明，碾压混凝土拌和物工作度（*VC*值）试验方法选用的振动台最大加速度应大于5*g*，表面压重质量应为17.75 kg。经比较，选用维勃稠度仪专用振动台及其试验容器。振动台频率（50±3.3）Hz，空载振幅（0.5±0.1）mm，最大加速度5*g*。塑料透明圆盘质量（2.75±0.05）kg，另外附加两块质量为（7.5±0.05）kg的砝码配重块，表面压重质量合计17.75 kg。

碾压混凝土拌和物工作度（*VC*值）试验方法于1986年制定，2006年重新修订，列入《水工混凝土试验规程》（SL 352—2006）6.1“碾压混凝土拌和物工作度（*VC*值）试验”。

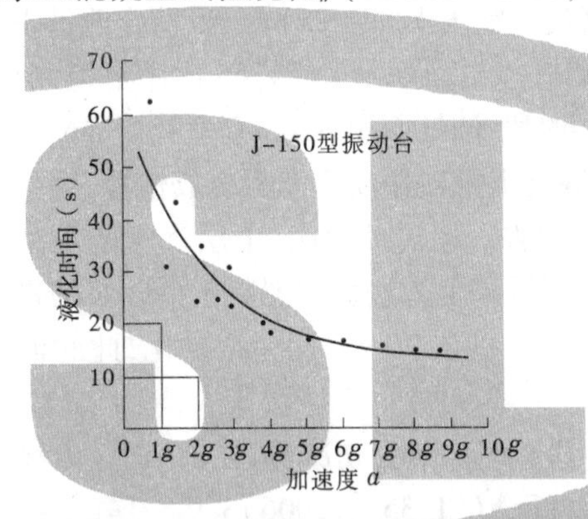

图6-1　加速度与振动液化时间的关系

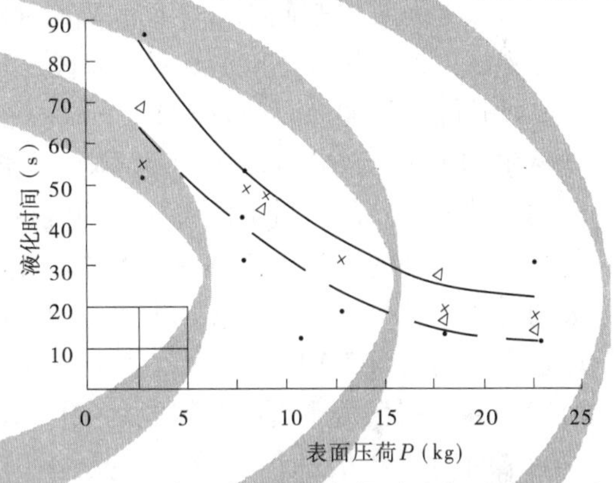

图6-2　表面压重质量与振动液化时间的关系

第四节　混凝土拌和物泌水率检测

新拌混凝土在运输、振捣过程中砂石骨料的分离及水分的上浮现象，被称为新拌混凝土的离析。水分上浮或分离称为泌水。泌水量多的混凝土施工中容易离析。泌水率试验主要反映新拌混凝土中水分的分离，在一定程度上也反映了新拌混凝土的抗离析性能。

试验设备为一个内径和高度均大于最大骨料粒径3倍的带盖金属圆筒。试验时将一定量的新拌混凝土装入圆筒中，经振捣或插捣使之密实，使混凝土试样表面低于筒口40 mm左右，然后静置并计时，前60 min每隔20 min用吸管吸取试样表面的泌出水分，以后每隔30 min吸水一次，并用量筒计量，直至连续三次吸水时，试样均无泌水。已知泌水总量和新拌混凝土试样中总的含水量，即可计算泌水率。泌水率小，表示新拌混凝土抗离析性能较好。泌水率试验方法详见《水工混凝土试验规程》（SL 352—2006）3.5“混凝土拌和物泌水率试验”。

第五节　混凝土拌和物凝结时间测定

混凝土凝结时间测定方法,不论是普通混凝土还是碾压混凝土,均采用贯入阻力仪,又称贯入阻力法。但两种混凝土的测定方法却有不同,其差异是:①初凝时间测定,所用测针直径不同;②确定初凝时间所用方法不同;③所用贯入阻力仪的荷载精度不同。

一、普通混凝土拌和物凝结时间测定

在众多测定混凝土凝结时间的方法中,只有贯入阻力法被美国材料试验学会接纳为混凝土凝结时间测定的标准(ASTM C403)。

贯入阻力法是吐兹尔(Tuthill)和卡尔顿(Cordon)于1955年提出的,该法采用普氏贯入针测定从混凝土筛出的砂浆硬化特性。从混凝土中筛出的砂浆装入容器深度至少150 mm,砂浆振实后抹平表面并排除泌水,不同间隔时间将贯入针压入砂浆25 mm深,测定测针贯入阻力值。测试过程中分初凝和终凝两个时段,以测针承压面积从大到小的次序更换测针。初凝时段:测针面积100 mm^2(直径11.2 mm),终凝时段:测针面积20 mm^2(直径5 mm)。

吐兹尔和卡尔顿确定混凝土初凝界限,是指混凝土重新振动不能再变成塑性,即一个振动着的振捣器靠它的自重不能再插入到混凝土中去。超过此界限,上层浇筑的混凝土不再能与下层已浇的混凝土变成一个整体。此时用贯入阻力法测定混凝土中砂浆的贯入阻力大约是3.5 MPa。当贯入阻力达到28 MPa时,可以认为砂浆已完全硬化,此时混凝土抗压强度大约是0.7 MPa。

ASTM C403对混凝土凝结时间规定:贯入阻力3.5 MPa为初凝界限,28 MPa为终凝界限。凝结时间试验方法详见《水工混凝土试验规程》(SL 352—2006)3.9“混凝土拌和物凝结时间试验”引进。

二、碾压混凝土拌和物凝结时间测定

碾压混凝土凝结时间测定方法是借用美国ASTM C403普通混凝土凝结时间测定的贯入阻力法,套用到碾压混凝土上。两者的区别是:

(1)普通混凝土初凝时间测定,测针直径为11.2 mm(断面面积为100 mm^2),碾压混凝土初凝和终凝时间测定,采用统一测针直径,均为5 mm(断面面积为20 mm^2)。

(2)普通混凝土初凝时间由贯入阻力为3.5 MPa的点确定,而碾压混凝土初凝时间由贯入阻力—历时关系中直线的拐点确定。

大量试验表明,混凝土的凝结表现在加水后水泥凝胶体由凝聚结构向结晶网状结构转变时有一个突变。用测针测定碾压混凝土中砂浆贯入阻力也存在一个突变点,即测试关系线存在一个拐点。原试验方法试验时拐点时而出现,时而又不出现,究其原因是测定贯入阻力的仪器测力精度不够造成的。

2006年借修改水工混凝土试验规程之际,对原碾压混凝土试验规程SL 48—94中2.0.6条碾压混凝土拌和物凝结时间试验方法和测试仪器进行了研究,并研制出新的高精度贯入阻力仪。新修订的《水工混凝土试验规程》(SL 352—2006)6.4“碾压混凝土拌

和物凝结时间试验(贯入阻力法)”采纳了高精度贯入阻力仪,额定荷载1 kN、精度±1%、最小示值0.1 N。

第六节　混凝土拌和物含气量检测

混凝土拌和物含气量检测目的是选定或检验引气剂掺入量,以便控制混凝土拌和物质量。不论是普通混凝土或是碾压混凝土含气量检测所用仪器,均采用气—水压含气量测定仪。该仪器是按美国ASTMC 231标准设计,主要规格如下:

(1)混凝土最大骨料粒径不得大于40 mm。

(2)最大含气量测定值8%。

(3)混凝土量钵尺寸:容积7 L,内径与高度比为1∶1。

(4)显示仪表:压力值量程0.25 MPa、分度值0.005 MPa、含气量值量程8%、最小读数0.1%。

一、普通混凝土拌和物含气量检测

混凝土拌和物含气量试验方法详见《水工混凝土试验规程》(SL 352—2006)3.10“混凝土拌和物含气量试验”。

含气量试验容易出现的差错是:抹平完成后混凝土表面局部成凹陷状,安装钵盖时不按规定顺序,导致钵盖没有完全盖严,压力表指针没有稳定就急于读数等。

二、碾压混凝土拌和物含气量检测

碾压混凝土检测方法基本上与普通混凝土相同,所不同之处是试样成型方法。试样振实规定采用维勃稠度仪的振动台,试样量钵应固定在振动台台面上,含气量测定仪量钵与振动台固定可采用压板与螺杆相结合的方法。振动成型时,试样表面应加压重块,压重块和导杆总质量为15 kg。

该试验方法详见《水工混凝土试验规程》(SL 352—2006)6.3“碾压混凝土拌和物含气量试验”。

第七节　混凝土拌和物拌和均匀性检验

混凝土拌和物的均匀性,主要取决于搅拌机机型、拌和时间和投料顺序等。当搅拌机机型确定后,必须进行混凝土拌和物均匀性检验,以确定拌和时间和投料顺序。搅拌机叶片磨损也影响搅拌能力和拌和物的均匀性,应定期检查、修复。

混凝土拌和物均匀性检测方法按国家标准《混凝土搅拌机》(GB/T 9142—2000)和《水工混凝土试验规程》(SL 352—2006)3.8“混凝土拌和物拌和均匀性试验”进行。

一、GB/T 9142—2000

检查混凝土均匀性时,应在搅拌机卸料过程中,从卸料流中约1/4和3/4的部位抽取

试样进行试验,两个试样性能上的差别不能超过下列任一项规定:

(1)混凝土中砂浆表观密度的两次测值的相对误差不应大于0.8%;

(2)单位体积混凝土中粗骨料含量两次测值的相对误差不应大于5%。

二、SL 352—2006

试验方法用于选择合适的拌和时间。选择3~4个可能采用的拌和时间,分别拌制原材料、配合比相同的混凝土。每个拌和时间,从先后出机的拌和物中取样,用两组混凝土抗压强度偏差率和砂浆表观密度偏差率评定,其中偏差率最小的拌和时间即为最合适的拌和时间。

第八节　水工混凝土配合比设计方法

水工混凝土是为了达到防洪、灌溉、发电、供水、航运等目的,通常需要修建不同类型的建筑物,用来挡水、泄洪、输水、排沙等。这些建筑物称为水工建筑物。这些建筑物所用的混凝土,称为水工混凝土。

(1)配合比设计前的准备工作:①掌握设计图纸对混凝土结构的全部要求,重点是各种强度和耐久性要求、结构件截面的大小及钢筋布置的疏密以考虑采用水泥品种及石子粒径的大小等参数;②了解是否有特殊性能要求,便于决定所用水泥的品种和粗骨料粒径的大小;③了解施工工艺,如输送、浇筑的措施,使用机械化的程度,主要是对工作性和凝结时间的要求,便于选用外加剂及其掺量;④了解所能采购到的材料品种、质量和供应能力并按相关规程规范进行检测;⑤根据这些资料合理地选用适当的设计参数,进行配合比设计。

(2)混凝土配合比设计的基本原则:①应根据工程要求、结构形式、施工条件和原材料状况,配制出既满足工作性、强度及耐久性等要求又经济合理的混凝土,确定各项材料的用量;②在满足工作性要求的前提下,宜选用较小的用水量;③在满足强度、耐久性及其他要求的前提下,选用较小的水胶比;④宜选取最优砂率,即在保证混凝土拌和物具有良好的黏聚性并达到要求的工作性时用水量较小,拌和物密度较大所对应的砂率;⑤宜选用最大粒径较大的骨料及最佳级配。

(3)混凝土配合比设计和主要步骤:①根据设计要求的强度和耐久性选定水胶比;②根据施工要求的工作度和石子最大粒径等选定用水量和砂率,用用水量除以选定的水胶比计算出胶凝材料用量;③根据体积法或质量法(假定容量法)计算砂、石用量;④通过试验和必要的调整,确定配合比和每立方米混凝土各项材料用量。

(4)混凝土配制强度的确定:为了使混凝土具有要求的保证率,必须使配置强度大于设计强度。当设计强度和要求的保证率已知时,配制强度按下式计算:

$$f_{cu,0} = f_{cu,k} + t\sigma \tag{6-1}$$

式中 $f_{cu,0}$——混凝土配制强度,MPa;

$f_{cu,k}$——混凝土设计龄期立方体抗压强度标准值,MPa;

t——概率度系数,由给定的保证率 P 选定;

σ——混凝土立方体抗压强度标准差，MPa。

σ 可根据近期相同抗压强度、生产工艺和配合比基本相同的混凝土抗压强度资料，混凝土抗压强度标准差计算，当混凝土设计龄期立方体抗压强度标准值小于或等于25 MPa，其抗压强度标准差 σ 计算值小于2.5 MPa时，计算配制抗压强度用的标准差应取不小于2.5 MPa；当混凝土设计龄期立方体抗压强度标准值大于或等于30 MPa，其抗压强度标准差计算值小于3.0 MPa时，计算配制抗压强度用的标准差应取不小于3.0 MPa。

当无近期同品种混凝土抗压强度统计资料时，σ 值可按表6-1取用。施工中应根据现场施工时段强度的统计结果调整 σ 值。

表6-1 标准差 σ 选用值

设计龄期混凝土抗压强度标准值(MPa)	≤15	20~25	30~35	40~45	50
混凝土抗压强度标准差 σ(MPa)	3.5	4.0	4.5	5.0	5.5

(5)混凝土配合比的计算：设计混凝土配合比的方法有很多，其主要步骤可归纳为估算初步配合比、试拌调整、确定混凝土配合比。

初步混凝土配合比计算：初步确定水灰比 W/C，计算配制强度 $f_{cu,0}$，求出相应的水胶比，并根据混凝土抗渗、抗冻等级等要求和允许的最大水胶比限值，初步选定水胶比；初步估计单位用水量 W(kg/m^3)。根据拌和物坍落度要求，初步选取用水量，并计算出混凝土的水泥用量(或胶凝材料用量)：

$$C = \frac{W}{W/C} \tag{6-2}$$

初步选取砂率 $S/(S+G)$，并计算砂子和石子的用量，可选用绝对体积法、质量法(假定容量法)。

绝对体积法基本原理：新拌混凝土的体积等于各组成材料的绝对体积与空气体积之和。

$$\frac{W}{\rho_W} + \frac{C}{\rho_C} + \frac{S}{\rho_S} + \frac{G}{\rho_G} + 10\alpha = 1\ 000 \tag{6-3}$$

式中 W、C、S、G——1 m^3 混凝土中水、水泥、砂子、石子的质量，kg；

ρ_W——水的密度，kg/m^3；

ρ_C——水泥的密度，kg/m^3；

ρ_S——砂子的表观密度，kg/m^3；

ρ_G——石子的表观密度，kg/m^3；

α——混凝土含气量百分数，在不使用引气型外加剂时，α 可取为1。

质量法基本原理：单位体积混凝土拌和物的质量等于各组成材料质量之和。

$$W + C + S + G = \gamma_C \tag{6-4}$$

式中 γ_C——每 m^3 混凝土拌和物的假定质量，kg。

(6)混凝土配合比的试配、调整、确定。

试拌:在混凝土试配时,每盘混凝土的最小拌和量应符合混凝土试配的最小拌和量的规定,当采用机械拌和时,其拌和量不宜小于拌和机额定拌和量的1/4,混凝土试配的最小拌和量见表6-2。

表6-2　混凝土试配的最小拌和量

骨料最大粒径(mm)	拌和物数量(L)
20	15
40	25
≥80	40

按计算的配合比进行试拌,根据坍落度、含气量、泌水、离析等情况判断混凝土拌和物的工作性,对初步确定的用水量、砂率、外加剂掺量等进行适当调整;用选定的水胶比和用水量,每次增减砂率1%~2%进行试拌,坍落度最大时的砂率即为最优砂率,用最优砂率试拌,调整用水量至混凝土拌和物满足工作性要求,然后提出混凝土抗压强度试验用的配合比;混凝土强度试验至少应采用三个不同水胶比的配合比,其中一个应为确定的基准配合比,其他配合比的用水量不变,水胶比依次增减,变化幅度为0.05,砂率可相应增减1%,当不同水胶比的混凝土拌和物坍落度与要求值的差超过允许偏差时,可通过增、减用水量进行调节;根据试配的配合比成型混凝土立方体抗压强度试件,标准养护到规定龄期进行抗压强度试验,根据试验得出混凝土抗压强度与其对应的水胶比关系,用作图法或计算法求出与混凝土配制强度($f_{cu,0}$)相对应的水胶比。

调整:若拌和物的粘聚性及保水性不良,砂浆显得不足时,应酌量增加砂率,反之则应适当减小砂率;当坍落度小于设计要求时,应增加水泥浆用量(保持水灰比不变),反之则应增加砂、石子用量(保持砂率大致不变),一般每增加10 mm坍落度,约需增加水泥浆用量1%~2%。

经试配确定配合比后,按下列步骤进行校正:

按确定的材料用量用下式计算每立方米混凝土拌和物的质量:

$$m_{c,c} = W + C + S + G \tag{6-5}$$

按下式计算混凝土配合比校正系数δ:

$$\delta = \frac{m_{c,t}}{m_{c,c}} \tag{6-6}$$

式中　δ——配合比校正系数;

$m_{c,c}$——每立方米混凝土拌和物质量计算值,kg;

$m_{c,t}$——每立方米混凝土拌和物质量实测值,kg。

按校正系数δ对配合比中每项材料用量进行调整,即为调整的基准配合比。

确定:当混凝土有抗渗、抗冻等其他技术指标要求时,应用满足抗压强度要求的设计配合比,按SL 352—2006进行相关性能试验,如不满足要求,应对配合比进行适当调整,直到满足设计要求,当使用过程中遇下列情况之一时,应调整或重新进行配合比设计:

①对混凝土性能指标要求有变化时;②混凝土原材料品种、质量有明显变化时。

水工混凝土配合设计方法详见《水工混凝土试验规程》(SL 352—2006)附录 A 和《水工混凝土配合比设计规程》(DL/T 5330—2015),供设计者参考。

第七章 混凝土性能检测

第一节 混凝土试件成型和养护

混凝土试件成型一般都在混凝土拌和间内完成，室温为(20±5)℃。Ⅰ、Ⅱ级标准养护室温度应分别控制在(20±2)℃、(20±5)℃，相对湿度95%以上。没有标准养护室时，试件可在(20±3)℃的饱和石灰水中养护，但应在报告中注明。

不论是普通混凝土还是碾压混凝土，各项主要性能试验仪器设备和试件规格都是相同的，只是成型方法不同。两种混凝土各项性能试验所用试件规格见表7-1。

表7-1 混凝土各项性能试验采用的试件规格

标准试件		专用试件	
试验项目	试件规格(mm)	试验项目	试件规格(mm)
抗压强度	150×150×150	自生体积变形	ϕ200×600
劈裂抗拉强度	150×150×150	导温系数	ϕ200×400
轴向抗拉强度	100×100×550	导热系数	ϕ200×400
极限拉伸	100×100×550	比热	ϕ200×400
抗剪强度	150×150×150	线膨胀系数	ϕ200×500
抗弯强度	150×150×550	绝热温升	ϕ400×400
静力抗压 弹性模量	ϕ150×300	渗透系数	ϕ150×150 150×150×150 ϕ300×300 300×300×300 ϕ450×450
混凝土与钢筋 握裹力	150×150×150		
压缩徐变	ϕ150×450或ϕ200×400	抗冲磨(圆环法)	外径500、内径300、高100
拉伸徐变	ϕ150×500	抗冲磨(水下钢球法)	ϕ300×100
干缩	100×100×515	氯离子渗透性	ϕ95×50
抗渗等级	圆台体：顶面ϕ175 底面ϕ185 高度150	氯离子扩散系数	ϕ100×50
抗冻等级	100×100×400		

试模拼装应牢固，不漏浆，振动时不得变形。尺寸精度要求：边长误差不得超过

1/150，角度误差不得超过0.5°，平整度误差不得超过边长的0.05%。

一、普通混凝土试件成型

试件的成型方法应根据混凝土拌和物的坍落度而定，混凝土拌和物坍落度小于90 mm时宜采用振动台振实，混凝土拌和物坍落度大于90 mm时宜采用捣棒人工捣实。捣棒直径为16 mm，长650 mm，一端为弹头形的金属棒；振动台的频率为(50±3) Hz，空载时台面中心振幅为(0.5±0.1) mm，承载能力不低于200 kg。混凝土拌和、成型方法见《水工混凝土试验规程》(SL 352—2006)3.1“混凝土拌和物室内拌和方法”和4.1“混凝土试件的成型与养护方法”。

混凝土抗压强度试件成型容易出现的差错是：试模组装不牢固导致振动时漏浆并且试件外形歪斜，振捣完成后试模内的拌和物过早抹平不留泌水收缩余量，抹面时间过早试件尺寸因收缩、泌水，表面不易抹平而损伤混凝土内部结构，拆模时间掌握不好导致试件表面损伤。

二、碾压混凝土试件成型

(一)振动台成型试件

成型机具有：

(1)振动台：频率(50±3) Hz，振幅(0.5±0.1) mm，承载能力不低于200 kg。试模应与振动台台面固定，可采用压板和螺杆相结合的方法紧固。

(2)成型套模：套模的内轮廓尺寸与试模相同，高度50 mm，不易变形并能固定于试模上。

(3)成型压重块及承压板：形状与试件表面形状一致，尺寸略小于试件内面尺寸。根据不同试模尺寸，将压重块和承压板的质量调整至碾压混凝土试件表面压强为4.9 kPa。

(二)振动成型器成型试件

成型机具有：

(1)振动成型器：质量(35±5) kg，频率(50±3) Hz，振幅(3±0.2) mm。振动成型器由平板振动器和成型振头组成。振头装有可拆卸有一定刚度的压板(φ145 mm圆板和145 mm方板)。

(2)成型套模：与振动台成型所用套模相同。

(3)承压板：形状与试件表面形状一致，尺寸略小于试件表面尺寸，且有一定刚度。

两种成型方法皆可用于成型碾压混凝土各项性能试验的试件，按《水工混凝土试验规程》(SL 352—2006)中各项性能试验规定的装料次数和振实时间进行。

振动成型器成型，用于现场成型量较多的抽样试件(边长为150 mm立方体)较为方便，而且效率较高。

第二节 混凝土力学性能试验

混凝土或碾压混凝土试件成型后，在(20±5)℃室内静置24~48 h后拆模并编号，拆模后的试件应移入标准养护室养护,至规定龄期进行各项性能试验。

一、混凝土抗压强度试验

(一)混凝土立方体抗压强度试验

立方体抗压强度是混凝土结构设计的重要指标,也是配合比设计的重要参数。在现场机口或仓面取样,测定立方体抗压强度,用于评定施工管理水平和验收质量。

通常的材料试验机皆可用于测定混凝土抗压强度。试件置于试验机压板上时,应满足以下要求:

(1)试件放置在试验机压板上应该与试验机轴心线同心;

(2)试件轴心应与压板表面垂直;

(3)试验机上压板应设置同心球座;

(4)压板表面应该平整。

抗压强度试验方法见《水工混凝土试验规程》(SL 352—2006)4.2“混凝土立方体抗压强度试验”和6.5“碾压混凝土立方体抗压强度试验”。

抗压强度试验容易出现的错误操作一般是:试验机底板清理不干净就放置试件,试件中心与试验机压板中心对准不符合标准要求,试验机压板不灵活导致试件受压面受力不均匀,试件外形明显歪斜、尺寸不符合要求仍然进行试验,试验时试件不注意保水,成为半干或干试件,压力机油箱空气未排完等。

(二)轴心抗压强度

立方体试件测定混凝土抗压强度,由于试件横向膨胀受到端面压板约束而产生摩阻力(剪力),使试件受力条件复杂,而不是单纯的轴向力,试件破坏呈“双椎体”。要测定混凝土轴心抗压强度,则必须将试件端面与压板接触面的摩阻力消除。消除摩阻力的方法有两种:其一,在试件端面与压板之间放置刷形承压板或加2~5 mm厚度的聚氯乙烯板,均可将摩阻力消除;其二,增加试件高度,试件端面约束所产生的剪应力,由试件端面向中间逐渐减小,其影响范围(高度 h)与试件边长(b)的关系约为 $h=\frac{\sqrt{3}}{2}b$。当试件高度增加到1.7倍边长时,端面约束可认为减弱到不予考虑的程度。

测定轴心抗压强度通常采用第二种方法。圆柱体试件高径比为2:1,即高度为直径的2倍,棱柱体试件高边比为3:1,即高度为边长的3倍。此时,混凝土破坏是单轴压缩荷载产生的。测定轴心抗压强度的标准圆柱体尺寸为 ϕ150 mm×300 mm。

标准圆柱体轴心抗压强度比标准立方体抗压强度低,只有标准立方体抗压强度的83%。

圆柱体轴心抗压强度试验方法见《水工混凝土试验规程》(SL 352—2006)4.8“混凝土圆柱体(轴心)抗压强度与静力抗压弹性模量试验”。

二、混凝土劈裂抗拉强度试验

劈裂抗拉强度试验方法是非直接测定抗拉强度的方法之一。试验方法简单,对试验机要求、操作方法和试件尺寸与抗压强度试验相同,只需要增加简单的夹具和垫条。在国

际上得到广泛采用,并被列入标准,如美国 ASTMC496—71 和日本 JISA1113。美国和日本标准试件采用 ϕ150 mm×300 mm 圆柱体,中国《水工混凝土试验规程》采用 150 mm×150 mm×150 mm 立方体试件。

计算劈裂抗拉强度的理论公式是由圆柱体径向受压推导出来的。采用立方体试件,假设圆柱体是立方体的内切圆柱,由此将圆柱体水平拉应力计算公式变换成立方体计算公式,圆柱体直径变换成立方体边长。立方体试件劈裂试验,试验机压板是通过垫条加载,理论上应该是一条线接触,而实际上是面接触,所以垫条宽度就影响计算公式的准确性。试验也表明,垫条尺寸和形状对劈裂抗拉强度有显著影响,见图 7-1。

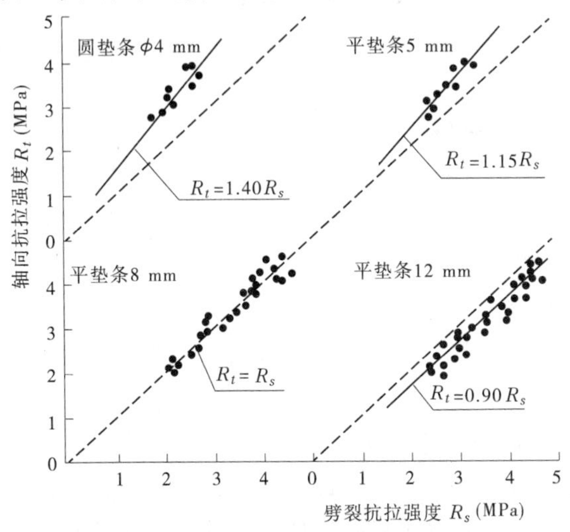

(劈裂试件:边长 15 cm 立方体,轴拉试件:15 cm×15 cm×55 cm)

图 7-1 垫条尺寸和形状对劈裂抗拉强度与轴向抗拉强度关系的影响

中国各部颁布的行业系统试验规程,劈裂抗拉强度统一采用边长为 150 mm 立方体为标准试件,但是对垫条尺寸和形状的规定却不统一,因此在进行同一种混凝土劈裂抗拉试验时,采用不同试验规程会得出不同的结果。

综上所述,大坝结构拉应力和温度应力计算,抗拉强度采用轴向抗拉强度而不采用劈裂抗拉强度,原因就在于此。

劈裂抗拉强度试验方法见《水工混凝土试验规程》(SL 352—2006)4. 3“混凝土劈裂抗拉强度试验”和 6. 7“碾压混凝土劈裂抗拉强度试验”。

三、混凝土轴向拉伸试验

混凝土轴向拉伸试验是用直接拉伸试件的方法测定抗拉强度、极限拉伸值和拉伸弹性模量。计算时不必做任何理论上的假定,测定结果接近混凝土实际应力—应变状况。由于测试技术上的原因,目前各国虽然都在进行研究,但标准试验方法尚未见公布。

混凝土轴向拉伸性能测试方法原理比较简单,但要准确测定却难度较大。制定轴向拉伸试验方法的原则是:①荷载应确实轴向施加,使试件断面上产生均匀拉应力,沿试件长度方向有一均匀应力段,并且断裂在均匀应力段的概率高。②试件形状应易于制作,费用低。③试件夹具与试验机装卡简单易行,且能重复使用。

(一)试件装卡和偏心

混凝土试件装卡在试验机上,下卡头中的装卡方式往往与试件形状相联系,可分为外夹式、内埋式和粘贴式三种。外夹式简单易行,不需要埋设拉杆和粘贴拉板,但是试件体积大。内埋式试件体积适中,拉杆埋设必须有胎具保证与试件对中,拉杆可以重复使用。粘贴式效率低,粘贴表面需要预先处理,但是试件体积小,尤其是对混凝土芯样试验,除此无更简便的方法。

混凝土轴向拉伸试验中一个关键问题是试件几何中心线与试验机加荷轴心线同心,以保证试件断面受力均匀,但是要完全做到这一点是比较困难的,实际上总有偏心发生,但应将其减小到允许范围以内。解决偏心的办法是:

(1)试件成型几何尺寸准确。

(2)由胎具保证拉伸夹头或粘贴拉板定位准确,并与试件同轴。此外,试验机卡头上都装有球铰,用以消除试件偏心对试验机加荷活塞或丝杆的作用,但是球铰并不能消除试件偏心所产生的附加弯矩对试件的影响。

(二)力和变形的测定

液压式万能试验机、机械式万能试验机或拉力试验机均可对混凝土试件施加轴向荷载。

在荷载作用下混凝土试件变形测量,着重使用外部测量变形的方法和装置。外夹式变形测量装置使用方便、性能可靠,且可以多次重复使用,经济耐用是人们所喜欢采用的测试方法。外夹式变形测量装置包括变形传递夹具和引伸计两部分。引伸计是对夹具传递过来的试件标距内变形量的量测机构,可分为机械式和电测式两类。通常使用的机械式引伸计有千分表,测定的变形量由表盘直接读取。电测式引伸计有差动变压器型引伸计和应变片型引伸计,其将标距内的变形量换成电量,然后经放大器放大,输入到显示仪表或记录仪。

混凝土轴向拉伸试验方法见《水工混凝土试验规程》(SL 352—2006)4.5“混凝土轴向拉伸试验”和6.8“碾压混凝土轴向拉伸试验”。

四、混凝土弯曲试验

凡具有弯曲试验的材料试验机皆可进行混凝土梁的弯曲试验。

加荷有单点加荷和三分点加荷两种方式。从理论上讲,加荷方式不应该影响混凝土弯曲抗拉强度,但是实际上混凝土是一种非均质材料,加荷方式对弯曲抗拉强度有明显影响。单点集中加荷时最大弯矩在梁中央,破坏断面被固定。三分点加荷时最大弯矩在两加荷点之间,破坏断面是随机的,破坏将发生在此区间最薄弱环节,所以三分点加荷方式所测弯曲抗拉强度更具有代表性。

弯曲抗拉强度计算公式推导是基于以下三个基本假设:①中性轴上、下的压应变和拉应变为线性变化。②中性轴上、下的压应力和拉应力为线性变化。③拉伸弹性模量等于压缩弹性模量。由此导出矩形断面梁弯曲抗拉强度计算公式为

$$R_f = \frac{PL}{bh^2} \tag{7-1}$$

式中 R_f——弯曲抗拉强度；

P——弯曲试验破坏荷载；

L——梁的跨度；

h——梁断面高度；

b——梁断面宽度。

梁断面实际应力分布与理论推导的三个基本假设是有差别的，弯曲破坏模型不是理论推导的线弹性模型。经理论分析，弯曲抗拉强度比轴向抗拉强度高，其关系式为

$$R_t = 0.574R_f \tag{7-2}$$

式中 R_t——轴向抗拉强度；

R_f——弯曲抗拉强度。

R·Baus用150 mm×150 mm×500 mm的梁进行弯曲试验和ϕ150 mm圆柱体进行轴向抗拉强度试验，得出试验关系式为

$$R_t = 0.52R_f \tag{7-3}$$

显然，弯曲抗拉强度比轴向抗拉强度高许多，见图7-2。大坝结构拉应力和温度应力计算，抗拉强度也不应采用弯曲抗拉强度。

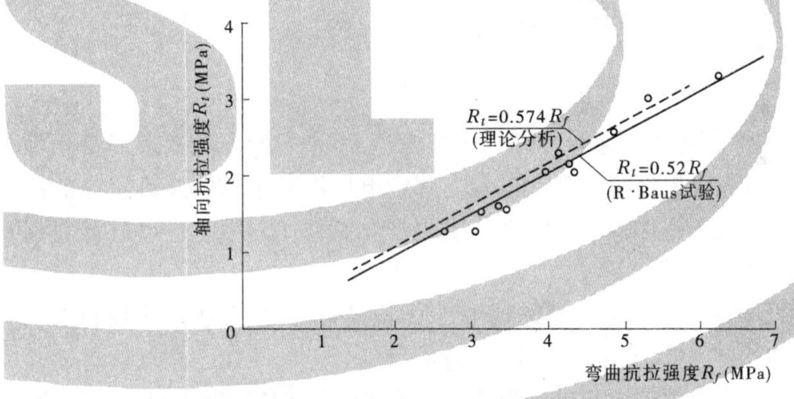

（弯曲试件：15 cm×15 cm×50 cm；轴拉试件：ϕ15 cm×25 cm）

图7-2 弯曲抗拉强度与轴向抗拉强度的关系（R·Baus）

混凝土弯曲试验方法见《水工混凝土试验规程》（SL 352—2006）4.6“混凝土弯曲试验”和6.9“碾压混凝土弯曲试验”。

五、静力抗压弹性模量试验

液压万能试验机和伺服程控万能试验机皆可对试件施加轴向荷载。试件变形测定装置包括变形传递架和引伸计两部分，与轴向拉伸试验变形测定装置相同。多数试验机都具有自动绘图功能，因此荷载—应变曲线随着试验进行自动绘出，试验结束即可取得。

混凝土弹性模量由荷载—应变曲线上升段两个测点的斜率确定。目前，各国标准对弹性模量计算所选测点也不尽相同，见表7-2。

表7-2　各国标准对计算弹性模量的规定

标准名称	试件尺寸（cm）	标距长度（mm）	计算弹性模量（斜率）的测点		
			线型	测定1	测定2
水工混凝土试验规程 SL352—2006	压缩弹模：$\phi15\times30$	150	弦线	应力0.5 MPa	40%极限荷载
美国ASTM 日本JIS	压缩弹模：$\phi15\times30$	150	弦线	应变50×10^{-6}	40%极限荷载
英国建筑工业研究与情报协会 CIRIA	压缩弹模：$15\times15\times35$	200	割线	原点	50%极限荷载
	拉伸弹模：$15\times15\times71$	200	割线	原点	50%极限荷载

中国《水工混凝土试验规程》(SD 105—82)规定：测点1为应力0.5 MPa，测点2为30%极限荷载。新修订的标准SL 352—2006，测点2改为40%极限荷载。这样，中国《水工混凝土试验规程》标准与美国ASTMC469标准基本一致。

混凝土静力压缩弹性模量试验方法见《水工混凝土试验规程》(SL 352—2006)4.8"混凝土圆柱体(轴心)抗压强度与静力抗压弹性模量试验"和6.11"碾压混凝土圆柱体(轴心)抗压强度和静力抗压弹性模量试验"。

六、混凝土抗剪强度试验

碾压混凝土坝施工的特点是通仓、薄层、连续浇筑，水平层面要比普通混凝土坝多出很多倍，因此对碾压混凝土提出抗剪强度试验。测定碾压混凝土本体及其层面的抗剪强度，为评定碾压混凝土坝的整体抗滑稳定性提供依据。对普通混凝土也可进行混凝土本体及其与岩基接触面的抗剪强度试验。

混凝土抗剪强度试验需要使用二向应力状态试验设备，由垂直法向荷载和水平剪切荷载两部分组成。采用直剪仪专用试验仪器，造价昂贵。也可以在已建置材料试验机上增加水平加荷装置，改造成两轴试验机。为节省投资和使更多单位能进行此项试验，特介绍中国水利水电科学院在伺服万能试验机上增加水平加荷装置，改造成二向加荷试验机的结构图，见图7-3。垂直荷载与水平荷载用专用同心棒找正，使垂直荷载轴心与水平荷载轴心在试件中心相交。

混凝土抗剪强度试验见《水工混凝土试验规程》(SL 352—2006)4.7"混凝土抗剪强度试验"和6.1"碾压混凝土抗剪强度试验"。

七、混凝土与钢筋握裹力试验

钢筋混凝土是以钢筋和混凝土作为一个整体承受荷载的结构，因此钢筋与混凝土之间必须具有充分的握裹强度。埋入混凝土中的钢筋在拉出一定滑动量时所产生的抵抗力称为握裹强度。

构成握裹力的主要因素是：

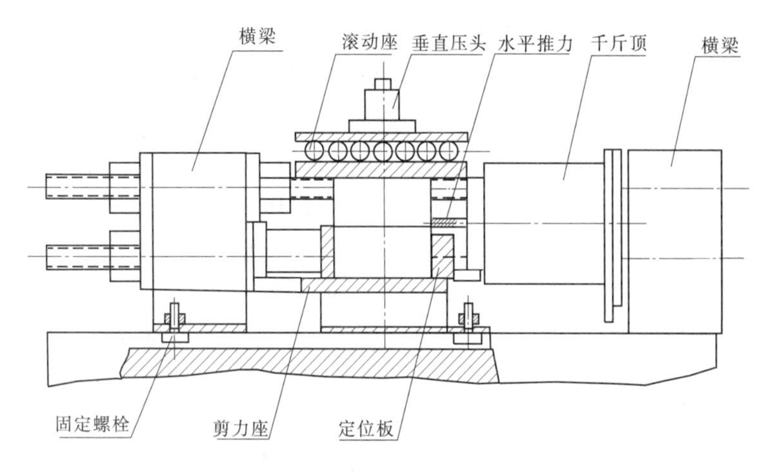

图 7-3 碾压混凝土层面剪切试验水平加荷装置结构图

(1)钢筋与水泥净浆之间在滑动前的黏结力;

(2)钢筋与混凝土之间由于混凝土硬化收缩而存在的侧压力在钢筋表面产生的摩擦抗力;

(3)由于钢筋表面凹凸不平产生的机械抗力。

本方法是参照美国材料试验学会(ASTM)规定的标准方法制定的,握裹力试验方法详见《水工混凝土试验规程》(SL 352—2006)4.9“混凝土与钢筋握裹力试验”。

第三节 混凝土变形性能试验

一、混凝土压缩和拉伸徐变试验

(一)混凝土的徐变特性

当施加到混凝土试件上的荷载不变时,试件的应变随着持荷时间增长而增大,此种应变称为徐变,单位与应变单位相同(mm/mm)。在施加荷载时,要将瞬时弹性应变与早期徐变区分开来是困难的,而且瞬时弹性应变随着龄期增长而减小。因此,徐变可视为超出初始弹性应变的应变增量。除施加到试件上的荷载不变外,试件的湿度也不与周围介质发生湿交换,即在绝湿条件下进行,这种徐变又称基本徐变。

混凝土试件卸除持续荷载后,应变立即减小,称为瞬时恢复,其数量等于相应卸荷龄期的弹性应变,通常比刚加荷时的弹性应变小,紧接着瞬时恢复有一个应变逐渐减小阶段,称为徐变恢复,残余的部分成为永久变形。

混凝土试件受力状况和混凝土试件强度一样,徐变分为压缩徐变和拉伸徐变。两种徐变的基本特性相同,只是变形方向相反。压缩徐变试件承受压缩荷载,徐变量缩短;拉伸徐变试件承受拉伸荷载,徐变量伸长。

(二)徐变测定装置

对徐变试验加荷系统的要求:①能够长期保持已知应力的荷载,且操作简单;②试件横截面上的应力分布均匀;③为区别瞬时弹性应变和徐变,加荷应迅速,且无冲击;④测量试件变形的差动式电阻应变计长期稳定性好,且精度满足试验要求。

徐变试验机加荷系统分为机械式、液压式和气—液式三种。弹簧式徐变试验机分压缩徐变试验机和拉伸徐变试验机。压缩徐变试验机最大额定荷载为200 kN,拉伸徐变试验机额定荷载为50 kN,压缩徐变加荷荷载若超过200 kN,则需要采用液压式徐变试验机。目前,国内生产有400 kN、1 000 kN和2 000 kN压缩徐变试验机产品。

徐变变形测量多采用差动式电阻应变计,钢弦式应变计很少采用。

徐变试验方法见《水工混凝土试验规程》(SL 352—2006)4. 10“混凝土压缩徐变试验”、4. 11“混凝土拉伸徐变试验”和6. 12“碾压混凝土压缩徐变试验”。

二、混凝土自生体积变形试验

由胶凝材料水化作用引起的体积变形称为混凝土自生体积变形。膨胀水泥混凝土或补偿收缩混凝土的体积变形可以列入自生变形一类。自生体积变形主要取决于胶凝材料的性质,是在保证充分水化条件下产生的,它不同于干缩变形,与混凝土的单位用水量无关。

随着大坝混凝土外掺轻烧MgO膨胀剂的深入研究与应用,认识到有意识地控制和利用混凝土的自生体积膨胀变形,有可能大大改善混凝土的抗裂性。

自生体积变形试验见《水工混凝土试验规程》(SL 352—2006)4. 13“混凝土自生体积变形试验”和6. 16“碾压混凝土自生体积变形试验”。

三、混凝土干缩(湿胀)试验

当外界环境湿度低于混凝土本身的湿度时,混凝土内部的水分被蒸发而引起其体积变形,称为干缩,干缩的单位与应变相同(mm/mm)。

当环境湿度低于混凝土饱和蒸气压时,游离水首先被蒸发。最先失去的游离水几乎不引起干缩。当毛细管水被蒸发时,空隙受到压缩,而导致收缩。只有当环境相对湿度低于40%时凝胶水才能蒸发,并引起更大的收缩。混凝土干缩与周围环境的相对湿度关系极大,相对湿度愈低,则干缩愈大。所以,干缩实验室严格控制温度在(20 ±2) ℃、相对湿度在60% ±5%,对保证试验测值的准确度是重要的。

混凝土干缩试验方法见《水工混凝土试验规程》(SL 352—2006)4. 12“混凝土干缩(湿胀)试验”和6. 17“碾压混凝土干缩(湿胀)试验”。

第四节　混凝土热物理性能试验

混凝土热物理性能试验结果用于大体积结构混凝土温度应力计算,决定是否需要分缝、表面保温或者是对原材料预冷,以防止温度裂缝。大体积结构混凝土温度场和温度应力计算所需要的热物理性能参数,除绝热温升过程线外,还包括比热、导温系数、导热系数和线膨胀系数。

据理论推导,导温系数、导热系数、比热和混凝土表观密度的关系为

$$\alpha = \frac{\lambda}{\rho c} \tag{7-4}$$

式中 α——导温系数，m^2/h；

λ——导热系数，kJ/(m·h·℃)；

c——比热，kJ/(kg·℃)；

ρ——表观密度，kg/m^3。

对给定配合比的混凝土，表观密度为定值。因此，导温系数、导热系数和比热三个参数中如已取得两个参数，第三个参数可由式(7-4)计算取得。

《水工混凝土试验规程》(SL 352—2006)所规定的导温系数、导热系数、比热和绝热温升试验方法，是参考20世纪美国垦务局(USBR)的标准方法制定的，所采用的测试手段和仪表比较陈旧。中国现今生产的混凝土热物理性能测试仪器，采用了较先进的测试手段，如温度传感器、智能仪表和计算机测控等，在结构上有所变化。但其测试原理是相同的，使用新仪器时仍有指导意义。

一、混凝土导温系数测定

(一)物理意义

导温系数的物理意义是表示材料在冷却或加热过程中，各点达到同样温度的速率。导温系数大，则各点达到同样温度的速率就快。导温系数的单位是 m^2/h。

(二)测试原理及方法

试件为一个初始温度均匀分布的圆柱体，直径为 D、高度为 L。将试件浸没在温度较低的恒温介质中，试件中热量就沿试件径向(r)和轴向(Z)向介质传导。根据热传导原理，对长径比为2($L/D=2$)的试件，在坐标 $r=0$、$Z=L/2$ 的点，即试件中心，任一时刻的温度 θ 可表示为

$$\frac{\theta}{\theta_0} = f\left(\frac{\alpha\tau}{D^2}\right) \tag{7-5}$$

式中 θ_0—— 初始温差(试件置于冷介质时的温度与冷介质温度的差)，℃；

θ—— 历时 τ 的温差(经冷却 τ 时间后，试件中心温度与冷介质温度的差)，℃；

τ—— 冷却时间，h；

D—— 圆柱体试件直径，m；

α—— 导温系数，m^2/h。

式(7-5)已制成表格可供查用，导温系数试验测得 θ_0、θ，按 $\frac{\theta}{\theta_0}$ 值从表中查得 $\frac{\alpha\tau}{D^2}$ 值，D、τ 为已知值，即可算得导温系数 α。

导温系数测定方法见《水工混凝土试验规程》(SL 352—2006)4.14“混凝土导温系数测定”和6.18“碾压混凝土导温系数测定”。

二、混凝土导热系数测定

(一)物理意义

材料或构件两侧表面存在着温差，热量由材料的高温一面传导到低温一面的性质称

为材料的导热性能,用导热系数 λ 表示。

设材料两侧面温差为 ΔT,材料厚度为 h,面积为 A,则在稳定热流传导下,τ 时内通过材料内部的热量 Q 为

$$Q = \lambda \frac{\Delta T}{h} A\tau \tag{7-6}$$

所以

$$\lambda = \frac{Qh}{\Delta T A \tau} \tag{7-7}$$

导热系数的物理意义为:厚度1 m,表面积1 m^2 的材料,当两侧面温差为1 ℃时,在1 h时间内所传导的热量,单位为$\frac{kJ}{m \cdot h \cdot ℃}$。导热系数 λ 值越小,材料的隔热性越好。

(二)测试原理及方法

试件为空心圆柱体,内半径为 γ_1、外半径为 γ_2、长度为 L。试件内表面和外表面各维持一定的温度 T_2 和 T_1,且 $T_2 > T_1$。试件上下两端为绝热面,温度只能沿径向传导。等温面是和圆柱体同轴的圆柱面,见图7-4。取半径为 γ,厚度为 $d\gamma$ 的环形薄壁,薄壁两侧的温差为 dT,由式(7-6),每时通过此薄壁的热量为

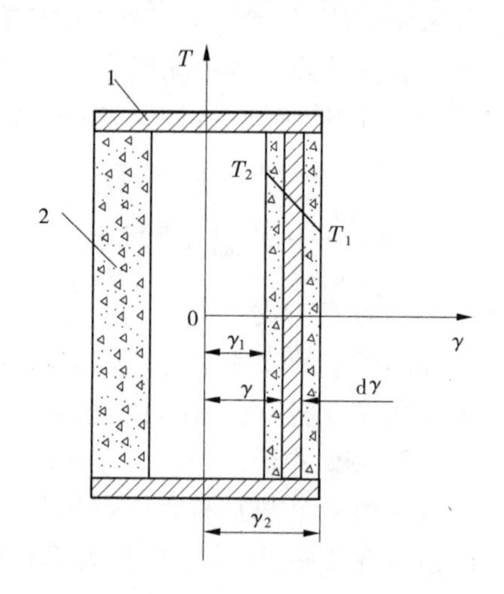

1—绝热层;2—试件

图7-4 导热系数测定原理

$$Q = -\lambda(2\pi\gamma L)\frac{dT}{d\gamma}$$

所以

$$dT = \frac{-Q}{2\pi L\lambda}\frac{d\gamma}{\gamma}$$

试件半径为 γ_1 至 γ_2,温度从 T_2 到 T_1,则

$$\int_{T_2}^{T_1} dT = -\frac{Q}{2\pi L\lambda}\int_{\gamma_1}^{\gamma_2}\frac{d\gamma}{\gamma}$$

$$T_1 - T_2 = -\frac{Q}{2\pi L\lambda}\ln(\frac{\gamma_2}{\gamma_1})$$

所以

$$\lambda = \frac{Q\ln(\frac{\gamma_2}{\gamma_1})}{2\pi L(T_2 - T_1)} \tag{7-8}$$

对一已知尺寸的混凝土空心圆柱体,γ_1、γ_2 和 L 均为常数,Q、T_1、T_2 由试验测得,导热系数 λ 值可由式(7-8)算得。

导热系数测定方法见《水工混凝土试验规程》(SL 352—2006)4.15“混凝土导热系数测定”和6.19“碾压混凝土导热系数测定”。

三、混凝土比热测定

(一)物理意义

质量为1 kg的物质温度升高或降低1 ℃时所吸收或放出的热量称为比热,其单位为kJ/(kg·℃)。

(二)测试原理和方法

试件为空心圆柱体,将试件浸入盛有水的绝热容器中(容器中的水不与外界发生热交换),由加热器均匀加热。试件由初温 T_1 升高到终温 T_2 所需热量 Q,可以用下式表达

$$Q = M\int_{T_1}^{T_2} c\mathrm{d}T \tag{7-9}$$

式中 Q——试件温度由 T_1 升高到 T_2 所吸收的热量,J;

M——试件的质量,kg;

c——试件的比热,kJ/(kg·℃);

T——试件温度,℃;

T_1——试件初温,℃;

T_2——试件终温,℃。

混凝土比热 c 是温度 T 的函数,令

$$c = K_1 + K_2T + K_3T^2 \tag{7-10}$$

将式(7-10)代入式(7-9),积分得

$$\frac{Q}{M} = K_1(T_2 - T_1) + \frac{K_2}{2}(T_2^2 - T_1^2) + \frac{K_3}{3}(T_2^3 - T_1^3) \tag{7-11}$$

式中 K_1、K_2、K_3—— 待定试验常数。

在不同的初温 T_1 和终温 T_2 条件下,进行三次试验。每次测定结果代入式(7-11)得一个三元一次方程式。三次试验,得三个三元一次联立方程组。求解 K_1、K_2、K_3,再代入式(7-10)得混凝土比热—温度关系式。

混凝土比热与温度呈抛物线关系,在温度 40 ℃时比热最大。

比热测定方法见《水工混凝土试验规程》(SL 352—2006)4. 16“混凝土比热测定”和 6. 20“碾压混凝土比热测定”。

四、混凝土线膨胀系数测定

混凝土线膨胀系数定义为单位温度变化导致混凝土单位长度的变化。用下式计算

$$\alpha = \frac{\varepsilon_2 - \varepsilon_1}{T_2 - T_1}$$

式中 α——线膨胀系数,10^{-6}/℃;

ε_1——T_1 温度时的应变,10^{-6};

ε_2——T_2 温度时的应变,10^{-6};

T_1、T_2——试验温度,℃。

混凝土单位长度变化受原材料、温度和湿度变化的影响,因此线膨胀系数的测定必须满足以下条件:①只反映混凝土受温度变化引起的变形,而不能与外界发生湿度交换;②测量变形时应消除混凝土自生体积变形的影响,或在变化甚微的情况下进行;③试件内外温度一致,恒定不变。

线膨胀系数测定方法见《水工混凝土试验规程》(SL 352—2006)4. 17“混凝土线膨胀系数测定”和 6. 22“碾压混凝土线膨胀系数测定”。

五、混凝土绝热温升试验

进行混凝土绝热温升试验的目的,是测定在绝热条件下,由于水泥水化所产生热量使混凝土升高的温度。所谓绝热条件,是指水泥水化所产生热量与外界不发生热交换,即不放热也不吸热。

根据不同的绝热介质,混凝土绝热温升直接测定法又分为水循环绝热式和空气循环绝热式两种。现今,中国生产的混凝土绝热温升测定仪是空气循环绝热式,其主要技术规格如下:

(1)温度范围为10~80 ℃;

(2)试件尺寸为ϕ400 mm×400 mm;

(3)试件中心温度和空气介质的温差跟踪精度为±0.1 ℃;

(4)用计算机进行温差控制、数据采集和处理。

混凝土绝热温升试验见《水工混凝土试验规程》(SL 352—2006)4.18“混凝土绝热温升试验”和6.21“碾压混凝土绝热温升试验”。

第五节 混凝土耐久性试验

一、混凝土抗渗性试验(逐级加压法)

混凝土抗渗性试验目的是测定混凝土抗渗等级(标号)。根据作用水头对建筑物最小厚度的比值,对混凝土提出不同抗渗等级,见表7-3。

表7-3 混凝土抗渗等级的最小允许值

作用水头对建筑物最小厚度的比值	<5	5~10	10~50	>50
抗渗等级	W4	W6	W8	W12

抗渗等级试验的优点是试验简单、直观,但是没有时间概念,不能正确反映混凝土实际抗渗能力。

中国水利水电科学研究院的试验结果表明,配合比设计良好的龙滩大坝碾压混凝土,在4 MPa水压力作用下,历时1个月不透水,抗渗等级大于W4。

国内已有行业规范取消了混凝土抗渗等级质量要求。如《铁路混凝土结构耐久性设计暂行规定》(铁建设[2005]157号)和中国土木工程学会《混凝土结构耐久性设计与施工指南》均取消了抗渗等级质量要求。

混凝土抗渗等级试验方法见《水工混凝土试验规程》(SL 352—2006)4.21“混凝土抗渗性试验(逐级加压法)”和6.13“碾压混凝土抗渗性试验(逐级加压法)”。

该试验方法4.21.4试验结果处理,作如下变更:

混凝土的抗渗等级,以每组六个试件中二个出现渗水时的水压力乘以10表示。

(1)当一次加压后,8 h内有二个试件出现渗水时,记录此时的水压力P,则此组混凝

土的抗渗等级为 10P。

(2)当一次加压后,8 h 内有三个试件出现渗水时,抗渗等级按下式计算:

$$W = 10H - 1$$

式中 W—— 混凝土抗渗等级;

H —— 六个试件中有三个出现渗水时的水压力,MPa。

(3)若压力加至规定数值,8 h 内六个试件表面渗水少于两个,则试件的抗渗等级大于规定值。

二、混凝土渗透系数试验

混凝土本体存在着渗水的原因是:①用水量超过水泥水化所需水量,而在内部形成毛细管通道;②骨料和水泥石由于泌水而形成空隙;③振动不密实而造成的孔洞。

毛细孔半径范围很宽,从几微米到数百微米不等。在长期不断的水化过程中,毛细孔被新水化生成物充填、覆盖。随着龄期增长,混凝土中的毛细孔结构也在变化着。

液体流过材料的迁移过程称为渗透,其特点是层流和紊流状态的黏性流。渗透流量可用达西定律(Darcy's law)表示,即

$$Q = KA\frac{H}{L} \tag{7-12}$$

式中 Q——通过孔隙材料的流量,cm^3/s;

K——渗透系数,cm/s;

A——渗透面积,cm^2;

L——渗透厚度,cm;

H——水头,cm。

由式(7-12)得

$$K = \frac{QL}{AH} \tag{7-13}$$

渗透系数 K 反映材料渗透率的大小,K 值越大,表示渗透率越大;反之,则渗透率越小。

中国和苏联采用抗渗等级(标号),而欧美和日本则采用渗透系数评定标准。渗透系数评定,混凝土重力坝渗透系数允许限值见表 7-4,这个限值已被各国标准所认可。

表 7-4 混凝土重力坝渗透系数允许限值

提出者	混凝土重力坝坝高(m)	渗透系数允许限值(cm/s)
美国汉森(Hansen)	<50	$<10^{-6}$
	50	$<10^{-7}$
	100	$<10^{-8}$
	200	$<10^{-9}$
	>200	$<10^{-10}$
英国邓斯坦(Dunstan)	200	$<10^{-9}$

渗透系数试验方法见《水工混凝土试验规程》(SL 352—2006)5.7“全级配混凝土渗透系数试验”和6.14“碾压混凝土渗透系数试验”。

三、混凝土抗冻性试验

混凝土遭受冻融破坏的条件是:①处于潮湿状态下,混凝土内有足量的可冻水;②周期性受到较大正负温变化的作用。

混凝土在冻结温度下,内部可冻水变成冰时体积膨胀率约达9%,冰在毛细孔中受到约束而产生巨大压力;过冷的水发生迁移,冰水蒸气压差造成渗透压力,这两种压力共同作用,当超过混凝土抗拉强度时则产生局部裂缝。当冻融循环作用时,这种破坏作用反复进行,使裂缝不断扩展,相互贯通,而最后崩溃。在冻融过程中,混凝土强度、表观密度和动弹性模量均在发生变化。水饱和试件冻融破坏程度要比干燥试件强烈得多,因为冻融破坏的主要原因是可冻水的存在。

水利设计标准是根据建筑物所在地区的气候条件,确定混凝土所要求的抗冻等级,即在标准试验条件下混凝土所能达到的冻融循环次数。因为混凝土试件的抗冻性(所能达到的冻融循环次数)受冻结速度、水饱和程度和试件尺寸的影响非常显著,所以必须对试验方法和设备加以严格规定。

混凝土抗冻等级评定,是以相对动弹性模量下降至初始值的60%、质量损失率5%为评定指标。

混凝土抗冻性试验见《水工混凝土试验规程》(SL 352—2006)4.23“混凝土抗冻性试验”和6.15“碾压混凝土抗冻性试验”。

国内混凝土试验采用的方法与《水工混凝土试验规程》(SL 352—2006)4.23“混凝土抗冻性试验”的差异:

(1)混凝土抗冻性试验的方法有:以美国ASTM C666为代表的快冻法,以RILEM TC117—IDC和美国ASTM C672为代表的盐冻法及以苏联TOCT 10060为代表的慢冻法,该方法目前只有俄罗斯和我国建工行业采用。日本(JIS A1148)及亚洲国家多采用美国ASTM C666方法,加拿大引用美国ASTM C666快冻法和ASTM C672盐冻法。我国大部分部颁行业标准均采用ASTM C666类似的方法。在试件尺寸、冻融温差等方面与ASTM C666有一定差异,这意味着混凝土试件升降温速率会产生差别,而势必影响混凝土的抗冻性。

试件开始冻融的龄期不相同,美国ASTM C666和日本JIS A1148规定14 d龄期;我国行业标准规定28 d龄期;而《水工混凝土试验规程》(SL 352—2006)规定:如无特殊要求一般为90 d龄期。试验证明,开始冻融龄期愈晚,混凝土抗冻性愈强。

试验结束条件也不相同,美国ASTM C666有三条:①已达到300次循环;②相对动弹模已降到60%以下;③长度膨胀率达0.1%(可选)。我国GB/T 50082—2009有三条:①达到规定的冻融循环次数;②试件的相对动弹模量下降到60%;③试件的质量损失率达到5%。《混凝土试验规程》(SL 352—2006)有两条:①试件的相对动弹模量下降到60%;②试件的质量损失率达到5%。

同样一个快冻试验方法,源出于美国ASTM C666,但各国引用该试验方法时有的原封不动,如加拿大CSA—A23.2—9B标准;我国引用时做了某些修改,如试验龄期、测试参

数等。因此,同样一种混凝土,采用不同的试验方法和标准,对混凝土抵抗冻融破坏能力的表现是不同的。混凝土抗冻能力不足,其破坏表现为表面混凝土剥落和内部结构破坏。

(2)混凝土抗冻性评定方法有较大差别,美国 ASTM C666 评定标准采用抗冻性指数 DF(Durability Factor)。对有抗冻性要求的混凝土,试件经受 300 次动融循环后,DF 值需大于或等于 60%。

$$DF = P\frac{N}{M} = P\frac{N}{300} \tag{7-14}$$

式中 DF——混凝土抗冻耐久性指数(%);

P——经 N 次冻融循环后试件的相对动弹性模量;

N——混凝土冻融循环次数;

M——规定的冻融循环次数,$M = 300$。

我国 GB/T 50082—2009 和《水工混凝土试验规程》(SL 352—2006)均采用动弹性模量降低到初始值的 60% 或质量损失率到 5%(两个条件中有一个先达到时的循环次数作为混凝土抗冻等级,用符号“F”表示)。其他部颁行业标准,如公路、港口、铁道等标准也都采用抗冻等级评定标准。

中国土木工程协会耐久性标准《混凝土结构耐久性设计与施工指南》(CCES 01—2004),提出不同环境下,不同设计使用年限混凝土的抗冻性应满足表 7-5 要求。

表 7-5 混凝土抗冻耐久性指数(DF)评定指标

设计使用年限级别	一级(100 年)(%)			二级(50 年)(%)			三级(30 年)(%)		
环境条件	高度饱水	中度饱水	盐或化学侵蚀下冻融	高度饱水	中度饱水	盐或化学侵蚀下冻融	高度饱水	中度饱水	盐或化学侵蚀下冻融
严寒地区	80	70	90	70	60	80	60	50	70
寒冷地区	70	60	90	60	60	80	60	40	70
微冻地区	60	60	70	50	40	60	50	40	50

长久以来,我国混凝土结构设计没有按设计使用年限考虑,表 7-5 是一个进步。表 7-5(CCES 01—2004)标准显然比《水工建筑物抗冰冻设计规范》(SL 211—2006)和《水利水电工程合理使用年限及耐久性设计规范》(SL 654—2014)标准的评定指标高,SL 211 和 SL 654 评定标准只能达到 CCES 01 评定标准的实际使用年限 50 年水平。

四、硬化混凝土气泡参数测定(直线导线法)

测量硬化混凝土气泡的数量、大小和间距系数等气泡参数,用以研究引气剂的性能和评定混凝土的抗冻性。混凝土掺加引气剂后,随着含气量增加,100 μm 以下泡径的微气泡增加,且稳定,其是缓冲冻融破坏作用的主要成分。混凝土中 100 μm 以下直径的微气泡增多,表明引气剂的质量和效果良好。气泡间距系数减小,表示 10 mm 导线所切割的气泡个数增加,因而混凝土抗冻性提高。

美国混凝土学会(ACI)建议,气泡间距系数小于200 μm,混凝土抗冻性方能得到保证;美国垦务局(USBR)认为,气泡间距系数不超过250 μm,可以保证混凝土的抗冻性300次冻融循环,混凝土抗冻耐久性指标不低于60%。

硬化混凝土气泡参数试验见《水工混凝土试验规程》(SL 352—2006)4.25“混凝土气泡参数试验(直线导线法)”。

五、混凝土抗冲磨试验

《水工混凝土试验规程》(SL 352—2006)提出两种混凝土抗冲磨试验方法,即圆环法和水下钢球法。

(一)圆环法

圆环法抗冲磨试验早在20世纪50年代由中国水利水电科学研究院提出,《水工混凝土试验规程》(SD 105—82)采纳。该方法所用圆环冲磨仪,流速只有14.3 m/s,试件尺寸较小,只能进行湿筛后的混凝土试验,并且对高强抗冲磨混凝土的冲磨能力较差。因此,于2003年研制了新的高流速圆环冲磨仪,以替代旧的圆环冲磨仪。新的圆环冲磨仪技术规格如下:

(1)水流流速10~40 m/s无级可调。

(2)水流含砂率0~10%。

(3)冲磨时间0~30 min。

(4)试件断面尺寸为100 mm×100 mm。

根据含砂水流的冲磨流态,本方法适宜于悬移质水流冲磨试验。试验方法见《水工混凝土试验规程》(SL 352—2006)4.19“混凝土抗冲磨试验(圆环法)”。

(二)水下钢球法

水下钢球法引用美国ASTM C1138标准,Standard Method for Abrasion Resistance of Concrete (Underwater Method)修编而成。该方法的原理是1 200 r/min转速的搅拌浆转动,带动混凝土试件表面上的不同直径的钢球滚动,而对混凝土表面产生冲磨。

根据水流流态,本方法适宜于推移质对混凝土的冲磨试验。试验方法见《水工混凝土试验规程》(SL 352—2006)4.20“混凝土抗冲磨试验(水下钢球法)”。

六、混凝土碳化试验

混凝土结构周围介质的相对湿度、温度、压力及二氧化碳的浓度等都对混凝土碳化有影响。相对湿度处于40%~70%时,碳化作用以最大的速度进行。水分对碳化作用是必要的,这是因为碳化作用初始阶段需要水分来形成碳酸。

$$CO_2 + H_2O \rightarrow H_2CO_3$$

$$Ca(OH)_2 + H_2CO_3 \rightarrow CaCO_3 + 2H_2O$$

混凝土硬化后,表面混凝土与空气中二氧化碳作用,使混凝土中氢氧化钙变成碳酸钙,使碱性降低。当混凝土中的氢氧化钙与空气中的二氧化碳不断反应后,混凝土中的碱性不断降低,可使pH值下降到8.3~8.5,这种现象称为混凝土的碳化。

混凝土碳化后产生收缩,使混凝土表面产生微裂缝,使钢筋与空气和水接触。当混凝土继续碳化而pH值降低或氯离子浓度相当高时,钢筋表面的钝化膜就会被破坏。钝化膜破坏后,钢筋就容易在有水的环境中与氧和氯离子产生化学反应,使钢筋表面产生锈蚀。

混凝土碳化试验见《水工混凝土试验规程》(SL 352—2006)4.28"混凝土碳化试验"。

实验室碳化箱试验条件如下:箱内CO_2气体的浓度为20% ±3%,温度为(20 ±5)℃,相对湿度70% ±5%,试件在箱内碳化28 d(3 d、7 d、14 d、28 d)。混凝土试件的平均碳化深度为混凝土碳化性能的特征值。

对混凝土结构物,可以通过实测的方法来确定混凝土的碳化深度。酚酞试剂法是最普遍采用的测试方法。采用此法时要注意保持被测试混凝土试样的新鲜和干净。

七、混凝土钢筋腐蚀快速试验(淡水、海水)

调查表明,水工混凝土建筑物水上和水位变动区钢筋腐蚀主因是混凝土碳化。混凝土碳化深度超过钢筋保护层厚度,钢筋就会锈蚀。而海洋环境的水工混凝土建筑物浪溅区和水位变化区钢筋腐蚀主因是氯离子。本方法是根据这两种腐蚀机制编制的,并且用适当提高温度的方法来加快腐蚀速度。

本法分淡水和海水两种试验:

(1)淡水试验:先在碳化箱内进行碳化,当碳化深度至钢筋表面时,停止碳化,转入浸烘循环试验,烘箱温度(60 ±2) ℃。

(2)海水试验:浸烘循环试验,3.5%食盐水浸蚀。

混凝土钢筋腐蚀快速试验见《水工混凝土试验规程》(SL 352—2006)4.30"混凝土钢筋腐蚀快速试验(淡水、海水)"。

八、混凝土中钢筋腐蚀的电化学试验

(一)新拌砂浆阳极极化法

试验目的:检验外加剂、掺合料、水泥对混凝土中的钢筋腐蚀的影响。本方法的基本原理见图7-5,由于外加直流电压的作用,接直流电源正极的钢筋表面,可以模拟钢筋腐蚀的过程。通过测量通电后的阳极钢筋的电位变化,2 min电位和15 min电位下降值,可以定性地判别钢筋在新拌砂浆中的钝化膜的好坏,以此初步判别外加剂、掺合料和水泥对钢筋腐蚀的影响。

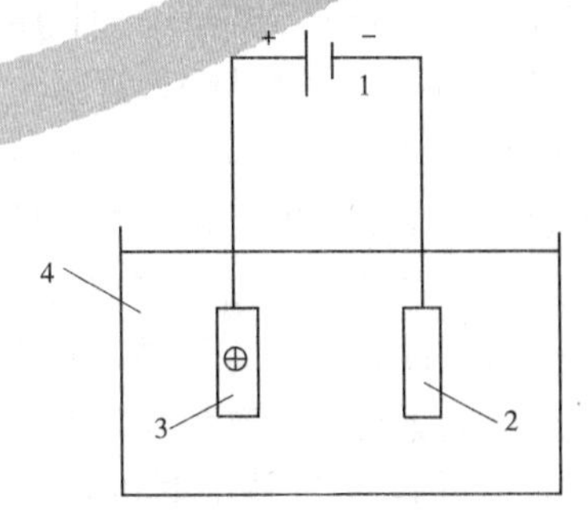

1—直流电源;2—钢筋阴极;
3—钢筋阳极;4—新拌砂浆

图7-5　阳极极化试验基本原理图

本方法适用于水泥初凝时间大于45 min的砂浆。具体操作见《水工混凝土试验规程》(SL 352—2006)4.26"混凝土中钢筋腐蚀的电化学试验(新拌砂浆阳极极化法)"。

(二)硬化砂浆阳极极化法

当按“混凝土中钢筋腐蚀的电化学试验(新拌砂浆阳极极化法)”试验后,尚不能对所试验的外加剂、掺合料和水泥的影响作出结论时,可采用本方法进一步试验。本方法不适用于终凝时间超过48 h的砂浆。

本方法的基本原理是,在砂浆硬化初期水泥已结合部分外加剂,这时采取提高温度100 ℃条件下烘24 h的方法,以加速钢筋腐蚀,并由阳极极化法测定钢筋表面钝化膜的状况,由此判断水泥、外加剂和掺合料对钢筋腐蚀的影响。

本试验方法见《水工混凝土试验规程》(SL 352—2006)4.27“混凝土中钢筋腐蚀的电化学试验(硬化砂浆阳极极化法)”。

九、混凝土抗氯离子渗透性试验(电量法)

本方法吸收了美国ASTM C1202试验方法和《海港工程混凝土结构防腐蚀技术规范》(JTJ 275—2000)附录B“混凝土抗氯离子渗透性标准试验方法”编制而成。该方法与长期氯化物渗透试验测定的氯离子扩散系数有良好的相关性,具有方法简便、快速等优点。

试验基本原理:在直流电压作用下,氯离子能通过混凝土试件向正极方向移动,以测量流过混凝土的电量(库仑C)来反映渗透过混凝土的氯离子量。

本方法适用于检验混凝土原材料和配合比对混凝土抗氯离子渗透性影响,但不适用于掺亚硝酸钙的素混凝土。

《水运工程混凝土施工规范》(JTS 202—2011)规定海港工程的混凝土抗氯离子渗透性要求不大于2 000 C(库仑),浪溅区宜采用高性能混凝土,抗氯离子渗透性指标≤1 000 C(库仑)。

抗氯离子渗透性试验方法详见《水工混凝土试验规程》(SL 352—2006)4.29“混凝土抗氯离子渗透性试验(电量法)”。

十、混凝土氯离子扩散系数试验(RCM法)

扩散是自由分子或离子通过无序运动从高浓度区到低浓度区的迁移,其驱动力是浓度差而不是压力差。氯盐侵入混凝土内部主要是通过溶于混凝土孔溶液的氯离子的浓度差而扩散。

实验室采用快速电迁移法测定扩散系数,将试件的两端分别置于两种溶液之间并施加电位差,溶液中所含的氯盐在外加电场的驱动下氯离子快速向混凝土内迁移,经过若干小时后劈开试件测出氯离子侵入试件中的深度,利用理论公式可以计算得出扩散系数,称为非稳态快速氯离子扩散系数,该方法简称RCM法。该扩散系数可以用来作为氯盐环境下混凝土工程设计与施工时的混凝土质量要求和质量控制指标。RCM法测定快速而简便。

抗氯离子渗透性试验是通过电量测定的,而RCM法是直接根据氯离子侵入混凝土深度来导出扩散系数。

混凝土氯离子扩散系数试验方法详见《水工混凝土试验规程》(SL 352—2006)4.33“混凝土氯离子扩散系数试验(RCM法)”。

十一、混凝土中砂浆氯离子含量测定

混凝土中砂浆的氯离子总含量测定的试验基本原理:用硝酸将砂浆中含有的氯化物全部溶解,然后在硝酸溶液中,用倭尔哈德法来测定氯化物含量。

氯离子含量测定方法详见《水工混凝土试验规程》(SL 352—2006)4.34“混凝土中砂浆的水溶性氯离子含量测定”和4.35“混凝土中砂浆的氯离子总含量测定”两种试验方法。《水运工程混凝土施工规范》(JTS 202—2011)规定,拌和物中氯离子含量最高限值,是指拌和水、水泥、掺合料、外加剂及砂石骨料等材料带进混凝土的氯离子总含量;混凝土拌和物中氯离子含量最高限值(以胶凝材料质量的百分率)为:预应力混凝土为0.06%,钢筋混凝土为0.1%,素混凝土为1.3%。

因此,混凝土质量控制标准要求测定混凝土中砂浆氯离子总含量。

十二、混凝土抗硫酸盐侵蚀试验

(一)增加本项试验方法的必要性

我国新疆、甘肃、青海等西部地区的土壤类型属内陆盐土,该类土壤中含有大量的硫酸盐、氯盐和镁盐等强腐蚀性介质。我国沿海一带的土壤类型属滨海盐土,滨海盐土中的盐分组成主要是氯盐和硫酸盐。土壤中含盐量超过0.3%的内陆盐土和滨海盐土,分别称为内陆盐渍土和滨海盐渍土。盐渍土按其主要含盐类型可分为硫酸盐、亚硫酸盐、氯盐、亚氯盐和碱性盐渍土五类。盐渍土对混凝土及钢筋混凝土具有强烈的腐蚀性。

我国盐渍土以含硫酸盐和氯盐为主,就腐蚀机制而言,硫酸盐主要是与混凝土发生物理化学作用,导致混凝土的腐蚀;而氯盐主要是腐蚀钢筋,从而破坏混凝土结构。

另外,酸雨对混凝土结构物的腐蚀也十分严重。

(二)国内已颁布标准的现状

已颁布水泥抗硫酸盐侵蚀标准有《水泥抗硫酸盐侵蚀试验方法》(GB/T 749—2008)和《水泥抗硫酸盐侵蚀快速试验方法》(GB/T 2420—81)。GB/T 749—2008吸收美国ASTM C452试验方法,以试件膨胀率作为评价水泥抵抗硫酸盐侵蚀能力的指标。水泥标准方法均采用水泥胶砂材料制作试件,试件为棱柱体,断面尺寸较小,不能完全反映混凝土抗硫酸盐侵蚀能力。

《普通混凝土长期性能与耐久性试验方法标准》(GB/T 50082—2009)中“抗硫酸盐侵蚀试验方法”成型试件材料为混凝土,试件为100 mm×100 mm×100 mm立方体,试验方法分为全浸泡法和干湿循环法两种。

综上分析,推荐GB/T 50082—2009中的“抗硫酸盐侵蚀试验方法”。

(三)混凝土抗硫酸盐侵蚀试验(全浸泡法、干湿循环法)

1. 目的及适用范围

适用于5% Na_2SO_4 溶液中进行全浸泡试验或干湿循环试验,以抗腐蚀系数或干湿循环次数评定混凝土的抗腐蚀性,供选择耐硫酸盐腐蚀的混凝土配合比。

2. 仪器设备

(1)压力试验机:与“混凝土立方体抗压强度试验”相同。

(2)烘箱:控制温度(105±5)℃。

(3)台称:称量10 kg、感量5 g。

(4)试模:100 mm×100 mm×100 mm立方体。

(5)容器:带盖塑料制品。

3. 试验方法

试验选用全浸泡和干湿循环两种方法,在试验研究和应用中,可同时采用两种或其中一种方法,试验结果和评定标准等效。

1)全浸泡法

试验步骤:

(1)按"混凝土拌和物室内拌和方法"及"混凝土试件的成型与养护方法"的规定制作试件。拌和物最大骨料粒径超过30 mm时,用30 mm方孔筛湿筛后成型。以三个100 mm×100 mm×100 mm立方体为一组。

(2)静停一天后拆模,移入标准养护室内养护28 d。

(3)将养护28 d的混凝土试件取出,分别浸泡在5% Na_2SO_4溶液中和清水中,浸泡龄期为30 d、60 d、90 d、120 d、150 d和180 d。按规定龄期分别取出一组(三块)混凝土试件,测定在侵蚀介质中和清水中相同龄期、相同配合比的混凝土抗压强度。

试验结果处理:

(1)由相同浸泡龄期的两种试件的抗压强度按下式计算抗腐蚀系数:

$$K = \frac{R_2}{R_1}$$

式中 K——抗腐蚀系数;

R_2——在侵蚀溶液中试件的抗压强度,MPa;

R_1——在清水中试件的抗压强度,MPa。

(2)结果评定:$K \geqslant 0.80$为合格。

2)干湿循环法

试验步骤:

(1)混凝土拌和、试件成型和养护与全浸泡法(1)、(2)条相同。

(2)将养护28 d的混凝土试件取出,进行干湿循环试验。循环程序规定如下:室温5% Na_2SO_4溶液中浸泡16 h,取出凉干1 h,放入80 ℃烘箱中烘干6 h,冷却1 h后称试件质量或测定抗压强度,一个干湿循环为24 h。然后放入5% Na_2SO_4溶液中继续循环试验。每个循环称一次试件质量,10个循环做一组抗压强度试验,并记录试件表面的破坏情况。试件质量损失5%或强度损失25%时,结束试验。

试验结果处理:

(1)与初始值相比,抗压强度损失达25%或试件质量损失达5%,即可认为试件已达破坏。

(2)结果评定:经50次循环后,混凝土试件的质量损失小于5%或抗压强度损失小于25%为合格。

第八章　特种混凝土特有性能检测

第一节　碾压混凝土特有性能检测

一、碾压混凝土拌和物工作度(*VC* 值)试验

碾压混凝土拌和物工作度测定是在维勃稠度测定方法的基础上,撤销坍落度筒和增加表面压重质量,以振动容器碾压混凝土表面泛浆为判断准则。本试验方法详见《水工混凝土试验规程》(SL 352—2006)6.1“碾压混凝土拌和物工作度(*VC*)值试验”。

二、碾压混凝土拌和物含气量试验

(1)含气量量钵放在维勃稠度仪的振动台上,并将其固定,加压重块,振动试验过程与碾压混凝土拌和物工作度试验一样;

(2)在振动台上振 1.0～1.5 倍 *VC* 值时间;

(3)将量钵从振动台上取下,试验过程与常态混凝土拌和物含气量测定方法相同。

三、碾压混凝土拌和物凝结时间测定

试验方法与常态混凝土拌和物凝结时间测定方法相同。试验方法详见《水工混凝土试验规程》(SL 352—2006)6.4“碾压混凝土拌和物凝结时间试验(贯入阻力法)”。

四、硬化混凝土性能试验

除成型碾压混凝土试件振动密实时必须加压重块(试件表面压强为 4 900 Pa)外,其余试验过程与常态混凝土试验方法相同。

碾压混凝土拌和物性能与硬化混凝土性能试验方法详见《水工混凝土试验规程》(SL 352—2006)。

第二节　泵送混凝土特有性能检测

除泵送混凝土拌和物压力泌水率是泵送混凝土特有的试验方法外,其余项目试验方法与普通混凝土相同。

泵送混凝土压力泌水率试验方法如下所述:

(1)仪器设备:压力泌水仪、1 000 mL 量筒、秒表。

(2)试验步骤:

①先将混凝土拌和物装入压力缸中,插捣 25 次,将仪器按规定安装好;

②尽快给混凝土加压至3.5 MPa,立即打开泌水管闸门,同时开始计时,并保持恒压,泌出的水流入量筒内;

③加压10 s后读取泌水量V_{10},加压至140 s后读取泌水量V_{140}。

(3)试验结果处理。

压力泌水率按$B_p = V_{10}/V_{140}$计算而得,以3次测值之平均值作为试验结果。

压力泌水率试验方法详见《水工混凝土试验规程》(SL 352—2006)。

第三节　喷射混凝土特有性能检测

一、拌和物性能

(1)喷射混凝土应具有良好的黏结性,并应满足工程设计和施工要求,其试验方法应按SL 352—2006执行。

(2)湿拌法喷射混凝土拌和物坍落度应为80~200 mm,其试验方法应按SL 352—2006执行。

(3)引气型湿拌法喷射混凝土喷射前,应测试混凝土拌和物含气量,含气量宜为5%~12%,其试验方法应按SL 352—2006执行。

(4)喷射混凝土拌和物中水溶性氯离子含量应符合现行国家标准《混凝土质量控制标准》(GB 50164—2011)的规定;喷射纤维混凝土拌和物中水溶性氯离子含量应符合现行行业标准《纤维混凝土应用技术规程》(JGJ/T 221—2010)的规定。

二、试件成型加工

喷射混凝土性能试验的试件,抗渗试验的混凝土试件可直接喷模成型,抗压强度、抗拉强度、抗冻试件都是在现场喷大板用切割法或钻芯法制作加工所需尺寸的试件,具体操作如下:

(1)在喷射混凝土作业时,待做业面喷射混凝土喷射稳定后,按实际施工条件向垂直放置的长450 mm、宽350 mm、高120 mm的开敞式木模内沿水平方向喷射混凝土,在施工现场放置并应进行洒水养护或覆盖养护24 h后脱模。

(2)将混凝土大板移至标准养护室养护7 d,取出大板用切割机去掉大板周边和上表面(底面可不切割),加工成需要尺寸的试件,抗压与劈拉强度试件为边长100 mm立方体或ϕ100×100 mm圆柱体,抗冻试件为100 mm×100 mm×400 mm棱柱体。

(3)加工的试件继续放回标准养护室养护至设计要求的龄期后进行混凝土力学性能、长期性能和耐久性能试验。

(4)圆柱体试件的允许偏差,高度应不大于±1 mm,直角垂直度应不大于2°;立方体试件的允许偏差,边长应不大于±1 mm。

(5)当试件直径为100 mm、高度为100 mm时,试验结果即为抗压强度指标;当试件直径和高度小于100 mm时,其结果应乘以0.95的换算系数后,才能作为抗压强度指标。试件的直径不应小于76 mm。

三、喷射混凝土与围岩黏结强度试验

喷射混凝土与围岩黏结强度试验介绍以下两种方法。

（一）钻芯拉拔法

（1）芯样轴拉试验试件应提前 3 d 采用小型钻机配金刚钻石钻头垂直喷射混凝土层面钻进并深入围岩 20 mm 以上，形成带有喷射混凝土与围岩黏结面的圆柱形芯样，并同条件养护至规定龄期。

（2）钻芯试件的直径可取 50～60 mm，试件的高度不应小于 2 倍的直径，任一试件表面至黏结面的距离不应小于直径的 50%。

（3）用卡套套住试件并卡紧芯样。

（4）安装拉拔器，对卡套缓慢施加拉力，加荷时应确保试件轴向受拉，直到芯样沿喷射混凝土与围岩结合面破坏；破坏面在混凝土内部或在拉伸夹具处时，试验结果无效。

（5）按下式计算喷射混凝土与围岩黏结强度：

$$R_C = \frac{P_C}{A_C}\cos\alpha$$

式中 R_C——喷射混凝土与围岩黏结强度，MPa；

P_C——实测破坏拉力，N；

A_C——实测喷射混凝土与围岩结合面的破坏面积，mm^2；

α——实测断裂面与芯样横截面的夹角。

（二）喷大板劈拉法

（1）在喷大板试模（450 mm×350 mm×120 mm）内，放置从施工现场选取表面较平整、厚度超过 50 mm 的岩石板，用水将岩石板表面润滑。

（2）喷射后，喷射混凝土试件 18 h 内不得移动。

（3）按实际喷射条件向木模内喷射混凝土，并在与实际结构物相同条件下养护 28 d。

（4）用切割法加工成边长为 100 mm 的立方体（其中岩石和混凝土厚度各为 50 mm 左右）。

（5）在混凝土与岩块结合面处，用劈拉法测定混凝土与岩块的黏结强度。

四、喷射混凝土回弹率试验

（1）用塑料膜在待喷面下方地面覆盖 40～50 m^2 的区域。

（2）拌制不少于 1 m^3 混凝土拌和物，送入喷射设备，待喷射出料稳定后开始进行测试。喷嘴应与受喷面保持 90°夹角。喷射总厚度为 80～120 mm，分两层喷射，每层厚度为 40～60 mm。喷射过程需保证连续不中断，料斗里混凝土在测试开始和结束时需保持均匀一致。

（3）喷射结束后，从塑料膜上收集回弹料，并进行称重。

（4）回弹料与总喷出拌和物的质量百分比即为喷射回弹率。总喷出拌和物应扣除喷射稳定前喷射量。

第四节　自密实混凝土特有性能检测

自密实混凝土拌和物性能及混凝土试件除成型(不分层、不振捣)方法与普通混凝土不同外,其余试验方法与普通混凝土相同。

一、自密实混凝土拌和物坍扩度试验方法

(一)适用范围

本方法测定自密实混凝土拌和物的流动性。

(二)仪器设备

(1)钢卷尺或钢直尺:最小刻度1 mm。

(2)坍落度筒:上口内径100 mm、下口内径200 mm、高300 mm。

(3)钢质平板:800 mm×800 mm×3 mm,刻有直径500 mm圆线。

(4)气泡水准仪。

(5)容器。

(三)试验步骤

(1)用湿布擦拭坍落度筒内表面及钢质平板表面使之湿润,将坍落度筒置于钢质平板中心,平板用气泡水准仪测定是否水平。

(2)将自密实混凝土装入容器,不分层一次连续灌满坍落度筒,自开始入料至充填结束应在2 min内完成,且不准施以任何捣实或振动。

(3)用刮刀刮去坍落度筒顶部余料,随后将坍落度筒沿铅直方向连续提升30 cm高度,提升时间宜控制在3 s左右。

(4)待混凝土流动停止后,量测混凝土扩展最大直径,以及与最大直径相垂直方向的扩展直径。

(5)相互垂直的两个直径测值的平均值,即为自密实混凝土坍扩度试验结果,精确至1 mm。

若两直径测值之差超过50 mm,则需从同盘混凝土拌和物中另取样重新试验。

(6)测定T50,从坍落度筒提起时开始,混凝土拌和物扩展至直径为50 cm时所需时间(单位为s),精确至0.1 s。

二、V形漏斗试验方法

(一)适用范围

本方法测定自密实混凝土拌和物抗离析性。

(二)仪器设备

(1)V形漏斗:漏斗容量10 L,材质为金属或塑料均可,漏斗上口内径为490 mm、下口内径为65 mm、高为425 mm,出口圆筒内径为65 mm、高为150 mm,详见图8-1。

(2)投料容器:5 L塑料桶。

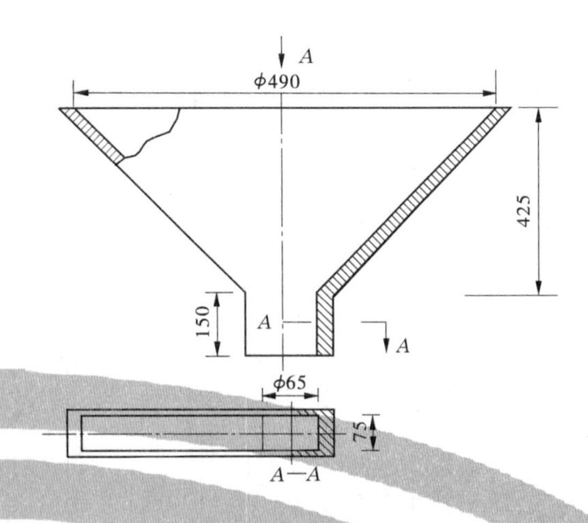

图 8-1 V 形漏斗形状与尺寸

(3) 接料容器:12 L 塑料桶。

(4) 秒表:精度 0.1 s。

(5) 平直刮刀。

(三) 试验步骤

(1) V 形漏斗经清水冲洗干净后置于台架上,使其顶面水平,并确保其稳定。再用拧过的湿布擦拭漏斗内表面,使其保持湿润状态。

(2) 在漏斗下方放置接料容器,并关闭漏斗出口底盖。

(3) 将自密实混凝土拌和物装入投料容器,从漏斗正上方向漏斗中灌料至满(试样约 10 L)。

(4) 用平直刮刀沿漏斗顶面刮平。

(5) 漏斗顶面混凝土刮平静置 1 min 后,打开出料口底盖,用秒表测量自开盖至漏斗中混凝土全部流出的时间(单位为 s),精确至 0.1 s,同时记录混凝土流出是否有堵塞现象。

(6) 在 5 min 内对试样进行 2 ~ 3 次试验,以 2 ~ 3 次测值之平均值作为 V 形漏斗混凝土流出时间试验结果。

三、U 形箱混凝土充填高度试验方法

(一) 适用范围

本方法适用于测定自密实混凝土通过钢筋间隙与自行充填至模板角落的能力,即充填性。

(二) 仪器设备

(1) U 形箱:U 形箱分 A 型与 B 型两种,A 型为隔栅,由 5 根ϕ 10 光圆钢筋(间距 35 mm)组成;B 型为隔栅,由 3 根ϕ 13 光圆钢筋(间距 35 mm)组成,具体构造详见图 8-2。

(2) 投料容器:5 L 塑料桶。

(3) 平直刮刀。

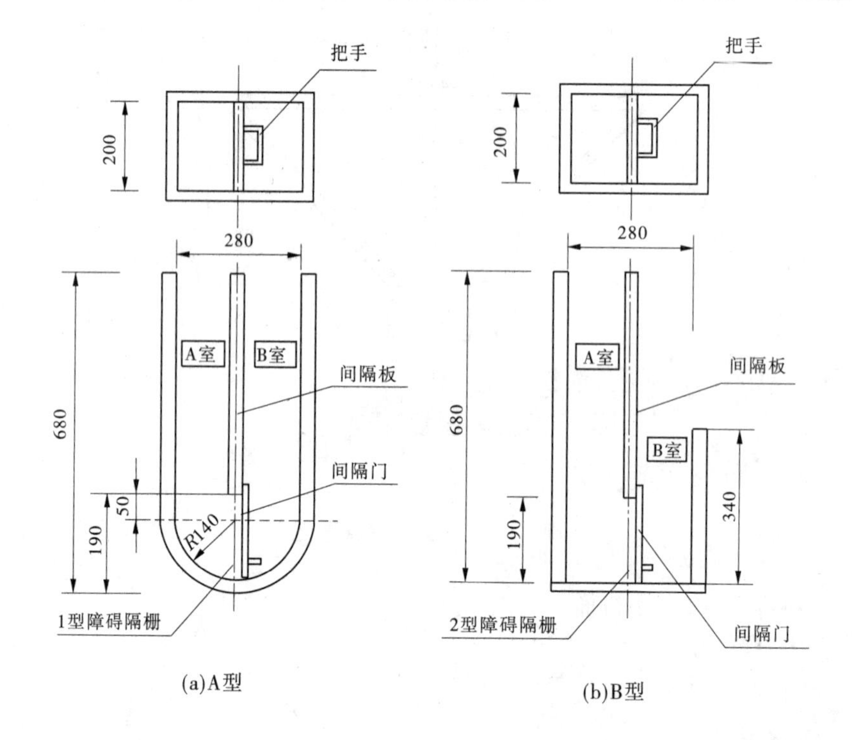

图8-2　U形箱容器的形状与尺寸

(4)钢卷尺或钢直尺:最小刻度1 mm。

(5)秒表:精确至0.1 s。

(三)试验步骤

(1)U形箱垂直放置,顶面为水平状态。

(2)用湿布擦拭U形箱内表面、间隔门、间隔板和隔栅等,使其保持湿润。

(3)关闭间隔门,将自密实混凝土拌和物装入投料容器,并将混凝土拌和物试样连续灌入U形箱A室至满,不得振捣或敲振。

(4)用平直刮刀将混凝土顶面刮平,静置1 min。

(5)连续、迅速将间隔门向上提升,混凝土拌和物通过隔栅障碍向B室流动,直至流动停止。

(6)在U形箱B室,用钢卷尺或钢直尺测量混凝土底面至其顶面的高度,即为混凝土充填高度(单位为mm)。

(7)在B室3个位置测量充填高度,并计算平均值,即为U形箱混凝土充填高度试验结果。

第五节　水下不分散混凝土特有性能检测

水下不分散混凝土性能试验方法与普通混凝土基本相同,其中混凝土搅拌、试件成型

及养护与普通混凝土不同,并特有抗分散性与流动性试验方法,现分述如下。

一、水下不分散混凝土搅拌

由于水下不分散混凝土较黏稠,原则上应采用强制式搅拌机搅拌,需搅拌 2 ~3 min;若用自落式搅拌机,则应增加搅拌时间,一般需 3 ~6 min。

二、试件成型与养护

试件在水中成型与养护具体操作步骤为:

(1)用铲将水下不分散混凝土从水面上向下浇筑入模,每次投料量为试模容量的1/10左右,连续投料,并超出试模表面,投料时间为 0.5 ~1.0 min。

(2)将试件从水中取出,静置 5 ~10 min,使混凝土自流平自密实。

(3)用木锤轻敲试模两个侧面以促进排水,然后再放回水中。

(4)初凝前用抹刀抹平,放置 2 d 拆模。

(5)将试模放入水箱中,将水加至试模顶以上 15 cm,水箱放置于标准养护室内,或保持水温(20 ±3) ℃。

(6)放在水中进行标准养护至试验龄期。

根据施工条件选择坍扩度,其推荐范围见表 8-1。

表 8-1 水下不分散混凝土坍扩度推荐值

施工条件	水下滑道	导管	混凝土泵	极好流动性
坍扩度(cm)	30 ~40	36 ~45	45 ~55	>55

三、水下不分散混凝土抗分散性—水泥流失量试验方法

(一)适用范围

本方法适用于水下不分散混凝土在水中浇筑时水泥流失量测定。

(二)仪器设备

(1)白铁皮桶:直径 400 mm、高 550 mm、壁厚 1 ~2 mm。

(2)天平:称量 2 kg,感量为 0.01 g。

(3)容器:容积为 1 500 mL 的广口容器。

(三)试验步骤

(1)白铁皮桶底部放 1 500 mL 容器,向桶内充水至 500 mm 高。

(2)拌制 2 kg 水下不分散混凝土,并从水面自由落下倒入水中的容器内,使之全部倒入水下容器,不得洒漏,静置 5 min。

(3)将容器从水中提起,排掉混凝土面上积水,并称其质量。

(4)重复进行 3 次,以 3 次测值之平均值为试验结果。

(四)试验结果处理

水泥流失量按下式计算:

$$水泥流失量(\%)=\frac{a-b}{a-c}\times 100$$

式中 a——浸入水前混凝土和容器的质量,g;

b——浸入水后混凝土和容器的质量,g;

c——容器质量,g。

四、水下不分散混凝土抗分散性—悬浊物含量测定方法

(一)适用范围

本方法适用测定水下不分散混凝土水中自由落下产生的悬浊物含量。

(二)仪器设备

(1)烧杯:容积为1 000 mL,外径110 mm、高150 mm。

(2)其他仪器按《水质悬浮物的测定(重量法)混浊度测试方法》(GB/T 11901)的规定执行。

(三)试验步骤

(1)在1 000 mL烧杯中加入800 mL水,然后将500 g水下不分散混凝土分成10份,用手铲将每份混凝土从水面缓慢地自由落下,该操作在10~20 s内完成,并将烧杯静置3 min。

(2)用吸管在1 min内将烧杯中的水轻轻吸取600 mL,注意不能吸入混凝土,吸出的水作为试验样品,迅速进行测试。

(3)悬浊物测定方法按GB/T 11901规定执行。

五、水下不分散混凝土流动度—扩展度试验方法

水下不分散混凝土流动度可用坍扩度与扩展度来表示,坍扩度试验方法与前自密实混凝土坍扩度试验方法相同,本节只介绍扩展度试验方法。

(一)适用范围

本方法适用于测定水下不分散混凝土及其他高流态混凝土的扩展度,以评定其流动性。

(二)仪器设备

(1)扩展度试验台:由顶板、底板、上下止动板、活页等组成,顶板尺寸为700 mm×700 mm、厚4.0 mm,质量为16 kg左右,见图8-3。

(2)流动度筒:上口内径130 mm、下口内径200 mm、高200 mm,详见图8-4。

(3)捣棒:截面为40 mm×40 mm、长200 mm的金属棒,另加长为150 mm手柄,详见图8-5。

(4)铁铲。

(5)钢直尺。

(三)试验步骤

(1)用湿布擦拭试验台顶板表面与流动度筒内壁,使其保持湿润状态。

(2)将水下不分散混凝土拌和物倒入流动度筒内,不分层一次倒满,自开始入料至倒

满应在 2 min 内完成。

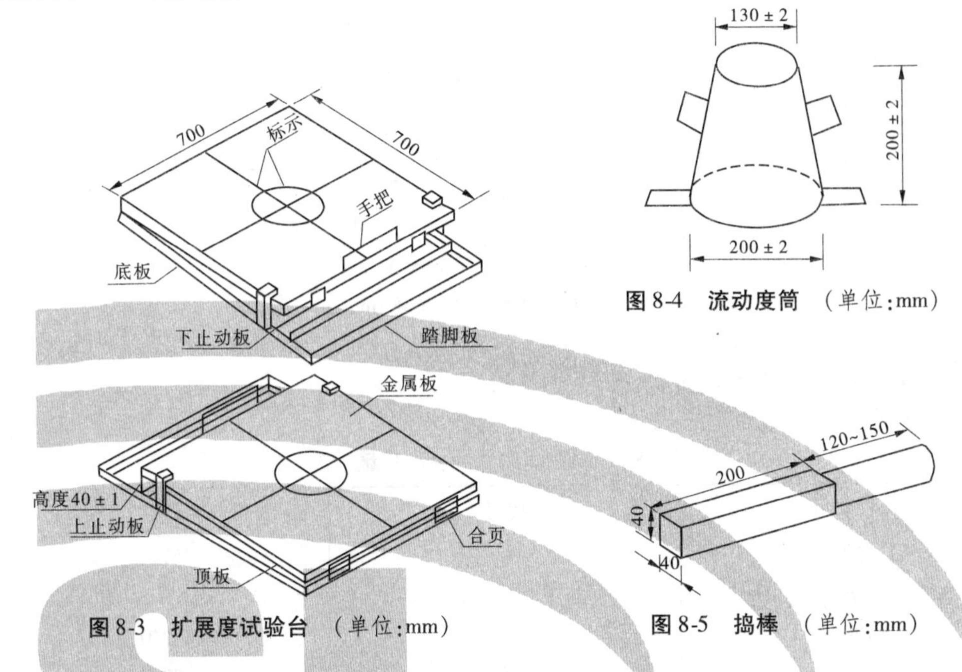

图 8-4　**流动度筒**　（单位:mm）

图 8-3　**扩展度试验台**　（单位:mm）

图 8-5　**捣棒**　（单位:mm）

(3)垂直提起流动度筒 3 ~6 s,试验操作者站在流动台的前踏脚板上使之稳定,缓慢提起顶板,直至上止动板(顶板不得撞击止动板),再使顶板自由下落至下止动板。

(4)重复以上操作 15 次,每次操作时间控制在 3 ~5 s,混凝土拌和物在顶板上扩展。

(5)用钢直尺测量扩展圆的最大直径,以及与最大直径呈垂直方向的扩展直径,取两者平均值作为扩展度试验结果。

第六节　膨胀混凝土特有性能检测

膨胀混凝土与普通混凝土试验方法基本相同,不同的是前者特有掺膨胀剂胶砂限制膨胀率与掺膨胀剂混凝土限制膨胀率试验方法。

一、混凝土膨胀剂的限制膨胀率试验方法

(一)适用范围

本方法适用于掺硫铝酸钙类、硫铝酸钙—氧化钙类及氧化钙类膨胀剂胶砂限制膨胀率试验。

(二)仪器设备

(1)胶砂搅拌机、振动台及下料漏斗。

(2)试模:40 mm ×40 mm ×160 mm 棱柱体试模。

(3)纵向限制器:钢板 40 mm ×40 mm ×4 mm、ϕ4 mm 钢丝,使用次数不超过 5 次,其形状与尺寸详见图 8-6。

(4)测长仪:由千分表与支架组成,千分表最小刻度 0.001 mm。

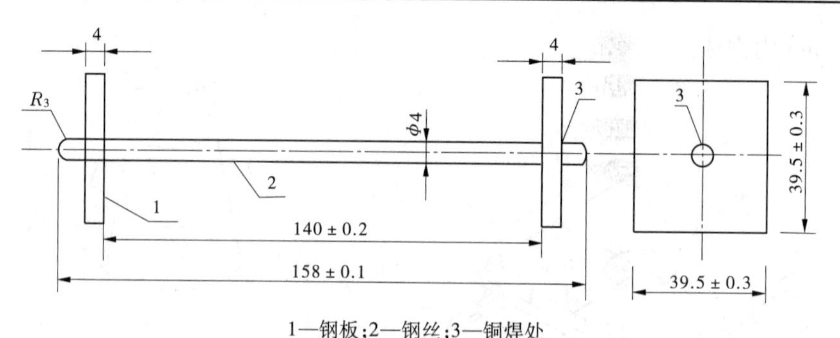

1—钢板;2—钢丝;3—铜焊处

图8-6　纵向限制器图　(单位:mm)

(三)试验水泥胶砂配合比

成型3条试件材料用量见表8-2。

表8-2　成型3条试件材料用量

材料	代号	用量(g)
水泥	C	457.6
膨胀剂	E	62.4
标准砂	S	1 040
拌和水	W	208

膨胀剂掺量:$\frac{E}{C+E}=0.12(12\%)$

砂灰比:　$\frac{S}{C+E}=2.0$

水胶比:　$\frac{W}{C+E}=0.40$

(四)试验步骤

(1)按GB/T 17671规定成型试件,成型试件达到一定强度时进行脱模。

(2)试件脱模后在1 h内测量初始长度(mm)。

(3)测完初始长度后立即将试件放入水中养护,分别测量7 d、28 d龄期试件长度变化,即为7 d、28 d限制膨胀率。

(4)测完水中养护7 d试件长度后,放入恒温恒湿箱(室)养护21 d,测量试件长度变化,即为空气中21 d的限制膨胀率。

(五)试验结果处理

限制膨胀率按下式计算:

$$\varepsilon = \frac{L_1 - L}{L_0} \times 100\%$$

式中　ε——限制膨胀率(%);

L_1——所测龄期的限制试件长度,mm;

L——限制试件初始长度,mm;

L_0——限制试件的基长，140 mm。

取相近的两条试件测值之平均值作为限制膨胀率试验结果，计算应精确到小数点后第 3 位。

二、补偿收缩混凝土的限制膨胀率与干缩率试验方法

（一）适用范围

本方法适用于掺膨胀剂混凝土的限制膨胀率与干缩率试验。

（二）仪器设备

（1）试模：100 mm × 100 mm × 400 mm 棱柱体试模。

（2）纵向限制器：限制钢筋为φ10 mm 热轧带肋钢筋，钢板厚 12 mm，其形状与尺寸详见图 8-7。

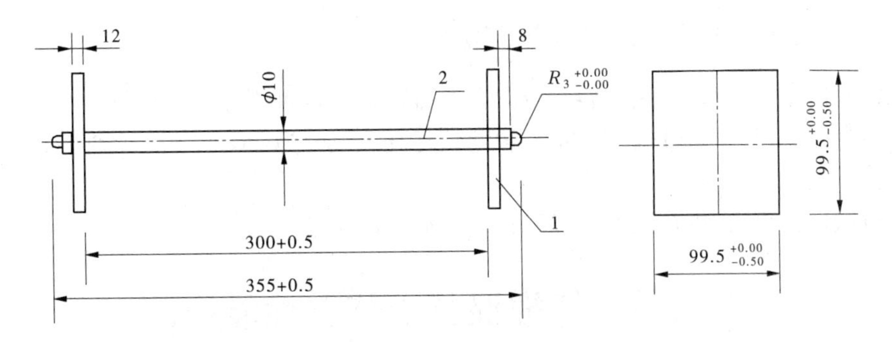

1—钢板；2—钢筋

图 8-7　纵向限制器

（3）测长仪：千分表最小刻度为 0.001 mm，测量倾角为 30°，测量示意图见图 8-8。

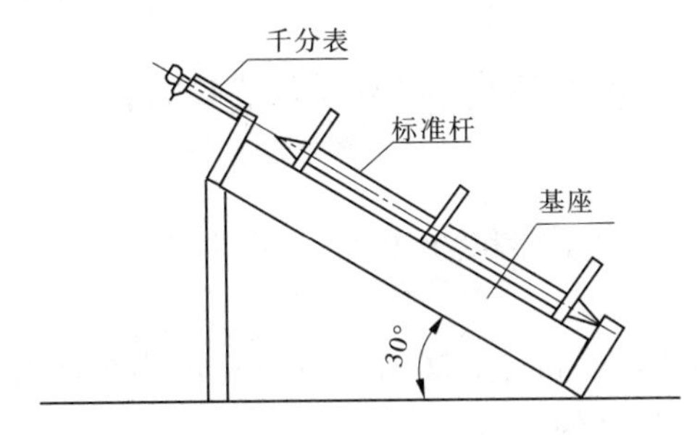

图 8-8　补偿收缩混凝土膨胀、收缩测量仪示意图

（三）试验步骤

（1）先把纵向限制器放入试模中，然后进行成型每组 3 个试件，并将试件置于标准养护室养护，试件表面盖塑料布或湿布，防止水分蒸发。

（2）当混凝土抗压强度达到 3 ~ 5 MPa 时，拆模（一般成型后 12 ~ 16 h），并测量试件初始长度。

（3）将测定初始长度的试件浸入（20 ± 2）℃的水中养护，分别测定 3 d、7 d、14 d 龄期的试件长度。

(4)测完14 d试件长度后,将试件移入温度(20±2)℃与相对湿度60%±5%的恒温恒湿或恒温恒湿室内养护,分别测定28 d、42 d龄期时试件长度。

(四)试验结果处理

补偿收缩混凝土纵向限制膨胀率(或干缩率)按下式计算:

$$\varepsilon_t = \frac{L_t - L_0}{L} \times 100\%$$

式中 ε_t——龄期t时的纵向膨胀率或干缩率;

L——试件基准长度,取300 mm;

L_0——试件初始长度,mm;

L_t——t龄期时试件长度,mm。

每组以3个试件测值之平均值作为试件长度测量结果。

三、膨胀混凝土抗冻试件养护方法

(1)抗冻试件成型后,用塑料布或湿布覆盖在试件表面,防止水分蒸发。

(2)在(20±5)℃室内放置24 h,再将试件浸入温度为(20±3)℃水中养护13 d,然后拆模。

(3)试件拆模后,再在温度为(20±3)℃水中继续养护14 d。

第七节 纤维混凝土特有性能检测

钢纤维混凝土试验方法与普通混凝土基本相同,其特有试验方法有钢纤维混凝土拌和物钢纤维体积率、钢纤维混凝土弯曲韧性和弯曲初裂强度及纤维混凝土收缩开裂等试验方法。

一、钢纤维混凝土拌和物钢纤维体积率试验方法

(一)适用范围

本方法适用于钢纤维混凝土拌和物中钢纤维所占的体积百分率(体积率)测定。

(二)仪器设备

(1)容量筒:纤维长度≤40 mm,ϕ186 mm×186 mm,为5 L;纤维长度>40 mm,容量筒内径与筒高均应大于纤维长度的4倍。

(2)台秤:称量100 kg,感量5 g。

(3)振动台:频率(50±3) Hz,振幅(0.5±0.1) mm。

(4)托盘天平:称量2 kg,感量2 g。

(5)振槌:重1 kg木槌。

(三)试验步骤

(1)拌制钢纤维混凝土拌和物,并将其装入容量筒内。

(2)坍落度≤50 mm拌和物,用振动台振实,直至表面出浆;坍落度>50 mm拌和物,用振槌打击振实。

5 L 容量筒分 2 层装入，大于 5 L 容量筒每层装 100 mm 厚料，沿容量筒侧壁均匀敲振，每层 30 次，敲振完后，将直径为 16 mm 钢棒垫在筒底，左右交替将容量筒颠击地面各 15 次。

(3)刮去筒顶部多余的拌和物，并填平表面凹陷部分，擦净容量筒外壁，并称重，精确至 50 g。

(4)倒出拌和物，边水洗边用磁铁搜集钢纤维。

(5)将搜集的钢纤维在(105 ± 5) ℃温度烘干至恒重，冷却至室温后称其质量，精确至 2 g。

(四)试验结果处理

钢纤维体积率按下式计算：

$$\rho_f = \frac{m_f}{\gamma \cdot V} \times 100\%$$

式中 ρ_f——钢纤维体积(%)；

m_f——钢纤维质量，g；

V——容量筒容积，cm^3；

γ——钢密度，g/cm^3。

以两次测值之平均值为试验结果，当两次测值之差绝对值大于平均值的 5% 时，则试验结果无效。

二、钢纤维混凝土弯曲韧性和弯曲初裂强度试验方法

(一)适用范围

本方法适用于测定钢纤维混凝土试件弯曲时韧度指数和弯曲初裂强度。

(二)仪器设备

(1)1 000 kN 液压试验机，附加刚性组件，其装置如图 8-9 所示。

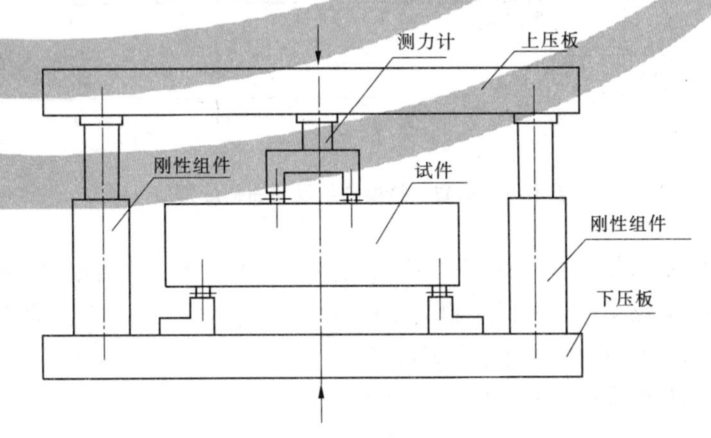

图 8-9 刚性组件示意

(2)三分点加荷装置。

(3)挠度测量装置。

(三)试验步骤

(1)从养护室取出试件,并检查外观和测量尺寸。

(2)将试件安放在试验机上,并安装测量传感器。

(3)对试件连续均匀地加荷,初裂前加荷速度为0.05~0.08 MPa/s,初裂后取每分钟$L/3\ 000$(L为受拉面跨度),使挠度增长速度相等,若试件在三分点之外断裂,则该试件试验结果无效。

(4)采用千斤顶作刚性组件时,应使活塞顶升至稍高出力传感器顶面,然后开动试验机,使千斤顶刚度达到稳定状态,随即对试件连续均匀加荷,初裂前加荷速度与前面相同,而初裂后应减小加荷速度,使试件处于"准等应变"状态,其条件是

$$V_{\Delta W\max}/V_m \leqslant 5$$

式中 $V_{\Delta W\max}$——挠度增量最大时的相应速度,μm/s;

V_m——挠度由0~3倍最大荷载挠度时段内相应速率之平均值,μm/s。

注意在加荷过程中记录挠度变化速度。

(四)试验结果处理

试件的弯曲韧度指数、弯曲初裂强度的计算如下:

(1)将直尺与荷载—挠度曲线的线性部分重叠放置,确定初裂点A(见图8-10)。A点的纵坐标为弯曲初裂荷载F_{cra},横坐标为弯曲初裂挠度W_{Fcra},而OAB为弯曲初裂韧度。

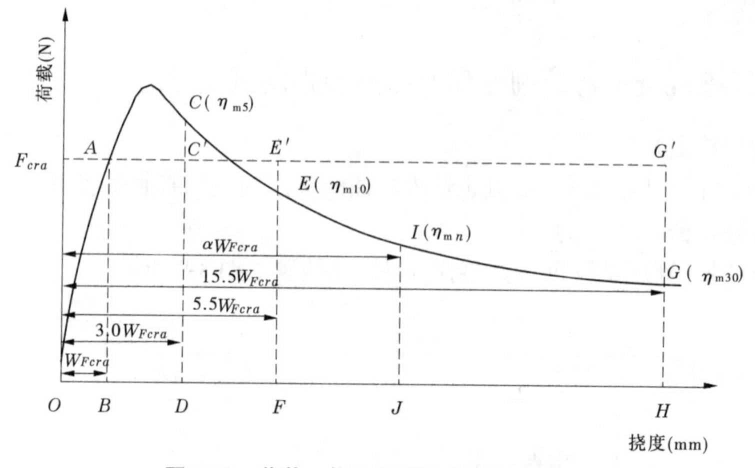

图8-10 荷载—挠度曲线及弯曲韧度指数

(2)以O为原点,按3.0、5.5、15.5或试验要求的初裂挠度的倍数,在横轴上确定D、F、H点或其他给定点J。用求积仪测得OAB、$OACD$、$OAEF$、$OAGH$或其他给定变形的面积,即为弯曲初裂韧度和各给定挠度的韧度实测值。

按下列公式计算得出弯曲韧度指数,精确至0.01。

$$\eta_{m5} = OACD\text{面积}/OAB\text{面积}$$

$$\eta_{m10} = OAEF\text{面积}/OAB\text{面积}$$

$$\eta_{m30} = OAGH\text{面积}/OAB\text{面积}$$

以4个试件计算值之平均值为该组试件的弯曲韧度指数。

(3)弯曲初裂强度按下式计算:

$$f_{fc,cra} = F_{cra} \times L/bh^2$$

式中 $f_{fc,cra}$——钢纤维混凝土弯曲初裂强度,MPa;

F_{cra}——钢纤维混凝土弯曲初裂荷载,N;

L——支座间距,mm;

b——试件截面宽度,mm;

h——试件截面高度,mm。

以4个试件计算值之平均值作为该组试件的弯曲初裂强度。

三、纤维混凝土收缩开裂试验方法

(一)适用范围

本方法适用纤维对限制混凝土早期收缩开裂有效性试验。

(二)仪器设备

(1)试模:600 mm×600 mm×63 mm(正方形薄板),试模边框内设间距为60 mm的双排ϕ6 mm栓钉,栓钉长度分别为50 mm与100 mm,间隔布置,底板上铺聚乙烯薄膜隔离层,试模形状与尺寸详见图8-11。

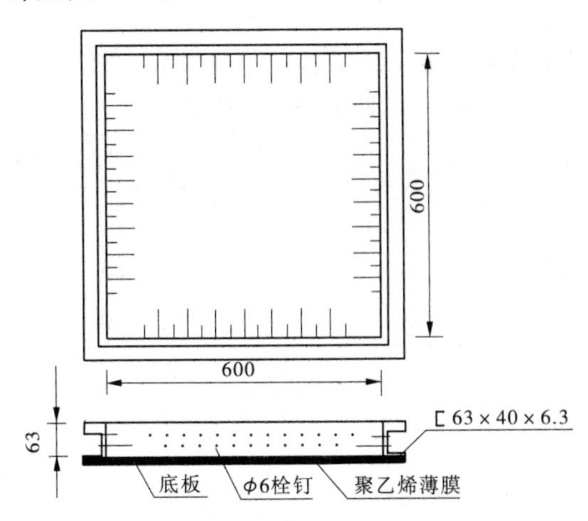

图8-11 纤维混凝土开裂试验装置

(2)读数显微镜,分度值为0.01 mm。

(3)电风扇2台。

(4)钢直尺。

(三)试验步骤

(1)采用纤维混凝土配合比拌制纤维混凝土,同时拌制不掺纤维的基体混凝土(对比用)。

(2)同时成型纤维混凝土试件与基体混凝土对比试件,每组各1个试件。

(3)试件经振实、抹平后用塑料薄膜覆盖2 h,环境温度宜(20±2)℃。

(4)试件成型2 h后取下塑料薄膜,每个试件各用1台电风扇吹试件表面,风向平行试件,风速为0.5 m/s,环境温度为(20±2)℃,相对湿度不大于60%。

(5)试件成型24 h后观察裂缝数量、宽度与长度,裂缝以目测可见裂缝为准,用钢直尺测量其长度;用读数显微镜测读裂缝宽度,可取裂缝中点附近的宽度代表该裂缝的名义最大宽度。

(四)试验结果处理

(1)裂缝总面积按下式计算:

$$A_{cr} = \sum_{i=1}^{n} W_{i,\max} L_i$$

式中 A_{cr}——试件裂缝的名义总面积,mm^2;

$W_{i,\max}$——第 i 条裂缝名义最大宽度,mm;

L_i——第 i 条裂缝长度,mm。

(2)裂缝降低系数 η 按下式计算:

$$\eta = \frac{A_{mcr} - A_{fcr}}{A_{mcr}}$$

式中 A_{mcr}——对比试件的裂缝总面积,mm^2;

A_{fcr}——钢纤维混凝土试件裂缝总面积,mm^2。

(3)限裂效能等级评定。

纤维混凝土早龄期限裂效能根据2组试验的 η 平均值,按表8-3的规定进行评定。

表8-3 限裂效能等级评定标准

限裂效能等级	评定标准
一级	$\eta \geq 70$
二级	$55 \leq \eta < 70$
三级	$40 \leq \eta < 55$

第九章 水工砂浆性能检测

第一节 水泥砂浆的拌和

一、砂浆拌和、成型试验室和设备

(1)室内温度保持(20 ±5) ℃,用以拌和砂浆的材料与室温相同。对所拌制的拌和物应避免阳光照射及对着风吹。

(2)主要仪器设备有砂浆搅拌机和振动台,以及拌和钢板、铁铲、台秤、磅秤、天平、量筒等机具。

二、水泥砂浆的拌和方法

水泥砂浆拌和有人工拌和与机械拌和两种方法,详见《水工混凝土试验规程》(SL 352—2006)8.1“水泥砂浆拌和方法”。

第二节 水泥砂浆拌和物性能试验

水泥砂浆拌和物性能试验包括稠度、泌水率、表观密度及含气量。水泥砂浆拌和物性能试验方法原则上与第四章混凝土拌和物性能试验方法相同,只是砂浆的拌和采用砂浆搅拌机,砂浆稠度控制采用锥体沉降仪。

水泥砂浆稠度试验见《水工混凝土试验规程》(SL 352—2006)8.2“水泥砂浆稠度试验”;水泥砂浆泌水率试验见8.3“水泥砂浆泌水率试验”;水泥砂浆表观密度试验及含气量计算见8.4“水泥砂浆表观密度试验及含气量计算”。

第三节 水泥砂浆力学性能试验

一、水泥砂浆抗压强度试验

抗压强度试验标准试件规格为边长70.7 mm立方体。试验按《水工混凝土试验规程》(SL 352—2006)8.5“水泥砂浆抗压强度试验”进行。

二、水泥砂浆劈裂抗拉强度试验

劈裂抗拉强度试验标准试件规格为边长为70.7 mm立方体。试验按《水工混凝土试验规程》(SL 352—2006)8.6“水泥砂浆劈裂抗拉强度试验”进行。

三、水泥砂浆黏结强度试验

黏结强度试验标准试件为“8”字形,颈部断面为25 mm×25 mm。该试件结构尺寸合理,试件在颈部拉断,应力分布均匀。同时配有一对拉伸夹具,试验操作简单,且对中准确。试验按《水工混凝土试验规程》(SL 352—2006)8.7“水泥砂浆黏结强度试验”进行。

四、水泥砂浆轴向拉伸试验

标准试件规格为哑铃形,直线段长度100 mm,断面为25 mm×25 mm。哑铃两端头尺寸与黏结强度标准试件的半“8”字形相同,试件渐变段结构合理,应力集中小,试件在等直段断裂的概率高。

砂浆轴向拉伸试验按《水工混凝土试验规程》(SL 352—2006)8.8“水泥砂浆轴向拉伸试验”进行。

第四节　水泥砂浆干缩(湿胀)试验

水泥砂浆干缩(湿胀)试验方法原则上与《水工混凝土试验规程》(SL 352—2006)4.12“混凝土干缩(湿胀)试验”相同。

水泥砂浆标准试件规格为40 mm×40 mm×160 mm。水泥砂浆干缩(湿胀)试验按《水工混凝土试验规程》(SL 352—2006)8.9“水泥砂浆干缩(湿胀)试验”进行。

第五节　水泥砂浆耐久性试验

一、水泥砂浆抗渗性试验

水泥砂浆抗渗性试验与混凝土抗渗性试验,虽然都采用传统的渗水压法,但试验仪器、试件规格、施加水压制度和抗渗性评定指标不同。其差异是:①试验仪器采用砂浆渗透试验仪;②标准试件为截圆锥,上口直径70 mm、下口直径80 mm,高度30 mm;③施加水压制度,每隔1 h增加0.1 MPa水压力;④抗渗指标采用水渗透性系数。

水泥砂浆抗渗性试验按《水工混凝土试验规程》(SL 352—2006)8.11“水泥砂浆抗渗性试验”进行。

二、水泥砂浆抗冻性试验

试验方法原则上与《水工混凝土试验规程》(SL 352—2006)4.23“混凝土抗冻性试验”相同。

水泥砂浆抗冻性试验,分小试件试验法和大试件试验法两种。小试件试验法试件规格为40 mm×40 mm×160 mm;大试件试验法试件规格为100 mm×100 mm×400 mm。

水泥砂浆抗冻性试验按《水工混凝土试验规程》(SL 352—2006)8.10“水泥砂浆抗冻性试验”进行。

第六节　聚合物砂浆性能试验

水利水电工程聚合物主要用于建筑物破坏后的修复工程,如过水建筑物冲磨破坏部位的修复,水工建筑物混凝土开裂和裂缝的修补。目前使用的聚合物砂浆,按材料的凝固和性能可分为两类:①聚合物改性水泥砂浆——由水泥、细骨料、水分散性或水溶性聚合物和适量的水,以确定的配比拌制而成的砂浆。水利水电工程使用较多的是丙乳改性水泥砂浆。②树脂砂浆——由树脂、填料和细骨料相混合并随后聚合而成的砂浆。水利水电工程使用较多的是环氧树脂砂浆,由环氧树脂、固化剂和一定级配填料组成的混合物,根据不同需要可适当掺加增塑剂、稀释剂或其他材料。两类聚合物砂浆的拌和、试件成型和养护条件各不相同,因此试验方法也不相同,需要分别阐述。

一、聚合物改性水泥砂浆性能试验

(一)聚合物改性水泥砂浆原材料试验

原材料试验见《聚合物改性水泥砂浆试验规程》(DL/T 5126—2001)4.1“聚合物乳液试验”,4.2“水泥试验”,4.3“骨料试验”。

(二)聚合物改性水泥砂浆拌和物性能试验

聚合物改性水泥砂浆是以水泥为基体,掺入占水泥质量5%~20%聚合物溶液(按含固量计)拌制而成的砂浆,其拌和方法与水泥砂浆相同,但其养护条件与水泥砂浆有所不同,即先在湿养护箱养护2 d,再放入(20±3)℃水中养护5 d,最后放入干养护箱中养护21~28 d龄期。

聚合物改性水泥砂浆拌和方法按《聚合物改性水泥砂浆试验规程》(DL/T 5126—2001)5.1“砂浆的拌和方法”进行;聚合物改性水泥砂浆流动性试验按5.2“砂浆流动性试验”进行;砂浆凝结时间试验按5.3“砂浆凝结时间试验”进行;砂浆表观密度及含气量计算按5.4“砂浆密度试验及含气量计算”进行。聚合物改性水泥砂浆泌水率试验按《水工混凝土试验规程》(SL 352—2006)8.3“水泥砂浆泌水率试验进行。

(三)聚合物改性水泥砂浆力学性能试验

聚合物改性水泥砂浆成型及养护方法见《聚合物改性水泥砂浆试验规程》(DL/T 5126—2001)6.1“砂浆试件的成型和养护方法”;聚合物改性水泥砂浆抗折强度和抗压强度试验按6.2“砂浆抗折强度和抗压强度试验”进行。

聚合物改性水泥砂浆劈裂抗拉强度按《水工混凝土试验规程》(SL 352—2006)8.6“水泥砂浆劈裂抗拉强度试验”进行;砂浆黏结强度试验按8.7“水泥砂浆黏结强度试验”进行;砂浆轴向拉伸试验按8.8“水泥砂浆轴向拉伸试验”进行。

(四)聚合物改性水泥砂浆吸水率和干缩试验

聚合物改性水泥砂浆吸水率试验按《聚合物改性水泥砂浆试验规程》(DL/T 5126—2001)6.6“砂浆吸水率试验”进行;砂浆干缩率试验按6.7“砂浆干缩率试验”进行。

(五)聚合物改性水泥砂浆耐久性试验

聚合物改性水泥砂浆抗渗性试验按《水工混凝土试验规程》(SL 352—2006)8.11“水

泥砂浆抗冻性试验”进行;砂浆抗冻性试验按8.10“水泥砂浆抗渗性试验”进行。

(六)聚合物改性水泥砂浆配合比设计

砂浆配合比设计见《聚合物改性水泥砂浆试验规程》(DL/T 5126—2001)附录B“聚合物改性水泥砂浆配合比”。

二、环氧树脂砂浆性能试验

(一)环氧树脂砂浆原材料试验

原材料试验见《环氧树脂砂浆技术规程》(DL/T 5193—2004)4.2“原材料性能测试方法”。

(二)环氧树脂砂浆拌和物性能试验

(1)拌和物的制备方法见《环氧树脂砂浆技术规程》(DL/T 5193—2004)5.1“拌和物的制备方法”。

(2)试件成型方法见《环氧树脂砂浆技术规程》(DL/T 5193—2004)5.2“试件成型方法”。

(3)稠度试验见《环氧树脂砂浆技术规程》(DL/T 5193—2004)5.3“环氧砂浆稠度试验方法”。

(4)适用期、固化时间试验见《环氧树脂砂浆技术规程》(DL/T 5193—2004)5.4“环氧砂浆适用期、固化时间试验方法”。

(5)表观密度试验见《环氧树脂砂浆技术规程》(DL/T 5193—2004)5.5“环氧砂浆表观密度试验方法”。

(三)环氧树脂砂浆力学性能试验

(1)抗压强度试验见《环氧树脂砂浆技术规程》(DL/T 5193—2004)5.9“环氧砂浆抗压强度测试方法”。

(2)抗拉强度试验见《环氧树脂砂浆技术规程》(DL/T 5193—2004)5.10“环氧砂浆抗拉强度测试方法”。

(3)与水泥砂浆黏结抗拉强度试验见《环氧树脂砂浆技术规程》(DL/T 5193—2004)5.12“环氧砂浆对水泥砂浆黏结抗拉强度测试方法”。

(4)与混凝土黏结抗拉强度试验见《环氧树脂砂浆技术规程》(DL/T 5193—2004)5.13“环氧砂浆对混凝土黏结抗拉强度测试方法”。

(5)压缩弹性模量试验见《环氧树脂砂浆技术规程》(DL/T 5193—2004)5.14“环氧砂浆压缩弹性模量测试方法”。

(6)线膨胀系数测定见《环氧树脂砂浆技术规程》(DL/T 5193—2004)5.15“环氧树脂线膨胀系数测试方法”。

(四)环氧树脂砂浆耐久性试验

(1)耐久性能试验见《环氧树脂砂浆技术规程》(DL/T 5193—2004)5.16“环氧砂浆耐久性能试验方法”。

(2)老化试验见《环氧树脂砂浆技术规程》(DL/T 5193—2004)5.17“环氧砂浆老化试验方法”。

(3)抗渗性试验见《环氧树脂砂浆技术规程》(DL/T 5193—2004)5.20“环氧砂浆抗渗性试验方法”。

第十章　钢筋性能检验

第一节　钢筋品质及检验标准

钢筋混凝土用钢筋包括热轧带肋钢筋、热轧光圆钢筋、低碳钢热轧圆盘条、冷轧带肋钢筋和钢丝。

《钢筋混凝土用钢　第1部分:热轧光圆钢筋》(GB/T 1499.1—2017)、《钢筋混凝土用钢　第2部分:热轧带肋钢筋》(GB/T 1499.2—2018)、《低碳钢热轧圆盘条》(GB/T 701—2008)、《冷轧带肋钢筋》(GB/T 13788—2017)。

一、热轧钢筋

热轧钢筋包括热轧带肋钢筋和热轧光圆钢筋。普通热轧钢筋是指按热轧状态交货的钢筋。其金相组织主要是铁素体加珠光体,不得有影响使用性能的其他组织存在。细晶粒热轧钢筋是指在热轧过程中,通过控扎和控冷工艺形成的细晶粒钢筋。其金相组织主要是铁素体加珠光体,不得有影响使用性能的其他组织存在,晶粒度不粗于9级。特征值是指在无限多次的检验中,与某一规定概率所对应的分位值。

(一)热轧带肋钢筋

《钢筋混凝土用钢　第2部分:热轧带肋钢筋》(GB/T 1499.2—2018)规定了钢筋混凝土用热轧带肋钢筋的定义、分类、牌号、订货内容、尺寸、外形、重量及允许偏差、技术要求、试验方法、检验规则、包装、标志和质量证明书等。

热轧带肋钢筋的横截面通常为圆形,且通常带有两条纵肋和沿长度方向均匀分布的横肋。横肋的纵截面呈月牙形,且与纵肋不相交的钢筋为月牙肋钢筋。

热轧带肋钢筋的牌号由HRB和牌号的屈服强度特征值构成,H、R、B分别为热轧(Hot rolled)、带肋(Ribbed)、钢筋(Bars)三个词的英语首位字母,分为HRB400(HRB400E)、HRBF400(HRBF400E)、HRB500(HRB500E)、HRBF500(HRBF500E)和HRB600九个牌号。钢筋的公称直径推荐为6 mm、8 mm、10 mm、12 mm、16 mm、20 mm、25 mm、32 mm、40 mm、50 mm。标准规定了钢筋表面形状及尺寸允许偏差、长度允许偏差、质量允许偏差,并规定了钢筋弯曲度和端部的要求。

按本部分订货的合同至少应包括下列内容:

(1)本部分编号;

(2)产品名称;

(3)钢筋牌号;

(4)钢筋公称直径、长度(或盘径)及重量(或数量、或盘重);

(5)特殊要求。

热轧带肋钢筋的技术要求如下。

1. 牌号和化学成分

热轧钢筋的牌号和化学成分与碳当量(熔炼分析)应不大于表10-1中规定的值。

表10-1　热轧带肋钢筋的牌号和化学成分

<table>
<tr><th rowspan="3">牌号</th><th colspan="5">化学成分(质量分数)(%)</th><th rowspan="2">碳当量
Cep(%)</th></tr>
<tr><th>C</th><th>Si</th><th>Mn</th><th>P</th><th>S</th></tr>
<tr><th colspan="6">不大于</th></tr>
<tr><td>HRB400
HRBF400
HRB400E
HRBF400E</td><td rowspan="2">0.25</td><td rowspan="3">0.80</td><td rowspan="3">1.60</td><td rowspan="3">0.045</td><td rowspan="3">0.045</td><td>0.54</td></tr>
<tr><td>HRB500
HRB500E
HRBF500
HRBF500E</td><td>0.55</td></tr>
<tr><td>HRB600</td><td>0.28</td><td>0.58</td></tr>
</table>

根据需要,钢中还可以加入V、Nb、Ti等元素。

碳当量Ceq值可按下式计算:

$$Ceq = C + Mn/6 + (Cr + V + Mo)/5 + (Cu + Ni)/15 \tag{10-1}$$

2. 力学性能

钢筋的力学性能应符合表10-2的规定。

表10-2　热轧带肋钢筋的力学性能

<table>
<tr><th rowspan="2">牌号</th><th>下屈服强度
R_{eL}(MPa)</th><th>抗拉强度
R_m(MPa)</th><th>断后伸长率
A(%)</th><th>最大力总延伸率
A_{gt}(%)</th><th>R^0_m/R^0_{el}</th><th>R^0_{eL}/R_{eL}</th></tr>
<tr><th colspan="5">不小于</th><th>不大于</th></tr>
<tr><td>HRB400
HRBF400</td><td rowspan="2">400</td><td rowspan="2">540</td><td>16</td><td>7.5</td><td>—</td><td>—</td></tr>
<tr><td>HRB400E
HRBF400E</td><td>—</td><td>9.0</td><td>1.25</td><td>1.30</td></tr>
<tr><td>HRB500
HRB500E</td><td rowspan="2">500</td><td rowspan="2">630</td><td>15</td><td>7.5</td><td>—</td><td>—</td></tr>
<tr><td>HRBF500
HRBF500E</td><td>—</td><td>9.0</td><td>1.25</td><td>1.30</td></tr>
<tr><td>HRB600</td><td>600</td><td>730</td><td>14</td><td>7.5</td><td>—</td><td>—</td></tr>
</table>

注:R^0_m 为钢筋实测抗拉强度,R^0_{eL} 为钢筋实测下屈服强度。

直径28~40 mm各牌号钢筋的断后伸长率 A 可降低1%;直径大于40 mm各牌号钢

筋的断后伸长率 A 可降低 2%。

有较高要求的抗震结构适用牌号为：在表 10-1 中已有牌号后加 E（如 HRB400E、HRBF400E）的钢筋。该类钢筋除应满足以下（1）、（2）、（3）的要求外，其他要求与相对应的已有牌号钢筋相同。

（1）钢筋实测抗拉强度与实测屈服强度之比 R_{m}^{0}/R_{eL}^{0} 不小于 1.25。

（2）钢筋实测屈服强度与表 10-2 规定的屈服强度特征值之比 R_{eL}^{0}/R_{eL} 不大于 1.30。

（3）钢筋的最大力总伸长率 A_{gt} 不小于 9%。

对于没有明显屈服强度的钢，屈服强度特征值 R_{eL} 应采用规定非比例延伸强度 $R_{p0.2}$。

根据供需双方协议，伸长率类型可从 A 或 A_{gt} 中选定。如伸长率类型未经协议确定，则伸长率采用 A，仲裁校验时采用 A_{gt}。

3. 弯曲性能

按表 10-3 规定的弯心直径弯曲 180°后，钢筋受弯曲部位不得产生裂纹。

表 10-3　热轧带肋钢筋的弯曲性能

牌号	公称直径 d（mm）	弯曲压头直径
HRB400 HRBF400 HRB400E HRBF400E	6～25	4d
	28～40	5d
	>40～50	6d
HRB500 HRB500E HRBF500 HRBF500E	6～25	6d
	28～40	7d
	>40～50	8d
HRB600	6～25	6d
	28～40	7d
	>40～50	8d

4. 反向弯曲性能

（1）对牌号带 E 的钢筋应进行反向弯曲试验。

（2）反向弯曲试验可代替弯曲试验。

（3）反向弯曲试验的压头直径比弯曲试验相应增加 1 个钢筋直径，先正向弯曲 90°，后反向弯曲 20°，两个弯曲角度均在去载之前测量，经反向弯曲试验后，钢筋的弯曲表面不得产生裂纹。

（二）热轧光圆钢筋

《钢筋混凝土用钢　第 1 部分：热轧光圆钢筋》（GB/T 1499.1—2017）规定了钢筋混凝土用热轧光圆钢筋的级别、代号、尺寸、外形、重量及允许偏差、技术要求、试验方法、检验规则、包装、标志和质量证明书等。

经热轧成型并自然冷却的成品光圆钢筋是热轧光圆钢筋，级别为Ⅰ级。钢筋的公称直径推荐为6 mm、8 mm、10 mm、12 mm、16 mm、20 mm。标准规定了钢筋表面形状及尺寸允许偏差、长度允许偏差、质量允许偏差，并规定了钢筋弯曲度和端部的要求。

按本部分订货的合同至少应包括下列内容：

(1)本部分编号；

(2)产品名称；

(3)钢筋牌号；

(4)钢筋公称直径、长度(或盘径)及重量(或数量、或盘重)；

(5)特殊要求。

热轧光圆钢筋的技术要求如下。

1.牌号和化学成分

热轧光圆钢筋的牌号和化学成分应符合表10-4的规定。

表10-4 热轧光圆钢筋的牌号和化学成分

牌号	化学成分(质量分数)(%)				
	C	Si	Mn	P	S
	不大于				
HPB300	0.25	0.55	1.50	0.045	0.045

2.力学性能

热轧光圆钢筋的力学性能应符合表10-5的规定。冷弯试验时，受弯曲表面部位不得产生裂纹。

表10-5 热轧光圆钢筋的力学性能

牌号	R_{eL} (MPa)	R_m (MPa)	A (%)	A_{gt} (%)	冷弯试验180° d——弯心直径 a——钢筋公称直径
	不小于				
HPB300	300	420	25.0	10.0	$d=a$

二、低碳钢热轧圆盘条

《低碳钢热轧圆盘条》(GB/T 701—2008)规定了低碳钢热轧圆盘条的订货内容、尺寸、外形、重量及允许偏差、技术要求、试验方法、检验规则和包装、标志及质量证明书。

按本部分订货的合同至少应包括下列内容：

(1)本部分编号；

(2)产品名称；

(3)钢筋牌号；

(4)钢筋公称直径、长度(或盘径)及重量(或数量、或盘重)；

(5)特殊要求。

低碳钢热轧圆盘条分供拉丝用盘条和建筑及其他一般用途盘条。本书仅叙述工程建筑用低碳钢热轧圆盘条的性能和检验。

(一)牌号和化学成分

建筑用低碳钢热轧圆盘条的牌号和化学成分应符合表10-6的规定。

表10-6　建筑用低碳钢热轧圆盘条的牌号和化学成分

牌号	化学成分(质量分数)(%)				
	C	Mn	Si	S	P
			不大于		
Q195	≤0.12	0.25~0.50	0.30	0.040	0.035
Q215	0.09~0.15	0.25~0.60	0.30	0.045	0.045
Q235	0.12~0.20	0.30~0.70			
Q275	0.14~0.22	0.40~1.00			

(二)力学性能

建筑用低碳钢热轧圆盘条的力学性能应符合表10-7的规定。

表10-7　建筑用低碳钢热轧圆盘条的力学性能

牌号	力学性能		冷弯试验180° d=弯心直径 a=试样直径
	抗拉强度 R_m (MPa)不小于	断后伸长率 $A_{11.3}$ (%)	
Q195	410	30	$d=0$
Q215	435	28	$d=0$
Q235	500	23	$d=0.5a$
Q275	540	21	$d=1.5a$

三、冷轧带肋钢筋

《冷轧带肋钢筋》(GB/T 13788—2017)规定了冷轧带肋钢筋的定义、分类、牌号、尺寸、外形、重量及允许偏差、技术要求、试验方法、检验规则、包装、标志和质量证明书。冷轧带肋钢筋适用于预应力混凝土和普通钢筋混凝土,也适用于制造焊接网。

冷轧带肋钢筋是热轧圆盘条经冷轧后,在其表面带有沿长度方向均匀分布的三面或二面横肋的钢筋。

(一)分类、牌号

冷轧带肋钢筋的牌号由CRB和钢筋的抗拉强度最小值构成。冷轧带肋钢筋按延性高低分为两类:冷轧带肋钢筋(CRB)和高延性冷轧带肋钢筋(CRB+抗拉强度特征值+H)。C、R、B、H分别为冷轧(Cold)、带肋(Ribbed)、钢筋(Bar)、高延性(High elongation)四个词的英文首字母。冷轧带肋钢筋分为CRB550、CRB650、CRB800、CRB600H、CRB680H、CRB800H六个牌号。CRB550、CRB600H为普通钢筋混凝土用钢筋,CRB650、CRB800、CRB800H为预应力混凝土用钢筋,CRB680H既可作为普通钢筋混凝土用钢筋,也可作为预应力混凝土用钢筋。CRB550、CRB600H、CRB680H钢筋的公称直径范围为4~12 mm,CRB650、CRB800、CRB800H及以上牌号钢筋的公称直径为4 mm、5 mm、

6 mm。

(二)力学性能和工艺性能

钢筋的力学性能应符合表10-8的规定。当进行弯曲试验时,受弯曲部位表面不得产生裂纹。

表10-8 冷轧带肋钢筋的力学性能和工艺性能

分类	牌号	规定塑性延伸强度 $R_{p0.2}$(MPa)不小于	抗拉强度 R_m(MPa)不小于	$R_m/R_{p0.2}$ 不小于	断后伸长率(%)不小于		最大力总延伸率(%)不小于	弯曲试验[a]180°	反复弯曲次数	应力松弛初始应力应相当于公称抗拉强度的70%
					A	$A_{100\ mm}$	A_{gt}			1 000 h,不大于(%)
普通钢筋混凝土用	CRB550	500	550	1.05	11.0	—	2.5	$D=3d$	—	—
	CRB600H	540	600	1.05	14.0	—	5.0	$D=3d$	—	—
	CRB680H[b]	600	680	1.05	14.0	—	5.0	$D=3d$	4	5
预应力混凝土用	CRB650	585	650	1.05	—	4.0	2.5	—	3	8
	CRB800	720	800	1.05	—	4.0	2.5	—	3	8
	CRB800H	720	800	1.05	—	7.0	4.0	—	4	5

注:a 表示 D 为弯心直径,d 为钢筋公称直径。

b 表示当该牌号钢筋作为普通钢筋混凝土用钢筋使用时,对反复弯曲和应力松弛不做要求;当该牌号钢筋作为预应力混凝土用钢筋使用时应进行反复弯曲试验代替180°弯曲试验,并检测松弛率。

钢筋的反复弯曲半径应符合表10-9的规定。

表10-9 钢筋反复弯曲试验的弯曲半径

钢筋公称直径(mm)	4	5	6
弯曲半径(mm)	10	15	15

第二节 钢筋取样要求

一、热轧带肋钢筋的取样要求

钢筋混凝土用热轧带肋钢筋的检验项目、取样方法和试验方法应符合表10-10的规定。

表10-10 热轧带肋钢筋的检验项目、取样方法和试验方法

序号	检验项目	取样数量(个)	取样方法	试验方法
1	化学成分(熔炼分析)	1	GB/T 20066	GB/T 1499.2—2018中第2章中规定的GB/T 223相关部分、GB/T 4336、GB/T 20123、GB/T 20124、GB/T 20125
2	拉伸	2	不同根(盘)钢筋切取	GB/T 28900和GB/T 1499.2—2018中8.2
3	弯曲	2	不同根(盘)钢筋切取	GB/T 28900和GB/T 1499.2—2018中8.2

续表 10-10

序号	检验项目	取样数量(个)	取样方法	试验方法
4	反向弯曲	1	任 1 根(盘)钢筋切取	GB/T 28900 和 GB/T 1499.2—2018 中 8.2
5	尺寸	逐根(盘)	—	见 GB/T 1499.2—2018 中 8.3
6	表面	逐根(盘)	—	目视
7	重量偏差	见 GB/T 1499.2—2018 中 8.4		
8	金相组织	2	不同根(盘)钢筋切取	GB/T 13298 和 GB/T 1499.2—2018 中附录 B
9	疲劳性能	5		
10	晶粒度[b]			
11	连接性能	JGJ 18、JGJ 107		

注:a 对于化学成分的试验方法优先采取 GB/T 4336,对化学分析结果有争议时,仲裁试验应按 GB/T 1499.2—2018 中第 2 章中规定的 GB/T 223 相关部分进行。

b 钢筋晶粒度检验应在交货状态下进行。

钢筋的拉伸试验试样的切取和长度:根据表 10-10,热轧带肋钢筋的拉伸试样应在所检验批的钢筋中任选两根切取。钢筋试样切取的长度应根据《钢筋混凝土用钢材试验方法》(GB/T 28900—2012)的规定,试样由三部分组成,即试样的原始标距 L_0、试样原始标距的标记与试验机夹头之间的距离和试验机两夹头夹持试样的长度。

试样的原始标距 L_0 的长度可为 $5d$,原始标距小于 15 mm 时也可为 $10d$,相关产品也可以规定其他试样的尺寸。根据表 10-2,《钢筋混凝土用钢　第 2 部分:热轧带肋钢筋》(GB/T 1499.2—2018)对钢筋断后伸长率的技术要求是 A 的拉伸结果,显然,要求钢筋试样为比例试样,原始标距与原始横截面应有以下关系:

$$L_0 = k\sqrt{S_0} \tag{10-2}$$

式中比例系数 k 通常取 5.65,此处要求试样的比例系数为 5.65。

$$L_0 = 5.65\sqrt{S_0} = 5\sqrt{\frac{4S_0}{\pi}} = 5\sqrt{\frac{4\pi r^2}{\pi}} = 5\sqrt{4r^2} = 5\sqrt{(2r)^2} = 5\sqrt{d^2} = 5d \tag{10-3}$$

因此,按《金属材料　拉伸试验　第 1 部分:室温试验方法》(GB/T 228.1—2010)的要求,热轧带肋钢筋试样的原始标距的长度应该为 $5d$。

《金属材料　拉伸试验　第 1 部分:室温试验方法》(GB/T 228.1—2010)规定,不经加工试样的自由长度应足够,以使试样原始标距的标记与最接近夹头间的距离不小于 $1.5d$。于是,

$$L_c \geqslant L_0 + 2 \times 1.5d \tag{10-4}$$

式中 L_c——拉伸试验机两夹头的夹持端之间的距离长度,即钢筋试样的自由长度;

L_0——原始标距的长度;

d——钢筋的直径。

如果试样被试验机夹持的长度为$2d$,则钢筋试样的总长度L_c为

$$L_t = L_c + 4d \tag{10-5}$$

$$L_t \geqslant 5d + 3d + 4d = 12d \tag{10-6}$$

试样总长度应该根据标准要求,试验机的夹持长度和试样的自由长度可以适当加大,但其原始长度应该根据标准GB/T 1499.2—2018和GB/T 28900—2012的要求记取,不能随意改变。

在工地实际取样时,一般多在钢筋上取至少0.5 m长,这样的长度,对于直径比较小的钢筋来说去除夹持长度后留下来的自由长度远远长于规定的长度,由于试样比较长,钢筋的拉断处很可能跑出预先画定的标记。为了在试验时保证缩颈断开的位置在标距之间,试验员往往在钢筋上采用打点器每10 mm距离打一个点,试验完成之后在断开处两边按原始标距的长度数打点个数,将其确定为拉伸前的原始标距,量测该两点的拉断距离,就是断裂拉伸长度,然后按计算公式计算断裂伸长率。

弯曲试样的长度L(mm)应根据试样直径和所使用的试验设备确定,当采用GB/T 232—2010中图示的支辊式弯曲装置和翻板式弯曲装置进行弯曲试验时,可按下式计算确定:

$$L = 0.5\pi(d + a) + 140 \tag{10-7}$$

式中 π——圆周率,取值为3.1;

d——弯心直径;

a——钢筋直径。

二、热轧光圆钢筋的取样要求

GB/T 1499.1—2008规定了热轧光圆钢筋的检验项目、取样方法和试验方法应符合表10-11的规定。

表10-11 热轧光圆钢筋的检验项目、取样方法和试验方法

序号	检验项目	取样数量(个)	取样方法	试验方法
1	化学成分(熔炼分析)	1	GB/T 20066	GB/T 1499.1—2017中第2章中规定的GB/T 223相关部分、GB/T 4336、GB/T 20123、GB/T 20125
2	拉伸	2	不同根(盘)钢筋切取	GB/T 28900和GB/T 1499.1—2017中8.2
3	弯曲	2	不同根(盘)钢筋切取	GB/T 28900和GB/T 1499.1—2017中8.2
4	尺寸	逐支(盘)	—	见GB/T 1499.1—2017中8.3
5	表面	逐支(盘)	—	目视
6	重量偏差	见GB/T 1499.1—2017中8.4		

注:a 对于化学成分的试验方法优先采用GB/T 4336,对化学分析结果有争议时,仲裁试验应按GB/T 1499.2—2018中第2章中规定的GB/T 223相关部分进行。

钢筋的拉伸试验试样的切取和长度：根据表10-10，热轧光圆钢筋的拉伸试样应在所检验批的钢筋中任选两根切取。根据表10-5，GB/T 1499.1—2017对钢筋断后伸长率的技术要求是A的拉伸结果，没有下标标注，因此按GB/T 228.1—2010的要求，热轧光圆钢筋试验原始标距应该为$5d$。

这样，钢筋混凝土用热轧光圆钢筋的拉伸试验的试样长度的切取长度应与热轧带肋钢筋一样，即可按式(10-5)计算。

同样，根据试样总长度的计算要求，试验机的夹持长度和试样的自由长度可以适当加大，但其原始标距的长度应该根据标准GB/T 1499.1—2017和GB/T 228.1—2010的要求记取，不能随意改变。

弯曲试样长度L确定的方法与钢筋混凝土用热轧带肋钢筋一样，应根据试样直径和所使用的试验设备确定，当采用GB/T 232—2010中图示的支辊式弯曲装置和翻板式弯曲装置进行弯曲试验时，可按式(10-7)计算确定。

三、低碳钢热轧圆盘条的取样要求

低碳钢热轧圆盘条的检验项目、取样方法和试验方法应符合表10-12的规定。

表10-12 低碳钢热轧圆盘条钢筋的检验项目、取样方法和试验方法

序号	检验项目	取样数量	取样方法	试验方法
1	化学成分 (熔炼分析)	1个/炉	GB/T 20066	GB/T 223 GB/T 4336 GB/T 20123
2	拉伸试验	1个/批	GB/T 2975	GB/T 228
3	冷弯试验	2个/批	不同根盘条 GB/T 2975	GB/T 232
4	尺寸	逐盘		千分尺、游标卡尺
5	表面			目测

注：对化学成分试验有争议时，仲裁试验按GB/T 223进行。

钢筋试样切取的长度，根据《金属材料 拉伸试验 第1部分：室温试验方法》(GB/T 228.1—2010)的规定，试样由三部分组成，即试样的原始标距L_0、试样原始标距的标记与试验机夹头之间的距离和试验机两夹头夹持试样的长度。

试样的原始标距L_0的长度可为$5d$，原始标距小于15 mm时也可为$10d$，相关产品也可以规定其他试样的尺寸。根据表10-7，GB/T 701—2008对钢筋断后伸长率的技术要求是$A_{11.3}$的拉伸结果，因此按GB/T 228.1—2010的要求，低碳钢圆盘条试样的原始标距的长度应该为$10d$。

GB/T 228.1—2010规定，不经加工试样的自由长度应足够，以使试样原始标距的标记与最接近夹头间的距离不小于$1.5d$。采用式(10-5)计算：

$$L_c \geq L_0 + 2 \times 1.5d$$

如果试样被试验机夹持的长度为$2d$，于是钢筋试样的总长度L_c就与式(10-6)相

同,即

$$L_t = L_c + 4d \tag{10-8}$$

试样的总长度为

$$L_t \geqslant 10d + 3d + 4d = 17d \tag{10-9}$$

根据试样总长度的计算要求,试验机的夹持长度和试样的自由长度可以适当加大,但其原始标距的长度应该根据标准 GB/T 701—2008 和 GB/T 228.1—2010 的要求记取,不能随意改变。

弯曲试样长度 L 确定的方法与钢筋混凝土用热轧带肋钢筋一样,应根据试样直径和所使用的试验设备确定,当采用 GB/T 232—2010 中图示的支辊式弯曲装置和翻板式弯曲装置进行弯曲试验时,可按式(10-7)计算确定。

四、冷轧带肋钢筋的取样要求

冷轧带肋钢筋的检验项目、取样方法和试验方法应符合表 10-13 的规定。

钢筋试样切取的长度,根据《金属材料　拉伸试验　第 1 部分:室温试验方法》(GB/T 228.1—2010)的规定,试样由三部分组成,即试样的原始标距 L_0、试样原始标距的标记与试验机夹头之间的距离和试验机两夹头夹持试样的长度。

表 10-13　冷轧带肋钢筋的检验项目、取样方法和试验方法

序号	检验项目	取样数量	取样方法	试验方法
1	拉伸试验	每盘 1 个	不同根(盘)钢筋切取	GB/T 28900 和 GB/T 21839
2	弯曲试验	每批 2 个	不同根(盘)钢筋切取	GB/T 28900
3	反复弯曲试验	每批 2 个		GB/T 21839
4	应力松弛试验	定期 1 个		GB/T 21839 GB/T 13788—2017 中 7.3
5	尺寸	逐盘或逐根	—	GB/T 13788—2017 中 7.4
6	表面		—	目视
7	重量偏差	GB/T 13788—2017 中 7.5		

试样的原始标距 L_0 的长度可为 $5d$,原始标距小于 15 mm 时也可为 $10d$,相关产品也可以规定其他试样的尺寸。根据表 10-8,GB/T 13788—2017 对普通钢筋混凝土用的牌号为 CRB550、CRB600H、CRB680H 钢筋的断后伸长率的技术要求是 A 的拉伸结果,没有下标标注,因此按 GB/T 228.1—2010 的要求,冷轧带肋钢筋试样的原始标距的长度应该为 $5d$;同样,根据表 10-8,GB/T 13788—2017 对预应力混凝土用的牌号为 CRB650、CRB800、CRB800H。钢筋的断后伸长率的技术要求是 $A_{100\ \mathrm{mm}}$的拉伸结果,因此根据 GB/T 228.1—2010 的要求,冷轧带肋钢筋试样的原始标距的长度应该为 100 mm。

牌号为 CRB550、CRB600H、CRB680H 的冷轧带肋钢筋的试样长度可以采用式(10-9)计算,而牌号为 CRB650、CRB800、CRB800H 的冷轧带肋钢筋的试样长度可以由式(10-10)计算:

$$L_t \geqslant 100 + 3d + 4d = 100 + 7d \tag{10-10}$$

牌号为 CRB550、CRB600H、CRB680H 的钢筋应进行弯曲试验，试样长度 L 确定的方法与钢筋混凝土用热轧带肋钢筋一样，应根据试样直径和所使用的试验设备确定，当采用 GB/T 232—2010 中图示的支辊式弯曲装置和翻板式弯曲装置进行弯曲试验时，可按式(10-7)计算确定。

牌号为 CRB650、CRB800、CRB800H 的钢筋应进行反复弯曲试验，试样长度不小于公称直径的 60 倍。

第三节　钢筋尺寸、缺陷和质量检验方法

所有钢筋的标准都要求对尺寸、表面缺陷和质量进行检验，表面缺陷采用目视检查。

一、钢筋混凝土用热轧带肋钢筋

(一)热轧带肋钢筋的尺寸和允许偏差

热轧带肋钢筋的尺寸和允许偏差应符合表 10-14 的要求。

表 10-14　热轧带肋钢筋的尺寸偏差　（单位：mm）

<table>
<tr><th rowspan="2">公称直径 d_n</th><th colspan="2">内径 d</th><th colspan="2">横肋高 h</th><th rowspan="2">纵肋高 h_1 不大于</th><th rowspan="2">横肋宽 b</th><th rowspan="2">纵肋宽 a</th><th colspan="2">间距 l</th><th rowspan="2">横肋末端最大间隙(公称周长的 10% 弦长)</th></tr>
<tr><th>公称尺寸</th><th>允许偏差</th><th>公称尺寸</th><th>允许偏差</th><th>公称尺寸</th><th>允许偏差</th></tr>
<tr><td>6</td><td>5.8</td><td>±0.3</td><td>0.6</td><td>±0.3</td><td>0.8</td><td>0.4</td><td>1.0</td><td>4.0</td><td rowspan="8">±0.5</td><td>1.8</td></tr>
<tr><td>8</td><td>7.7</td><td rowspan="7">±0.4</td><td>0.8</td><td>+0.4
−0.3</td><td>1.1</td><td>0.5</td><td>1.5</td><td>5.5</td><td>2.5</td></tr>
<tr><td>10</td><td>9.6</td><td>1.0</td><td>±0.4</td><td>1.3</td><td>0.6</td><td>1.5</td><td>7.0</td><td>3.1</td></tr>
<tr><td>12</td><td>11.5</td><td>1.2</td><td rowspan="3">+0.4
−0.5</td><td>1.6</td><td>0.7</td><td>1.5</td><td>8.0</td><td>3.7</td></tr>
<tr><td>14</td><td>13.4</td><td>1.4</td><td>1.8</td><td>0.8</td><td>1.8</td><td>9.0</td><td>4.3</td></tr>
<tr><td>16</td><td>15.4</td><td>1.5</td><td>1.9</td><td>0.9</td><td>1.8</td><td>10.0</td><td>5.0</td></tr>
<tr><td>18</td><td>17.3</td><td>1.6</td><td rowspan="2">±0.5</td><td>2.0</td><td>1.0</td><td>2.0</td><td>10.0</td><td>5.6</td></tr>
<tr><td>20</td><td>19.3</td><td rowspan="3">±0.5</td><td>1.7</td><td>2.1</td><td>1.2</td><td>2.0</td><td>10.0</td><td rowspan="3">±0.8</td><td>6.2</td></tr>
<tr><td>22</td><td>21.3</td><td>1.9</td><td rowspan="3">±0.6</td><td>2.4</td><td>1.3</td><td>2.5</td><td>10.5</td><td>6.8</td></tr>
<tr><td>25</td><td>24.2</td><td>2.1</td><td>2.6</td><td>1.5</td><td>2.5</td><td>12.5</td><td>7.7</td></tr>
<tr><td>28</td><td>27.2</td><td rowspan="3">±0.6</td><td>2.2</td><td>2.7</td><td>1.7</td><td>3.0</td><td>12.5</td><td rowspan="5">±1.0</td><td>8.6</td></tr>
<tr><td>32</td><td>31.0</td><td>2.4</td><td>+0.8
−0.7</td><td>3.0</td><td>1.9</td><td>3.0</td><td>14.0</td><td>9.9</td></tr>
<tr><td>36</td><td>35.0</td><td>2.6</td><td>+1.0
−0.8</td><td>3.2</td><td>2.1</td><td>3.5</td><td>15.0</td><td>11.1</td></tr>
<tr><td>40</td><td>38.7</td><td>±0.7</td><td>2.9</td><td>±1.1</td><td>3.5</td><td>2.2</td><td>3.5</td><td>15.0</td><td>12.4</td></tr>
<tr><td>50</td><td>48.5</td><td>±0.8</td><td>3.2</td><td>±1.2</td><td>3.8</td><td>2.5</td><td>4.0</td><td>16.0</td><td>15.5</td></tr>
</table>

注：①纵肋斜角 θ 为 0°～30°；

②尺寸 a、b 为参考数据。

(二)热轧带肋钢筋的长度允许偏差

热轧带肋钢筋按尺寸交货时,长度允许偏差不得大于±25 mm,当要求最小长度时,其偏差为+50 mm;当要求最大长度时,其偏差为-50 mm。

(三)热轧带肋钢筋的弯曲度和端部

热轧带肋钢筋的弯曲度应不影响正常使用,总弯曲度不大于钢筋总长度的0.4%。

钢筋的端部应剪切正直,局部变形应不影响使用。

(四)热轧带肋钢筋的质量及允许偏差

热轧带肋钢筋的实际质量与理论质量的允许偏差应符合表10-15的规定。

表10-15 热轧带肋钢筋的质量允许偏差

公称直径 d(mm)	6~12	14~20	22~50
实际质量与理论质量的偏差(%)	±6	±5	±4

热轧带肋钢筋的公称横截面面积和理论质量见表10-16。

表10-16 热轧带肋钢筋的公称横截面面积和理论质量

公称直径 d_n(mm)	公称横截面面积(mm^2)	理论质量(kg/m)	公称直径 d_n(mm)	公称横截面面积(mm^2)	理论质量(kg/m)
6	28.27	0.222	22	380.1	2.98
8	50.27	0.395	25	490.9	3.85
10	78.54	0.617	28	615.8	4.83
12	113.1	0.888	32	804.2	6.31
14	153.9	1.21	36	1 018	7.99
16	201.1	1.58	40	1 257	9.87
18	254.5	2.00	50	1 964	15.42
20	314.2	2.47	—	—	—

(五)热轧带肋钢筋的表面质量

钢筋应无有害的表面缺陷;试样经钢丝刷刷过后,重量、尺寸、横截面面积和拉伸性能不低于GB/T 1499.2—2018的要求,锈皮、表面不平整或氧化铁皮不作为拒收的理由。当带有上述缺陷以外的表面缺陷的试样不符合拉伸性能或弯曲性能要求时,则认为这些缺陷是有害的。

二、钢筋混凝土用热轧光圆钢筋

(一)热轧光圆钢筋的尺寸允许偏差

热轧光圆钢筋的尺寸允许偏差为直径允许偏差和不圆度,其直径允许偏差和不圆度的规定见表10-17。

表 10-17 热轧光圆钢筋的直径允许偏差和不圆度 (单位:mm)

公称直径	允许偏差	不圆度
6 8 10 12	±0.3	≤0.4
14 16 18 20 22	±0.4	

(二)热轧光圆钢筋的长度允许偏差

钢筋可按直条或盘条交货,直条钢筋定尺长度应在合同中注明,钢筋按定尺长度交货的直条钢筋其长度允许偏差范围为 0 ~ +50 mm。

(三)热轧光圆钢筋的弯曲度和端部

热轧带肋钢筋的弯曲度应不影响正常使用,总弯曲度不大于钢筋总长度的 0.4%,钢筋的端部应剪切正直,局部变形应不影响使用。

(四)热轧光圆钢筋的质量允许偏差

钢筋既可以按实际质量交货,也可以按理论质量交货。直条钢筋实际质量与理论质量的偏差应符合表 10-18 的规定。

表 10-18 热轧光圆钢筋质量的允许偏差

公称直径 d (mm)	6 ~ 12	14 ~ 22
实际质量与理论质量的偏差(%)	±6	±5

热轧光圆钢筋的公称横截面面积和公称质量与表 10-16 中相应公称直径对应的相同。

(五)热轧光圆钢筋的表面质量

钢筋应无有害的表面缺陷,按盘卷交货的钢筋应将头尾有害缺陷部分切除。试样可使用钢丝刷清理,清理后的重量、尺寸、横截面面积和拉伸性能满足 GB/T 1499.1—2017 的要求,锈皮、表面不平整或氧化铁皮不作为拒收的理由。当带有上述缺陷以外的表面缺陷的试样不符合拉伸性能或弯曲性能要求时,则认为这些缺陷是有害的。

三、低碳钢热轧圆盘条

(一)低碳钢热轧圆盘条的尺寸、外形、质量及允许偏差

低碳钢热轧圆盘条的尺寸、外形、质量及允许偏差应符合《热轧盘条尺寸、外形、质量及允许偏差》(GB/T 14981)中的规定。

(二)低碳钢热轧圆盘条的表面质量

盘条应将头尾有害缺陷部分切除,盘条的截面不得有分层及夹杂。盘条表面应光滑,不得有裂纹、折叠、耳子、结疤,允许有压痕及局部的凸块、划痕、麻面,其深度或高度(从实际尺寸算起)。B级和C级精度不应大于0.10 mm,A级精度不得大于0.20 mm。标准适用于公称直径为5~60 mm各类钢的圆盘条。

四、冷轧带肋钢筋

(一)冷轧带肋钢筋的尺寸、质量及允许偏差

冷轧带肋钢筋三面肋和二面肋钢筋的尺寸、质量及允许偏差应符合表10-19的规定。

表10-19 冷轧带肋钢筋三面肋和二面肋钢筋的尺寸、质量及允许偏差

公称直径 d_n (mm)	公称横截面面积 (mm^2)	质量		横肋中点高		横肋1/4处高 $h_{1/4}$ (mm)	横肋顶宽 b (mm)	横肋间距		相对肋面积 f_r 不小于
		理论质量 (kg/m)	允许偏差 (%)	h (mm)	允许偏差 (mm)			l (mm)	允许偏差 (%)	
4	12.6	0.099	±4	0.30	+0.10 -0.05	0.24	~0.2d	4.0	±15	0.036
4.5	15.9	0.125		0.32		0.26		4.0		0.039
5	19.6	0.154		0.32		0.26		4.0		0.039
5.5	23.7	0.186		0.40		0.32		5.0		0.039
6	28.3	0.222		0.40		0.32		5.0		0.039
6.5	33.2	0.261		0.46		0.37		5.0		0.045
7	38.5	0.302		0.46		0.37		5.0		0.045
7.5	44.2	0.347		0.55		0.44		6.0		0.045
8	50.3	0.395		0.55		0.44		6.0		0.045
8.5	56.7	0.445		0.55	±0.10	0.44		7.0		0.045
9	63.6	0.499		0.75		0.60		7.0		0.052
9.5	70.8	0.556		0.75		0.60		7.0		0.052
10	78.5	0.617		0.75		0.60		7.0		0.052
10.5	86.5	0.679		0.75		0.60		7.4		0.052
11	95.0	0.746		0.85		0.68		7.4		0.056
11.5	103.8	0.815		0.95		0.76		8.4		0.056
12	113.1	0.888		0.95		0.76		8.4		0.056

注:①横肋1/4处高、横肋顶宽供孔型设计用;

②二面肋钢筋允许有高度不大于0.5h的纵肋。

(二)冷轧带肋钢筋的长度允许偏差

冷轧带肋钢筋按直条交货时,其长度及允许偏差按供需双方协商确定。

(三)冷轧带肋钢筋的弯曲度

直条钢筋的弯曲度不大于4 mm,总弯曲度不大于钢筋全长的0.4%。

（四）冷轧带肋钢筋的表面质量

钢筋表面不得有裂纹、折叠、结疤、油污及其他影响使用的缺陷。钢筋表面可有浮锈，但不得有锈皮及目视可见的麻坑等腐蚀现象。

（五）钢筋尺寸、重量偏差的测量

尺寸测量、重量偏差的测量适合热轧光圆钢筋、热轧带肋钢筋、冷轧带肋钢筋等类别钢筋。

尺寸测量：钢筋直径（内径）用游标卡尺卡在钢筋的两侧，测量应精确到0.02～0.1 mm。（钢筋间距、纵肋、横肋高度的测量等详见相应规范）。

重量偏差的测量：测量钢筋重量偏差时，试样应从不同根钢筋上截取，数量不少于5支，每支试样长度不少于500 mm。长度应逐支测量，应精确到1 mm。测量试样总质量时，应精确到不大于总质量的1%。

钢筋实际重量与理论重量的偏差（%）按下列公式计算：

$$\text{重量偏差}(\%)=\frac{\text{试样实际总重量}-(\text{试样总长度}\times\text{理论重量})}{\text{试样总长度}\times\text{理论重量}}\times 100$$

第四节　钢筋拉伸检验方法

一、新旧标准中性能和符号的变化

《钢筋混凝土用钢　第2部分：热轧带肋钢筋》（GB/T 1499.2—2018）、《钢筋混凝土用钢　第1部分：热轧光圆钢筋》（GB/T 1499.1—2017）和《冷轧带肋钢筋》（GB 13788—2017）中对钢筋的拉伸弯曲试验，都指定采用《钢筋混凝土用钢材试验方法》（GB/T 28900—2012）进行。

《钢筋混凝土用钢材试验方法》（GB/T 28900—2012）标准中使用的性能名称和符号方法均引用或指向了GB/T 228.1—2010和GB/T 232—2010。

《钢筋混凝土用钢　第2部分：热轧带肋钢筋》（GB/T 1499.2—2018）标准中取消了HRB335级钢筋，增加了HRB600级钢筋，修改了质量偏差标准值，对带E的抗震钢筋要求进行反向弯曲项目检测，删除了附录A钢筋在最大力下总伸长率测定方法。

二、试验方法

（一）钢筋拉伸试验

钢筋拉伸时变形的全过程如图10-1所示的拉伸变形曲线。由曲线的过程特点可见，钢筋自受力直至拉断过程中呈现出的机械性能可分为4个阶段。

弹性阶段（$O\sim A$段）：在该阶段中，钢筋的应变与应力按比例增加，$O\sim A$为一直线；如此时卸载，则钢筋的弹性变形可全部消除，钢筋恢复为未受力前的状态，表现出弹性性能。A点对应的应力称为比例极限，或称为弹性极限。

屈服阶段（$A\sim B$段）：当钢筋拉伸力继续加大，应力超过A点后，应变比应力增加得快，钢筋不再具有完全的弹性性质，到达B'后应力开始下降，变形继续增加，钢筋在荷载

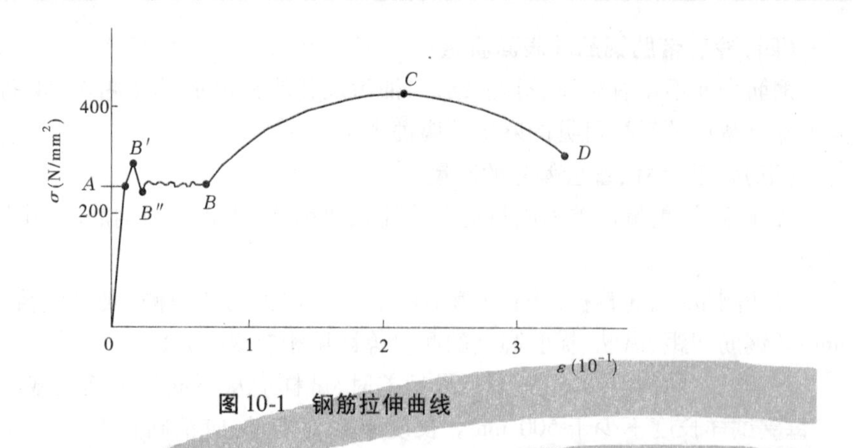

图 10-1 钢筋拉伸曲线

的作用下呈现屈服。B'点为钢筋发生屈服而力首次下降前的最高应力,称之为上屈服点。应力下降达到最低点B''后又略微上升,然后钢筋的应力呈现小幅度的波动,而变形则呈明显的持续增加,曲线表现为水平波动,直至B点。B''称为初始瞬时效应,见图10-2,在屈服期间不计初始瞬时效应的最低应力,即应力波动段的最小应力,称为下屈服强度。在这个阶段,钢筋屈服于所施加的荷载,称为屈服阶段。在该阶段,钢筋的变形已经不可能全部消除,不可能消除的那部分变形称为残余变形或塑性变形。

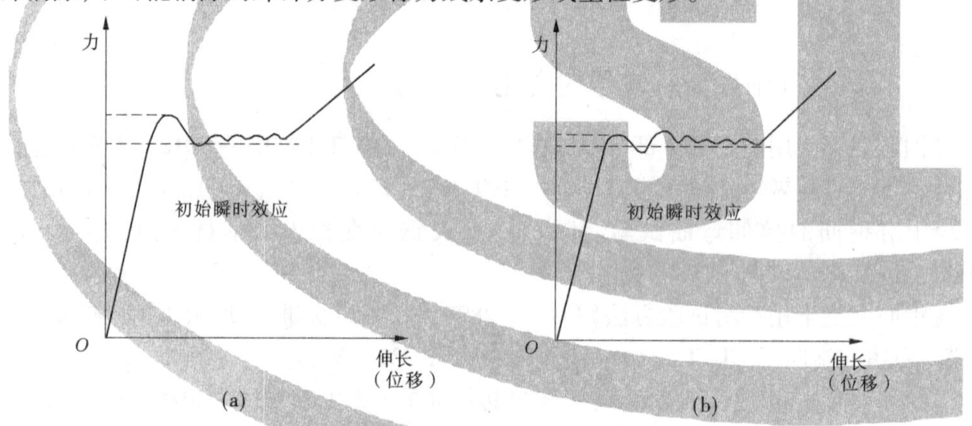

图 10-2 钢筋拉伸的初始瞬时效应

强化阶段($B \sim C$段):过B点后,钢筋经历了屈服阶段大的塑性变形后,内部晶体结构得到调整,又部分恢复了承载能力,抗拉强度得以提高,应力—应变曲线又呈现为上升,此时变形速率远比弹性阶段大,直至达到最高点C点。该阶段称为强化阶段或硬化阶段。C点为拉伸试验期间钢筋承受的最大力的应力,称为钢筋的抗拉强度。

缩颈阶段($C \sim D$段):当钢筋强化到最高点C点后,产生缩颈现象,在缩颈处横截面急剧收缩,局部明显变细,变形急剧增加,应力下降,到达D点时,钢筋被拉断。这种在试验过程中,钢筋横截面局部收缩变细和拉断的过程称为缩颈,该阶段称为缩颈阶段或破坏阶段。

(二)拉伸试验术语及使用符号的定义

上屈服强度(R_{eH}):试样发生屈服而力首次下降前的最高应力。

下屈服强度(R_{eL}):在屈服期间,不计初始瞬时效应时的最低应力。

规定非比例延伸强度(R_p):规定的引伸计标距百分率时的应力,使用的符号应附以下角标说明所规定的百分率,例如 $R_{p0.2}$ 表示规定非比例延伸率为 0.2% 时的应力。

屈服点延伸率(A_e):呈现明显屈服(不连续屈服)现象的金属材料,屈服开始至均匀加工硬化开始之间引伸计标距的延伸与引伸计标距(L_e)之比的百分率。

最大力(F_m):试样在屈服阶段之后所能抵抗的最大力。对于无明显屈服(连续屈服)的金属材料,为试验期间的最大力。

抗拉强度(R_m):相应最大力(F_m)的应力。

断后伸长率:断后标距的残余伸长(L_u-L_0)与原始标距 L_0 之比的百分率。断后伸长率按下式计算:

$$A=\frac{L_u-L_0}{L_0}\times 100\% \tag{10-11}$$

(三)试验设备和器具

拉力试验机,应为 1 级精度;量具,分辨率≤0.1 mm;试样夹持方法,应采用例如楔形夹头、罗纹夹头、套环夹头等合适的夹具夹持试样,应尽最大努力确保夹持的试样受轴向拉力的作用。

(四)试样

钢筋应分批试验,以同一炉(批)号、同一截面尺寸的钢筋为一批,质量不大于 60 t。超过 60 t 的部分,每增加 40 t(或不足 40 t 的余数),增加一个拉伸试验试样和一个弯曲试验试样。

试样表面不得有划痕和损伤。对钢号不明的钢筋,抽样数量不得少于 6 根。

在每批钢筋中,选取经表面检查和尺寸检测合格的两根钢筋,各取 1 个拉力试件,试件的最小长度应按第二节中的式(10-7)、式(10-9)和式(10-10)计算截取。

钢筋取样时,钢筋端部要先截去 50 cm,再取试样,每组拉力试样 2 根,要分别标记,不得混淆。

(五)试验加荷速率

在测定上屈服强度(R_{eH})时,在弹性范围和直至上屈服强度,试验机夹头的分离速率应尽可能保持恒定,并在表 10-20 规定的应力速率的范围内。

表 10-20 拉伸试验的应力速率

材料弹性模量 E[N/(mm² · s)]	应力速率[N/(mm² · s)]	
	最小	最大
<150 000	2	20
≥150 000	6	60

加荷时,钢筋经受的应力速率是计算结果,在同一荷载下,不同直径的钢筋应力是不同的,在进行试验时控制应力速率实际上比较困难,比较直观的是跟踪加荷盘上指针读数了解加荷速率,可以将应力速率换算为加荷速率,控制加荷过程。

加荷速率等于应力速率乘以钢筋横截面面积。例如,钢筋混凝土用热轧带肋钢筋,直径为25 mm,则知道其横截面面积为490.9 mm^2、弹性模量为2×10^5 MPa,根据表10-20,该钢筋的最小加荷速率应为6[N/(mm^2·s)]×490.9 mm^2 =2 945.4 N/s,最大加荷速率应为60[N/(mm^2·s)]×490.9 mm^2 =29 454 N/s。

若仅测定下屈服强度(R_{eL})时,在试样屈服期间,应变速率应在0.000 25~0.002 5/s,应变速率应尽可能保持恒定。如果不能直接调节这一应变速率,应通过调节屈服即将开始前的应力速率来调整,在屈服完成之前不再调节试验机的控制。在任何情况下,弹性范围内的应力速率不得超过表10-20规定的最大速率。

如在同一试验中同时测定上屈服强度和下屈服强度,测定下屈服强度的条件应符合上述仅测定下屈服强度时的要求。

测定规定非比例延伸强度(R_p)、规定总延伸强度(R_t)和规定残余延伸强度(R_r)时,在塑性范围和直至规定强度应变速率不应超过0.002 5/s。

如试验机无能力测量或控制应变速率,直至屈服完成,应采用等效于表10-20规定的应力速率的试验机夹头分离速率。最大的应变速率为表10-20中最大的应力速率60[N/(mm^2·s)]除以弹性模量2×10^5 N/mm^2,就是0.000 3/s。在试验中掌握应变速率也是比较困难的,掌握夹头之间的分离速率则比较直观。例如,当钢筋的自由长度为350 mm时,试验机的夹头分离速率为应变速率乘以钢筋自由长度,即0.000 3/s×350 mm = 0.105 mm/s。

测定抗拉强度时,塑性范围的应变速率不应超过0.008/s,如试验不包括屈服强度或规定强度的测定,在弹性范围试验机的速率可以达到塑性范围内允许的最大速率。例如,测定钢筋的抗拉强度时,当钢筋自由长度为350 mm时,试验机夹头的最大分离速率为0.008/s×350 mm =2.8 mm/s。

(六)断后伸长率和最大力总伸长率的测定

在测定断后伸长率时应按照其定义进行,即应将试样断裂的部分仔细地配接在一起,使其在轴线处于同一直线,并采取措施确保试样断裂部分适当接触后测量试样断后标距。测量断后标距的长度,准确到±0.25 mm。

原则上只有断裂处与最接近的标距标记的距离不小于原始标距的1/3,方为有效。但断后伸长率大于或等于规定值,不管断裂位置处于何处测量均为有效。

能用引伸计测定断裂延伸的试验机,引伸计标距(L_e)应等于试样原始标距(L_0),无须标出试样原始标距的标记。以断裂时的总延伸作为伸长测量时,为了得到断后伸长率,应从总延伸中扣除弹性延伸部分。

原则上以断裂发生在引伸计标距以内方为有效,但断后伸长率等于或大于规定值,不管断裂位置处于何处测量均为有效。

GB/T 1499.2—2018规定,HRB400、HRBF400、HRB500、HRBF500、HRB600钢筋在最大力下的总伸长率A_{gt}不小于7.5%,HRB400E、HRBF400E、HRB500E、HRBF500E钢筋在最大力下的总伸长率A_{gt}不小于9.0%。供方如能保证可不做检验,该标准导向的GB/T 28900中给出了钢筋在最大力下总伸长率的测定方法。

如需进行钢筋在最大力下总伸长率的试验,则GB /T 28900对钢筋试样的长度有具体的规定,试样夹具间最小自由长度为:

$d \leqslant 25$ mm 时，350 mm；25 mm $< d \leqslant 32$ mm 时，400 mm；32 mm $< d \leqslant 50$ mm 时，500 mm。

试样的总长度应在该长度的基础上加上拉伸试验机夹持试样的长度。

在试样自由长度范围内，均匀划分为 10 mm 或 5 mm 的等间距标记。

按 GB/T 228.1—2010 规定的加荷速率拉伸钢筋试样，直至拉断。

断后的测量：选择 Y 和 V 两个标记，这两个标记之间的距离在拉伸前至少应为 100 mm。两个标记都应当位于夹具离断裂点最远的一侧。两个标记离开夹具的距离都应不小于 20 mm，或钢筋公称直径 d（取二者之较大者），两个标记与断裂点之间的距离应不小于 50 mm 或 $2d$（取二者之较大者），如图 10-3 所示。

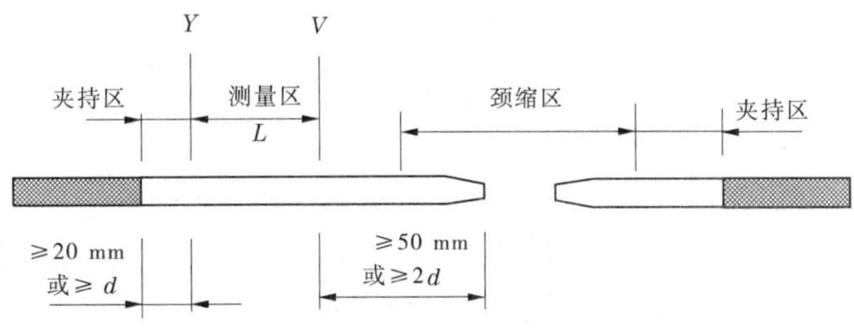

图 10-3　断裂后的测量

最大力下试样总伸长率 A_{gt}（%）可按式（10-12）计算：

$$A_{gt} = \left(\frac{L - L_0}{L_0} + \frac{\sigma_b}{E}\right) \times 100\% \tag{10-12}$$

式中　L——图 10-3 中所示断后的距离；

L_0——试验前同样标记间的距离；

σ_b——抗拉强度，MPa；

E——弹性模量，其值可取 2×10^5 MPa。

根据《型钢验收、包装、标志及质量证明书的一般规定》（GB/T 2101—2017）和《水工混凝土施工规范》（SL 677—2014）中有关规定，如有一个试件不合格，则另取两倍数量的试件，进行第二次拉伸试验，如有一个试件不合格，则该批钢筋即为不合格。

（七）试验报告

试验报告应至少包括以下内容：

（1）试验依据的标准以及标准号；

（2）试样的标识；

（3）材料名称、牌号；

（4）试样的类型；

（5）所测性能结果。

第五节　钢筋弯曲性能试验方法

《钢筋混凝土用钢　第 2 部分：热轧带肋钢筋》（GB/T 1499.2—2018）、《钢筋混凝土用钢　第 1 部分：热轧光圆钢筋》（GB/T 1499.1—2017）、《冷轧带肋钢筋》（GB/T

13788—2017)中对钢筋的弯曲试验，都指定采用《钢筋混凝土用钢材试验方法》(GB/T 28900—2012)。

一、试验原理

弯曲试验是以圆形、方形、矩形或多边形横截面试样经受弯曲塑性变形，不改变加力方向，直至达到规定的弯曲角度。

弯曲试验时，试样两臂的轴线保持在垂直于弯曲轴的平面内。如为弯曲180°的弯曲试验，按相关产品标准的要求，可以将试样弯曲至两臂直接接触或两臂相互平行且相距规定距离，可使用垫块控制规定距离。

二、试验设备

应在配备有翻板式弯曲装置的试验机上完成钢筋的弯曲试验。

翻板式弯曲装置的翻板带有楔形滑块，滑块宽度应大于进行钢筋弯曲试验的试样的直径。滑块应有足够的硬度，翻板固定在耳轴上，试验时能绕耳轴转动。耳轴连接弯曲角度指示器，指示0°~180°的弯曲角度。

翻板间距应为两翻板的试样支撑面同时垂直于水平轴线时两支撑面间的距离，按照式(10-13)确定：

$$l = (d + 2a) + e \tag{10-13}$$

式中，e 可取值2~6 mm。

弯曲压头直径应符合相关产品标准中的规定，在《钢筋混凝土用钢　第2部分：热轧带肋钢筋》(GB/T 1499.2—2018)、《钢筋混凝土用钢　第1部分：热轧光圆钢筋》(GB/T 1499.1—2017)、《低碳钢热轧圆盘条》(GB/T 701—2008)、《冷轧带肋钢筋》(GB/T 13788—2017)等标准中都规定了钢筋的弯曲试验的弯心直径。

弯曲压头的宽度应大于进行弯曲试验的钢筋试样的直径，弯曲压头的压杆的厚度应略小于弯曲压头的直径，弯曲压头应具有足够的硬度。

当采用支辊弯曲装置时，支辊的长度应大于钢筋试样的直径。支辊的半径应为1~10倍钢筋的直径，并应有足够的硬度。除非另有规定，支辊间的距离(见图10-4)应按式(10-14)确定：

$$l = (d + 3a) \pm 0.5a \tag{10-14}$$

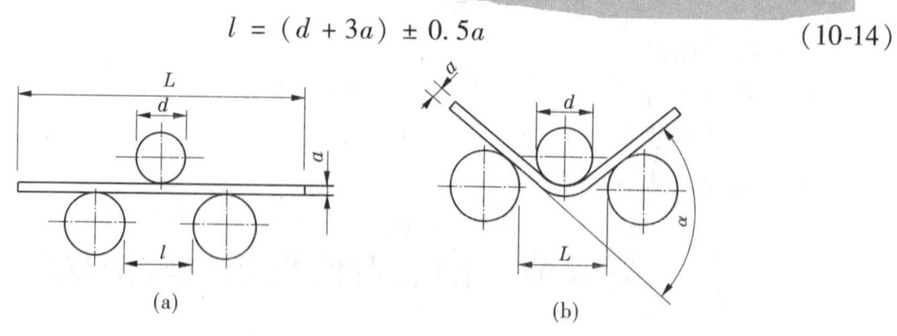

图10-4　支辊弯曲装置

三、试样

钢筋应分批试验,以同一炉(批)号、同一截面尺寸的钢筋为一批,质量不大于 60 t。超过 60 t 的部分,每增加 40 t(或不足 40 t 的余数),增加一个拉伸试验试样和一个弯曲试验试样。

试样表面不得有划痕和损伤。

对钢号不明的钢筋,抽样数量不得少于 6 根。

在每批钢筋中,选取经表面检查和尺寸检测合格的两根钢筋,各取 1 个冷弯试件,试件的最小长度应按式(10-7)截取。

钢筋取样时,钢筋端部要先截去 50 cm,再取试样,每组弯曲试样 2 根,要分别标记,不得混淆。

四、试验

试验一般在 10 ~ 35 ℃的室温范围内进行。

弯曲试验时,应缓慢施加弯曲力。

试样在相应装置上在力的作用下,弯曲至 180°两臂规定距离且相互平行或在力的作用下弯曲至两臂直接接触。

试样弯曲成 180°两臂相距对顶距离且相互平行的试验:采用支辊装置时,首先对试样进行初步弯曲(弯曲角度应尽可能大),见图 10-4(b),然后将试样置于两平行压板之间,连续施加力压其两端,使进一步弯曲,直至两臂平行,见图 10-5,试验时可加或不加垫块,垫块厚度等于规定的弯曲压头直径;采用翻板式弯曲装置时,在力的作用下不改变力的方向,弯曲直至达到 180°。

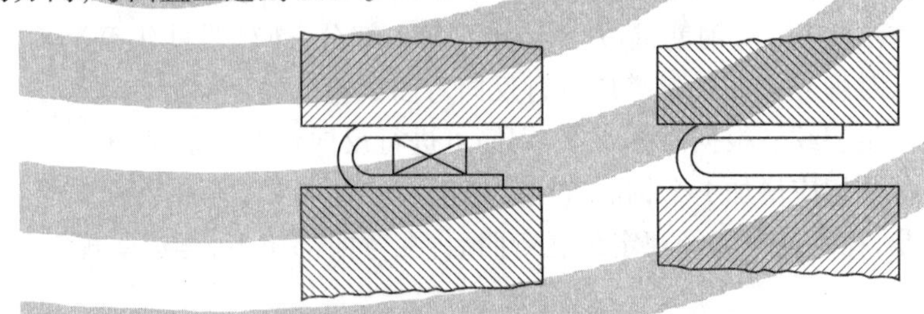

图 10-5 试样置于两平行压板之间

试样弯曲成两臂直接接触的试验:首先将试样进行初步弯曲(弯曲角度尽可能大),然后将其置于两平行压板之间,见图 10-6,连续施加力压其两端使其进一步弯曲,直至两臂直接接触。

GB/T 701—2008 中对 Q215 牌号的圆盘条就规定,冷弯角度为 180°,弯心直径为 0。

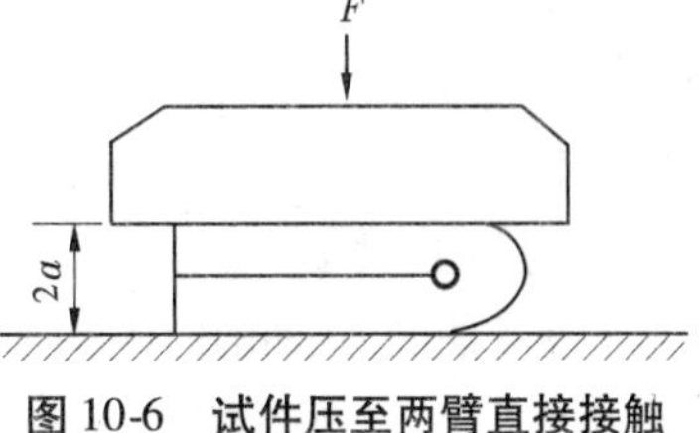

图 10-6 试件压至两臂直接接触

五、结果处理

弯曲试验后,检查试件弯曲外表面,无肉眼可见裂纹,应评为合格。

根据《型钢验收、包装、标志及质量证明书的一般规定》(GB/T 2101—2017)和《水工混凝土施工规范》(SL 677—2014)中有关规定,如有一个试件不合格,则另取两倍数量的试件,进行第二次弯曲试验,如有一个试件不合格,则该批钢筋即为不合格。

六、试验报告

试验报告至少应包括以下内容:

(1)试验依据的标准及标准号,包括《钢筋混凝土用钢材试验方法》(GB/T 28900—2012)、《金属材料　弯曲试验方法》(CB/T 232—2010)和《钢筋混凝土用钢　第2部分:热轧带肋钢筋》(GB/T 1499.2—2018)或《钢筋混凝土用钢　第1部分:热轧光圆钢筋》(GB/T 1499.1—2017)、《低碳钢热轧圆盘条》(GB/ T 701—2008)或《冷轧带肋钢筋》(GB/T 13788—2017);

(2)试样的标识,如材料牌号、炉号等;

(3)试样直径;

(4)试验条件,如弯曲压头直径或弯心直径、弯曲角度;

(5)试验结果。

第六节　钢筋平面反向弯曲和反复弯曲试验

一、钢筋平面反向弯曲试验

当对钢筋有反向弯曲性能试验的要求时,应按《钢筋混凝土用钢材试验方法》(GB/T 28900—2012)规定的方法进行。《钢筋混凝土用钢　第2部分:热轧带肋钢筋》(GB/T 1499.2—2018)中规定,对牌号带E的钢筋应进行反向弯曲试验。经反向弯曲试验后,钢筋受弯部位表面不得产生裂纹。根据需方要求,钢筋可进行反向弯曲性能试验。反向弯曲的弯心直径比弯曲试验相应增加1个钢筋直径。先正向弯曲90°,后反向弯曲20°。

钢筋反向弯曲就是,在钢筋平面经规定角度弯曲后,在弯曲部位上,再承受规定角度的反向弯曲。

(一)试样制备

按照GB/T 2975有关规定或供需双方协议切取试样,试样应为交货状态。试样应保留原轧制表面,并应平直,试样长度以满足试验要求为准。试样预定弯曲部位内不允许有任何机械或手工加工的伤痕。

(二)试验设备

(1)弯曲装置:如图10-7所示为弯曲装置的一个实例,一辊固定,另一辊使试样绕弯曲圆弧面(弯心)进行弯曲,也可以将两辊固定,弯曲圆弧面(弯心)向两辊中间运动,使试样两臂绕弯曲圆弧面(弯心)进行弯曲。弯曲试验也可以按照GB/T 232,在万能试验机上使用装有角度指示器的弯曲装置来进行。

(2)反向弯曲装置:图10-8所示为反向弯曲装置的一个实例,反向弯曲角度可以在角

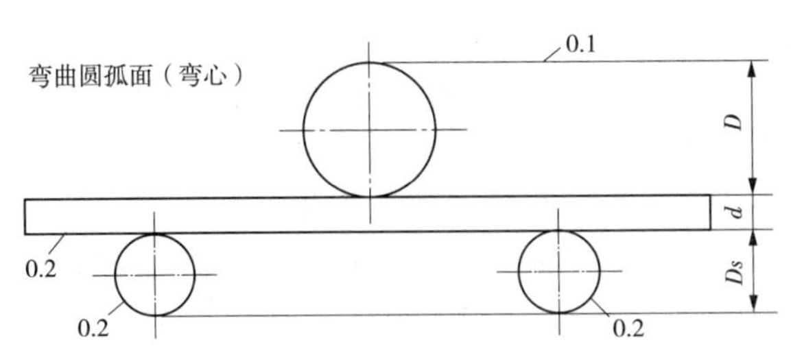

图 10-7 弯曲装置实例

度指示器上被指示出来。弯曲和反向弯曲角度如图 10-9 所示。

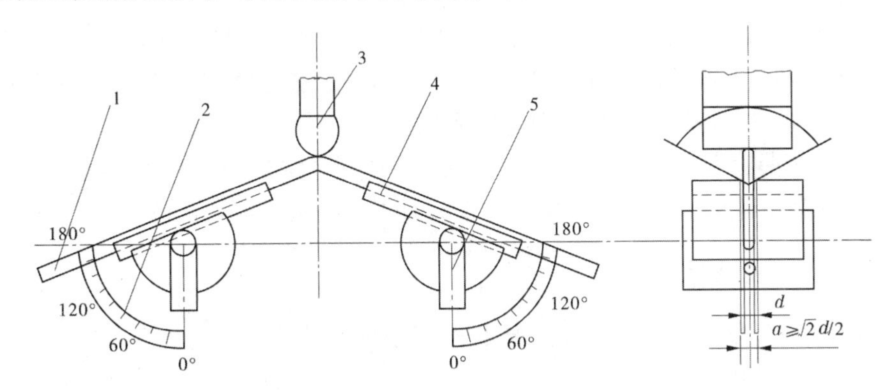

1—试样;2—角度盘;3—弯心;4—翻板滑块;5—指针

图 10-8 带有角度指示器的反向弯曲装置实例

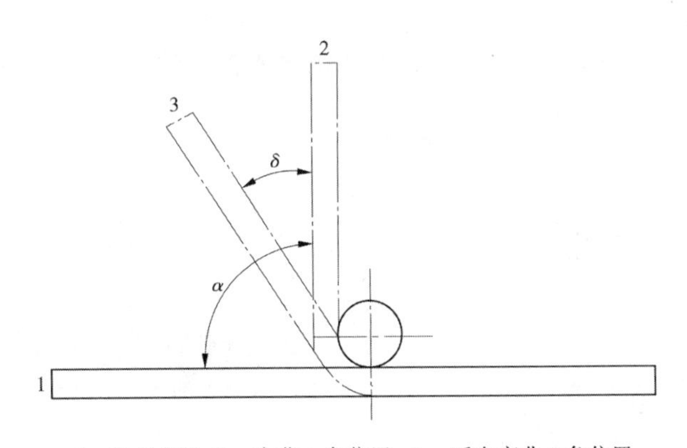

1—起始位置;2 —弯曲 α 角位置; 3 —反向弯曲 δ 角位置

图 10-9 弯曲和反向弯曲角度示意图

(3)时效热处理设备:时效热处理可使用加热炉或沸水来进行。在用加热炉进行加热时,应使用控温装置控制温度,而用沸水加热时,可以不使用控温装置。

(4)角度测量装置:试验设备应有准确可靠的角度测量或控制装置。

(三)试验程序

试验环境:试验应在 10 ~ 35 ℃的室温下进行。

1. 弯曲试验

(1)试样应绕弯曲圆弧面(弯心)进行弯曲,弯曲角度 α 和弯曲圆弧面(弯心)直径 D 应符合相关产品标准的要求。

(2)弯曲速度应不大于20°/s,可通过对角度指示器所指示的角度进行观察,以调速停机来准确控制弯曲角度,也可以通过可设定和显示角度的仪器仪表来自动控制弯曲角度。试验完成后应仔细观测试样,若无目视可见的裂纹,则评定为合格。

2. 反向弯曲试验

(1)试样应绕弯曲圆弧面(弯心)进行弯曲,弯曲角度 α 和弯曲圆弧面(弯心)直径 D 应符合相关产品标准的要求。

(2)弯曲后的试样应在100 ℃的温度下进行时效热处理,保温时间至少为30 min,在空气中自由冷却至室温后,进行反向弯曲试验。根据相关产品标准或供需双方协议规定,弯曲后的试样也可不进行时效热处理而直接在室温下进行反向弯曲试验。

(3)反向弯曲速度应不大于20°/s。当反向弯曲到规定角度时,试验设备应能准确停机。试验完成后应仔细观测试样,若无目视可见的裂纹,则评定为合格。

二、钢筋反复弯曲试验

当对钢筋有反复弯曲性能试验的要求时,应按《金属材料　线材　反复弯曲试验方法》(GB/T 238—2013)进行。

《冷轧带肋钢筋》(GB/T 13788—2017)中对牌号为CRB650、CRB800、CRB800H的钢筋规定进行反复弯曲试验。其具体要求见表10-8和表10-9。

(一)试验原理

将试样一端夹紧,然后绕着规定半径的圆柱表面使试样弯曲90°,并按相反方向反复弯曲。试验的原理图见图10-10。

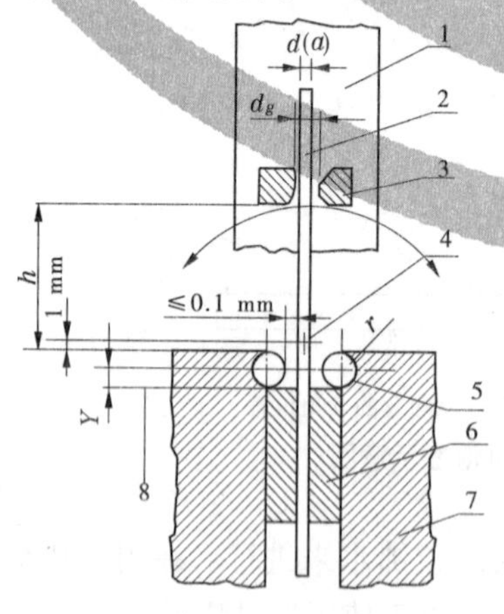

d—钢筋直径,mm;

r—弯曲圆弧半径,mm;

h—弯曲圆弧顶部至拨杆底面的距离,mm;

d_g—拨杆孔径,mm;

Y—两弯曲圆弧中心连线至夹持面顶面的距离,mm;

N_o—反复弯曲次数

1—弯曲臂;2—试样;3—拨杆;4—弯曲臂转动中心轴;
5—圆柱A和B;6—夹块;7—支座;8—夹块的顶面

图10-10　钢筋反复弯曲试验原理

（二）试样

从外观检查合格的钢筋的任意部位截取试样，牌号为 CRB650、CRB800、CRB800H 的钢筋，进行反复弯曲试验，试样长度不小于公称直径的 60 倍。

试样应尽可能是直的，但试验时，在其弯曲平面内允许有轻微的弯曲。

必要时可以对试样进行矫直，当用手不能矫直时，可将试样置于木材、塑料或铜的平面上，用由这些材料制成的锤子轻轻捶直。矫直时试样表面不得有损伤，也不允许受任何扭曲。

（三）试验仪器

（1）试验机：牌号为 CRB650、CRB800、CRB800H 及以上牌号的钢筋，公称直径为 4 mm、5 mm 和 6 mm。根据 GB/T 238—2013 表 2 中所列出的数据，试验机的圆弧半径 r 为（15.0 ±0.1）mm，距离 h 为 50 mm，拨杆孔直径 d_g 为 4.5 mm 和 7.0 mm。应选择适当的拨杆孔径以保证钢筋在孔内自由运动，较小的孔径用于公称直径较小的钢筋，而较大的孔径用于公称直径较大的钢筋。

（2）弯曲圆柱和夹持面：弯曲圆柱和夹持面的硬度为 HRC（55 ~61）。弯曲圆柱的表面光洁度不得低于▽8。

两弯曲圆柱的轴线应垂直于弯曲平面，且应位于同一水平面内，其偏差在 0.1 mm 以内。

夹持面应突出于弯曲圆柱表面，不大于 0.1 mm 的距离，即测量两圆弧中心连线上圆弧表面与试样的间隙不大于 0.1 mm。

夹块的顶面应低于两弯曲圆弧中心的连线，当圆弧半径等于或小于 2.5 mm 时，Y 值为 1.5 mm；当圆弧半径大于 2.5 mm 时，Y 值为 3.0 mm。

（3）弯曲臂及拨杆：对任何尺寸的弯曲圆弧，其弯曲臂的转动中心线至弯曲圆弧顶部的距离都应等于 1.0 mm。拨杆的孔径应符合前述试验机的要求，其两端应扩大。

（四）试验步骤

试验应在 10 ~35 ℃的室温下进行，如有特殊需要，则试验温度应为（23 ±5）℃。

试验钢筋的直径 4 mm、5 mm 和 6 mm，按要求选择弯曲圆弧半径 r =（15.0 ±0.1）mm、弯曲圆弧顶部至拨杆底面的距离 h =50 mm 以及拨杆孔径 d_g 为 4.5 mm 和 7.0 mm。

如图 10-10 所示，使弯曲臂处于垂直位置，将钢筋试样由拨杆孔插入并夹紧其下端，使试样垂直于两弯曲圆柱轴线所在的平面。

为确保试样与弯曲圆弧在试验时能良好接触，可施加某种形式的拉紧力，这种拉紧力不得超过公称抗拉强度相应拉力负荷的 2%。

操作应平稳而无冲击。弯曲速度每秒不超过 1 次，但要防止温度升高而影响试验结果。

弯曲试验是将试样从起始位置向左（右）弯曲 90°后返回起始位置作为第一次弯曲，再从起始位置向右（左）弯曲 90°，试样再返回起始位置作为第二次弯曲，依次连续反复弯曲。

弯曲试验应连续进行到有关标准所规定的弯曲次数或试样折断为止。

(五)试验报告

试验报告至少应包括如下内容:

(1)进行试验所依据的标准及标准号,包括《金属材料　线材　反复弯曲试验方法》(GB/T 238—2013)和《冷轧带肋钢筋》(GB/T 13788—2017);

(2)试样标记,如材料类别、炉罐号等;

(3)试样的公称直径;

(4)试样的制备情况,如矫直方法;

(5)试验条件,如弯曲圆弧半径 r、拉紧力、温度等;

(6)试验结果,反复弯曲次数或裂纹特征等。

第七节　预应力混凝土用钢丝

《预应力混凝土用钢丝》(GB/T 5223—2014)和《预应力混凝土用低合金钢丝》(YB/T 038—1993)中分别规定了钢丝和钢绞线的品质和性能要求。

一、预应力混凝土用钢丝的品质及检验方法

《预应力混凝土用钢丝》(GB/T 5223—2014)规定了预应力混凝土用钢丝的分类、尺寸、外形、质量及允许偏差、技术要求、试验方法、检验规则、包装、标志和质量证明书等。

(一)钢丝的尺寸、质量及允许偏差

(1)预应力混凝土用光圆钢丝的尺寸允许偏差见表10-21。

表10-21　光圆钢丝尺寸允许偏差

公称直径 d_n(mm)	直径允许偏差(mm)	公称横截面面积 S_n(mm^2)	理论重量(g/m)
4.00	±0.04	12.57	98.6
4.80		18.10	142
5.00	±0.05	19.63	154
6.00		28.27	222
6.25		30.68	241
7.00		38.48	302
7.50		44.18	347
8.00	±0.06	50.26	394
9.00		63.62	499
9.50		70.88	556
10.00		78.54	616
11.00		95.03	746
12.00		113.1	888

注:计算钢丝理论质量时,钢的密度为7.85 g/cm^3。

钢丝的不圆度不得超出公差之半。

(2)螺旋肋钢丝的尺寸及允许偏差应符合表10-22的规定。

表10-22 螺旋肋钢丝的尺寸及允许偏差

公称直径 d_n(mm)	螺旋肋数量(条)	基圆尺寸		外轮廓尺寸		单肋尺寸	螺旋肋导程 C(mm)
		基圆直径 D_1(mm)	允许偏差(mm)	外轮廓直径 D(mm)	允许偏差(mm)	宽度 a(mm)	
4.00	4	3.85	±0.05	4.25	±0.05	0.90~1.30	24~30
4.80	4	4.60		5.10		1.30~1.70	28~36
5.00	4	4.80		5.30			
6.00	4	5.80		6.30		1.60~2.00	30~38
6.25	4	6.00		6.70			30~40
7.00	4	6.73		7.46	±0.10	1.80~2.20	35~45
7.50	4	7.26		7.96		1.90~2.30	36~46
8.00	4	7.75		8.45		2.00~2.40	40~50
9.00	4	8.75		9.45		2.10~2.70	42~52
9.50	4	9.30		10.10		2.20~2.80	44~53
10.00	4	9.75		10.45		2.50~3.00	45~58
11.00	4	10.76		11.47		2.60~3.10	50~64
12.00	4	11.78		12.50		2.70~3.20	55~70

注:计算钢丝理论质量时,钢的密度为7.85 g/cm^3。

(3)三面刻痕钢丝的尺寸及允许偏差应符合表10-23的规定,钢丝的横截面面积、每米参考质量与光圆钢丝相同。三条痕中的其中一条倾斜方向与其他两条相反。

表10-23 三面刻痕钢丝的尺寸及允许偏差

公称直径 d_n(mm)	刻痕深度		刻痕长度		节距	
	公称深度 a(mm)	允许偏差(mm)	公称长度 b(mm)	允许偏差(mm)	公称节距 L(mm)	允许偏差(mm)
≤5.00	0.12	±0.05	3.5	±0.5	5.5	±0.5
>5.00	0.15		5.0		8.0	

注:公称直径指横截面面积等同于光圆钢丝横截面面积时所对应的直径。

(二)力学性能

(1)压力管道用冷拉钢丝的力学性能应符合表10-24的要求。

(2)消除应力光圆及螺旋肋钢丝的力学性能应符合表10-25的规定。

消除应力的刻痕钢丝的力学性能,除弯曲次数外其他应符合表10-25规定。对所有规格消除应力的刻痕钢丝,其弯曲次数均应不小于3次。

除非生产厂另有说明,钢丝的弹性模量为(205±10)GPa,但不作为交货条件。

表 10-24 压力管道用冷拉钢丝的力学性能

公称直径 d_n(mm)	公称抗拉强度 R_m(MPa)	最大力的特征值 F_m(kN)	最大力的最大值 $F_{m,max}$(kN)	0.2%屈服力 $F_{p0.2}$(kN) ≥	每210 mm扭矩的扭转次数 N ≥	断面收缩率 Z(%) ≥	氢脆敏感性能负载70%最大力时,断裂时间 t(h) ≥	应力松弛性能初始力为最大力70%时,1 000 h应力松弛率 r(%) ≤
4.00	1 470	18.48	20.99	13.86	10	35	75	7.5
5.00		28.86	32.79	21.65	10	35		
6.00		41.56	47.21	31.17	8	30		
7.00		56.57	64.27	42.42	8	30		
8.00		73.88	83.93	55.41	7	30		
4.00	1 570	19.73	22.24	14.80	10	35		
5.00		30.82	34.75	23.11	10	35		
6.00		44.38	50.03	33.29	8	30		
7.00		60.41	68.11	45.31	8	30		
8.00		78.91	88.96	59.18	7	30		
4.00	1 670	20.99	23.50	15.74	10	35		
5.00		32.78	36.71	24.59	10	35		
6.00		47.21	52.86	35.41	8	30		
7.00		64.26	71.96	48.20	8	30		
8.00		83.93	93.99	62.95	6	30		
4.00	1 770	22.25	24.76	16.69	10	35		
5.00		34.75	38.68	26.06	10	35		
6.00		50.04	55.69	37.53	8	30		
7.00		68.11	75.81	51.08	6	30		

注:0.2%屈服力 $F_{P0.2}$ 应不小于最大力的特征值 F_m 的75%。

表 10-25 消除应力光圆及螺旋肋钢丝的力学性能

公称直径 d_n(mm)	公称抗拉强度 R_m(MPa)	最大力的特征值 F_m(kN)	最大力的最大值 $F_{m,max}$(kN)	0.2%屈服力 $F_{p0.2}$(kN) ≥	最大力总伸长率(L_0=200 mm) A_{gt}(%)≥	反复弯曲性能		应力松弛性能	
						弯曲数不小于(次/180°)	弯曲半径 R(mm)	初始力相当于实际最大力的百分数(%)	1 000 h应力松弛率 R(%)≤
4.00	1 470	18.48	20.99	16.22	3.5	3	10		
4.80		26.61	30.23	23.35		4	15		
5.00		28.86	32.78	25.32		4	15		
6.00		41.56	47.21	36.47		4	15		
6.25		45.10	51.24	39.58		4	20		
7.00		56.57	64.26	49.64		4	20		
7.50		64.94	73.78	56.99		4	20		
8.00		73.88	83.98	64.84		4	20		
9.00		93.52	106.25	82.07		4	25		
9.50		104.19	118.37	91.44		4	25		
10.00		115.45	131.16	101.32		4	25		
11.00		139.69	158.70	122.59		—	—		
12.00		166.26	188.88	145.90		—	—		

续表 10-25

公称直径 d_n(mm)	公称抗拉强度 R_m(MPa)	最大力的特征值 F_m(kN)	最大力的最大值 $F_{m,\max}$(kN)	0.2%屈服力 $F_{p0.2}$(kN) ≥	最大力总伸长率 (L_0 = 200 mm) A_{gt}(%) ≥	反复弯曲性能		应力松弛性能	
						弯曲数不小于(次/180°)	弯曲半径 R(mm)	初始力相当于实际最大力的百分数(%)	1 000 h 应力松弛率 R(%) ≤
4.00	1 570	19.73	22.24	17.37	3.5	3	10	70	2.5
4.80		28.41	32.03	25.00		4	15	80	4.5
5.00		30.82	34.75	27.12		4	15		
6.00		44.38	50.03	39.06		4	15		
6.25		48.17	54.31	42.39		4	20		
7.00		60.41	68.11	53.16		4	20		
7.50		69.36	78.20	61.04		4	20		
8.00		78.91	88.96	69.44		4	20		
9.00		99.88	112.60	87.89		4	25		
9.50		111.28	125.46	97.93		4	25		
10.00		123.31	139.02	108.51		4	25		
11.00		149.20	168.21	131.30		—	—		
12.00		177.57	200.19	156.26		—	—		
4.00	1 670	20.99	23.50	18.47		3	10		
5.00		32.78	36.71	28.85		4	15		
6.00		47.21	52.86	41.54		4	15		
6.25		51.24	57.38	45.09		4	20		
7.00		64.26	71.96	56.55		4	20		
7.50		73.78	82.62	64.93		4	20		
8.00		83.93	93.98	73.86		4	20		
9.00		106.25	118.97	93.50		4	25		
4.00	1 770	22.25	24.76	19.58		3	10		
5.00		34.75	38.68	30.58		4	15		
6.00		50.04	55.69	44.03		4	15		
7.00		68.11	75.81	59.94		4	20		
7.50		78.20	87.04	68.81		4	20		
4.00	1 860	23.38	25.89	20.57		3	10		
5.00		36.51	40.44	32.13		4	15		
6.00		52.58	58.23	46.27		4	15		
7.00		71.57	79.27	62.98		4	20		

注:0.2%屈服力 $F_{P0.2}$ 应不小于最大力的特征值 F_m 的 75%。

(三)检验方法

(1)钢丝的表面质量用目视检查;钢丝尺寸用分度为 0.01 mm 的量具测量,在任何部位同一截面两个垂直方向上测量钢丝的直径。

(2)钢丝的拉伸试验按 GB/T 21839 规定进行,弯曲试验按 GB/T 232(大于 10 mm)规定进行,反复弯曲试验按 GB/T 238 规定进行。

(3)松弛试验期间环境温度应保持在(20 ± 2) ℃的范围内;试样制备后不得进行任何热处理和冷加工;在试验前试样应至少在松弛试验室内放置 24 h;前 20% F_0 可按需要加载,从 20% F_0 ~ 80% F_0 应连续加载或者分为三个或多个均匀阶段,或以均匀的速度加载,并在6 min内完成,当达到80% F_0 后,80% F_0 ~100% F_0 的过程应连续加载,并在2 min内完成;当达到初始载荷 F_0 时,力值应在2 min内保持恒定,2 min后应立即开始记录松弛值;试样的标距长度不小于公称直径的60倍;允许用不少于120 h的测试数据推算1 000 h的松弛值。

二、预应力混凝土用低合金钢丝的品质及检测方法

标准规定了预应力混凝土用低合金钢丝及拨丝用盘条的术语、代号、分类、尺寸、外形、质量、技术要求、试验方法、验收规则、包装、标志及质量证明书等。

(一)钢丝的尺寸、质量及允许偏差

预应力混凝土用低合金钢丝中的光面钢丝的尺寸和允许偏差应符合表10-26的规定。

轧痕钢丝的外形尺寸及允许偏差应符合表10-27和图10-11的规定。

表10-26 光面钢丝的尺寸和允许偏差

公称直径 d_n(mm)	允许偏差(mm)	公称横截面面积(mm²)	理论质量(g/m)
5.0	+0.08 -0.04	19.63	154.1
7.0	+0.10 -0.10	38.48	302.1

表10-27 轧痕钢丝的尺寸和允许偏差

尺寸(mm)	直径 d	轧痕深度 h	轧痕圆柱半径 R	轧痕间距 l	理论质量(g/m)
	7.0	0.30	8	7.6	302.1
允许偏差	±0.10	±0.05	±0.5	+0.5 -0.1	+8.7 -8.6

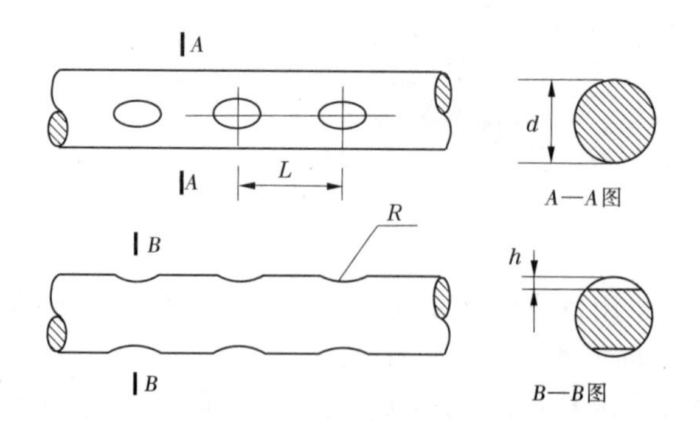

图10-11 轧痕钢丝尺寸

(二)表面质量

钢丝表面不得有裂纹、折叠、结疤、油污及其他影响力学性能的机械损伤缺陷。

钢丝表面可以有浮锈,但不得有锈皮及肉眼可见的麻坑等腐蚀现象。

(三)力学性能

钢丝的力学性能应符合表10-28的规定。

表10-28 钢丝的力学性能

公称直径 d_n(mm)	级别	抗拉强度 σ_b (MPa)	伸长率 A (%)	反复弯曲		应力松弛	
				弯曲半径 R (mm)	次数 (N)	张拉应力与公称强度比	应力松弛率最大值
5.0	YD800	800	4	15	4	0.7	8% 1 000 h 或 5% 10 h
7.0	YD1000	1 000	3.5	20	4		
7.0	YD1200	1 200	3.5	20	4		

(四)检验方法

钢丝的表面质量用目视检查,尺寸采用卡尺和专用工具测量。

钢丝的拉伸试验按GB/T 228.1—2010规定进行,反复弯曲试验按GB/T 238—2013规定进行。

松弛试验:试验期间钢丝试样的环境温度应保持在(20±2)℃的范围内;试样制备后,不得进行任何热处理和冷加工;加在试样上的张拉负荷是公称抗拉强度的70%乘以钢丝的公称面积;张拉加荷速度,按(200±50)MPa/min乘以公称面积均匀施加,当达到张拉负荷,保持2 min后,开始记录松弛值;试样标距长度不小于60倍直径。

第十一章　现场混凝土质量检测

第一节　混凝土抗压强度

钢筋混凝土建筑物的混凝土强度质量对于结构的安全性与耐久性非常重要,混凝土强度质量的控制主要通过预留试块检验和现场检测来实现。现场检测是混凝土质量控制中的一个重要环节,它通过在实体上得到的混凝土强度值更具有代表性,同时它也提供了对缺乏试块检验条件(如老建筑物)进行质量检测的一种手段。目前,用于混凝土强度现场检测常用的方法有回弹法、超声波法、超声回弹综合法、钻芯法、拔出法、射钉法等。检测依据的规范标准有:《水工混凝土结构缺陷检测技术规程》(SL 713—2015)、《水工混凝土试验规程》(SL 352—2006)、《回弹法检测混凝土抗压强度技术规程》(JGJ/T 23—2011)、《超声回弹综合法检测混凝土强度技术规程》(CECS 02:2005)、《钻芯法检测混凝土强度技术规程》(CECS 03:2007)、《后装拔出法检测混凝土强度技术规程》(CECS 69:2011)、《水工混凝土试验规程》(DL/T 5150—2001)、《水运工程混凝土试验规程》(JTJ 270—98)等。

以上诸多混凝土强度检测方法,有着各自的优点与影响因素,现场检测因根据被测结构的特点选择适当的方法,以保证检测的合理、准确、可靠。

一、回弹法

(一)原理及适用范围

回弹法是通过混凝土表面硬度与抗压强度之间的关系来测定混凝土抗压强度值的一种方法。

回弹法主要用于已建和新建结构的混凝土强度检测,该方法因其技术成熟、操作简便、测试快速、对结构无损伤、检测费用低等优点,在结构混凝土强度无损检测中广泛使用。

回弹法为表面硬度方法,因此测量受结构表面状况影响,如混凝土不同浇筑面、潮湿面、老建筑物表面风化及碳化较深等,都会影响到测试结果。

《回弹法检测混凝土抗压强度技术规程》(JGJ/T 23—2011)中提供了较常见状况下测试的回弹强度换算,对于不符合规程中所规定条件的结构混凝土强度检测,应遵照规范的要求执行,如建立相关强度曲线、钻芯取样修正等方法去消除影响精度的因素和弥补方法的不足。

(二)试验方法

现场采用回弹法测定建筑物混凝土抗压强度的试验方法,详见《水工混凝土试验规程》(SL 352—2006)7.1"回弹法检测混凝土抗压强度"或《回弹法检测混凝土抗压强度技术规程》(JGJ/T 23—2011)。

二、超声波法

(一)原理及适用范围

现场实测超声波在混凝土中的传播速度,因为超声波波速与混凝土材料弹性模量相关,所以波速与混凝土强度有良好的相关关系,由实测波速推求抗压强度关系。检测前,首先要建立波速与混凝土抗压强度的关系式。根据各测点强度的离散性还可以评价建筑物混凝土的均匀性。

本方法不适用于抗压强度在45 MPa以上或在超声波传播方向上钢筋布置太密的混凝土。实践表明,超声波波速受混凝土中粗骨料的品种、粒径、用量的影响很大,因此目前已很少单纯采用超声波波速推算混凝土强度,而是与回弹法相结合,即超声回弹综合法。

(二)试验方法

现场采用超声波测定建筑物混凝土抗压强度的试验方法,详见《水工混凝土试验规程》(SL 352—2006)7.3"超声波测定混凝土抗压强度和均匀性"。

三、超声回弹综合法

(一)原理及适用范围

回弹法主要反映的是混凝土表面质量情况,而超声波可以探测到混凝土的内部质量,超声回弹综合法正是利用两种方法的各自优点,弥补单一方法的不足,以提高检测精度。

超声回弹综合法技术成熟、对结构无损伤,可反映混凝土内部质量情况,适合于有相对两个测试面结构的混凝土强度检测。

(二)现场测试

1. 抽样

(1)单个构件检测:当按单个构件检测时,每个构件上的测区数不应少于10个。

(2)按批抽样检测:对同批构件按批抽样检测时,构件抽样数不少于同批构件的30%,且不少于10件,每个构件测区数不应少于10个。

作为按批检测的构件,其混凝土强度等级、原材料与配合比、成型工艺、养护条件及龄期、构件种类、运行环境等需基本相同。

(3)小构件:对某一方向尺寸不大于4.5 m且另一方向尺寸不大于0.3 m的构件,其测区数量可适当减少,但不应少于5个。

2. 测区要求

测区布置在构件混凝土浇筑方向的侧面;测区均匀分布,相邻两测区的间距不宜大于2 m;测区避开钢筋密集区和预埋件;对侧时测区尺寸宜为200 mm×200 mm,采用平测时宜为400 mm×400 mm;测试面应清洁、平整、干燥,不应有接缝、饰面层、浮浆和油垢,并避开蜂窝、麻面部位,必要时可用砂轮片清除杂物和磨平不平整处,并擦净残留粉尘。

3. 测试顺序

结构或构件的每一测区,先进行回弹测试,后进行超声测试(如先进行超声波测量,则在测试面上涂抹的黄油会影响到回弹测试)。

非同一测区内的回弹值及超声声速值,在计算混凝土强度换算值时不能混用。

4. 回弹值测量

回弹测试、计算及角度与测试面的修正方法同回弹法。值得注意的是,该方法的同一回弹测区在结构的两相对测试面对称布置,每一面的测区内布置8个回弹测点,两面共16个测点。另超声回弹综合法的强度曲线是以声速、回弹作为主要参数,不考虑碳化深度的影响。

5. 声速值测量

超声测点布置在回弹测试的同一测区内。

(1)测点:在每个测区内的相对测试面上应各布置3个测点,且发射和接收换能器的轴线应在同一轴线上;测点处保证平整,使换能器能与混凝土接触良好;测点应避开与声传播方向平行的钢筋(避免声波沿钢筋传播,形成短路)。

(2)声波耦合:超声测点上首先涂抹声波耦合剂(一般为黄油),黄油的用量一般为5分硬币大小;测试时换能器将黄油挤出并贴紧混凝土面,使换能器与混凝土耦合良好。

(3)声时测读:测试的声时值精确至0.1 μs,声速值精确至0.01 km/s。超声测距的测量误差不超出±1%。

(三)数据处理

1. 回弹值计算

回弹值的计算、修正同本节回弹法。

2. 声速值计算

(1)关于零声时:超声仪上测读到的声时包括了两部分:一是声波通过混凝土的时间,二是声波通过仪器(包括导线、换能器等)的时间。因此,在计算混凝土的波速时应该减去声波在混凝土以外的传播时间 t_0 值,而得到的实际传播时间。

(2)t_0 值的标定:平面换能器 t_0 值的标定可采用标准棒法或长短测距法(匀质固体材料或空气中),在精度要求不高的情况下,也可以采用直接相对法。

(3)波速计算可用下式:

$$v = \frac{l}{t_m} \tag{11-1}$$

$$t_m = (t_1 + t_2 + t_3)/3 \tag{11-2}$$

式中 v—— 测区声速值,km/s;

l—— 超声测距,mm;

t_m—— 测区平均声时值,μs;

t_1、t_2、t_3——测区中3个测点的声时值。

3. 声速值修正

当在混凝土浇灌的顶面与底面测试时,测区声速值应按下列公式修正:

$$v_a = \beta \cdot v \tag{11-3}$$

式中 v_a——修正后的测区声速值;

β——超声测试面修正系数。

(四)强度计算及修正

结构或构件测区混凝土强度换算值 $f^{c}_{cu,i}$ 根据修正后的测区回弹值 R_{ai} 及修正后的测

区声速值 v_{ai}，优先采用专用或地区测强曲线推算，当无该类曲线时可参考以下曲线公式计算：

当粗骨料为卵石时

$$f_{cu,i}^{c} = 0.005\,6 v_{ai}^{1.439} R_{ai}^{1.769} \tag{11-4}$$

当粗骨料为碎石时

$$f_{cu,i}^{c} = 0.016\,2 v_{ai}^{1.656} R_{ai}^{1.410} \tag{11-5}$$

经过计算得到的测区混凝土强度值，还需要根据钻芯试验对其进行修正，钻芯数量不少于3个，钻芯位置应在回弹、超声测区上。

四、钻芯法

（一）原理及适用范围

钻芯法是一种半破损的混凝土强度检测方法，它通过在结构物上钻取芯样并在压力试验机测得被测结构的混凝土强度值。该方法结果准确、直观，但对结构有局部损坏。

（二）仪器设备及取样方法

1. 仪器设备

目前国内外生产的取芯机有多种型号，取芯的设备一般采用体积小、质量轻、电动机功率在1.7 kW以上、有电器安全保护装置的钻芯机。芯样加工设备包括岩石切割机、磨平机、补平器等。钻取芯样的钻头采用人造金刚石薄壁钻头。

其他辅助设备有：冲击电锤、膨胀螺栓；水冷却管、水桶；用于取出芯样的榔头、扁凿、芯样夹（或细铅丝）等。

2. 芯样数量

按单个构件检测时，每个构件的钻芯数量应不少于3个；对于较小构件，钻芯数量可取2个；对构件的局部区域进行检测时，由检测单位提出钻芯位置及芯样数量。

3. 芯样的钻取

（1）钻头直径选择。钻取芯样的钻头直径，不得小于粗骨料最大直径的2倍。

（2）确定取样点。芯样取样点应选择结构的非主要受力部位；混凝土强度质量具有代表性的部位；便于钻芯机安放与操作的部位；避开钢筋、预埋件、管线等。

用钢筋保护层测定仪探测钢筋，避开钢筋位置布置钻芯孔。

（3）钻芯机安装。根据钻芯孔位置确定固定钻芯机的膨胀螺栓孔位置，用冲击电锤钻与膨胀螺栓胀头直径相应的孔，孔深比膨胀管深约20 mm。插入膨胀螺栓并将取芯机上的固定孔与之相对套入安装上，旋上并拧紧膨胀螺栓的固定螺母。

钻芯机安装过程中应注意尽量使钻芯钻头与结构的表面垂直，钻芯机底座与结构表面的支撑点不得有松动。

接通水源、电源即可开始钻芯。

（4）芯样钻取。调整钻芯机的钻速：大直径钻头采用低速，小直径采用高速；开机后钻头慢慢接触混凝土表面，待钻头刃部入槽稳定后方可加压；进钻过程中的加压力量以电机的转速无明显降低为宜。

进钻深度一般大于芯样直径约70 mm（对于直径小于100 mm的芯样，钻入深度可适当减小),以保证取出的芯样有效长度大于芯样的直径。

进钻到预定深度后,反向转动操作手柄,将钻头提升到接近混凝土表面然后停电停水、卸下钻机。

将扁凿插入芯样槽中用榔头敲打致使芯样与混凝土断开,再用芯样夹或铅丝套住芯样将其取出。对于水平钻取的芯样,用扁螺丝刀插入槽中将芯样向外拨动,使芯样露出混凝土后用手将芯样取出。

从钻孔中取出的芯样在稍微晾干后,标上清晰的标记。若所取芯样的高度及质量不能满足要求,则重新钻取芯样。

结构或构件钻芯后所留下的孔洞应及时进行修补。

(三)芯样加工及抗压强度试验

1. 芯样试件加工

芯样抗压试件的高度和直径之比在1~2的范围内。

采用锯切机加工芯样试件时,将芯样固定,使锯片平面垂直于芯样轴线。锯切过程中用水冷却人造金刚石圆锯片和芯样。

芯样试件内不应含有钢筋,如不能满足则每个试件内最多只允许含有2根直径小于10 mm的钢筋,钢筋应与芯样轴线基本垂直且不得露出端面。

锯切后的芯样,当不能满足平整度及垂直度要求时,可采用以下方法进行端面加工:①在磨平机上磨平;②用于同芯样同强度等级或高一级的水泥砂浆(或水泥净浆)或硫黄胶泥(或硫黄及环氧砂浆)等材料在试件端面上补平,水泥砂浆(或水泥净浆)补平厚度不宜大于5 mm,硫黄胶泥(或硫黄及环氧砂浆)补平厚度不宜大于1.5 mm。

补平层应与芯样结合牢固,以使受压时补平层与芯样的结合面不提前破坏。

2. 抗压强度试验

(1)芯样试件几何尺寸测量:①平均直径:用游标卡尺测量芯样中部,在相互垂直的两个位置上,取其二次测量的算术平均值,精确至0.5 mm。②芯样高度:用钢卷尺或钢板尺进行测量,精确至1 mm。③垂直度:用游标量角器测量两个端面与母线的夹角,精确至0.1°。④平整度:用钢板(玻璃)或角尺紧靠在芯样端面上,一面转动板尺,一面用塞尺测量与芯样端面之间的缝隙。

(2)芯样尺寸偏差及外观质量有以下情况之一者,不能作抗压强度试验:①端面补平后的芯样高度小于1.0D(D为芯样试件平均直径)或大于2.0D。②沿芯样高度任一直径与平均直径相差达2 mm以上。③端面的不平整度在100 mm长度内超过0.1 mm。④端面与轴线的不垂直度大于1°。⑤芯样有裂缝或有其他较大缺陷。

(3)芯样抗压强度试验:芯样试件的抗压试验按《水工混凝土试验规程》(SL 352—2006)7.7“混凝土芯样强度试验”的规定进行。

芯样试件在与被检测结构或构件混凝土湿度基本一致的条件下进行抗压试验,如结构工作条件比较干燥,芯样试件应以自然干燥状态进行试验;如结构工作条件比较潮湿,芯样试件应以潮湿状态进行试验。

按自然干燥状态进行试验时,芯样试件在受压前应在室内自然干燥3 d;按潮湿状态进行试验时,芯样试件应在(20±5) ℃的清水中浸泡40~48 h,从水中取出后应立即进行

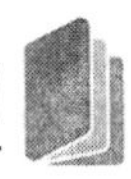

抗压试验。

(4)芯样混凝土强度的计算：混凝土芯样试件抗压强度 f_{cor} 按下式计算（精确至0.1 MPa）：

$$f_{cor} = A\frac{4P}{\pi D^2} \tag{11-6}$$

式中　A——不同高径比的芯样试件混凝土强度换算系数，从表11-1选用；

P——芯样试件抗压试验测得的最大压力，N；

D——芯样试件的平均直径，mm。

表11-1　芯样试件混凝土强度换算系数

高径比	1.0	1.1	1.2	1.3	1.4	1.5	1.6	1.7	1.8	1.9	2.0
系数 A	1.00	1.04	1.07	1.10	1.13	1.15	1.17	1.19	1.21	1.22	1.24

注：表11-1摘自《钻芯法检测混凝土强度技术规程》(CECS 03:2007)。

《钻芯法检测混凝土强度技术规程》(CECS 03:2007)中规定：高度和直径均为100 mm或150 mm芯样试件的抗压强度测试值，可直接作为混凝土的强度换算值。

《水工混凝土试验规程》(SL 352—2006)中规定：芯样试件抗压强度 f_{cor} 换算为相应于测试龄期的、边长为150 mm的立方体试块的抗压强度值 $f_{cu,e}$，按下式计算：

$$f_{cu,e} = K \times f_{cor} \tag{11-7}$$

式中　K——换算系数，按表11-2选用。

表11-2　换算系数 K

芯样直径(mm)	$\phi100 \times 100$	$\phi150 \times 150$	$\phi200 \times 200$
换算系数 K	1.00	1.04	1.12

(5)芯样混凝土试件强度代表值的确定：抗压试验以3个试件为一组，以3个试件测值的平均值作为试验结果。

五、射钉法

射钉法是20世纪90年代初研究、发展起来的一种新的混凝土强度非破损检测方法。射钉法是通过射钉仪以规定能量的火药将一特制钢钉（射钉）射入混凝土。当射钉长度和直径一定时，射钉外露长度与混凝土强度有着良好的相关性，通过试验建立两者关系曲线，推算混凝土强度。射钉法由于受表面状况影响因素小、方便灵活、检测速度快、费用低等优点，在老建筑物及大体积混凝土的质量检测中得到较多的应用。

射钉法试验方法详见《水工混凝土试验规程》(SL 352—2006)7.2“射钉法检测混凝土强度”。

六、拔出法

拔出法是一种现场混凝土强度检测的新技术方法。它通过在混凝土一定深度埋入一锚固件，由液压拔出仪向外拉拔锚固头，直至混凝土破坏后锚固件拔出。此时读出拔出仪上的拔出力,由混凝土抗拔力与强度之间的关系换算得到被检测结构的混凝土强度值。

拔出法的主要优点有:由于拔出法试验的混凝土破坏机制与其力学性能有关,因而拔出力与混凝土抗压强度有着较好的相关性;另由于锚固件埋入混凝土有一定的深度,所以试验受混凝土表面状况的影响较小。

(一)仪器设备

拔出试验设备由拔出仪、钻孔机、磨槽机及锚固件等组成。

(1)拔出仪:拔出仪由加荷装置、测力装置及反力支承三部分组成。拔出仪的反力支撑有圆环式或三点式。拔出力大于测试范围内的最大拔出力;工作行程对于圆环式拔出试验装置不小于4 mm;对于三点式拔出试验装置不小于6 mm;允许示值误差为±2% F.S.;测力装置具有峰值保持功能。

圆环式拔出试验装置的反力支承内径为55 mm,锚固件的锚固深度为25 mm,钻孔直径为18 mm。

三点式拔出试验装置的反力支承内径为120 mm,锚固件的锚固深度为35 mm,钻孔直径为22 mm。

圆环式拔出仪适用于粗骨料最大粒径不大于40 mm的混凝土,三点式拔出仪适用于粗骨料最大粒径不大于60 mm的混凝土,即三点式拔出仪较适合于大体积混凝土的检测使用。

(2)钻孔机:钻孔机可采用金刚石薄壁空心钻或冲击电锤。金刚石薄壁空心钻带有冷却水装置,钻孔机带有控制垂直度及深度的装置。

(3)磨槽机:磨槽机由电钻、金刚石磨头、定位圆盘及冷却水装置组成。

(4)锚固件:锚固件由胀簧和胀杯组成,胀簧锚固台阶宽度为3 mm。

拔出试验前,对钻孔机、磨槽机、拔出仪的工作状态是否正常及钻头、磨头、锚固件的规格、尺寸是否满足成孔尺寸要求,均应进行检查。

(二)检测方法

结构或构件的混凝土强度可按单个构件检测或同批构件按批抽样检测。

当混凝土强度等级、原材料、配合比、施工工艺、养护条件、龄期及所处环境基本相同情况下,构件可作为同批构件按批抽样检测。

1.测点布置

按单个构件检测时,应在构件上均匀布置3个测点。当3个拔出力中的最大拔出力和最小拔出力与中间值之差均小于中间值的15%时,仅布置3个测点即可;当最大拔出力或最小拔出力与中间值之差大于中间值的15%(包括两者均大于中间值的15%时,应在最小拔出力测点附近再加测2个测点。

当同批构件按批抽样检测时,抽检数量不少于同批构件总数的30%,且不少于10件,每个构件不应少于3个测点。

测点宜布置在构件混凝土成型的侧面,如不能满足这一要求时,可布置在混凝土成型的表面或底面。

在构件的受力较大及薄弱部位应布置测点,相邻两测点的间距不小于锚固深度的10倍,测点距构件边缘不小于锚固深度的4倍。

测点应避开接缝、蜂窝、麻面部位和混凝土表层的钢筋、预埋件。

测试面应平整、清洁、干燥，对饰面层、浮浆等应予清除，必要时进行磨平处理。

结构或构件的测点进行编号，并描绘测点布置示意图。

2. 钻孔与磨槽

在钻孔过程中，钻头应始终与混凝土表面保持垂直，垂直度偏差不大于3°。

钻孔直径比规定的尺寸大约0.1 mm，但不能超过1.0 mm。钻孔深度应比锚固深度深20～30 mm。

在混凝土孔壁磨环形槽时，磨槽机的定位圆盘需始终紧靠混凝土表面回转，使磨出的环形槽形状规整。

锚固深度允许误差为±0.8 mm；环形槽深度为3.6～4.5 mm。

3. 拔出试验

将胀簧插入成型孔内，通过胀杆使胀簧锚固台阶完全嵌入环形槽内，保证锚固可靠。

拔出仪与锚固件用拉杆连接对中，并与混凝土表面垂直。

施加拔出力应连续均匀，其速度控制在0.5～1.0 kN/s。

施加拔出力至混凝土开裂破坏、测力显示器读数不再增加，记录极限拔出力值，精确至0.1 kN。

当拔出试验出现异常时，将该测值舍去，在其附近补测一个测点。

拔出试验后，对拔出试验造成的混凝土破损部位进行修补。

(三)测强曲线

拔出仪出厂时，由厂家提供仪器测强曲线的参考公式。检测人员也可根据本地区、部门或常见的混凝土材料特点，建立一条曲线公式，方法如下：

(1)建立测强曲线试验用混凝土，不少于6个强度等级，每一强度等级混凝土不少于6组，每组由1个至少可布置3个测点的拔出试件和相应的3个立方体试块组成。

(2)每组拔出试件和立方体试块，采用同盘混凝土，在同一振动台上同时振捣成型、同条件自然养护。

(3)拔出试验的测点布置在试件混凝土成型侧面，在每一拔出试件上，进行不少于3个测点的拔出试验，取平均值为该试件的拔出力计算值 F(kN)，精确至0.1 kN。3个立方体试块抗压得到试块强度值。

将每组试件的拔出力计算值及立方体试块的抗压强度代表值汇总，按最小二乘法原理进行回归分析。

测强曲线的方程式采用直线形式。

(四)混凝土强度换算及推定

1. 混凝土强度换算

混凝土强度换算值按下式计算：

$$f_{cu}^{c} = AF + B \tag{11-8}$$

式中 f_{cu}^{c}——混凝土强度换算值，MPa；

F——拔出力，kN；

A、B——测强公式回归系数。

当被测结构所用混凝土的材料与制定测强曲线所用材料有较大差异时,需在被测结构上钻取混凝土芯样,根据芯样强度对混凝土强度换算值进行修正,芯样数量不少于3个,在每个钻取芯样附近做3个测点的拔出试验。

2. 混凝土强度推定

1)单个构件的混凝土强度推定

单个构件的拔出力计算值,应按下列规定取值:

当构件3个拔出力中的最大和最小拔出力与中间值之差均小于中间值的15%时,取最小值作为该构件拔出力计算值;

当有加测点时,加测的2个拔出力值和最小拔出力值一起取平均值,再与前一次的拔出力中间值比较,取小值作为该构件拔出力计算值。

2)按批抽检构件的混凝土强度推定

将同批构件抽样检测的每个拔出力代入式(11-8)计算强度换算值并进行修正(方法同上)。

计算所有测点强度换算值的平均值$m_{f^c_{cu}}$、标准差$S_{f^c_{cu}}$。混凝土强度的推定值$f_{cu,e}$按下列公式计算:

$$f_{cu,e1} = m_{f^c_{cu}} - 1.645S_{f^c_{cu}} \tag{11-9}$$

$$f_{cu,e2} = m_{f^c_{cu,min}} = \frac{1}{n}\sum_{i=1}^{n} f^c_{cu,min,i} \tag{11-10}$$

式中 $f_{cu,e1}$—— 批抽检构件强度推定值的第一条件值;

$f_{cu,e2}$—— 批抽检构件强度推定值的第二条件值;

n —— 批抽检构件总数;

$m_{f^c_{cu,min}}$—— 批抽检构件混凝土强度值中最小值的平均值;

$f^c_{cu,min,i}$—— 第i个构件混凝土强度值中的最小值。

取第一、二条件值中的较大值作为该批构件的混凝土强度推定值。

第二节 混凝土内部缺陷检测

一、检测原理及一般步骤

(一)缺陷检测原理

如图11-1所示,假设混凝土中有一处缺陷。用超声法检测时,由于正常混凝土是连续体,超声波在其中正常传播,如1-1′、3-3′测线。当换能器正对着缺陷时,由于混凝土连续性中断,缺陷区与混凝土之间出现界面(空气与混凝土)。在界面上超声波传播发生反射、散射与绕射。如超声波经过缺陷,用于混凝土缺陷评估的4个声学参数——声时(或波速)、振幅、频率和波形将发生变化。

1. 声时(波速)

当超声波在传播路径上遇到缺陷时,超声波的传播有两种可能:一是直接穿过缺陷介质,缺陷介质可能是空气、水或夹杂杂质的非正常混凝土,这些介质的共同特点是声速低;

二是超声波绕过缺陷与正常混凝土的界面传播，如图 11-1 中的 2 − A − 2′或 2 − B − 2′所示。当超声波直接穿过缺陷，由于缺陷速度较混凝土低，在同样测距下传播时间要长，而绕过缺陷的传播路径比直线传播的路径长，所以上述两种情况测得的声时都将比正常部位长。在计算测点声速时，总是以换能器间的直线距离 L 作为传播距离，因此有缺陷处的计算声速就减小。

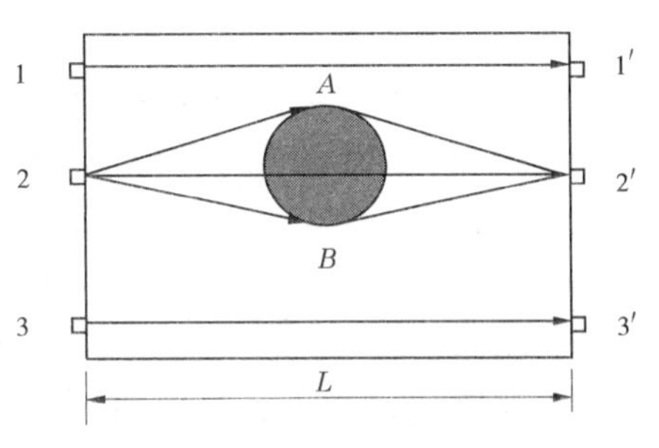

图 11-1　超声波检测缺陷原理

2. 波幅

由于缺陷对声波的反射或吸收比正常混凝土大，所以当超声波通过缺陷后，衰减比正常混凝土大，即接收波的振幅将减少。根据接收波首波振幅的异常变化也可以发现缺陷的存在。

振幅值虽然与混凝土质量有相关性，但也取决于测试距离和换能器的声学性能（仪器和换能器灵敏度、自振频率、频谱特性等），因此难以定出一种统一的指标，只能在同一仪器设备和测距情况下作相对比较用。

3. 频率

对接收波信号的频谱分析表明，不同质量的混凝土对超声波中高频分量的吸收、衰减不同。因此，当超声波通过不同质量的混凝土后，接收波的频谱（即各频率分量的幅度）也不同。有内部缺陷的混凝土，其接收波中高频分量相对减少而低频分量相对增大，接收波的主频率值下降。频率值也只能在同一仪器设备和测距情况下作相对比较用。

4. 波形

当超声波通过混凝土内部缺陷时，由于混凝土的连续性已被破坏，使超声波的传播路径复杂化，直达波、绕射波等各类波相继到达接收换能器。它们各有不同的频率和相位。这些波的叠加有时会造成波形的畸变（见图 11-2）。目前，对波形的研究还不够，只能是半定性的参数，作为判断缺陷的参考。

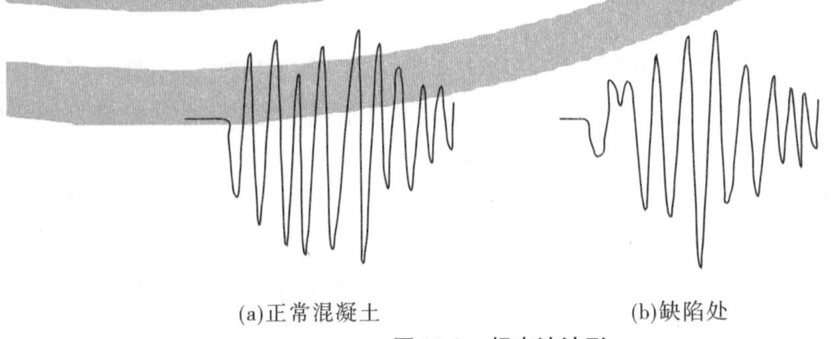

(a)正常混凝土　　(b)缺陷处

图 11-2　超声波波形

（二）一般步骤

对混凝土缺陷（包括不密实区和空洞、结合面质量、表面损伤层）以及裂缝的检测虽然没有固定的程序，但基本程序还是相同的，分为以下几个步骤：

1. 制订测试方案

收集待测结构或构件的设计、施工资料,到现场进行实地观察,掌握被测结构或构件的外观情况和检测条件,制订周密的测试方案。视测试面情况及测距大小选择对测法、斜测法或者钻孔法。

2. 仪器设备

超声仪及换能器应满足规范要求及现场检测需要。根据测试面情况选择平面换能器或径向换能器,根据测距大小选择合适频率的换能器,短距离应选用较高频率的换能器,长距离应选用较低频率的换能器,必要时配置前置放大器。

3. 对测试面或钻孔的要求

采用平面换能器在混凝土表面测试时,应保证混凝土表面平整、干净。对不平整或有杂质的表面,应采用砂轮打磨处理,以保证换能器辐射面与混凝土表面耦合良好。

当使用钻孔法检测不密实区、空洞或深裂缝,或者采用声波透射法检测灌注桩质量时,要求钻孔或声测管互相平行,孔(管)径比径向换能器直径略大。

4. 耦合条件

采用平面换能器在混凝土表面检测时,应涂耦合剂,以保证换能器辐射面与混凝土表面达到完全平面接触,使得超声波在此接触面上的衰减最小。耦合剂的厚度(不宜太厚)以及对换能器施加的压力应基本相同,以保证各个测点的耦合条件一致。可使用的耦合剂有黄油、凡士林、糨糊等。

钻孔或预埋管检测时,采用水作耦合剂,检测前向孔(管)中注满清水。检测时换能器应加装扶正器,使得换能器在孔(管)中不偏斜,以保证检测条件的一致性。

5. 测线布置

根据不同的测试目的布置测线,一般来说尺寸较大的构件测线可以疏一些,小构件测线应密一些;普测时测线可以疏一些,仅需单方向对测,而对有怀疑的区域重点检测时测线应密一些,还要做进一步的斜测。平面检测时,在混凝土表面画线布置测点,应记录各测点编号及位置;钻孔检测时,利用测绳或电缆线上的刻度定位换能器位置,记录各测点的高程。

6. 信号采集

按照预定方案逐点采集超声波信号,记录声时、振幅、频率和波形这四个声学参数。一般来说,如果数据量较大,正常部位测点的波形可以不保存,但要保存异常部位的波形,以便室内做进一步分析处理。

7. 分析计算

现场检测时,一般应做初步分析处理,对缺陷情况做到心中有数,对缺陷的复测或详测工作才能有的放矢。利用缺陷或裂缝的分析方法对测试数据做进一步分析处理,对缺陷位置、尺寸、程度或裂缝深度做出判断。

二、不密实区和空洞检测

所谓不密实区,是指因振捣不够、漏浆或离析等造成的蜂窝状,或因缺少水泥而形成的松散状以及遭受意外损伤所产生的疏松状混凝土区域。所谓空洞,是指因为钢筋密集,

混凝土无法振实，造成石子架空，或者在浇筑过程中混凝土中混入了声阻抗较低的杂物（如泥块、木块、砖头等）。

（一）测试方法

检测构件不密实区或空洞时，被测部位应具有一对（或两对）相互平行的测试面，这样就可以方便地采用平面换能器进行检测。当然，如果不具备一对平行测试面的要求或者平行测试面距离太大，也可以采用钻孔法检测。检测构件不密实区或空洞时，测试范围除应大于有怀疑的区域，还应有同条件的正常混凝土进行对比，且对比测点数不小于30个。这是因为判断不密实区或空洞的方法是采用后面将要介绍的概率法，使用概率法的先决条件是所处理的数据符合正态分布，也就是所处理数据中异常数据只是少数。

根据被测构件实际情况，选择下列方法之一布置测线。

1. 对测法

当构件具有两对相互平行的测试面时，采用对测法。如图11-3所示，在测试部位两对相互平行的测试面上，分别画出等间距的网格，网格间距视待测构件的尺寸，一般为100～300 mm，大型结构物可适当加大，并编号确定对应的测点位置。

一般先将T、R换能器分别置于其中一对相互平行的测试面的对应测点上，逐点测量声学参数，如果发现异常测点，则利用另一对相互平行测试面上的测点作进一步检测，以便判断缺陷的具体位置和范围。图11-3中平面图中的测线布置是为了了解缺陷在水平方向的分布情况，立面图中的测线布置是为了了解缺陷在垂直方向的分布情况。

2. 斜测法

当构件只有一对相互平行的测试面时，可采用对测和斜测相结合的方法。如图11-4所示，在测位两个相互平行的测试面上分别画出网格线，在对测的基础上进行交叉斜测，从而判断缺陷具体位置和范围。

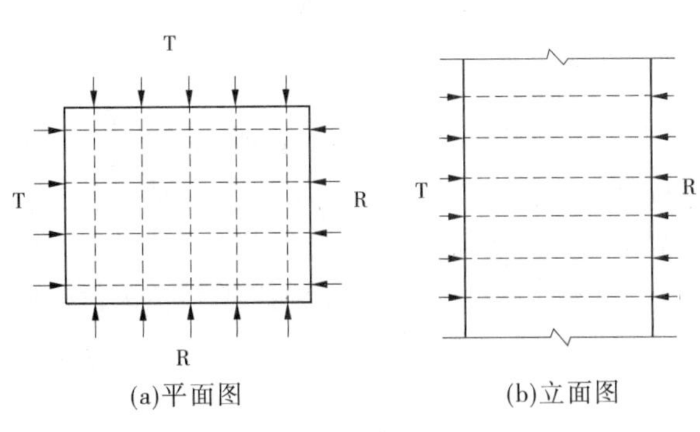

图11-3　对测法示意图

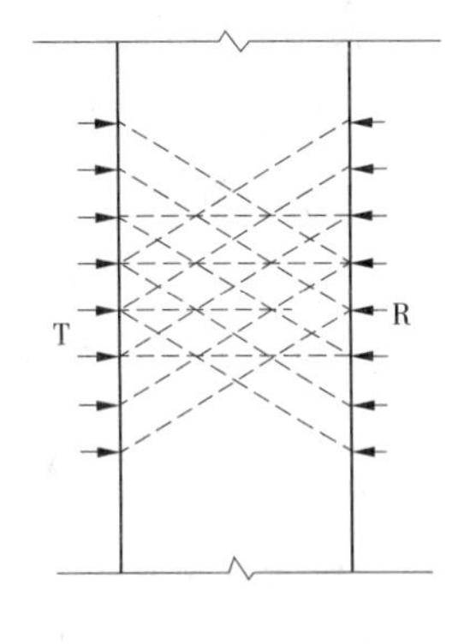

图11-4　斜测法示意图

3. 钻孔法

当测距较大时，可采用钻孔或预埋管测法。声波透射法检测灌注桩质量采用的就是预埋管测法。如图11-5所示，在测位预埋声测管或钻出竖向测孔，预埋管或钻孔间距宜为2～3 m，距离太大往往难以测得有效信号，特别是当测线穿过缺陷时。钻孔或预埋管深度可根据测试需要确定，要求比估计缺陷所在位置更深。检测时可用两个径向换能器分别置于两测孔中检测两孔之间的混凝土内部缺陷，或用一个径向换能器与一个平面换能器,分别置于测孔中和平行于测孔的侧面检测钻孔与侧面之间的混凝土内部缺陷。钻孔法也经常需要将对测法和斜测法结合起来判断缺陷具体位置和范围。

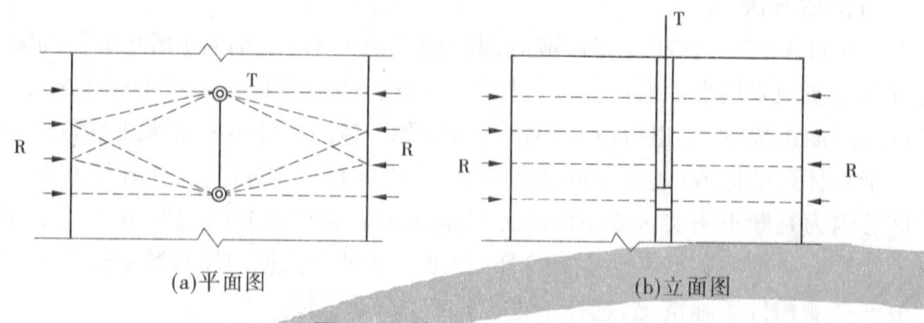

图11-5 钻孔法示意图

(二)分析方法

1. 异常测线判断——概率法

概率法是通过概率统计判断某些低测值点是偶然误差还是由缺陷引起,因此要求定出缺陷临界值。临界值是指抽样母体在正常波动水平推算出一个点或相邻点在正常波动情况下可能出现的最低值。临界值分为单个缺陷异常点的临界值 x_{L1} 及相邻点临界值 x_{L2}。

在计算临界值之前,先计算测位混凝土声学参数的统计值 x_i(包括 t_i、A_i、f_i)的平均值($\bar{x}$)和标准差(s),按下式计算

$$\bar{x} = \sum_{i=1}^{n} x_i/n$$
$$s = \sqrt{(\sum x_i^2 - n \cdot \bar{x}^2)/(n-1)} \tag{11-11}$$

式中 x_i—— 第 i 点的声学参数测量值;

n—— 参与统计的测点数。

1)单个缺陷异常点临界值 x_{L1}

正态分布中概率为 $P=1/n$(n 是测点总数)时所对应的测值称为临界值 x_{L1}。把 $1/n$ 定为是否为缺陷界限的原因是:如果某个低测值是由正常的质量波动引起的,那么它出现的概率应当大于或等于 $1/n$;如果这个低测值小于 x_{L1},则它出现的概率必低于 $1/n$。概率低于 $1/n$ 表示在正常波动情况下,这样的点一个也不允许出现。如出现则认为该点测值的低下已不是正常波动所引起,属于缺陷异常点。单个缺陷异常点的临界值 x_{L1} 的计算步骤如下:

(1)计算所有测值的平均值 $\bar{x}$、标准差 s;

(2)计算相应于概率 $P=1/n$ 的分位值 λ_1;

(3)单点临界值 x_{L1} 按下式计算

$$x_{L1} = \bar{x} - \lambda_1 s \tag{11-12}$$

2)相邻点临界值 x_{L2}

在实际结构中,缺陷往往有一定的尺寸,因此按一定间距逐点测量,不但可能测到单个缺陷点,还可能测到相邻缺陷点。

根据概率的原理,某点 A 的测值小于等于某一界限值 x_L,其出现的概率为 p,与其相邻

的 B 点测值也小于或等于 x_L。这种两点同时小于或等于 x_L 的情况构成概率论中的事物相容事件，其出现的概率 P 为单个事件概率 p 之积，即$P=p^2$。但所谓相邻，对于一般结构来说（如图 11-6(a)所示），有 AB、AC、AD、AE 4 种情况都是相邻，因此任意两点测值都低于 x_L 的概率 P 应为 $4p^2$。同样，对于孔中或管中的测量（如灌注桩检测），测点只能上下布置（如图 11-6(b)所示），则相邻点出现的概率应为 $2p^2$。

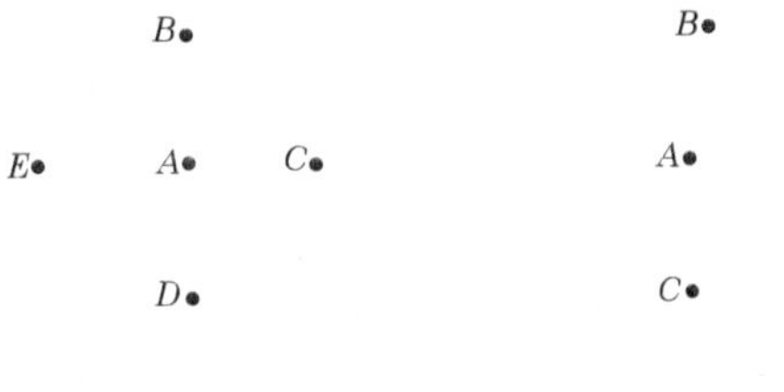

B　E　A　C　D

(a)一般构件

B　A　C

(b)孔(管)中

图 11-6　测点相邻的情况

相邻点临界值 x_{l2} 按以下步骤计算：

(1)对于一般结构，界限概率 $P=4p^2=\frac{1}{n}$，则 $p=\sqrt{\frac{1}{4n}}$。

(2)对于孔(管)中的检测，界限概率 $P=2p^2=\frac{1}{n}$，则 $p=\sqrt{\frac{1}{2n}}$。

(3)查正态分布表 11-3 中相应于概率为 p 的分位值 λ_2，相邻两点的临界值 x_{l2} 按下式计算：

$$x_{l2} = \bar{x} - \lambda_2 s \tag{11-13}$$

(4)凡单个测点测值小于 x_{l1}，相邻二点测值均小于 x_{l2} 的测点都可判为缺陷异常点。

表 11-3　统计数的个数 n 与对应的 λ_1、λ_2、λ_3 值

n	20	22	24	26	28	30	32	34	36	38
λ_1	1.65	1.69	1.73	1.77	1.80	1.83	1.86	1.89	1.92	1.94
λ_2	1.25	1.27	1.29	1.31	1.33	1.34	1.36	1.37	1.38	1.39
λ_3	1.05	1.07	1.09	1.11	1.12	1.14	1.16	1.17	1.18	1.19
n	40	42	44	46	48	50	52	54	56	58
λ_1	1.96	1.98	2.00	2.02	2.04	2.05	2.07	2.09	2.10	2.12
λ_2	1.41	1.42	1.43	1.44	1.45	1.46	1.47	1.48	1.49	1.49
λ_3	1.20	1.22	1.23	1.25	1.26	1.27	1.28	1.29	1.30	1.31
n	60	62	64	66	68	70	72	74	76	78
λ_1	2.13	2.14	2.15	2.17	2.18	2.19	2.20	2.21	2.22	2.23
λ_2	1.50	1.51	1.52	1.53	1.53	1.54	1.55	1.56	1.56	1.57
λ_3	1.31	1.32	1.33	1.34	1.35	1.36	1.36	1.37	1.38	1.39
n	80	82	84	86	88	90	92	94	96	98
λ_1	2.24	2.25	2.26	2.27	2.28	2.29	2.30	2.30	2.31	2.31
λ_2	1.58	1.58	1.59	1.60	1.61	1.61	1.62	1.62	1.63	1.63
λ_3	1.39	1.40	1.14	1.42	1.42	1.43	1.44	1.45	1.45	1.45
n	100	105	110	115	120	125	130	140	150	160
λ_1	2.32	2.35	2.36	2.38	2.40	2.41	2.43	2.45	2.48	2.50
λ_2	1.64	1.65	1.66	1.67	1.68	1.69	1.71	1.73	1.75	1.77
λ_3	1.46	1.47	1.48	1.49	1.51	1.53	1.54	1.56	1.56	1.59

3)概率法计算方法

以一个构件为统计样本，且测点总数不少于 30 个。因为临界值的计算是以正常混凝土的波动离散水平作为基础,统计计算正常波动下所可能出现的最低值,因此参加统计的测点都应是正常波动的测点,异常点不应该参加统计计算 $\bar{x}$ 和 s,否则,将使所计算统计的离散度增高($\bar{x}$ 变小,s 增大),造成漏判,但因事前并不知道哪些测值是异常点,所以实际的做法是:

将所有测值按大小次序排列,即 $x_1 \geqslant x_2 \geqslant x_3 \geqslant \cdots \geqslant x_{n-1} \geqslant x_n \geqslant x_{n+1} \cdots$,将排在后面明显小的数据视为可疑,例如 x_n、$x_{n+1}\cdots$,先予舍弃,以剩下的其他数据进行统计计算,得到一临界值 x_{L1}。这时可能出现两种情况:

(1)若 $x_{n-1} < x_{L1}$,则将 x_{n-1} 也舍掉,以其余的数据重新进行统计计算、判断,以此类推,直到所舍弃的数据中最大的一个大于或等于临界值为止,则这个最大值以后的数据为异常点。

(2)若 $x_{n-1} > x_{L1}$,则将 x_n 纳入统计数据中,将其余的数据舍弃,重新进行统计计算、判断,以此类推,直到所舍弃的数据中最大的一个小于临界值为止,则这个所舍弃的最大值及其以后的数据为异常点。

2. 异常范围判断——阴影重叠法

对于加密对测和斜测数据,利用概率法就可以判断异常测线,而要判断异常范围则要利用阴影重叠法。

阴影重叠法用到了数学中集合与交集的概念。图11-7中 A、B、C 均为集合,图11-7(a)中标斜线部分是既属于集合 A 又属于集合 B 的新集合,称为 A 与 B 的交集,图11-7(b)中的斜线重叠区为 A、B、C 三个集合的交集。可见,交集为2个或多个集合所共有。

阴影重叠法判断异常范围的方法如下:在检测剖面图上画出全部测线,正常测线用实线表示,异常测线用虚线表示。异常测线形成的区域称为阴影区,阴影区包括对测阴影区与斜测阴影区。由于异常测线往往只是部分穿过缺陷,因此阴影区中的缺陷也只是局部的,单独的阴影区是可能的缺陷区域,还不是真正的缺陷区域。将所有阴影区叠加,如同图11-7(b)中的集合 A、B、C,其交集称为缺陷阴影区,即为真正的缺陷范围。

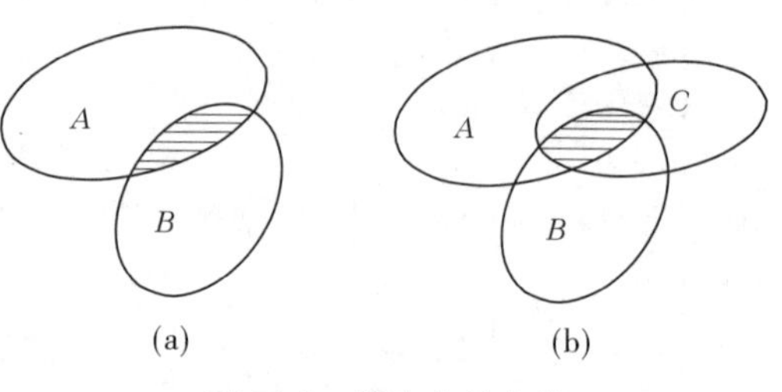

图11-7 集合中的交集

(三)工程实例

某高速公路特大桥灌注桩,桩径 ϕ1.5 m,桩顶标高 +2.20 m,管底标高 -58.6 m。桩内预埋3根50号钢管作为声测管。3根声测管呈等边三角形布置,编号分别为 A、B、C。3根声测管形成3个检测剖面,编号为 AB、BC、CA。

1. 常规对测

将发射、接收换能器分别置于两个声测管中,从桩底开始,以50 cm的间距对测。使用概率法对波速进行统计,计算出各检测剖面的波速临界值,并列出低于临界值的测点;波幅临界值为波幅平均值减去6 dB。常规对测数据分析计算结果见表11-4,各检测剖面波速(v)、波幅(A)及PSD随高程的变化曲线见图11-8。分析表明,该桩3个检测剖面在 -12.50 ~ -13.00 m 均存在波速、波幅异常点(AB 剖面 -13.50 m 测点波幅低于临界值,但波速正常,可判为正常),说明在该处存在缺陷。依据常规对测数据推断可能的缺陷位置见图 11-9(a)。

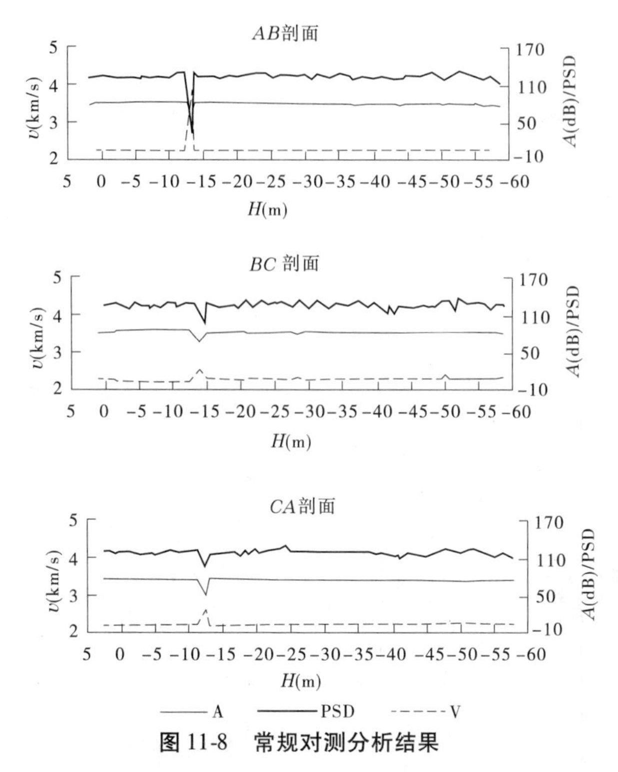

图 11-8　常规对测分析结果

2. 加密对测与斜测

加密测量异常数据见表 11-4,缺陷范围见图 11-9(b)。对该桩缺陷处加密对测的间距实际为 12.5 cm,数据较多,为清楚起见仅选择间距为 25 cm 的数据。加密对测后,缺陷的高度范围发生了变化,*AB*、*BC* 剖面缺陷高度由原来的 -12.50 ~ -13.00 m 增大为 -12.50 ~ -13.25 m,*CA* 剖面缺陷高度不变。

表 11-4　常规及加密检测数据统计分析结果

检测剖面	*AB*			*BC*			*CA*		
	标高(m)	波速	波幅	标高(m)	波速	波幅	标高(m)	波速	波幅
常规对测异常测点	-12.50	3.51	65	-12.50	3.92	62	-12.50	3.87	64
	-13.00	2.67	43	-13.00	3.72	68	-13.00	3.83	54
	-13.50	4.32	70	—	—	—	—	—	—
加密测量异常测点	-12.50	3.51	65	-12.50	3.92	62	-12.50	3.87	64
	-12.75	2.61	53	-12.75	3.72	58	-12.75	2.96	66
	-13.00	2.67	43	-13.00	3.71	68	-13.00	3.82	53
	-13.25	2.94	50	-13.25	3.96	64	—	—	—
参数统计值	$v_m=4.23$ $s_v=0.057$ $v_0=4.09$			$v_m=4.23$ $s_v=0.071$ $v_0=4.06$			$v_m=4.23$ $s_v=0.057$ $v_0=4.09$		
	$A_m=80$ $A_0=74$								

注:波速单位 km/s,波幅单位 dB。

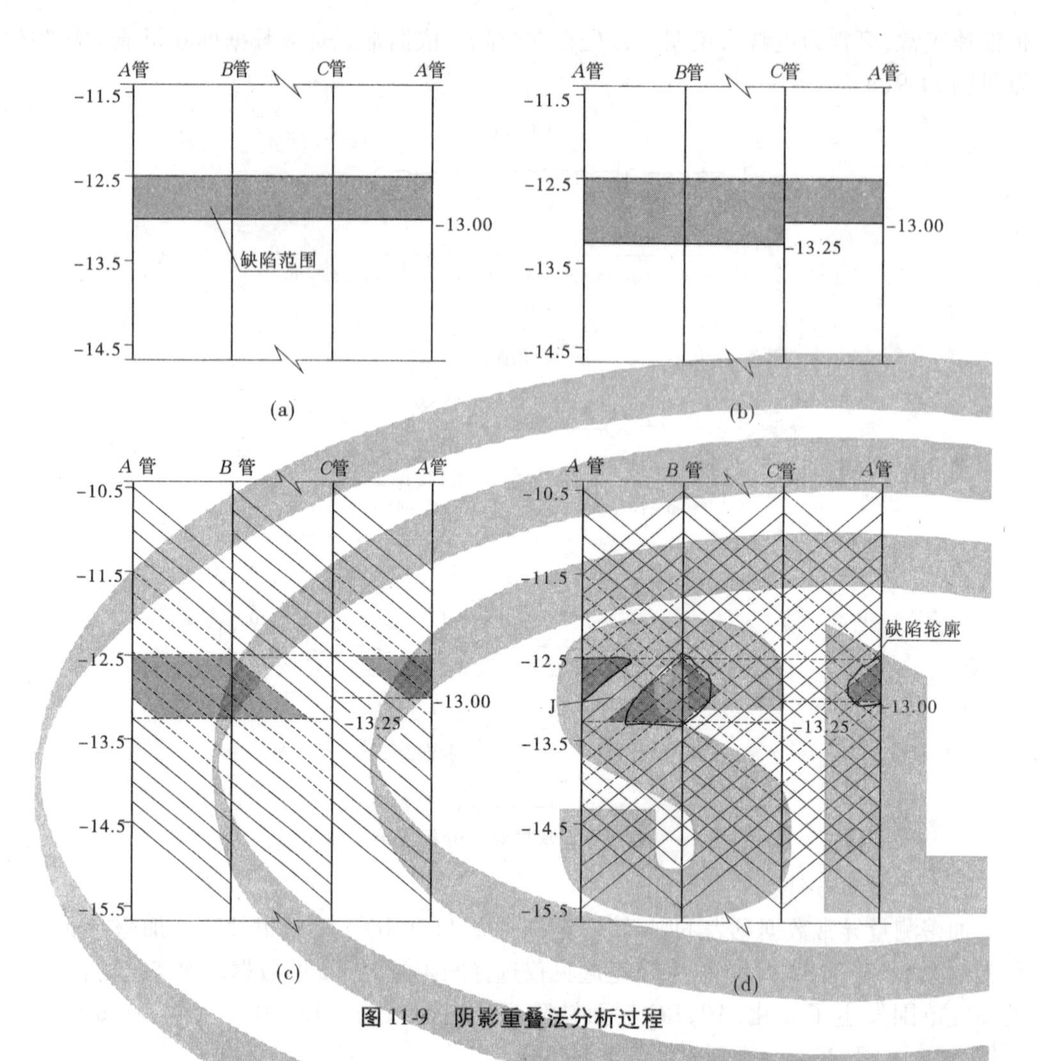

图 11-9　阴影重叠法分析过程

除要知道缺陷高度位置,还需弄清楚缺陷在横向的分布范围,尤其是像桩3个检测剖面在同一位置均出现异常测点时,弄清楚该缺陷是全断面缺陷(断桩)还是局部缺陷,以及局部缺陷的范围就显得十分重要。为此又进行了斜测。双向斜测数据(错开1 m)列于表11-5。表中带下划线的数据为异常数据,采用阴影重叠法分析判断缺陷范围。

单方向(*A*管高*B*管低、*B*管高*C*管低和*C*管高*A*管低)阴影重叠图见图11-9(c)。图中虚线区域与图11-9(b)中阴影部位重叠的部分即为单向斜测后重新认定的缺陷范围。可见,阴影的范围缩小了。

另一方向(*A*管低*B*管高、*B*管低*C*管高和*C*管低*A*管高)阴影重叠图见图11-9(d)。该方向斜测的虚线区域与图11-9(c)中阴影部位重叠的部分即为双向斜测后认定的缺陷范围,其范围再次缩小。尤其需要指出的是,图11-9(d)中*AB*剖面上异常测线中间出现一根正常测线*J*(按12.5 cm间距测量时有3根正常测线),这使得原先认为在剖面上连续的缺陷被一分为二,在*AB*剖面形成两个独立的缺陷。当然,这两个缺陷在剖面以外的部位可能连在一起。

表 11-5　缺陷处斜测数据

换能器标高(m)		A高B低		B高C低		C高A低		换能器标高(m)		A低B高		B低C高		C低A高	
高	低	波速	波幅	波速	波幅	波速	波幅	低	高	波速	波幅	波速	波幅	波速	波幅
-10.50	-11.50	4.30	80	4.33	80	4.31	78	-11.50	-10.50	4.23	80	4.31	79	4.25	81
-10.75	-11.75	4.32	79	4.37	80	4.35	80	-11.75	-10.75	4.27	80	4.35	77	4.29	79
-11.00	-12.00	4.17	73	4.25	75	4.27	80	-12.00	-11.00	4.29	80	4.28	78	4.24	78
-11.25	-12.25	4.30	80	4.29	82	4.27	81	-12.25	-11.25	4.18	76	4.23	79	4.22	79
-11.50	-12.50	4.19	69	4.26	83	4.16	63	-12.50	-11.50	4.09	78	4.01	73	4.27	80
-11.75	-12.75	3.93	60	4.25	84	3.96	53	-12.75	-11.75	4.02	54	3.93	82	4.21	78
-12.00	-13.00	3.29	72	4.27	83	3.64	57	-13.00	-12.00	3.98	54	3.76	75	4.20	77
-12.25	-13.25	3.38	55	4.23	78	4.28	65	-13.25	-12.25	4.36	75	4.06	81	4.23	72
-12.50	-13.50	3.24	58	3.99	70	4.34	75	-13.50	-12.50	3.73	55	4.10	83	3.77	57
-12.75	-13.75	4.02	46	3.99	72	4.26	76	-13.75	-12.75	3.38	55	4.28	84	3.95	49
-13.00	-14.00	4.31	56	3.92	70	4.18	77	-14.00	-13.00	3.59	58	4.28	83	4.16	49
-13.25	-14.25	4.31	76	4.19	70	4.22	77	-14.25	-13.25	4.28	56	4.26	83	4.16	82
-13.50	-14.50	4.34	79	4.27	79	4.27	78	-14.50	-13.50	4.25	79	4.26	85	4.14	81
-13.75	-14.75	4.29	80	4.28	81	4.21	81	-14.75	-13.75	4.21	82	4.28	83	4.17	81
-14.00	-15.00	4.24	82	4.25	82	4.24	79	-15.00	-14.00	4.40	84	4.30	81	4.20	82
-14.25	-15.25	4.37	84	4.20	84	4.20	81	-15.25	-14.25	4.27	82	4.26	82	4.19	84
-14.50	-15.50	4.34	82	4.17	83	4.24	81	-15.50	-14.50	4.21	83	4.25	80	4.22	81

加密对测、斜测及阴影重叠法分析后发现，该桩存在一处局部缺陷，缺陷将 A、B 声测管包裹，C 管侧混凝土正常。

第三节　混凝土裂缝深度检测

超声波检测混凝土裂缝深度，一般根据被测裂缝所处部位的具体情况，采用单面平测法、双面斜测法与钻孔对测法。

一、单面平测法

当混凝土结构被测部位只有一个表面可供超声检测时，采用单面平测法检测裂缝深度，如混凝土大坝、混凝土路面、飞机跑道、隧洞等建筑物裂缝检测以及其他大体积混凝土裂缝检测。

（一）基本原理

单面平测法检测裂缝深度的基本原理见图 11-10。该法检测裂缝深度基于以下假设：

①裂缝附近混凝土质量基本一致;②跨缝与不跨缝检测时声速相同;③跨缝测读的首波信号绕裂缝末端至接收换能器。

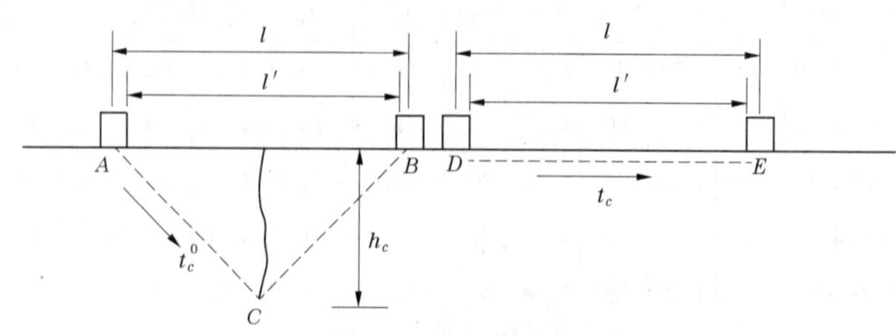

图 11-10 单面平测法原理图

由图 11-10 可知:$h_c^2 = AC^2 - (l/2)^2$,而 $v = l/t_c$,则 $AC = vt_c^0/2 = lt_c^0/2t_c$,故

$$h_c = \sqrt{l^2(t_c^0/t_c)^2/4 - l^2/4} = l/2\sqrt{(t_c^0/t_c)^2 - 1} = l/2\sqrt{(t_c^0 v/l)^2 - 1} \quad (11\text{-}14)$$

式中 h_c—— 裂缝深度,mm;

l—— 超声测距,mm;

t_c—— 不跨缝测量的声时,μs;

t_c^0—— 跨缝测量的声时,μs;

v—— 不跨缝测量的混凝土声速,km/s。

式(11-14)即中国工程建设标准化协会标准《超声法检测混凝土缺陷技术规程》(CECS21:2000)采用的裂缝深度计算公式。

采用式(11-14)计算裂缝深度时,需要计算超声波实际传播距离 l_i 及混凝土声速 v。

图 11-10 标出了 l_i' 和 l_i 两个距离,l_i' 是换能器内边缘距离,是进行裂缝深度测量时不同测点的间距,l_i 是超声波在不同测距下的实际传播距离,它既不等于 l_i' 也不等于换能器中心距离,而是由 l_i' 修正得到,$l_i = l_i' + |a|$,a 是 t_0 和声传播距离的综合修正值。a、v 可由不跨缝测量数据求得,方法有两种:

(1)用回归分析方法:$l_i' = a + bt_i$,a、b 为回归系数。混凝土声速 $v = b$。

(2)绘制“时—距”坐标图法。如图 11-11 所示,截距为 a,$v = (l_n' - l_1')/(t_n - t_1)$。

(二)检测步骤

(1)选择裂缝较宽、表面较平整的部位,打磨并清理混凝土测试表面。

(2)不跨缝的声时测量:将 T 和 R 换能器置于裂缝附近同一侧,T 换能器保持不动,R 换能器向远离 T 换能器的方向移动,两个换能器内边缘间距 l_i' 依次等于 100 mm、150 mm、200 mm、…,分别读取声时值 t_i。

(3)跨缝的声时测量:将 T、R 换能器分别置于以裂缝为对称的两侧,两个换能器同步向外侧移动,l_i' 依次等于 100 mm、150 mm、200 mm、…,分别读取声时值 t_i^0。

(4)记录首波反转时的测距:当换能器置于裂缝两侧并逐渐增大间距,首波的振幅相位先后发生 180°的反转变化,即存在着一个使首波相位发生反转变化的临界点。如图 11-12所示,当换能器与裂缝间距 a 分别大于、等于、小于裂缝深度 h_c 时,超声波接收波形如图 11-12 的(a)、(b)、(c)所示。

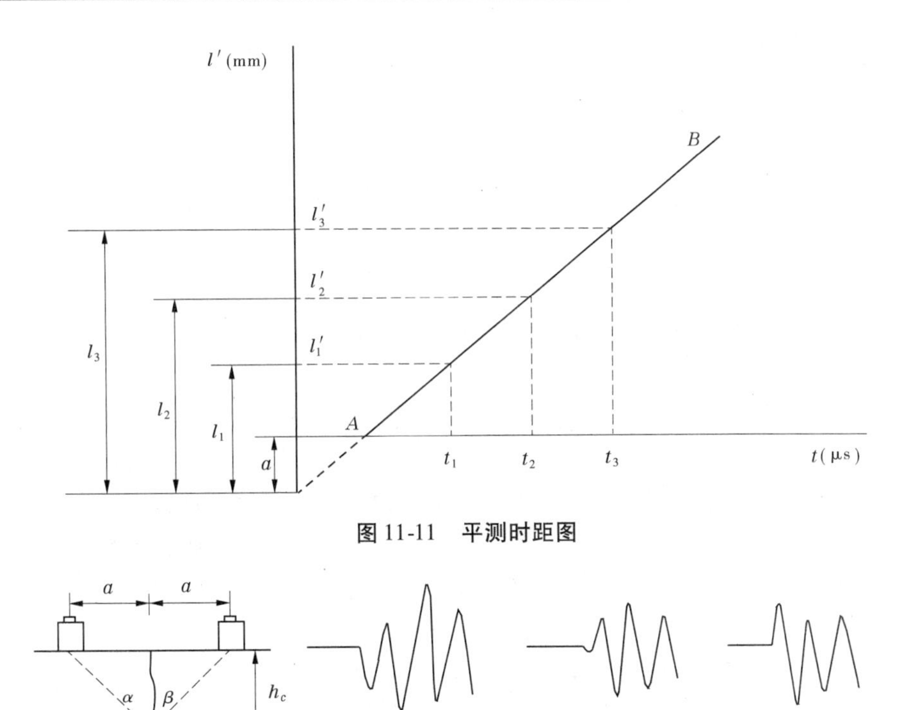

图 11-11 平测时距图

图 11-12 单面平测法首波相位反转现象

图 11-12(b)表示,当 $a \approx h_c$ 时,回折角 $\alpha + \beta$ 约为 90°。在该临界点左右,波形变化特别敏感,只要把换能器稍作来回移动,首波相位反转瞬间改变,记录首波相位发生反转变化时换能器内边缘的距离 l'_i。

(三)裂缝深度的确定方法

由于单面平测法检测裂缝深度时存在首波反转现象,与旧规范相比,CECS21:2000 增加了使用首波反转法确定裂缝深度的方法,两种方法可以同时使用,相互印证。

1. 三点平均值法

三点平均值法是基于单面平测法检测裂缝深度时存在首波反转现象。跨缝测试在某测距发现首波反相时,用该测距及其两个相邻测距的声时测量值分别计算 h_{ci},取此三点 h_{ci} 的平均值作为该裂缝的深度 h_c。

2. 平均值加剔除法

首先求出各测距计算深度 h_{ci} 的平均值 m_{hc},再将各测距 l'_i 与 m_{hc} 相比较,凡 $l'_i < m_{hc}$ 和 $l'_i > 3m_{hc}$,剔除其 h_{ci},取余下 h_{ci} 的平均值作为该裂缝深度 h_c。

这里剔除 l'_i 小于 m_{hc} 和大于 $3m_{hc}$ 的数据,是因为大量检测数据和模拟试验表明,按式(11-14)计算的裂缝深度有随 T、R 换能器距离增大而增大的趋势,当 l'_i 与裂缝深度相近时,测得的裂缝深度较准确。测距过小或远大于裂缝深度,声时测读误差较大,对裂缝深度计算产生较大影响,所以对 T、R 换能器的测距要加以限制。

需要说明的是,CECS21:2000 规定剔除 $l'_i > 3m_{hc}$ 的数据,而 SL 352—2006 规定剔除 $l'_i > 2m_{hc}$ 的数据,从实际应用来看,前者更科学合理。

(四)适用条件

1.裂缝深度

《超声法检测混凝土缺陷技术规程》(CECS21:2000)规定:当结构的裂缝部位只有一个可测表面,估计裂缝深度又不大于500 mm时,可采用单面平测法。此规程在裂缝深度的确定时,认为当测距 l_i' 满足式(11-15)时,计算得到的裂缝深度较可信。

$$m_{hc} \leqslant l_i' \leqslant 3m_{hc} \tag{11-15}$$

从模拟试验及工程实测来看,即使不跨缝平测,当换能器间距达到1.5 m时信号也已比较微弱,这是单面平测法不适合检测深度超过500 mm裂缝的一个重要原因。

2.裂缝长度

在用单面平测法进行裂缝深度检测时,通常认为裂缝深度 h_c 远小于裂缝长度。但要注意的是当裂缝深度 h_c 大于裂缝长度的一半时,超声波在长度方向的绕射距离将小于从裂缝尖端绕射距离,接收到的首波并不是从裂缝尖端绕过的信号。所以在这种情况下,用式(11-15)确定裂缝深度是不合适的。可依照图11-13按以下步骤确定其适用条件:

$$a^2 - (l/2)^2 = h_c^2 \tag{11-16}$$

$$b^2 - (l/2)^2 = (h/2)^2 \tag{11-17}$$

由上两式可得式(11-18):

$$a^2 - b^2 = h_c^2 - (h/2)^2 \tag{11-18}$$

当 $h_c > h/2$ 时,$a > b$,单面平测法不适用;$h_c \leqslant h/2$ 时,$a \leqslant b$,单面平测法可用。

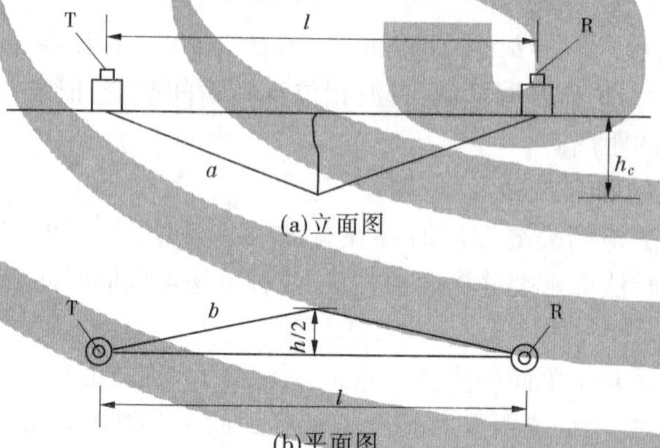

(a)立面图

(b)平面图

图11-13 单面平测法适用条件

3.钢筋的影响

在使用单面平测法时还有一个值得注意的问题,那就是当钢筋穿过裂缝而又靠近换能器时,则沿钢筋传播的超声波首先到达接收换能器,钢筋将使声信号"短路",检测结果也就不能反映裂缝的真实深度。

当有钢筋存在时,如图11-14所示,发射换能器发出一大束超声波(因方向性差),其中有一束是从换能器处 A 点斜向传到钢筋某处 B 点,然后沿钢筋 BC 段传播,再经 CD 段在混凝土中传播到达接收换能器处 D 点。

设 C_c 为混凝土声速,C_s 为钢筋声速,l 为两换能器间距离,a 为换能器与钢筋轴线的

最短距离。则超声波在混凝土中(AB、CD 段)及钢筋中(BC 段)的总传播时间为

$$t = 2t_c + t_s = \frac{2\sqrt{a^2 + x^2}}{C_c} + \frac{l - 2x}{C_s} \quad (11\text{-}19)$$

将式(11-19)对 x 取一阶导数并令其为零,得

$$x = \sqrt{\frac{a^2}{C_s^2 - C_c^2}} \cdot C_c \quad (11\text{-}20)$$

仪器所接收到的首波正是经由 x 为上述值时的传播路线到达的超声波,这时所需传播时间最短。也就是说,将式(11-20)代入式(11-19),即得最小传播时间(即最先到达的时间)为

$$t = 2a\sqrt{\frac{C_s^2 - C_c^2}{(C_sC_c)^2}} + \frac{l}{C_s} \quad (11\text{-}21)$$

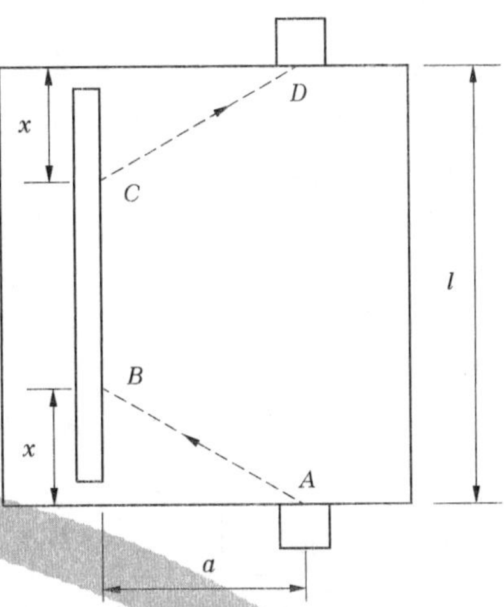

图 11-14　平行钢筋的影响

从式(11-14)可导出,超声波从裂缝末端绕过所需时间 t_c^0 为

$$t_c^0 = \sqrt{1 + \frac{4h_c^2}{l^2}} \cdot t_c$$

为避免钢筋影响,应使 $t \geqslant t_c^0$,即

$$2a\sqrt{\frac{C_s^2 - C_c^2}{(C_sC_c)^2}} + \frac{l}{C_s} \geqslant \sqrt{1 + \frac{4h_c^2}{l^2}} \cdot t_c$$

因此,采用单面平测法检测裂缝深度应避开钢筋的最短距离为

$$a = \frac{C_s\sqrt{4h_c^2 + l^2} - C_c l}{2\sqrt{C_s^2 - C_c^2}} \quad (11\text{-}22)$$

a 与钢筋的声速、混凝土声速、换能器间距及裂缝深度有关。对于一般混凝土结构,作为粗略估计,换能器偏离钢筋的最短距离 a 为裂缝深度的 1.5 倍左右。表 11-6 给出了为满足裂缝深度探测要求的钢筋最小间距 S,一般混凝土结构无法满足这一要求,因此不能利用平测法检测裂缝深度。

表 11-6　单面平测法对测试位置及钢筋间距的要求　　(单位:mm)

裂缝深度 h_c	$a \geqslant 1.5h_c$	$S \geqslant 2a + \phi$
50	75	$150 + \phi$
100	150	$300 + \phi$
200	300	$600 + \phi$
300	450	$900 + \phi$
400	600	$1\ 200 + \phi$
500	750	$1\ 500 + \phi$

(五)工程应用

某桥桥墩为重力式实体钢筋混凝土结构,墩身厚3.4 m,混凝土设计强度等级为C30。混凝土浇筑拆模后,部分桥墩表面出现裂缝,表11-7为⑤号裂缝深度检测数据及结果分析。

测距为200 mm时接收波出现首波反转现象,可采用两种方法评定裂缝深度:

(1)取测距为150、200、250 mm处h_{ci}的平均值$h_c=128.7$ mm。

(2)不同测距下计算得到的裂缝深度平均值$m_{hc}=118.5$ mm,剔除h_{c1}、h_{c2}、$h_{c8}\sim h_{c16}$后求得平均值$h_c=130.6$ mm。

表11-7 ⑤号裂缝深度检测结果

测距l_i'(mm)	跨缝t_i^0(μs)	不跨缝t_i(μs)	h_{ci}(mm)	测距l_i'(mm)	跨缝t_i^0(μs)	不跨缝t_i(μs)	h_{ci}(mm)
50	54.9	24.3	103.0	450	132.5	117.3	116.6
100	72.7	31.7	131.4	500	144.1	130.7	119.4
150	71.9	43.5	112.1	550	155.9	142.7	122.7
200	84.1	58.7	123.2	600	165.5	154.5	112.6
250	102.1	69.5	150.6	650	174.3	163.9	93.0
300	107.1	80.9	138.4	700	189.5	175.9	119.0
350	114.1	95.9	128.5	750	199.1	189.1	103.8
400	124.1	107.3	127.1	800	209.9	199.1	95.1
缝深	首波反转三点平均法		128.7	平均值加剔除法			130.6

二、双面斜测法

(一)检测原理

对于具备一对平行测试面的结构,例如桥梁工程的梁、柱、墩等,优先采用双面斜测法检测裂缝深度。图11-15为双面斜测法检测裂缝深度测点布置示意图。图11-15(a)中编号相同点的连线1—1、2—2、3—3、4—4、5—5、6—6称为测线,各测线等间距排列。为相互比较,要求各测线倾斜角相同,并且要求裂缝两侧至少各有一条测线不穿过裂缝,例如1—1、2—2、6—6测线。必要时沿裂缝长度开展方向,选择几个断面做深度检测,如图11-15(b)中的①、②、③、④断面,从而可以全面掌握裂缝开展情况。

超声波发射、接收换能器分别置于编号相同的测点上,沿1—1~6—6测线逐点扫描。当测线穿过裂缝时,由于混凝土失去了连续性,在裂缝界面上超声波信号衰减,接收到的首波波幅和不过缝的测点相比较,存在显著差异。因此,双面斜测法一般依据A的变化判断有无裂缝存在。如图11-15的3—3和5—5测线异常,而4—4测线正常,则上侧面裂缝深度可取3—3和4—4测线之间,下侧面裂缝深度可取4—4和5—5测线之间。

(二)工程应用

某水闸闸墩厚1.2 m,施工结束后出现裂缝,裂缝在闸墩的两侧均可见。为了解裂缝

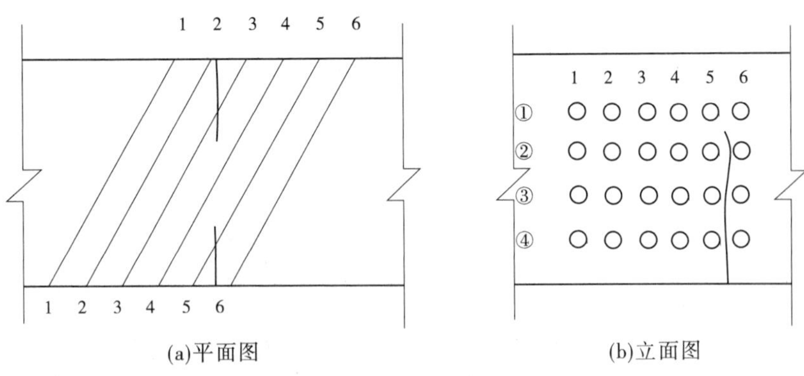

图 11-15　双面斜测法原理图

是否贯通，采用超声法检测裂缝。闸墩具有一对平行测试面，故采用双面斜测法。

将发射换能器 T、接收换能器 R 分别置于闸墩两侧，距底板高度 H 相等。图 11-16 为闸墩裂缝检测断面图。各测线间距为 10 cm、倾斜角一致，南侧 1 号点和北侧 1 号点的水平间距为 70 cm。依次测读 1—1、2—2、3—3、…、16—16 测线的声学参数。

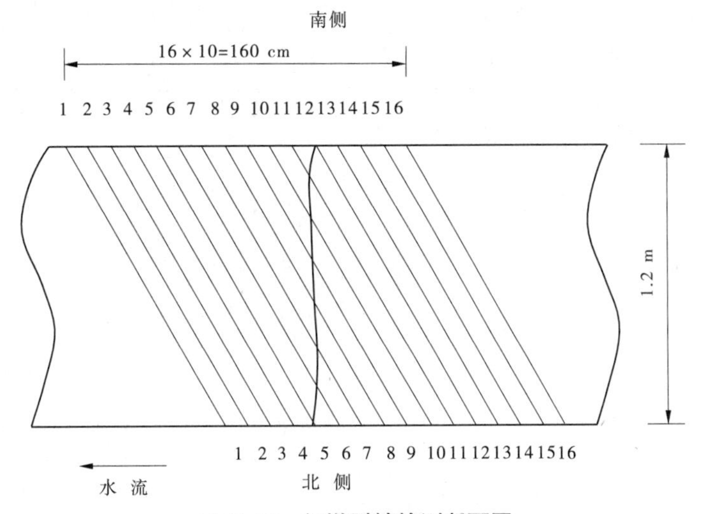

图 11-16　闸墩裂缝检测断面图

以 1 号缝为例，各测线的首波波幅测值见表 11-8 及图 11-17。由图 11-17 可见，测线 6—6、7—7、8—8、9—9、10—10、11—11 与其他测线相比，首波波幅下降明显，表明上述测线穿过裂缝。因此，可判定这条裂缝贯穿闸墩。

表 11-8　闸墩裂缝各测线波幅测值

测线	1—1	2—2	3—3	4—4	5—5	6—6	7—7	8—8
波幅(dB)	45	50	44	42	51	7	7	5
测线	9—9	10—10	11—11	12—12	13—13	14—14	15—15	16—16
波幅(dB)	5	6	8	62	62	55	60	62

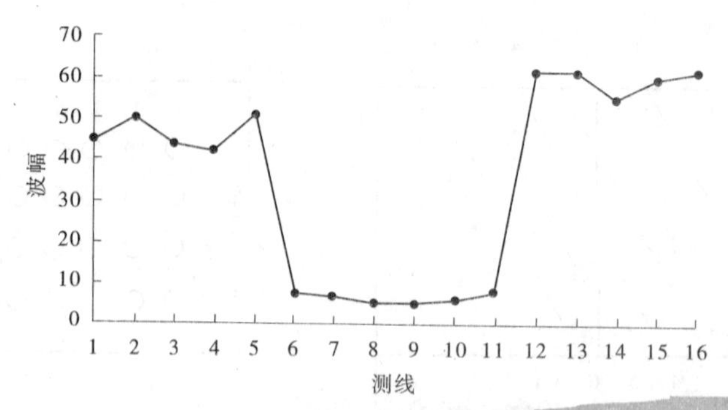

图 11-17 首波波幅变化趋势图

三、钻孔对测法

(一)检测原理

图 11-18 为超声波钻孔对测法检测裂缝深度的原理图。在裂缝的两侧各钻 1 个孔(A、B 孔,连线与裂缝垂直),另在裂缝某一侧再钻一个孔(C 孔)作比较测量用,A、B 孔与 B、C 孔的距离相等,见图 11-18(a)。如图 11-18(b)所示,两个换能器同时从孔口往孔底以一定间距移动,根据测得的 A 值,绘出 A—h 变化曲线,见图 11-18(c)。从图 11-18(c)可见,随着孔深增加,裂缝逐渐闭合,A 也逐渐增大。当换能器到达某一深度 h_c,A 达到最大并基本稳定,意味着换能器已深入到混凝土的无缝部位。

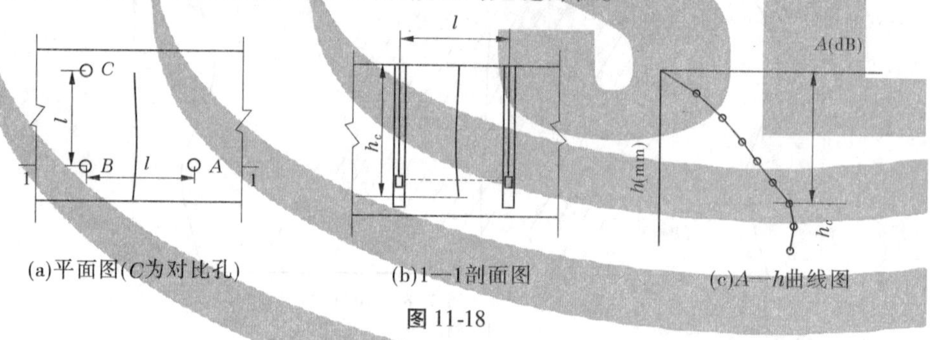

图 11-18

(二)钻孔要求

A、B、C 3 个钻孔应满足下列要求:

(1)为保证径向换能器在钻孔中能够移动顺畅,钻孔直径应比换能器直径大5 ~ 10 mm。

(2)孔深应至少比裂缝预计深度深 700 mm。因为钻孔对测法判断裂缝深度的依据是随着深度增加,波幅 A 逐渐增大并趋于稳定,只有换能器进入到无缝混凝土一定深度,才能做到这一点。实际测量时,至少有 3 个测点深入到无缝混凝土中。当然,事先并不知道裂缝的深度,如果换能器放到孔底时波幅 A 仍然无明显增大,则裂缝深度有可能超过孔深,应进一步加深钻孔。

(3)对应的两个钻孔 A、B,必须始终位于裂缝两侧,其轴线应保持平行。如果两个测试孔的轴线不平行,各测点的测试距离不一致,读取的声时和波幅值缺乏可比性,将给测

试数据的分析判断带来困难。

(4)两个对应测试孔的间距宜为 2 000 mm。对于大体积混凝土,有时会出现较深的裂缝,并且裂缝倾斜,如果孔间距偏小,则裂缝可能偏出钻孔,判断裂缝深度时会出错。

(5)孔中粉末碎屑应清理干净。如果孔中存在粉末碎屑,注水后便形成悬浮液,超声波会大量散射而衰减,影响到测试数据。

(6)在裂缝一侧多钻一个孔距相同但较浅的孔(C),通过 B、C 两孔测试无裂缝混凝土的声学参数。

(三)测试及分析

(1)采用扶正器以确保换能器在孔中居中。因为换能器在孔中可能会出现偏斜甚至紧贴孔壁,影响测试数据。

(2)选用频率为 20 ~ 60 kHz 的一对径向换能器,为增加信号的可读性,接收换能器应带有前置放大器。先将两个换能器分别放在不过缝的 B、C 孔中,然后再放到过裂缝的 A、B孔中,以相同高程等间距(100 ~ 400 mm)从上至下同步移动,逐点读取声时、波幅和换能器所处的深度。

(3)一般来说,由于混凝土中的裂缝并非将两侧混凝土完全分开,因此声时变化不明显,但由于裂缝中空气对超声波的反射,只有少量超声波能穿过裂缝到达接收换能器,接收波形中的首波波幅 A 较小,而当两个换能器间无裂缝时,A 较大,因此裂缝闭合处 A 变化明显。A—h 的变化情况见图 11-18(c),但由于混凝土质量存在波动,实测的 A—h 曲线不如图 11-18(c)那么理想。

(4)工程应用。

某工程沉井长×宽 = 17.4 m×9.9 m、井深 23.0 m、壁厚 1.2 m。沉井施工完成后,东、西井壁在▽ −13.8 m ~ ▽ −9.0 m 范围内出现较多裂缝。东井壁共有 58 条裂缝,分布见图 11-19,裂缝宽度为 0.05 ~ 0.55 mm,平均宽度为 0.20 mm。西井壁共有 51 条裂缝,裂缝宽度为 0.05 ~ 0.25 mm,平均宽度为 0.14 mm。

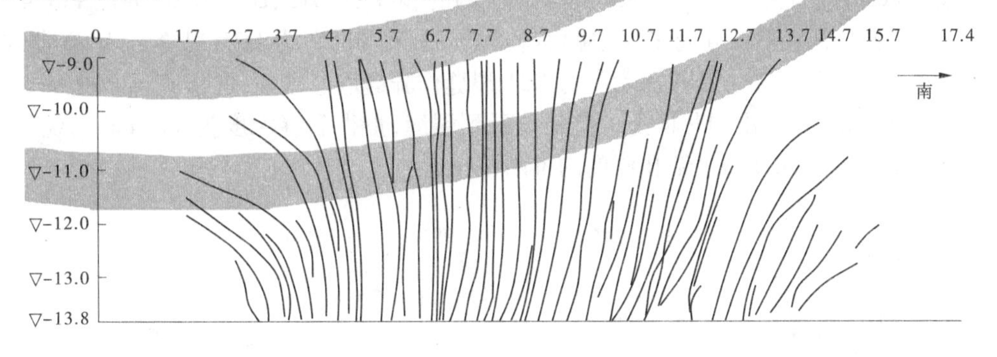

图 11-19　东井壁裂缝分布示意图

由于井筒外壁为填土或预留灌浆槽,不具备平行的一对测试面,无法使用双面斜测法。又由于以下两个原因,无法使用单面平测法:一是裂缝较密,裂缝间距为 200 ~ 300 mm,无法布置足够多的测点;二是钢筋密集,横向钢筋净距只有 100 mm,容易出现声波“短路”,对以声时为计算依据的单面平测法不适合。最后采用钻孔对测法检测裂缝深度。

井壁▽－13.8～▽－9.0 m范围内钢筋密集,图11-20为该部位钢筋布置示意图。井壁内侧布置双向钢筋,钢筋直径均为ϕ25 mm,竖向布置1排钢筋,间距200 mm;横向共布置4排钢筋,间距125 mm(净距100 mm),高度方向钢筋间距为125 mm。这么密集的钢筋,如使用较大的钻孔,将不可避免地会切到钢筋,对结构安全造成影响。采用专门制作的径向换能器(ϕ15 mm,80 kHz),由于对钻孔直径要求小了,可采用电锤打孔,钻头直径为ϕ20 mm。钻孔为水平孔,需采取措施确保孔中始终充满清水。受条件限制,本次检测未能完全满足规范要求,一是由于裂缝密集,换能器频率较高(80 kHz),超声波穿透距离有限,钻孔距离l定为200 mm;二是受钻头长度限制,钻孔最大深度为375 mm,未能确保超过裂缝深度。

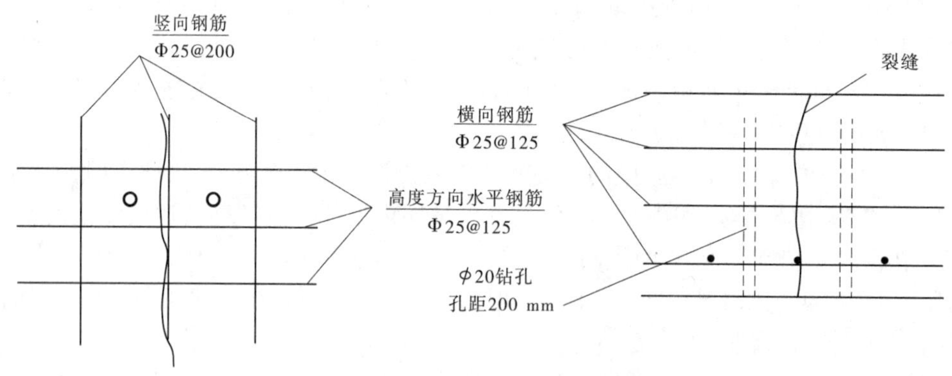

图11-20　钢筋及钻孔布置示意图

由于混凝土质量存在波动,实测的A—h曲线不如图11-18(c)理想,给分析判断带来困难。应对照对比孔测试数据,注意曲线中各测点A值的相对变化趋势,把握住特征,才能正确判断裂缝深度。图11-21为X51裂缝的A—h曲线,在h＝300 mm处A从60 dB左右增加到80 dB左右,推断h_c＝275 mm。在所测的裂缝中,D15、D21、D36、D47、X38共计5条裂缝在各自钻孔最深处尚未见波幅有较大提高,图11-22为D21裂缝的A—h曲线,故仅能推测裂缝深度超过钻孔深度。对D21裂缝作骑缝取芯验证,芯样直径ϕ50 mm,最大钻深800 mm。从取出的芯样上可清楚地看到裂缝,量得裂缝深度为440 mm。说明以上5条裂缝的开展深度超过钻孔深度的推断是正确的。

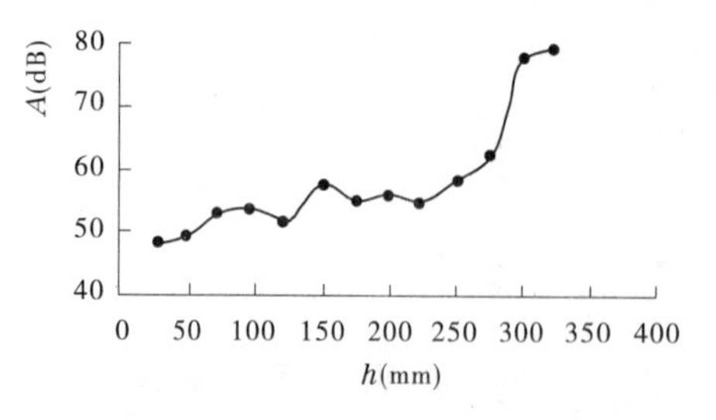

图11-21　X51裂缝A—h曲线

(h_c＝275 mm)

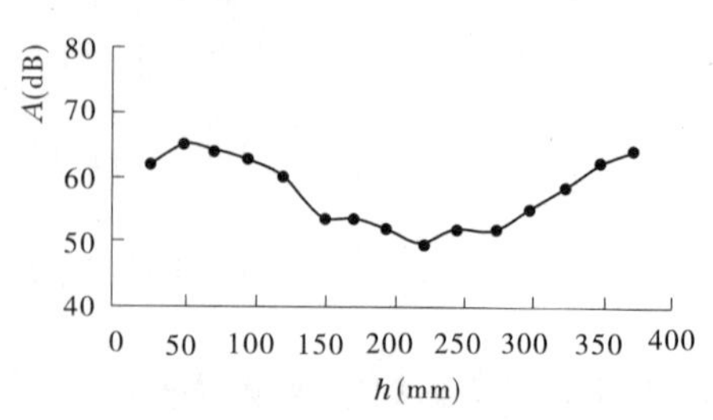

图11-22　D21裂缝A—h曲线

(h_c≥275 mm)

第四节 碾压混凝土现场相对压实度检测

碾压混凝土拌和物表观密度测定分试验表观密度测定和现场表观密度测定两种。试验表观密度测定，对配合比设计计算各种原材料用量，所得表观密度进行校核，提供碾压混凝土配合比设计理论表观密度。试验按《水工混凝土试验规程》(SL 352—2006)6.2“碾压混凝土拌和物表观密度测定”进行。现场表观密度测定，是用表面型核子水分密度计，在已碾压完毕20 min的碾压混凝土层面，实测结果作为现场压实表观密度。按《水工混凝土试验规程》(SL 352—2006)7.11“现场碾压混凝土表观密度测定”进行。

测得的两种表观密度主要用于计算相对压实度。相对压实度是评价碾压混凝土压实质量的参数。试验研究表明，碾压混凝土的压实表观密度必须压实到配合比设计理论容重的97%以上，碾压混凝土才具有结构设计强度，见图11-23。因此，《水工碾压混凝土施工规范》(DL/T 5112—2009)规定，对于建筑物的外部碾压混凝土，相对压实度不得小于98%；对于内部碾压混凝土，相对压实度不得小于97%。

碾压混凝土相对压实度按下式计算：

$$K = \frac{D_c}{D_m} \times 100\% \tag{11-23}$$

式中 K——相对压实度(%)；

D_c——现场压实表观密度，kg/m^3；

D_m——配合比设计理论表观密度，kg/m^3。

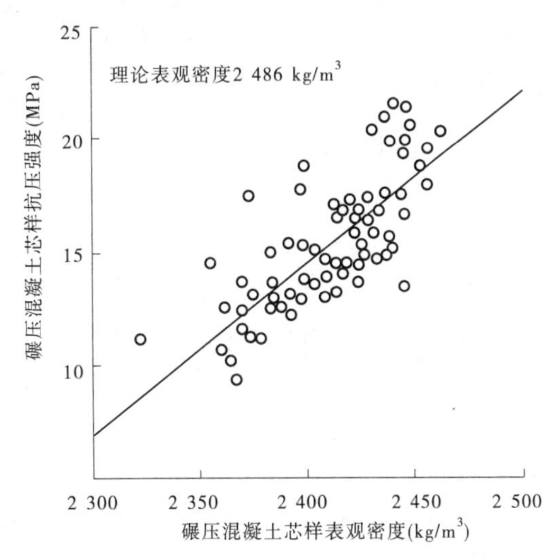

图11-23 碾压混凝土芯样的表观密度和抗压强度

第五节 碾压混凝土坝层间允许间隔时间的测定

碾压混凝土从拌和到碾压完毕最长时间不宜超过2 h。每个浇筑升层碾压后的表面为层面,再浇筑碾压混凝土就是含层面碾压混凝土。大量试验和现场观测表明,含层面碾压混凝土的性能均低于本体,不管层面环境条件如何和间隔时间长短,时间愈长,性能愈差。

我国1994年制定的《水工碾压混凝土施工规范》(SL 53—94)规定:"连续上升铺筑的碾压混凝土,层间允许间隔时间,应控制在混凝土初凝时间以内。"因为对碾压混凝土初凝时间的含义尚不明确,而且就是在初凝时间前铺筑上层碾压混凝土,层面处力学性质是如何变化也不清楚。所以,2009年7月22日发布的《水工碾压混凝土施工规范》(DL/T 5112—2009)不再提初凝时间,而提出直接铺筑允许时间、垫层铺筑允许时间和冷缝。如何确定这些时间,规范比较笼统,只提到综合考虑各种因素,经试验确定。

一、层面结构和浆体胶结

(一)层面断口分析

从不同层面间隔时间浇筑的碾压混凝土层面拉断和剪断破坏状态分析,间隔时间短的层面,破坏面凹凸不平,粗骨料间的空隙被砂浆填充,而间隔时间长的层面,破坏面沿层面断开,表面光滑,层面处粗骨料无啮合。由此说明,碾压后层面浮出部分砂浆,其塑性与层面特性、嵌固和胶结作用密切相关。因此,研究的着眼点集中到碾压混凝土中水泥胶砂的凝结和硬化上。

(二)层面浆体的胶结

振动碾施振于碾压层,随着碾压遍数增加逐步液化,水泥浆上浮,形成层面,浆层厚度3~5 mm。浆层凝结前在其上铺筑碾压混凝土,再次被碾压时,由于液化作用上层碾压混凝土中的骨料下沉,与层面接触,有较好的胶结、嵌固和啮合作用。所以,本体和层面有较好的连续性;当浆层凝结后在其上铺筑碾压混凝土,再次被碾压时,在垂直振动力作用下,不可能使骨料沉入到浆层中发生胶结、嵌固和啮合作用,本体与层面连续性较差。因此,层面浆体凝结状态将直接影响层面胶结性能。

上层底部骨料与层面浆体接触,间隙由凝胶析出的氢氧化钙所填充,形成黏附膜。黏附膜从浆体水化开始就产生,随着时间增长而减弱。黏附作用减弱,黏附作用减弱到一定限值,再覆盖碾压混凝土,即使长期养护,层面黏结强度也不能恢复。层面一定要保持潮湿状态,否则层面干燥将终止浆体水化和黏附膜生成。

层面黏附力由黏附膜作用和骨料嵌入浆体摩阻力组成。研究碾压混凝土层面质量就是寻找一种判断层面黏附力的方法。

(三)贯入阻力法测定碾压混凝土胶砂的凝结与硬化

大量试验表明,混凝土的凝结表现在加水后水泥凝胶体由凝聚结构向结晶网状结构转变时有一个突变。这一理化现象被多种物理量测定表现出来。用测针测定胶砂贯入阻力也存在一个突变点。因此,采用贯入阻力法来测定碾压混凝土凝结过程。

碾压混凝土凝结过程测定是套用普通混凝土凝结时间测定的贯入阻力法。两者的区别是普通混凝土初凝时间测针直径为11.2 mm(100 mm^2 面积),碾压混凝土初凝和终凝时间测针采用统一测针直径5 mm(20 mm^2 面积)。由于测定碾压混凝土贯入阻力的测针直径变小(面积相差5倍),再将普通混凝土贯入阻力仪(分辨率为5 N)用于测定碾压混

凝土贯入阻力,显然仪器精度是不够的。为此,研制了高精度贯入阻力仪。测力部分采用电子测力传感器,力值显示采用 LCD 数码显示,测力精度为 ±1%,分辨率 0.1 N。JFT - 21 型1 000 N高精度贯入阻力仪见图 11-24。

用高精度贯入阻力仪测定 12 个碾压混凝土配合比,贯入阻力与历时关系见图 11-25。

图 11-24 JFT - 21 型 1 000N 高精度贯入阻力仪

图 11-25 贯入阻力与历时关系试验结果

图 11-25 的特征是:贯入阻力—历时关系由两段直线组成,水化初期贯入阻力值较低,增长速率也较缓慢,至一定历时,直线出现一个拐点,直线斜率变陡,增长速度增加。按常规出现拐点的历时称为初凝时间,贯入阻力达到 28 MPa 的历时称为终凝时间。

碾压混凝土初凝时间只是根据水泥胶凝材料水化,由凝胶变为结晶时物理量突变来确定的,没有考虑层间亲合力,与层面力学特性和渗流特性变化没有直接联系,显然用初凝时间来控制层面质量是不科学的。

二、层面外露时间与其力学和渗透特性的关系

碾压混凝土拌和出机后,经运送、摊铺到碾压结束形成层面,再浇筑上层碾压混凝土,不论间隔时间多少,都构成含层面碾压混凝土,其力学和抗渗性能都将降低。

(一)与抗压强度的关系

由于立方体试件端面约束,试件破坏呈锥形。试件中部留下一个未完全破坏的锥形体,而层面就在此锥形体内,所以层面对抗压强度的影响不明显。与碾压混凝土本体相比,抗压强度降低不超过 5% ~8%,可不予注意。

(二)与轴拉强度关系

层面外露时间对含层面碾压混凝土轴拉强度有显著性影响,外露时间愈长,轴拉强度降低愈多。历时 8 h,含层面碾压混凝土轴拉强度比本体降低 15%,历时 24 h,降低 45%,见图 11-26。

(三)与抗剪强度关系

碾压混凝土抗剪强度可通过库仑方程计算

$$\tau = c' + f'\sigma \tag{11-24}$$

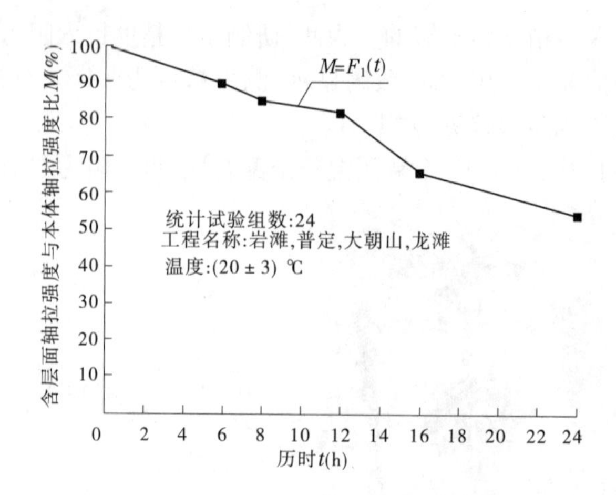

图 11-26 轴拉强度与历时关系试验结果

式中 τ——剪应力,MPa;

c'——黏聚力,MPa;

f'——摩擦系数;

σ——法向应力,MPa。

试验表明,对于给定的碾压混凝土,其层面上的黏聚力变化幅度要比抗滑摩阻力大许多。如果施工中采取合理的质量控制措施,层面间隔时间和状况对层面抗滑摩阻力的影响已处于次要地位。黏聚力既受材料配合比影响,也受施工过程的影响,如层面间隔时间、层面处理方法等。

综上所述,采用黏聚力反映层面状况对抗剪强度的影响更为直接。在标准试验条件下,层面外露时间对黏聚力有显著性影响,黏聚力与历时关系试验结果见图 11-27。

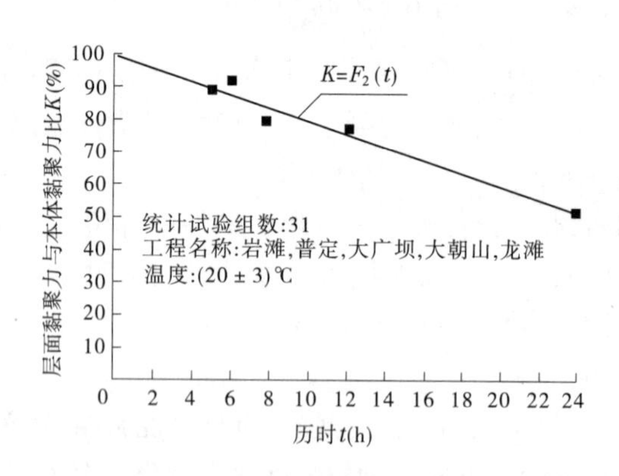

图 11-27 层面黏聚力与历时关系试验结果

(四)与渗透性的关系

两个工程抗渗等级试验结果表明,层面间隔 8 h 以后抗渗等级明显下降,见表 11-9。

表 11-9　不同层面间隔时间抗渗等级试验结果

层面间隔时间（h）	层面状况	抗渗等级	
		No. 1	No. 2
0	本体	W8	W6
4	不处理	W8	
6			W6
8		W8	
12			W4
16		W6	
24		W4	
48		W2	

三、贯入阻力与层面特性的关系

层面砂浆的贯入阻力与层面特性的关系是通过贯入阻力—历时关系，轴拉强度—历时关系和黏聚力—历时关系三者联系起来的。随着历时增长，贯入阻力增加，而轴拉强度、黏聚力和抗渗性则降低，这是一个不争的事实。从设计角度，可以提出一个允许降低下限，在此限以上层面的各项性能是能够被大坝结构安全所接受的，以此下限作为层面质量控制标准。

连续浇筑的碾压混凝土，如果坝体结构设计安全系数认可层面各项性能比本体降低15%是可以接受的。由图 11-26和图 11-27 曲线上可以得到降低 15% 所对应的历时 t_0（两者选小者）。由 t_0 查贯入阻力—历时曲线，得 t_0 对应的贯入阻力值，此值就是现场层面质量控制限值，超过此限值不允许浇筑，层面应进行处理。

四、现场实时检控层面质量的方法

（一）贯入阻力控制值的选定

层面质量贯入阻力控制值由以下两种方法确定。

1. 经验统计法

统计样本取自岩滩、普定、大广坝、大朝山和龙滩五个工程试验资料统计数据。由图 11-26、图 11-27 和表 11-9 层面各项性能降低 15% 时，$t_0 = 8$ h。五个工程贯入阻力—历时关系曲线统计结果见图 11-25，查图 11-25，当 $t_0 = 8$ h 时，贯入阻力 $R_s = 5$ MPa，由此确定经验统计法的贯入阻力控制限值为 5 MPa。

采用统计法决定层面直接铺筑允许间隔时间的方法就是在现场仓面实测贯入阻力—历时关系，当贯入阻力为 5 MPa 时所对应的历时，就是层面连续直接铺筑允许间隔时间。

2. 实际测定法

对大型重要工程，必须采用工程使用材料和结合工程实际工况，按下列步骤确定层面贯入阻力控制值。

(1)拌制施工配合比碾压混凝土,测定:①贯入阻力—历时关系;②不同历时,含层面碾压混凝土轴拉强度,黏聚力 c' 和渗透性与本体的关系。

(2)确定:①层面各项性能允许降低值;②层面贯入阻力控制值。

为检控现场仓面质量,研制了 JFT－11 型 500 N 手持式贯入阻力仪,见图 11-28,其技术规格与 JFT－21 型 1 000 N 高精度贯入阻力仪相同。

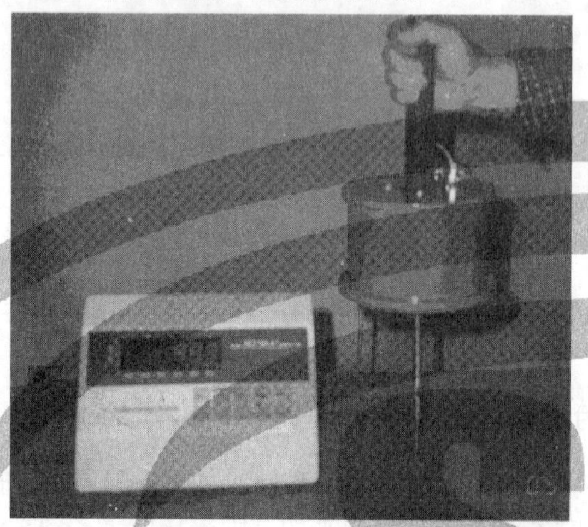

图 11-28　JFT－11 型 500 N 手持式贯入阻力仪

仓面的环境条件比室内标准试验条件复杂得多,气温、日光直射、风速变化加剧了水分蒸发,表面遮盖、喷雾等一系列不定条件,均影响层面浆体的贯入阻力值。但是,不论外界条件如何变化,同一碾压混凝土拌和物浆体对外力的阻抗能力应该是基本一致的。所以,不同环境条件下具有相同贯入阻力值的层面浆体,应有相同的层面胶结作用。当实测层面贯入阻力大于控制值时,就应该停止直接铺筑,进行层面处理。

(二)现场实时检控层面质量的方法

(1)从运到施工现场的碾压混凝土拌和物中筛取砂浆试样 40 L。

(2)在平仓后的碾压混凝土层某一预定位置挖取面积 40 cm×40 cm,深 20 cm 的坑,将砂浆分两层装入试样坑内,每层插捣 40 次,刮平试样,表面略高出碾压混凝土表面。

(3)将砂浆表面覆盖一层尼龙编织布,然后砂浆试样与碾压混凝土拌和物一起承受振动碾压,碾压制度按碾压混凝土碾压规定进行。碾压完毕后,除去覆盖编织布,与碾压混凝土暴露在相同外界环境中。

(4)按不同时间间隔(以碾压混凝土拌和物加水搅拌时开始计时)分次用手持式贯入阻力仪测定现场砂浆试样的贯入力值。

(5)测试时,两手持阻力仪,保持测针竖直。将测针端部与砂浆试样表面接触,通过手柄徐徐加压,使测针在 10 s 内贯入砂浆 25 mm,即测针顶端 25 mm 有一环刻印与层面浆体齐平,此时显示仪表上显示的荷载为最大贯入力。然后将测针徐徐拔出,阻力仪水平放置在平稳处。

(6)每次在砂浆试样上测定贯入力时,按照先周边后中心的顺序进行,测点间距应不

小于 25 mm。

(7)当实测层面贯入阻力等于控制值(按经验统计法选用贯入阻力为 5 MPa)时,对应历时为“直接铺筑允许时间”,当超过时,应通知施工单位中止直接铺筑,进行层面处理。

第六节 碾压混凝土层间原位直剪试验(平推法)

《水工混凝土试验规程》(SL 352—2006)7.8“混凝土与岩基和碾压混凝土层间原位直剪试验(平推法)”,用于坝体混凝土与岩体接触面,碾压混凝土自身和层间结合的原位抗剪断强度试验。试验原理和结果处理与“混凝土抗剪强度试验”相同。试验采用的加荷、传力、量测仪器设备及仪器安装、布置、测试方法等均按《水利水电工程岩石试验规程》(SL 264)规定进行。

直剪试验采用平推法,正应力和剪应力直接施加在碾压混凝土层面上。当沿层面进行剪断时称抗剪断试验。剪断以后,沿前断面继续进行剪切试验称抗剪试验,又称摩擦试验。进行建筑物抗滑稳定计算的参数主要由抗剪断试验提供。

一、试体制备

(1)试体的试验层面,应具有施工实际代表性。可在现场试体上或建筑物顶部的合适层面选取。

(2)同一组试体,数量 4 ~5 块,需在同一高程的相同碾压混凝土层面上,层面条件力求一致,尽量接近建筑物层面的工作条件。

(3)每块试体的面积不小于 0.5 m×0.5 m,高度略大于边长的 2/3,试体间的净距应不少于 1.5 倍试体的最短边长,以免加荷变形互相影响。一组试体的试区开挖面积,宜不少于 2.5 m×8.0 m。

(4)试区开挖,应待碾压混凝土强度大于 10 MPa 后,再按预定布置,人工凿除试体四周,直至试验层面。另在试验需放水平千斤顶的位置,继续下挖安放水平千斤顶槽,挖槽尺寸以能放置水平千斤顶为度。全部开挖不允许放炮,严防试体扰动。

(5)完成试区开挖后,在试体受推方向两侧适当位置,用手风钻各钻 2 个直径 50 mm,深 1.5 ~2.0 m 的锚筋孔,将合适的锚筋用水泥砂浆埋固孔内,以供连接施加垂直荷载的反力装置。

(6)将试件受力面及坑壁为水平千斤顶反力座的碾压混凝土表面,用钢丝刷洗刷干净,并用合适的水泥砂浆修补平整。另在试体两侧靠近剪切面的四个角点处,用砂浆埋固好测量试体位移的标点。

(7)完成上述准备工作,向试坑内冲水,以使试体及其基层饱和,直至试验前抽水。试体的试验龄期按设计规定,一般采用 90 d。

二、主要仪器设备与安装

(1)试验前应对所有仪器设备、测表支架、千斤顶、测表、压力表、滚轴排等进行检查或率定,确认可靠后才能使用。

(2)按要求标出垂直及剪切荷载的安装位置,首先安装垂直加荷系统,然后剪切加荷系统与测量系统。

(3)垂直加荷系统安装:安装前,在试件顶面铺一橡皮垫板,在垫板上放置具有足够刚度的传压钢板,并用水平尺校平。然后依次在传压钢板上安放滚轴排、钢垫板及液压千斤顶、传力柱、上横梁、拉杆并与预埋锚杆相联结。

整个垂直加荷系统必须与剪切面垂直(可用水平尺和铅球吊线校核),垂直合力应通过剪切面中心。

(4)水平荷载系统的安装:安装水平千斤顶时,须严格定位,安装见图11-29。水平推力应通过预定的剪切面(层面),当难以满足要求时,着力点距剪切面的距离应控制在试体边长(沿推力方向)的5%以内,且每次试验时,对这一距离都应进行实测记录,以供分析试验数据时用。

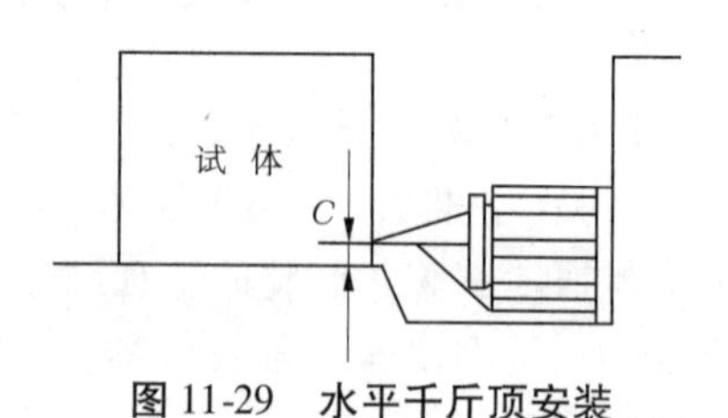

图11-29 水平千斤顶安装

(5)测表的布置与安装:①在试体两侧靠近剪切面的四个角点处,至少布置水平向和垂直向测表各1支(共8只),以便测量试体的变形,见图11-30。②测量变形的测表支架,应牢固安放在支架座上,支架座应置于变形影响范围以外,支架座可采用两根槽钢梁固定在试体两侧的层面上。③支架固定后,安装测表。测表应注意防水、防潮。所有测表及标点要严格定向,初始读数要调整适当。

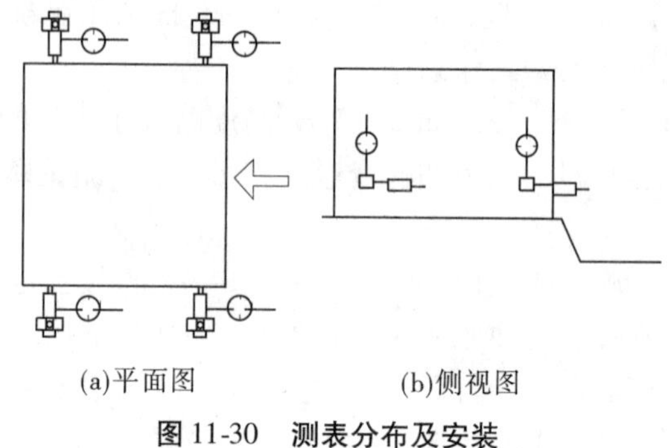
(a)平面图 (b)侧视图

图11-30 测表分布及安装

三、试验步骤

(一)垂直荷载施加方法

(1)在每组4~5个试体上,分别施加不同的垂直荷载,其中最大垂直荷载,以不小于设计应力为宜。各试体的垂直荷载分配,可取最大垂直荷载4~5等分(由试体数量定)按等分级差递增。

(2)每个试体的预定施加垂直荷载,分4~5级施加。加荷用时间控制,每5 min加一级。加荷后立即读取垂直位移,5 min后再读一次,即可施加下一级荷载。加到预定荷载后,仍按上述规定读取垂直位移,当连续两次垂直位移读数之差不超过1%(mm)时,即视稳定,可以开始施加水平荷载。

(二)水平(剪切)荷载施加方法

(1)开始应按预估最大剪切荷载的1/10分级均匀等量施加。当所加荷载引起的水平位移为前一级荷载引起位移的1.5倍时,加荷分级改为1/20施加,直至剪断。荷载的施加方法以时间控制每5 min加荷一次,每级荷载施加前后各测读一次水平位移。临近剪断时,应密切注视和测记压力变化与相应的水平位移(压力和位移同步观测)。在全部剪切过程中,垂直荷载应始终控制在预定的垂直荷载加荷精度范围内。

(2)抗剪断试验结束后,检查、调整各项设备和仪表,用同一方法沿剪断面进行抗剪(摩擦)试验。水平荷载可参考抗剪断试验终止点稳定值进行分级。

(3)试验过程中,凡碰表、调表、换表、千斤顶漏油、补压,试体松动、掉块、出现裂缝等情况均应详细记录。

(4)全组试验结束,翻转试体,测量剪切面积。对剪切面的物理特征:破坏形式、胶结密实性、起伏情况、擦痕范围等,详加描述和进行录像以反映层面破坏情况。

四、试验要点

本试验的主体是现场预留试验块,试验加荷装置是现场安装的,因此试验结果的准确度受现场因素影响很大,所以工程质量检测人员应特别重视以下五点:

(1)施力方向应与预留试验块几何轴线一致。预留试验块是本试验的主体,层面为基准面,长向和宽向轴线的交点为原点,水平荷载通过层面施加,法向荷载垂直层面并通过原点与层面正交。

(2)理论上水平荷载应沿面施加,实际操作会有困难,但是偏心距不得大于边长(剪切方向试件边长)的5%,以减少附加弯矩对剪切面应力分布的影响。

(3)为施加法向荷载所设置的横梁和立柱必须有足够刚度,以免影响法向荷载的施加。

(4)法向荷载加荷系统必须具有调压保载功能。试验开始首先施加法向荷载,并保持恒定。当施加水平荷载时试件变形、体积膨胀,从而使法向荷载增大,因此必须有调压装置使荷载保持恒定。

(5)加荷系统现场组装精度,尤其是施加法向荷载的横梁、立柱和液压千斤顶的组合,是否能保证法向荷载垂直层面且通过原点施加,对试验结果的准确性至关重要。

五、试验结果处理

(1)按下式计算各预定垂直荷载下,作用于剪切面上的应力:

$$\sigma_i = \frac{P}{F} \tag{11-25}$$

$$\tau_i = \frac{Q}{F} \tag{11-26}$$

式中　σ_i——剪切面上的法向应力,MPa;

τ_i——剪切面上的剪应力,MPa;

P——剪切面上的总垂直荷载,包括千斤顶出力、设备重量及试体重量,N;

Q——剪切面上的总水平荷载,应减去滚轴排的摩擦阻力,N;

F——剪切面积,mm^2。

(2)根据各项预定垂直荷载下的法向应力和剪应力,在坐标图上作 σ—τ 直线,并用最小二乘法或作图法求得式(11-27)中的 f' 和 c':

$$\tau = f'\sigma + c' \tag{11-27}$$

式中 τ——极限抗剪强度,MPa;

σ——法向应力,MPa;

f'——摩擦系数,MPa;

c'——黏聚力,MPa。

第七节 钢筋位置和保护层厚度检测

混凝土中钢筋的位置和保护层厚度是混凝土结构工程质量的重要部分。钢筋在混凝土结构中主要承受拉力并赋予结构以延性,补偿混凝土抗拉能力低下和容易开裂及脆断的缺陷。因此,混凝土中的钢筋直接关系到建筑物的结构安全和耐久性。钢筋保护层厚度太薄或太厚都会对结构构件受力性能产生影响。一方面,保护层厚度太薄,混凝土碳化的深度(或氯化物的侵入)会提前到达钢筋周围,破坏钢筋周围的钝化膜,容易造成受力钢筋腐蚀,继而发展到混凝土保护层因钢筋锈蚀膨胀而产生顺筋开裂、层裂或剥落露筋,同时,钢筋有效截面积减小,致使结构不能安全使用,严重时还会导致整个结构体系破坏,降低结构的耐久性;另一方面,保护层厚度太薄,构件受力时表面混凝土会产生崩裂脱落现象,破坏混凝土和钢筋的黏结力,从而使混凝土的强度降低。保护层太厚,会使构件有效截面尺寸减小,极易造成混凝土表面开裂,影响承载力。

混凝土中的钢筋已成为工程质量鉴定和验收所必检的项目。目前,用于混凝土钢筋位置和保护层厚度检测常用的方法有电磁感应法和雷达法。检测依据的规范标准有:《水工混凝土结构缺陷检测技术规程》(SL 713—2015)、《混凝土中钢筋检测技术规程》(JGJ/T 152—2008)、《混凝土结构工程施工质量验收规范》(GB 50204—2015)、《水运工程混凝土试验规程》(JTJ 270—98)等。

一、电磁感应法

电磁感应法是目前广泛采用的钢筋保护层厚度检测方法。市场上销售的钢筋保护层测定仪均为利用电磁感应原理。

(一)电磁感应法测量原理

钢筋保护层测定仪由主机和探头组成。根据电磁感应原理,由主机的振荡器产生频率和振幅稳定的交流信号,送入探头的激磁线圈,在线圈周围产生交变磁场,引起测量线圈出现感生电流,产生输出信号,该信号被放大及补偿处理后,由电表直接指示检查结果,或经模数转换后以数字方式直接在主机的显示屏上给出测试结果。当没有铁磁性物质(如钢筋)进入磁场时,由于测量线圈的对称性,此时输出信号最小。而当探头逐渐靠近钢筋时,探头产生交变磁场在钢筋内激发出涡流,而变化的涡流反过来又激发变化的电磁

场,引起输出信号值慢慢增大。探头位于钢筋正上方,且其轴线与被测钢筋平行时,输出信号值最大,由此定出钢筋的位置和走向,如图11-31所示。当不考虑信号的衰减时,测量线圈输出的信号值 E 是钢筋直径 D 和探头中心至钢筋的垂直距离(保护层厚度) y,以及探头中心至钢筋中心的水平距离 x 的函数,可表示为

$$E = f(D,x,y) \tag{11-28}$$

当探头位于钢筋正上方时, $x=0$,此时可简单表示为

$$E = f(D,y) \tag{11-29}$$

因此,当已知钢筋直径根据测出信号值 E 的大小,便可以计算出保护层厚度 y。

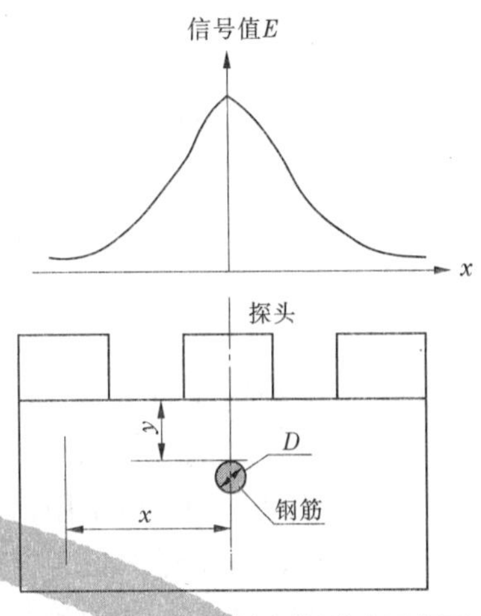

图11-31　钢筋测定仪测试示意图

(二)仪器校准

检测前,为了保证检测所使用的仪器符合标准状态,需要对仪器采用校准试件进行校准,只有符合要求的钢筋探测仪才能用于检测,以保证检测结果的准确性和可比性。钢筋探测仪除了定期进行校准,在新仪器启用前、检测数据异常、无法进行调整,以及经过维修或更换主要零配件(如探头、天线等)时也应对仪器进行校准。

制作校准试件最好采用混凝土材料,其材料不能对仪器产生电磁干扰,一般情况下将钢筋预埋在校准试件中,如图11-32所示,也可以在校准试件上钻取一系列平行于检测面的孔,将钢筋放在孔中,以便让钢筋以与检测面不同的距离并保持水平来进行校准。

GB 50204—2015要求钢筋保护层厚度结构实体检测误差不应大于1 mm,大部分仪器在混凝土保护层厚度为10~50 mm能够满足这一要求,当用校准试件来校准时,可以规定混凝土保护层厚度在10~50 mm的检测误差不大于1 mm。

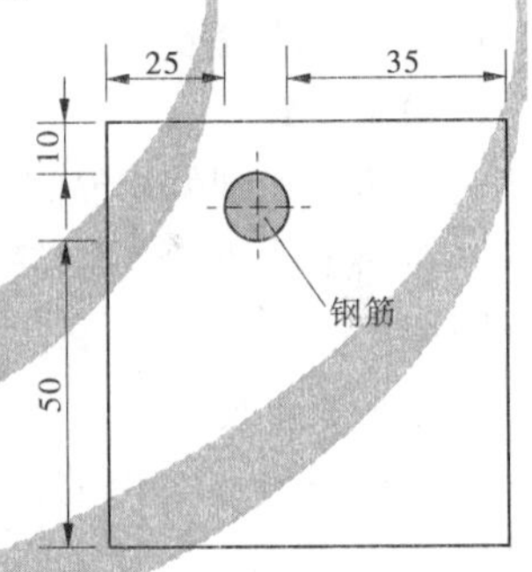

图11-32　校准试件参考尺寸

(三)检测步骤

1. 准备工作

检测前,应根据设计资料确定检测区域内钢筋可能分布的状况,选择适当的检测面。检测面应清洁、平整。对有饰面层的构件,将其清除后,在混凝土面上进行检测。

大部分钢筋探测仪在检测前都要进行预热和调零,调零时探头应远离金属物体。在检测过程中,要经常检查钢筋探测仪的零点状态。

2. 钢筋位置测定

将探头放在检测面上有规则的移动扫描,当探头靠近钢筋时,保护层厚度示值变小(或表针发生偏移),继续移动探头,直至保护层厚度示值最小(或表针偏移最大),这表明探头探测正前方有钢筋。然后在此位置旋转探头,使保护层厚度示值最小为止。这时被

测钢筋的轴向与探头的轴向一致,记下此位置和方向,即为钢筋的位置。按上述步骤将相邻的其他钢筋位置逐一标出,就可逐个量测钢筋的间距。

3. 保护层厚度测定

钢筋位置确定后,按下列方法进行混凝土保护层厚度的检测:

(1)首先设定钢筋探测仪量程范围及钢筋公称直径,沿被测钢筋轴线选择相邻钢筋影响较小的位置,读取混凝土保护层厚度检测值 c_1',在每根钢筋的同一位置应重复检测1次,读取 c_2'。

(2)对同一处读取的两个混凝土保护层厚度检测值相差大于1 mm时,该组检测数据无效,查明原因后,在原位重新进行检测,如两个混凝土保护层厚度检测值相差仍大于1 mm,则更换钢筋探测仪或采用钻孔、剔凿的方法验证。

(3)当实际混凝土保护层厚度小于钢筋探测仪最小示值时,可以在探头下附加垫块的方法进行检测。垫块对钢筋探测仪检测结果不应产生干扰,表面应光滑平整,其各方向厚度值偏差不应大于0.1 mm。所加垫块厚度 c_0 在计算时予以扣除。

4. 验证

在检测中,如果遇到相邻钢筋对检测结果的影响大,钢筋公称直径未知或有异议,检测所得的钢筋实际根数、位置与设计有较大偏差,钢筋以及混凝土材质与校准试件有显著差异等,应选取一定数量的钢筋采用钻孔、剔凿等方法将钢筋露出,用游标卡尺直接测量来验证钢筋的间距和保护层厚度。检测后应及时修补,恢复其原有的完整性。

(四)检测数据处理

1. 钢筋间距

对于检测得到的钢筋间距检测数据,采用绘图方式给出钢筋的布置图,并将钢筋的间距标注在图上。当检测钢筋数较多时,也可给出被测钢筋的最大间距、最小间距和平均间距。

2. 保护层厚度

对于某一测点所得的两个钢筋保护层厚度检测值,按下式计算其平均值作为检测结果:

$$c_{m,i}' = (c_1' + c_2' + 2c_c - 2c_0)/2 \tag{11-30}$$

式中 $c_{m,i}'$——第 i 测点钢筋保护层厚度平均检测值;

c_1'、c_2'——第1、2次检测的钢筋保护层厚度检测值;

c_c——钢筋保护层厚度修正值,为同一规格钢筋混凝土厚度实测验证值减去检测值;

c_0——探头垫块厚度,不加垫块时,$c_0=0$。

(五)影响钢筋检测的因素

在进行钢筋间距和保护层厚度检测时,许多因素会对检测结果产生不利影响,这些影响因素主要有下列几种:

(1)钢筋的截面形状:当钢筋探测仪在校准时采用的钢筋截面尺寸与实际有差异时,容易给检测结果带来误差,尤其是带肋钢筋。例如,用月牙肋钢筋校准,检测钢筋是光圆钢筋、等高肋钢筋、钢筋机械接头以及冷轧扭钢筋等。

(2)钢筋在混凝土中的位置:为了准确检测钢筋的间距和保护层厚度,钢筋在混凝土中应该笔直并平行于检测面,钢筋弯曲或与检测面不平行都会导致检测误差。

(3)钢筋间距:当钢筋间距超过钢筋探测仪的分辨能力时,会对检测结果产生影响,当钢筋间距小到某个值时,钢筋探测仪将无法确定每根钢筋的位置,也得不到准确的保护层厚度值。如钢筋加密区、搭接接头和十字交叉部位等。试验表明,相邻钢筋的净距和钢筋保护层厚度比值为1.3~1.5时,相邻钢筋对保护层厚度检测的影响较小。

(4)绑扎铁丝:绑扎铁丝容易贴近混凝土表面,会导致钢筋的保护层厚度读数偏低。但是,一个有经验的检测人员应该有能力区分出叠加在主筋上的铁丝、铁钉等部位的相应信号。

(5)混凝土原材料:当混凝土原材料含有铁磁性物质时(如钢纤维混凝土),会导致检测结果偏低甚至无法进行检测。

(6)检测面光洁度:当表面粗糙或有波浪起伏时,将使检测精度下降。

(7)外界影响:检测周围有较大的铁磁性金属物体时,如窗框、脚手架、钢管和金属预埋件时,往往会对检测产生干扰。

(8)钢筋的锈蚀:钢筋明显锈蚀的情况下,尤其是产生铁锈和剥落时,有可能导致检测误差。

二、雷达法

雷达最早用于军事,是利用无线电波发现目标并测定其位置的设备。1985年,美国首次将雷达波检测技术引入了工程建设领域,并于1994年发明了SIR地质雷达仪,同时也适用于公路路面检测。20世纪90年代,日本研制开发了一系列混凝土内部雷达探测仪。20世纪90年代,我国亦开始了地质雷达(或称探地雷达)的应用研究,90年代末国内多家单位从日本JRC公司引进了JEJ-60BF雷达仪,用于探测钢筋混凝土结构内部钢筋和缺陷的分布。近年来,国内公司也已研制出用于混凝土结构检测的雷达仪。

雷达波是频率为300 MHz~300 GHz的微波,属于电磁波,其真空中的相应的波长为1 m~1 mm。当波长远小于物体尺寸时,微波的传导和几何光学相似,即在各向同性均匀介质中具有直线传播、反射折射的性质。当波长接近物体尺寸时,微波又有近于声波的特点。

由于雷达波对物体中的电磁特性敏感,因此其主要用途在于探测被测物的结构组成、缺陷等。雷达波对混凝土钢筋的检测与传统的电磁感应法相比具有下列特点:

(1)采用天线进行连续扫描测试,一次测试可达数米,因而效率大大提高。

(2)可探测深度超过一般的电磁感应式钢筋探测仪,可达200 mm。

(3)雷达仪测试结果以所测部位的断面图像形式显示,直观、准确,而图像可以存储、打印,便于事后整理、核对、存档。但雷达波仪器价格较高,对检测人员要求也较高。

(一)结构混凝土雷达法测试原理

结构混凝土雷达法检测技术是从探地雷达发展过来的,其检测原理、仪器、数据处理方式等都与探地雷达相似。由于结构混凝土相对于土层结构致密、成分简单、含水量低,因此可以采用较高的频率以提高分辨率,一般都采用接近甚至超过1 GHz的频率。雷达仪采用较高频率的脉冲朵调制波,根据电磁波在混凝土中的传播速度 v 和发射波至反射波返回的时间差 ΔT,可确定反射体距测试表面的距离 D,称为"时距法",并可将测试结果在图像中显示出来,其原理如图 11-33 和图 11-34 所示。

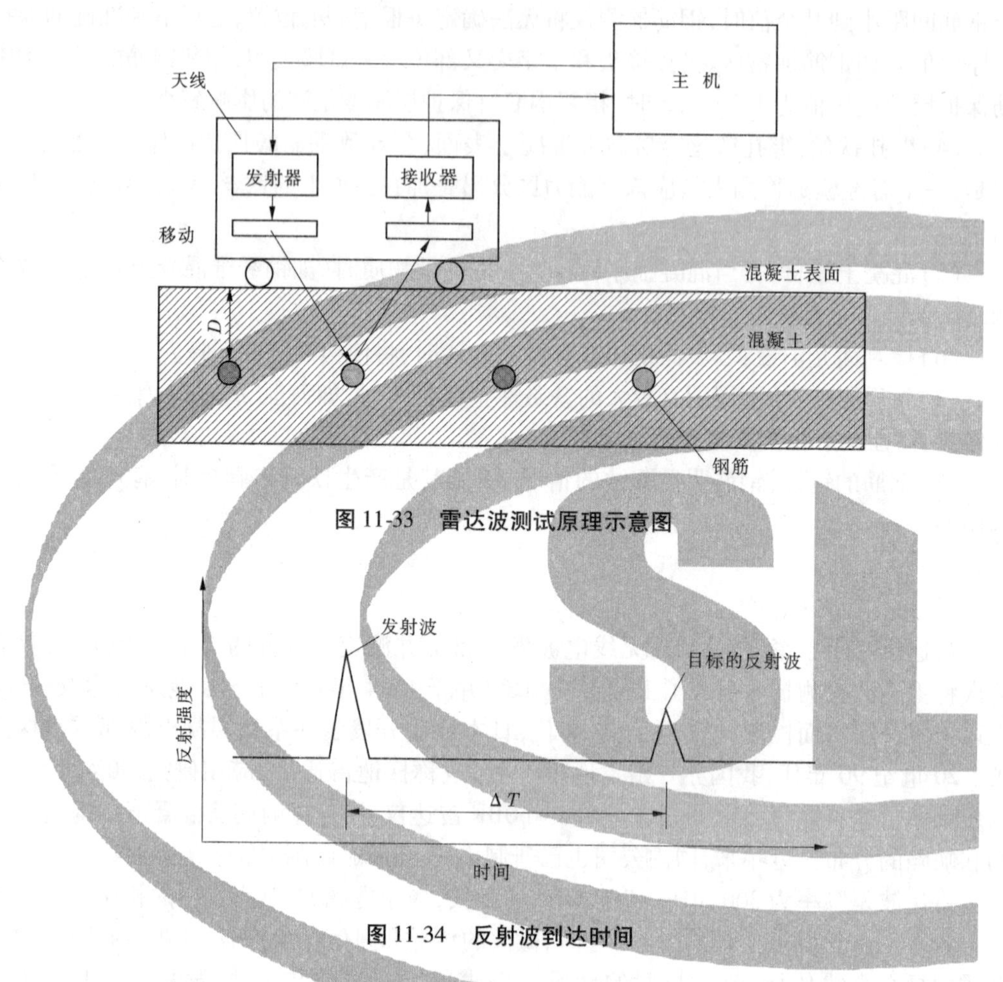

图 11-33　雷达波测试原理示意图

图 11-34　反射波到达时间

雷达天线向混凝土中发射电磁波,由于混凝土与钢筋的介电常数不同,使微波在不同介质的界面处发生反射,并由混凝土表面的天线接收,根据发射电磁波至反射波返回的时间差与混凝土中微波传播的速度来确定发射体距表面的距离,达到检出混凝土内部钢筋位置的深度。电磁波在混凝土中的传播速度 v 为

$$v = \frac{c}{\sqrt{\varepsilon_r}} \tag{11-31}$$

式中　c ——真空中电磁波的速度,取 3×10^8 m/s;

ε_r——混凝土的介电常数(通常为 6 ~ 10)。

根据电磁波发射至反射波返回的时间差 ΔT,便可计算反射界面距表面的深度 D:

$$D = \frac{1}{2} v \times \Delta T \tag{11-32}$$

根据上述原理,可用雷达仪探测混凝土中钢筋位置和保护层厚度。

(二)深度校正

采用雷达仪检测钢筋深度值时,需对测量结果根据现场混凝土的介电常数进行修正。雷达仪一般会提供深度校正值与混凝土相对介电常数的关系。在不知道混凝土相对介电常数的情况下,有的雷达仪提供了一种标定方法,即采用边长不小于 500 mm 的正方形素混凝土试块进行标定,或者制作标定试块,在已知钢筋深度的情况下选定深度校正系数。有条件时,可在现场实测混凝土上凿打出钢筋进行验证标定。经过修正后,雷达仪的深度测值与实际深度误差可在 5% 以内。

(三)检测步骤

(1)查阅设计图纸等资料,了解被测钢筋混凝土结构钢筋与保护层厚度情况。

(2)确定雷达仪扫描路线。天线运行方向应垂直于被测钢筋,扫描路线应避免对其他钢筋产生影响,同时还应尽量避开预埋金属物体。

(3)正确连接仪器,开机自检通过后即可开始扫描。仪器天线沿扫描路线均匀、平稳地运行,速度不宜过快,并注意雷达仪一次扫描允许的最长距离。

(4)扫描完毕,转入数据处理,也可将数据存入计算机进行处理。

第八节　混凝土中钢筋半电池电位测定

一、目的及适用范围

本方法适用于现场无破损检测海洋环境水工钢筋混凝土构筑物中钢筋半电池电位,以确定钢筋腐蚀性状,本法不适用于混凝土已饱水或接近饱水的构件。已饱水或接近饱水的混凝土,其中钢筋由于缺氧,阴极极化很强,这时测得的钢筋半电池电位为负,但钢筋往往还未生锈,这样常规的钢筋腐蚀状况判别标准就不适用了。

二、基本原理

混凝土中钢筋半电池电位,是测点处钢筋表面微阳极和微阴极的混合电位。当构件中钢筋表面阴极极化性能变化不大时,钢筋半电池电位主要取决于阳极性状:阳极钝化,电位偏正;活化,电位偏负。

三、试验方法

现场检测海洋环境水工钢筋混凝土建筑物中钢筋腐蚀性状的方法,详见《水工混凝土试验规程》(SL 352—2006)7.9“混凝土中钢筋半电池电位测定”。

第九节　混凝土结构荷载试验

一、现场荷载试验目的

混凝土结构现场荷载试验分为静载试验和动载试验。静载试验是对工程结构施加静荷载,测定结构在试验荷载作用下的反应,分析结构的受力工作状态,评定结构的可靠性。试验荷载可以逐步施加,及时观测结构受力和变形的发展变化。动载试验用于评定在实际工作中承受动力荷载作用的结构,或者研究结构的抗震性能。结构在动力荷载作用下的动力特性(频率、振型和阻尼比)是评定结构承载力状态的重要参数。动力特性可以在小振幅试验下求得,不会使结构出现过大的振动和损坏,可以在工程现场进行原型试验。

(一)新建结构

对于新建水工结构,现场荷载试验的目的有以下两点。

1.检验水工结构设计与施工的质量

对于一些新建的大、中型水工结构或具有特殊设计的水工结构,在设计施工过程中必然会遇到许多新问题,为保证工程质量,施工过程中往往进行施工监测,竣工后一般还要求进行荷载试验,以检验结构整体受力性能和承载力是否达到设计文件和规范的要求,并把试验结果作为评定工程质量优劣的主要技术资料和依据之一。

2.验证水工结构设计理论和设计方法

对于工程建设中的新结构、新材料和新工艺,应通过现场荷载试验验证结构设计理论是否正确,材料性能是否与理论相符,施工工艺是否达到预期目的。对相关理论问题的深入研究,往往也需要大量荷载试验的实测数据。

(二)已建结构

已建水工混凝土结构随着使用年限的增长,逐渐出现老化病害现象;或者由于勘察、设计、施工、管理等方面的不周而暴露出安全问题。通过现场荷载试验,观测水工混凝土结构在试验荷载作用下的效应,从而评定水工混凝土结构的实际承载能力,这是水工混凝土结构安全评价的重要手段之一,尤其在以下情况下,荷载试验在水工混凝土结构安全评价中的作用尤为突出:

(1)水工混凝土结构的设计技术资料缺乏或不完整;

(2)水工混凝土结构经过加固改造;

(3)已建水工混凝土结构的使用标准提高;

(4)构件受到一定程度的损伤,例如超载引起的构件开裂;

(5)水工混凝土结构经历长期自然环境作用,材料性能劣化或构件抗力被削弱,如氯化物侵入或碳化引起的钢筋腐蚀等。

二、结构静载试验

(一)静荷载试验的方案

水工混凝土结构静荷载试验是一项十分周密细致的工作。在试验之前需要制定详细的试验大纲,作为指导整个试验开展的技术文件。

制定试验大纲之前应当认真查阅结构的技术文件,有结构设计图纸、设计计算书、地质资料、施工记录、水工混凝土结构运行记录、改造和维修资料等,并考察水工混凝土结构现场,了解水工混凝土结构的现状和现场环境条件。试验大纲的主要内容包括:

(1)试验目的;

(2)研究内容;

(3)荷载施加方法;

(4)观测项目和测点布置;

(5)仪器和设备;

(6)人员组织;

(7)进度计划;

(8)经费预算等。

(二)静荷载试验实施

1.试验准备

静载试验正式进行之前应做好下列准备工作。

1)试验部位的选择

选定结构试验部位需要考虑有代表性,对已建结构,应考虑老化病害与结构问题较为突出和严重,结构的技术状况相对较差,结构的受力最不利等方面因素。同时,应当兼顾到布设试验测点和施加试验荷载的方便。

2)临时支架搭设

搭设必要的临时支架,用于安装仪器、施加荷载和在试验期间观察及检查结构表面裂缝的出现、裂缝的发展等。

3)人员组织

结构荷载试验是一项技术性较强的工作,应组织专门的试验队伍来承担,并进行工作分工,每人分管的仪表数目除考虑便于观测,应尽量使每人对分管仪表进行一次观测的所需时间大致相同,所有参加试验的人员应能熟练掌握所分管的仪器设备,并在正式开始试验前进行演练。为使试验有条不紊地进行,应设试验总指挥 1 人,其他人员的配备可根据具体情况考虑,必要时需要工程管理部门的人员配合试验工作。

4)加载设备和配套设施到位

准备好加荷设备,现场安装和调试。准备其他的辅助设施如电源、夜间试验的照明等。

5)仪器的配备和安装调试

室内配套好试验观测的仪器系统,对各部分进行检查,进行仪器系统标定。在确保系统运转正常之后,将仪器分别做好隔振包装运抵现场,进行现场的安装调试。

2.观测项目和测点布置

观测项目根据试验的目的和要求确定。观测项目应当满足分析和判断结构的实际工作状态的需要。

在确定具体的观测项目时,既要考虑结构的整体变形,也要观测结构的局部变形。整体变形能够概括反映结构整体工作的全貌,也能通过异常变形来判断结构的损伤。局部变形的观测也很重要,因为它是推断结构的实际状况和极限强度的重要指标。

水工混凝土结构静载荷试验的观测项目主要有:

(1)外力:支座反力、推力等;

(2)内力:弯矩、剪力、轴力、扭矩;

(3)变形:挠度、裂缝。

结构的最大拉、压应变,结构的沉降、水平位移,结构的挠度,裂缝的出现和裂缝的发展通常是设计和研究者最为关心的数据,因为利用它可以比较直接地了解结构的工作性能和强度储备。因此,在这些最大值出现的部位必须布置测点。

测点布置的原则如下:

(1)满足试验要求而布置足够的测点,在这一前提下测点宜少不宜多,使观测突出重点,集中精力,保证质量;

(2)测点必须有代表性,又要考虑可以和计算分析相对比;

(3)应布置一定数量的校核测点,以检验量测数据是否准确可靠。

以水工混凝土结构的启闭机梁静载荷试验为例,建议的观测项目和布置测点的部位如下:

简支梁:跨中截面应变、支座沉降、跨中挠度;

连续梁:跨中和支座截面应变、支座沉降、跨中挠度;

无铰拱:拱顶、$L/4$ 及拱脚截面应变,跨中、$L/4$ 处挠度。

3. 测量仪器和测量方法

结构试验观测的技术不断发展,大量新型试验仪器不断出现。选择仪器应当满足试验精度的要求,但是要注意仪器系统对于现场环境条件的适应性,而不要盲目追求仪器的高精度。仪器系统的量程要与观测的量值范围相匹配。国内目前的试验观测仪器已经逐步发展到了以数据采集和计算机及其控制、分析软件为标志的智能化;以集成仪器和笔记本计算机为标志的便携式。

水工混凝土结构的测量仪器系统主要由各类传感器(应变计、位移计、倾角仪、测力计等)、放大器、数据采集仪、计算机和控制与分析软件等组成。

水工混凝土结构静荷载试验的应力应变观测主要采用电阻应变计、钢弦式应变计。有时也采用位移传感器测量应变。

线位移测量可以采用机械式百分表、千分表。在需要电测的场合可采用滑阻式位移传感器、差动电感式位移计、差动电容式位移计。此类传感器测量到的是测点相对于传感器支架的位移,又称为接触式位移传感器。使用的条件是现场条件下能够提供近距离的参考点。有时采用接触式位移传感器测量水工混凝土结构的位移会变得很困难甚至是不可行的,例如对于测量大跨度结构的挠度,如果搭设支架安装位移传感器将会耗费大量的人力和材料,有时还会影响水工混凝土结构的正常运转。

采用"近景摄影测量法"进行非接触式的多点变形测量能够弥补接触式位移测量的不足。近景摄影测量法的测试设备有摄影经纬仪、高精度经纬仪、精密水准仪、摄影材料、立体坐标读点设备、计算机及其配套软件等。近景摄影测量是通过摄影机将所需研究的空间景物摄录在干版底片上,然后通过相片记录下来的信息,根据摄影站、物点与像片像点之间的相互关系求算原物的实际状况。

角位移测量的常用仪器有水准管式倾角仪、DC-10 型水准式角位移传感器和电阻应变式角位移传感器。

水工混凝土结构裂缝的出现、裂缝的长度、宽度和深度、裂缝的位置和分布是反映结构性能的重要参数,裂缝测量有以下两项主要内容:

(1)开裂:裂缝发生的时刻和位置;

(2)度量:裂缝的宽度、长度、深度和走向。

观测开裂发生的方法通常借助放大镜用肉眼观察,为便于观察,可在表面刷一层白色涂层。测量裂缝宽度的方法常用读数显微镜。

4. 试验荷载的施加

1)试验荷载的确定

水工混凝土结构试验所采用的荷载有以下两种:

(1)水工混凝土结构的实际外荷载,如闸门启闭力、上下游水位差形成的静水压力等;

(2)等效外荷载,通常通过重物加载,或可行式车辆等加载。

在选择等效外荷载作为试验荷载时,通过控制试验荷载效率系数来保证试验效果。静载试验荷载效率系数定义如下:

$$\eta_q = \frac{S_s}{S(1+\mu)} \tag{11-33}$$

式中 S_s—— 试验荷载作用下控制测点的最不利效应计算值;

S —— 设计荷载作用下控制测点的最不利效应计算值;

μ—— 按设计规范采用的冲击系数。

η_q 太小则说明试验荷载不能较好地反映评定荷载作用下结构的承载力状况,η_q 更不宜过大,这是为了防止试验荷载超载造成结构损伤和破坏。η_q 可采用0.80 ~1.05,当工程结构的调查、检算工作比较完善而又受加载设备能力所限,η_q 值可采用低限;当工程结构的调查、检算工作不充分,尤其是缺乏结构计算资料时,η_q 值应采用高限。总之,应根据前期工作的具体情况来确定。一般情况下,η_q 值不宜小于0.95。

2)试验荷载的分级和加载方式

为了解水工混凝土结构应变、变形随着试验荷载的变化关系和防止结构的意外破坏,试验荷载须逐级施加。用车辆加载一般分成2 ~3 级,用重物加载一般分成3 ~4 级,通常为最大试验荷载的60%、80%、90%、100%。

加载的方式一般为以下两种:

(1)逐级加载至最大试验荷载,然后逐渐卸载至零,适合于采用重物加载;

(2)逐级递增的循环加载,适合采用车辆加载。

3)试验荷载的持续时间和试验时段

试验荷载的持续作用时间取决于结构变形达到稳定所需的时间,钢筋混凝土结构一般取15 ~30 min,钢结构一般取10 min。

加载试验的时间一般选择在外界气候条件较好、气温变化相对较小的时段,一般选择22 时至6 时。

4)预加载试验

正式试验开始前,一般进行必要次数的预加载。通过预加载一方面可使结构进入正常工作状态,另一方面可以检查试验装置和观测仪器是否进入正常工作状态,起演习作用。预加荷载一般分成1 ~2 级。

5)停止加载的条件

水工混凝土结构的静荷载试验是在原型结构上直接进行的,因此荷载的施加要严格按照既定的加载程序进行。荷载大小应从小到大逐渐增大,并且要随时做好停止加载和卸载的准备。加荷过程中随时分析控制测点的变位和应变,随时观察结构薄弱部位的状况和开裂等。出现以下情况之一,应立即停止加载试验:

(1)控制测点的应力值已达到或超过理论控制应力值时;

(2)控制测点的变位(或挠度)超过规范允许值,或者不能稳定时;

(3)由于加载,使结构裂缝的长度、宽度急剧增加,新裂缝大量出现,缝宽超过允许值的裂缝大量增多,对结构使用寿命造成较大的影响时;

(4)拱结构加载时沿跨长方向的实测挠度曲线分布规律与计算值相差过大,或实测挠度值超过计算值过多时;

(5)发生其他损坏,影响结构承载力或正常使用时。

(三)试验数据处理与混凝土结构承载力评定

1.测值的修正

对于实测应变需要进行测值修正,主要考虑电测仪表的率定系数、应变计的灵敏系数、导线电阻修正等,然后根据材料力学公式计算测点的应力。

对于挠度的测值的修正,一般需要考虑支座沉陷、结构自重影响、预应力反拱影响和荷载图式不同的修正等。

为了分析方便起见,将实测应变或应力值和相应的理论计算值对应标注在同一图或表中。绘出荷载与应力(变)及荷载与挠度关系曲线,绘出应力(变)沿截面高度的变化曲线。这些曲线对分析结构实际工作状态十分重要。

2.结构强度评价

实测水工混凝土结构控制截面的在试验荷载作用下的最大作用效应可作为评价结构强度的重要数据。试验得到控制截面的试验荷载作用效应,永久作用的作用效应通过计算得出,然后可采用相应的结构设计规范评定结构的安全度。根据《水工混凝土结构设计规范》(SL/T 191—96),应满足

$$\gamma_0 \psi S(\gamma_G G_k, \gamma_Q Q_k, a_k) \leqslant \frac{1}{\gamma_d} R(f_d, a_k) \tag{11-34}$$

式中 γ_0——结构重要性系数,对结构安全级别为Ⅰ、Ⅱ、Ⅲ级结构及构件,可分别取1.1、1.0、0.9;

ψ——设计状况系数,对应于持久状况、短暂状况、偶然状况可分别取1.0、0.95、0.85;

$S(\cdot)$——作用(荷载)效应函数;

$R(\cdot)$——结构构件抗力函数;

γ_d——结构系数;

γ_G——永久作用(荷载)分项系数;

γ_Q——可变作用(荷载)分项系数;

G_k——永久作用(荷载)标准值;

Q_k—— 可变作用（荷载）标准值；

f_d—— 材料强度设计值；

a_k—— 结构构件几何参数的标准值。

3. 结构刚度评价

通过结构的实测最大挠度与规范规定值比较，可以对结构刚度做出评价。

4. 荷载效应校验系数 η 评价结构安全储备

试验荷载作用下控制测点的作用效应实测值与同样加载工况下相应的理论计算值之比为荷载效应校验系数 η，即

$$\eta = \frac{S_e}{S_t} \tag{11-35}$$

式中　S_e—— 试验荷载作用下荷载效应实测值；

S_t—— 试验荷载作用下荷载效应理论计算值。

该值可作为评定在实际工作状态下水工混凝土结构承载力的重要依据之一。一般情况下，水工混凝土结构主要控制测点的荷载效应校验系数 η 应小于 1，这表明结构具有一定的安全储备，$\eta = 1$ 表明理论计算值与实测值相符，结构承载力正常，符合设计状态；而 $\eta > 1$ 表明强度或刚度不足，结构不安全。

5. 结构相对残余变形分析

试验荷载作用下，水工混凝土结构的相对残余变形用下式表示：

$$\varepsilon = \varepsilon_1 / \varepsilon_2 \tag{11-36}$$

式中　ε——相对残余变形；

ε_1——实测残余变形；

ε_2——试验荷载作用下的总变形。

一般要求相对残余变形在 20% 以下，若实测残余变形小，荷载—变位（应力）呈线性变化，则说明结构整体工作状态良好。

6. 结构裂缝分析

结构裂缝分析主要评价结构裂缝的出现和裂缝的发展程度。一般要求试验荷载下，裂缝的扩展宽度小于设计标准的许可值。

通过以上对水工混凝土结构荷载试验结果的分析，就可以对水工混凝土结构的实际承载力做出技术评价。

三、结构动荷载试验

结构动力试验包括结构动力特性试验和结构抗震试验两部分。

早期的结构振动试验以研究结构自振特性为主，包括自振周期、振型和阻尼等。结构自振特性的量测是结构动力试验的主要内容之一。已建水工混凝土结构的抗震鉴定和抗震加固都需要得到结构的动力特性，建立结构动力计算模型，进行抗震分析。结构动力特性试验还可以为检测和诊断结构的损伤积累提供可靠的资料。例如，结构受动力作用特别是地震作用后受到损伤，结构的刚度受到削弱，结构自振周期增长，阻尼增大。从结构动力特性的变化可以识别结构的损伤程度，从而为结构可靠性鉴定提供技术数据。

目前,研究结构的动力特性已不再是结构动力试验的唯一目的,结构动力试验已发展到一维或二维的地震作用下的弹性和非弹性反应试验。另外,可用伪静力法进行局部结构或构件的破坏试验。

水工结构动载试验测试项目主要有:

(1)自振特性:基频、阻尼比、振型;

(2)动力响应:动应力、冲击系数、振幅、动加速度。

(一)结构动力特性试验

结构动力特性试验的方法主要有人工激振法和环境随机振动法。人工激振法又可分为自由振动法和强迫振动法。

人工激振法是一种早期使用的方法,试验得到的资料数据直观简单,容易处理;环境随机振动法是一种建立在计算机技术发展基础上采用数理统计处理数据的方法,由于它是利用环境脉动的随机激振,不需要激振设备,对于现场测试特别有利。

1. 自由振动法

自由振动法又称瞬态激振法,是早期主要试验手段之一,通过自由振动可以求得结构的基本周期、振型和阻尼。在试验中采用初位移或初速度的突卸或突加荷载的方法,使结构产生有阻尼的自由衰减振动,在记录的振动波形曲线上(见图11-35),可根据时标符号直接计算出结构的固有频率 ω:

$$\omega = \frac{Ln}{t_1 S} \tag{11-37}$$

式中 L—— 两个时标符号间的距离,mm;

n—— 波数;

S——n 个波长的距离,mm;

t_1——时标的间距。

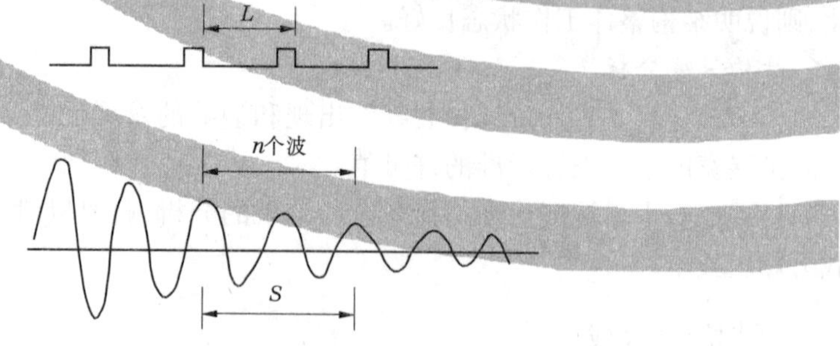

图11-35 自由衰减振动曲线求固有频率

小阻尼时单自由度体系的自由振动可以写为

$$u(t) = ce^{-\zeta\omega t} \cdot \sin(\omega_\varepsilon t + \theta) \tag{11-38}$$

式中,$\omega_\varepsilon = \omega\sqrt{1-\zeta^2}$为有阻尼自振圆频率,$\zeta(\leqslant 1)$为阻尼比。由此可知,经过一个周期 T 振动之后,振动幅值前后之比的对数为

$$\lambda = \ln\frac{A_i}{A_{i+1}} = 2\pi\zeta/\sqrt{1-\zeta^2} \tag{11-39}$$

常数 λ 称为对数衰减率，它和阻尼比 ζ 都可以表示体系的阻尼，其物理意义为每一个周期之后，振动幅值的降低比例。由式(11-39)可知，只要采取适当方法如突加荷载法或突然卸载法，可得自由振动记录曲线，由自由振动记录曲线即可量得 1 个周期后的振幅比，其对数即为 λ，如图 11-36 所示。由此，可求得对数衰减率 λ 或阻尼比 ζ。自振振型则要从不同测点的振幅相对值求得。

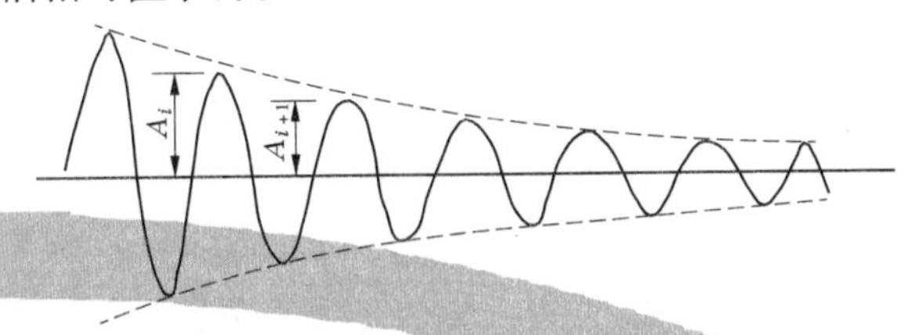

图 11-36　自由衰减振动曲线求阻尼特性

用自由振动法一般只能求得结构中频率最低振型的特性，因为高频振动很快就衰减掉，即使有意激起高振型振动，在自由振动中它也不会持久，自由振动常转变到基频振动去。因此，在分析基频振动时，常常要避开起始阶段可能出现的高频振动影响。

2. 强迫振动法

强迫振动法也称共振法。强迫振动试验比自由振动试验更常使用，其原因有二：第一，它可以给出各阶自振特性，而不只是第一阶振型；第二，它可以给出不同振幅时的自振特性，有利于研究非线性特性。

强迫振动试验通常用激振器对结构物施加简谐外力 $p(t)=A\sin\theta t$，则小阻尼单自由度体系的稳态位移反应：

$$u(t)=\beta A\sin(\theta t-\varphi) \tag{11-40}$$

式中　$\beta=\dfrac{1}{\sqrt{\left(1-\dfrac{\theta^2}{\omega^2}\right)^2+4\zeta^2\dfrac{\theta^2}{\omega^2}}}$，为动力放大系数；

$\varphi=\tan^{-1}\left[2\zeta\dfrac{\theta}{\omega}\Big/\left(1-\dfrac{\theta^2}{\omega^2}\right)\right]$，为相位差。

通过共振试验求自振特性的步骤是，先对结构进行一次快速变频试验（将强迫振动频率从零变到很大的数值），大致确定可能出现的峰点的频率，然后对不同频率进行强迫振动试验，记录稳态振动下的频率输入与输出的振幅，在放大系数为峰值的附近，频率要变得缓慢一些，即试验频率要加密，最后可以得到共振试验曲线。

当使用激振器时，结构产生连续的周期性强迫振动，在激振器振动频率与结构的固有频率一致，即 $\theta=\omega$ 时，结构发生共振现象，振幅达到最大值，共振波峰处的频率即为结构的固有频率，如图 11-37 所示。此时，动力放大系数 $\beta=\dfrac{1}{2\zeta}$，因此可以求得阻尼比 $\zeta=\dfrac{1}{2\beta}$。

强迫振动的振型需要在结构不同位置上同时进行测量时才能得到。当拾振器不足时，可以固定一个拾振器不动，而将其他拾振器轮流移动，在共振峰点频率的强迫振动中多次进行试验，即可求得振型。

当对体积大的结构物进行高振型的强迫振动试验时，可以采用多个激振器在结构物

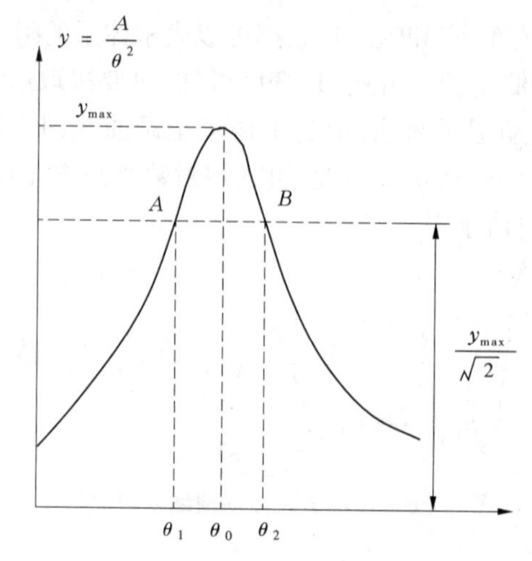

图 11-37　共振曲线

不同位置上进行激振。这时,多个激振器要具有同步运转的装置,要求激振器按照事先估计的相位与大小进行激振,以便更好地激发所寻求的振型;但要特别注意不要强迫振动改变了振型的形状。

作为水工混凝土结构强迫振动法的应用实例,下面介绍江苏嶂山闸结构抗震试验。

嶂山闸位于江苏北部骆马湖湖口,1960 年建成,全闸 36 孔,长 429 m,是一座钢筋混凝土大型水工混凝土结构。该水工混凝土结构位于郯庐断裂带,地震烈度 10 度。嶂山闸原设计未充分考虑地震力作用因素。试验研究为水工混凝土结构抗震加固提供依据。研究工作包括现场动力特性试验、模型动力特性试验和有限元计算。

现场动力特性试验采用共振试验法,激振器采用机械式同步起振机,起振机最大出力 20 kN。测振仪器采用摆式拾振器和配套放大器,SC－18 光线示波器记录。

通过共振试验,实测嶂山闸中墩的一阶自振频率为 4.8 Hz,呈现沿闸墩竖向的弯曲振动。实测中墩第 1 断面(胸墙处)1 测点(顶部,高程 32.6 m)、2 测点(高程 29.0 m)的频幅曲线见图 11-38。根据共振试验曲线计算的中墩一阶振型阻尼比为 0.07～0.10。

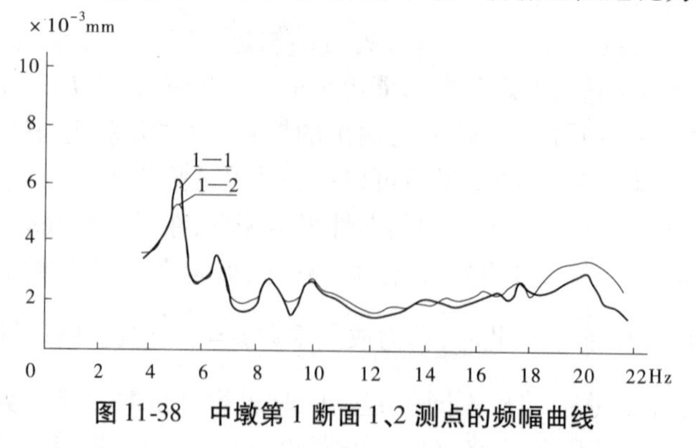

图 11-38　中墩第 1 断面 1、2 测点的频幅曲线

3. 随机振动试验

由于计算机及信号处理技术的发展,通过水工混凝土结构随机振动信号的测量,分析

结构的动力特性成为使用得较多的一种方法。

与一般振动问题类似，随机振动问题也是讨论系统的输入（激励）、输出（响应）以及系统的动态特性三者之间的关系。在随机振动中，由于振动时间历程明显的是非周期函数，用傅里叶积分的方法可知这种振动有连续的各种频率成分，且每种频率有它对应的功率或能量，把它们的关系用图线表示，称为功率在频率域内的函数，简称功率谱密度函数。

在平稳随机过程的假定下，脉动源的功率谱密度函数 $S_x(\omega)$ 与建筑物反应功率普密度函数 $S_y(\omega)$ 之间存在以下关系：

$$S_y(\omega) = |H(i\omega)|^2 \cdot S_x(\omega) \tag{11-41}$$

式中　$H(i\omega)$——传递函数。

在测试工作中，通过测振传感器测量脉动源 $x(t)$ 和结构反应的脉动信号 $y(t)$ 的记录，由专用信号处理机（频谱分析仪）通过使用具有传递函数等功率谱程序进行计算处理，得到结构的动力特性——频率、振幅、相位等。

（二）结构抗震动力加载试验

在几十年的地震工程实践中，人们逐步认识到对于一般结构而言，必须容许结构进入非弹性阶段，因为要求结构在强烈地震中仍然保持弹性阶段是很不经济的，有时甚至是不可能的。结构非弹性研究获得迅速的发展，结构试验工作也变为以破坏阶段为主；结构模型越来越大，试验设备越来越大，外加干扰也越来越接近于地震动。这一发展集中表现在模拟地震动的大型振动台上。

模拟地震动的大型振动台是在1970年从美国开始的，目前的应用已比较普及。较先进的大型振动台其台面宽度 15 m×15 m，具有三向或六分量可控运动，模型最大质量达100 t，地震动加速度≥1.0g。

伪静力试验与模拟地震动大型振动台的迅速普及说明了这一点。伪静力试验的主要步骤如下：

（1）先根据对地震时结构非弹性反应的了解，选择试验时应加于试件或试验结构上各点的力或变位组合（这种组合是因试验而异的）。

（2）再根据对地震动和地震时结构反应过程的了解，选择这些力或变位的时间变化过程。这两个步骤是决定试验是否能真实代表地震反应的关键。试验时所加的力或变位是缓慢施加的，中间可以随时停下来进行各种反应量的测量，因为此试验的关键假定是结构受力大小。先后顺序是最重要的，时间快慢是次要的，或在这种试验中根本不考虑。这种方法是当前国际上大量使用的方法。其优点是可以详细研究构件的非弹性地震反应，试验中加载和测量都容易实现；其缺点是试验结果取决于事先对结构非弹性性能的定性和定量的假定，应变速度影响未考虑。

第十节　混凝土结构安全检测

（1）混凝土结构安全检测应包括下列内容，具体可根据混凝土结构安全评价工作需要与现场检测条件确定：

①混凝土外观质量与缺陷检测；

②主要结构构件混凝土强度检测;

③混凝土碳化深度、钢筋保护层厚度与锈蚀程度检测;

④当主要结构构件或有防渗要求的结构出现裂缝、孔洞、空鼓等现象时,应检测其分布、宽度、长度和深度,并分析产生的原因;

⑤当混凝土结构因受侵蚀性介质作用而发生腐蚀时,应测定侵蚀性介质的成分含量,并检测结构的腐蚀程度。

(2)混凝土结构变形检测可参照 GB/T 50152 的规定进行。

(3)混凝土内部缺陷检测宜采用超声法、冲击反射法等非破损法,必要时可采用局部破损法对非破损检测结果进行验证。超声法的检测操作应按 SL 352 的规定执行。

(4)结构构件混凝土抗压强度检测可采用回弹法、超声回弹综合法、射钉法、钻芯法等,具体应根据现场条件选择。如现场条件允许,应采用钻芯法对其他方法进行修正。

回弹法、超声回弹综合法、射钉法、钻芯法的检测操作应分别按 JGJ/T 23、CECS 02、SL 352、CECS 03 的规定执行。

(5)结构构件混凝土的劈裂抗拉强度检测宜采用圆柱体芯样试件施加劈裂荷载的方法,检测操作应按 SL 352 的规定进行。

(6)混凝土结构应力检测包括混凝土和钢筋的应变检测,检测操作应按 GB/T 50152 的规定执行。

(7)混凝土碳化深度检测应按 JGJ/T 23 的规定执行。

(8)钢筋保护层厚度检测宜采用非破损的电磁感应法或雷达法,必要时可凿开混凝土进行验证。检测操作应按 JGJ/T 152 的规定执行。

(9)钢筋锈蚀状况检测可根据测试条件和测试要求选择剔凿检测方法或电化学测定方法,并应遵守下列规定:

①剔凿检测方法应剔凿出钢筋直接测定钢筋的剩余直径;

②电化学测定方法的检测操作应按 SL 352 及 GB/T 50344—2004 附录 D 的规定执行,并宜配合剔凿检测方法进行验证。

(10)结构构件裂缝检测应遵守下列规定:

①检测项目应包括裂缝位置、长度、宽度、深度、形态和数量,检测记录可采取表格或图形的形式。

②裂缝深度可采用超声法检测,必要时可钻取芯样予以验证。超声法检测操作应按 SL 352 的规定执行。

③对于仍在发展的裂缝,应定期观测。

(11)侵蚀性介质成分、含量及结构腐蚀程度检测,应根据具体腐蚀状况,参照 SL 352 及其他相应技术标准的规定进行。

第十二章　混凝土施工质量检验与评定

第一节　混凝土原材料检验

水工混凝土原材料检验包括原材料进场验收检验和原材料质量控制检验两部分。

一、原材料进场验收检验

(一)水泥

(1)运至工地的每一批水泥,应有生产厂的出厂合格证和品质试验报告,使用单位应进行验收检验。按每200~400 t同厂家、同品种、同强度等级的水泥为一取样单位,不足200 t也作为一取样单位。按照国家标准《水泥取样方法》(GB 12573—2008)取样。取样应有代表性,可以连续取,也可以从20个以上不同部位取等量样品,总量不少于12 kg。

(2)验收检验项目见表12-1,品质检验标准见第二章第一节“水泥”。

(二)掺合料

(1)进场掺合料必须有产品合格证、出厂检验报告。

(2)对进场使用的掺合料应进行验收检验。粉煤灰等掺合料以连续供应200 t为一批(不足200 t按一批计),硅粉以连续供应20 t为一批(不足20 t按一批计),氧化镁以60 t为一批(不足60 t按一批计)。

(3)验收检验项目见表12-1,品质检验标准见第二章第二节“掺合料”。

表12-1　水泥和掺合料的检验项目及检测频率

名　称	检测项目	取样地点	检测频率	检测目的
水泥	胶砂强度、细度、密度、比表面积、标准稠度用水量、凝结时间、胶砂流动度	水泥库	每200~400 t一次	检定出厂水泥质量
粉煤灰等	密度、细度、需水量比、烧失量、SO_3含量	仓库	每200 t	评定质理稳定性
	强度比		必要时进行	检定活性

(三)外加剂

外加剂每批产品应有出厂检验报告和合格证。使用单位应进行验收检验。

1.检验取样数

1)减水剂、早强剂、缓凝剂和引气剂

对减水剂、早强剂、缓凝剂和引气剂等外加剂,生产厂应根据产量和生产设备条件,将产品分批编号,掺量不小于1%的同品种的外加剂,每一编号为100 t;掺量小于1%的外加剂,每一编号为50 t;不足100 t或50 t的也按一个批量计,同一编号的产品必须混合均匀。每一编号取样量不少于0.2 t水泥所需要的外加剂量。

试样分点样和混合样。点样是在一次生产的产品中所得试样,混合样是三个或更多的点样等量均匀混合而取得的试样。每一个编号取得的试样应充分混匀,分为两等份,一份按标准规定项目进行试验,另一份密封保存半年,以备有疑问时提交国家指定的检验机关进行复验或仲裁。

2)混凝土泵送剂

对混凝土泵送剂,生产厂应根据产量和生产设备条件,将产品分批编号,年产不小于500 t的,每一批号为50 t;年产500 t以下,每一批号为30 t;不足50 t或30 t的也按一个批量计,同一批号的产品必须混合均匀。每一批号取样量不少于0.2 t水泥所需要的外加剂量。

试样分点样和混合样。点样是在一次生产的产品中所得试样,混合样是三个或更多的点样等量均匀混合而取得的试样。每一个批号取得的试样应充分混匀,分为两等份,一份按标准规定项目进行试验,另一份密封保存半年,以备有疑问时提交国家指定的检验机关进行复验或仲裁。

3)混凝土防冻剂

同一品种的防冻剂,每50 t为一批,不足50 t也按一个批量计,每一批号取样量不少于0.15 t水泥所需用防冻剂量(以其最大掺量计。)

每一个批号取得的试样应充分混匀,分为两等份,一份按标准规定项目进行试验,另一份密封保存半年,以备有疑问时提交国家指定的检验机关进行复验或仲裁。

4)混凝土膨胀剂

对混凝土膨胀剂应每200 t为一批,不足200 t也按一个批量计。每一批抽样总数不少于10 kg。

抽样应有代表性,可以连续抽样,也可从20个以上不同部位取等量样品。样品充分混合均匀后分为两等份,一份由生产厂按标准规定项目进行出厂检验,另一份从产品出厂之日起密封保存3个月,供作仲裁检验时用。

5)速凝剂

对速凝剂按每20 t为一批,不足20 t时,也按一个批量计。每一批应于16个不同点取样,每个点取样250 g,共取4 kg。

试样应充分混匀,分为两等份,一份用作试验,另一份密封保存半年,以备有疑问时提交国家指定的检验机关进行复验或仲裁。

2. 验收检验

外加剂品质检验标准见第二章第三节“外加剂”。

外加剂进入工地或混凝土搅拌站,应按表12-2中的检验项目进行检验,符合要求方可使用。

表 12-2　各种外加剂进场验收检验项目

外加剂品种	检验项目
普通减水剂、高效减水剂	pH 值、密度(细度)、含固量(含水率)、减水率、抗压强度比、凝结时间差、泌水率比、含气量
引气剂、引气减水剂	pH 值、密度(细度)、含固量(含水率)、含气量、减水率及含气量经时变化值
缓凝剂、缓凝减水剂、缓凝高效减水剂	混凝土凝结时间、pH 值、密度(或细度)、缓凝减水剂与缓凝高效减水剂应增测减水率
早强剂、早强减水剂	1 d 和 3 d 混凝土抗压强度、密度(或细度)、钢筋锈蚀试验
防冻剂	氯离子含量、密度(细度)、含固量(含水率)、碱含量、含气量
膨胀剂	限制膨胀率
泵送剂	坍落度增加值与保留值、pH 值、密度(或细度)

(四)骨料

骨料生产成品的品质检验标准见第二章第四节“细骨料”和第五节“粗骨料”。

(1)骨料生产成品的品质,每 8 h 应检测一次。检测项目包括:①细骨料的细度模数、石粉含量(人工砂)、含泥量和泥块含量。②粗骨料的超径、逊径、含泥量和泥块含量。

(2)成品骨料出厂品质检测:①细骨料应按同料源每 600 ~ 1 200 t 为一批,检测细度模数、石粉含量(人工砂)、含泥量、泥块含量和含水率。②粗骨料应按同料源、同规格碎石每 2 000 t 为一批,卵石每 1 000 t 为一批,检测超径、逊径、针片状含量、含泥量、泥块含量和 D20 粒级骨料的中径筛筛余量。③每批产品出厂时,应有产品品质检验报告,内容应包括产地、类别、规格、数量、检验日期、检测项目及结果、结论等。

二、原材料质量控制检验

混凝土原材料质量控制检验应在混凝土搅拌楼(站)进行。检测项目和频率(次数)见表 12-3。

表 12-3　混凝土原材料质量控制抽检

序号	检测项目		检测频率	备注
1	水泥	①细度或比表面积、安定性、强度	每周 2 次	在拌和楼抽样每厂每个品种
		②全面性能	每月 1 次	
2	砂	①细度模数、石粉含量或含泥量	每天 2 ~ 3 次	在拌和楼抽样
		②含水量	每班 2 次	
3	石	①超径、逊径含量	每天 1 ~ 2 次	有二次筛分装置应在拌和楼二次筛分后抽样
		②含水量	每班 2 次	
4	掺合料	①需水量比	每天 1 ~ 2 次	在拌和楼抽样
		②细度、烧失量	每周 1 次	
5	减水剂	①配制溶液浓度	每池 1 ~ 2 次	在配制车间(材料应称量)抽样
		②使用溶液浓度	每班 1 ~ 2 次	在拌和楼抽样
6	引气剂	①配制溶液浓度、表面张力	每池 1 ~ 2 次	在配制车间(材料应称量)抽样
		②使用溶液浓度、表面张力	每班 1 ~ 2 次	在拌和楼抽样

第二节 混凝土拌和与混凝土拌和物的质量检验

一、搅拌楼(站)及出机口混凝土拌和物

混凝土拌和与混凝土拌和物的质量检验包括:

(1)混凝土搅拌楼(站)的计量器具应定期(每月不少于一次)检验校正,在必要时随时抽验。混凝土组成材料的配料均以质量计,称量的允许偏差不应超过表12-4的规定。每班称量前,应对称量设备进行零点校验。

表12-4 混凝土材料称量允许偏差

材料名称	称量允许偏差(%)
水泥、掺合料、水、冰、外加剂溶液	±1
骨 料	±2

(2)在混凝土拌和生产中,应定期对混凝土拌和物的均匀性、拌和时间进行检验,如发现问题应立即处理。混凝土拌和物均匀性检验方法按GB/T 9142和SL 352—2006进行,由混凝土拌和物均匀性试验,决定混凝土最佳拌和时间,见第六章第七节。

(3)混凝土拌和与混凝土拌和物质量检验项目和抽检频率见表12-5。

表12-5 混凝土拌和与混凝土拌和物性能检验项目和频率

检验项目	检验频率
原材料称量	每8 h 2~3次
拌和时间	每8 h 2次
稠度(坍落度、工作度*VC*值)	每4 h 1~2次
含气量	每4 h 1次
出机口温度(有要求时)	每4 h 1次

(4)混凝土稠度以设计要求的中值为基准,变化范围允许偏差见表12-6。含气量以设计要求的中值为基准,允许偏差范围为±0.5%。

表12-6 混凝土稠度允许偏差

混凝土类别	检测项目		允许偏差
普通混凝土	坍落度(mm)	≤40	±10 mm
		40~100	±20 mm
		>100	±30 mm
碾压混凝土	工作度(*VC*值)(s)	5	±2 s
		9	±3 s

二、碾压混凝土现场仓内质量检验

碾压混凝土仓内质量控制直接关系到大坝质量的好坏，其控制主要内容包括工作度（*VC* 值）检控，卸料、平仓、碾压控制，压实度控制，浇筑温度控制。碾压混凝土铺筑现场检测项目及标准见表 12-7。

表 12-7　碾压混凝土铺筑现场检测项目及标准

检测项目	检测频率	控制标准
仓面实测 *VC* 值及外观评判	每 2 h 一次	现场 *VC* 值允许偏差 ±2 s
碾压遍数	全过程控制	按碾压规定：无振遍数→有振遍数→无振遍数
相对压实度	每铺筑 100 ~ 200 m^2 碾压混凝土至少应有一个检测点，每一铺筑层仓面内应有三个以上检测点	外部碾压混凝土相对压实度不得小于 98%；内部碾压混凝土相对压实度不得小于 97%
骨料分离情况	全过程控制	不允许出现骨料集中现象
碾压层间隔时间	全过程控制	由试验确定层间直接铺筑允许间隔时间，并按其判定：允许或终止
碾压混凝土自加水拌和至碾压完毕时间	全过程控制	不超过 2 h
入仓温度	2 ~ 4 h 一次	满足温控设计要求

第三节　混凝土性能检验

一、大坝混凝土性能检验

混凝土坝根据结构应力计算、坝体承受的水压力和所处环境温度，对坝体不同部位提出不同性能要求，即坝体是分区由不同标号或强度等级的混凝土构成的。另外，对特殊部位混凝土还有特殊性能要求。因此，混凝土性能检验可分为常规性能质量检验和特殊性能检验两大类。

（一）常规性能质量检验

1. 抗压强度

坝体混凝土抗压强度是由设计抗压强度标准值和其强度保证率决定的。混凝土生产和浇筑，从原材料质量验收开始，经过混凝土拌和物质量控制，出机后混凝土运输和浇筑等一系列工序的严格质量控制，其目的就是保障浇筑出来的混凝土满足混凝土设计抗压强度要求。

现场混凝土质量检验以抗压强度为主,并以边长为150 mm立方体试件的抗压强度为标准。混凝土试件以机口随机取样为主,每组混凝土的三个试件应在同一储料斗或运输车箱内的混凝土中取样制作。浇筑地点(仓面)试件取样宜为机口取样数量的10%。每组三个试件的算术平均值为该组试件的强度代表值,即子样强度值。

大坝混凝土设计龄期为90 d或180 d,除要成型设计龄期的抗压强度试件外,还要成型大量28 d龄期试件。工程开工初期还要成型部分早龄期(3 d或7 d)试件,以验证混凝土配制强度选用是否准确,并及时修正,以免造成质量事故。

28 d龄期抗压强度用以评定混凝土拌和质量控制水平和预示混凝土强度验收通过与否,设计龄期抗压强度用于强度验收,此两部分内容将在本章第四节介绍。

2. 抗渗等级

根据大坝承受水头大小,设计对不同部位混凝土提出抗渗等级(W)要求。施工中适当取样检验,标准试件尺寸为上口直径175 mm、下口直径185 mm、高150 mm截头圆锥体,试验龄期90 d。

3. 抗冻等级

根据大坝所处环境温度,设计对不同部位混凝土提出抗冻等级(F)要求。施工中适当取样检验,标准试件尺寸为100 mm×100 mm×400 mm的棱柱体,试验龄期90 d。

4. 轴拉强度和极限拉伸

除抗压强度、抗渗等级和抗冻等级三大常规性能检验外,根据大坝温控和防裂需要,设计还提出不同龄期混凝土轴拉强度和极限拉伸抗裂性能指标要求。标准试件尺寸为100 mm×100 mm×550 mm方八字形。

以上四种常规性能检验的试验方法均按《水工混凝土试验规程》(SL 352—2006)的规定进行。

(二)混凝土特殊性能检验

混凝土特殊性能检验质量指标有两类:一类是有质量标准和试验方法,如碱骨料反应试验和抗侵蚀性试验;另一类是只有试验方法没有质量标准,如抗冲磨和抗空蚀试验,但是每项性能检验都有自命名的性能指标,是用相对比较法来确定性能优劣的。现场成型试件是对实验室研究成果(混凝土配合比)进一步深化复验,以检验室内与现场混凝土性能的差异。

1. 碱骨料反应试验

现场成型适当数量的试件进行深入研究,判断现场混凝土所用骨料是否具有潜在危害性反应的活性骨料,或验证采取的骨料碱活性抑制措施是否有效。

2. 抗侵蚀性试验

现场成型适当数量的试件,进行深入验证混凝土抵抗环境水(氯离子、硫酸根离子)侵蚀破坏的能力和使用寿命,并与室内成型试件成果进行对比。

3. 抗冲磨和抗空蚀试验

现场成型适当数量的试件,用于比较室内和现场成型试件混凝土抗冲蚀性能的差异,研究和评价混凝土抵抗高速水流冲蚀作用的能力。

混凝土特殊性能检验不是法定检验项目,根据工程设计、运行需要,由设计、监理或业

主提出，施工方安排实施。

（三）碾压混凝土坝现场碾压试验

现场碾压试验是碾压混凝土质量控制程序中一个必不可少的组成部分。现场试验除了测试碾压混凝土拌和与浇筑设备外，还需根据初始的试验数据判断碾压混凝土质量，并为大坝正式浇筑收集试验资料。建议：

（1）在大坝碾压混凝土正式浇筑前进行现场试验。

（2）试验块面积为 6 m×12 m，高 3 m，并有出入口坡道。

现场碾压试验的主要目的是：

（1）确定碾压施工工艺参数，包括平仓方式、碾压厚度、碾压遍数和振动碾行进速度等。

（2）碾压混凝土配合比和稠度与振动碾的适应性，骨料分离和控制措施，层面直接铺筑允许间隔时间和层面处理技术等。

（3）现场试验块施工应模拟实际浇筑条件，主要施工机械和原材料应与开工时一样。

（4）对大中型水利水电工程，试验块顶部 1～2 层应安排进行层面抗剪断现场试验，以取得不同层面工况下的实测黏聚力 c' 和摩擦系数 f'，为设计提供抗剪强度设计参数。

（5）由试验块钻取芯样，验证碾压施工工艺和检验压实度、强度和其他性能是否满足结构设计要求。

（6）通过现场试验可以取得施工组织设计技术资料和经验，同时也培训了技术队伍。

二、混凝土常规性能检验的质量标准和抽检频率

混凝土常规性能检验的质量标准和抽检频率见表 12-8。

表 12-8 混凝土常规性能检验的质量标准和抽检频率

检验项	龄期	质量指标	抽检频率
抗压强度	28 d	由强度标准差评定混凝土生产管理水平，见表 12-10	大体积混凝土：每 500 m^3 一组； 非大体积混凝土：每 100 m^3 一组
	设计	按式（12-1）、式（12-2）判断混凝土强度验收通过与否	大体积混凝土：每 1 000 m^3 一组； 非大体积混凝土：每 200 m^3 一组
轴拉强度、极限拉伸	28 d	≥设计指标	每 2 000 m^3 一组
	设计		每 3 000 m^3 一组
抗渗等级	设计	100%≥设计抗渗等级指标	同一标号的抗渗等级混凝土：每 3 月 1～2 组
抗冻等级	设计	80%≥设计抗冻等级指标	同一标号的抗冻等级混凝土：每 3 月 1～2 组，对严寒地区抗冻性为主控指标的混凝土，按《水工建筑物抗冻设计规范》（DL/T 5082—1998）规定进行

三、实体钻芯取样评定

混凝土大坝建成后,应适量地进行钻芯取样和压水试验。钻芯取样检验项目和质量要求见表12-9。

表12-9　钻芯取样检验项目和质量要求

检验项目	质量要求	检验方法	检验数量
抗压强度保证率	≥80%	钻孔取芯、试验	每万立方米混凝土钻孔2~10 m
层面抗剪指标*	大于设计值		
表观密度	大于配合比设计值的97%		
钻孔压水试验	单位吸水率≤1 Lu		
渗透系数	满足设计要求		
芯样获得率			
芯样外观鉴定	表面光滑、致密、骨料分布均匀	观　察	
轴拉强度、极限拉伸	≥设计值	钻孔取芯、试验	

注:* 碾压混凝土坝。

第四节　混凝土强度验收与评定

一、混凝土强度验收

水利水电混凝土工程包括大坝、水闸和水电站厂房等建筑物。混凝土强度的评定和验收标准各不相同,电站厂房执行工业与民用建筑的普通混凝土质量控制标准《混凝土质量控制标准》(GB 50164—2011);水闸工程执行《水闸施工规范》(SL 27—2014);大坝工程执行《水工混凝土施工规范》(SL 677—62014)或《水工混凝土施工规范》(DL/T 5144—2015)。各个标准对混凝土设计强度标准值保证率的规定是不同的,工业与民用建筑保证率为95%,水闸工程为90%,大坝混凝土为80%。

混凝土设计强度标准值,是由大坝结构设计计算所得最大主压应力乘以安全系数确定的。设计规范规定:"设计强度标准值应按照标准方法制作养护的边长为150 mm的立方体试件,在设计龄期用标准试验方法测得的具有80%保证率的强度来确定";"混凝土设计强度标准值确定原则是强度总体分布的平均值减去0.842倍标准差。"施工时,对混凝土进行严格检测与控制,其目的就是保证混凝土强度达到设计要求,必须有80%以上的抽样强度超过设计强度标准值,这是混凝土强度验收的首要标准。

混凝土强度验收是采用"抽样检验法",抽样取得验收批内一系列强度值,再按数理统计理论做出统计推断,判断混凝土强度是否合格。

数理统计学证明,混凝土抗压强度测值总体呈正态分布。基于此,总体平均值和标准差的期望值,可由样本容量$n \geq 30$组随机连续抽取单组强度估计。当强度平均值和标准差取得后,混凝土强度正态分布曲线就确定(见图12-1)。混凝土强度保证率由保证率系

数(t)决定，保证率为80%时$t=0.842$。

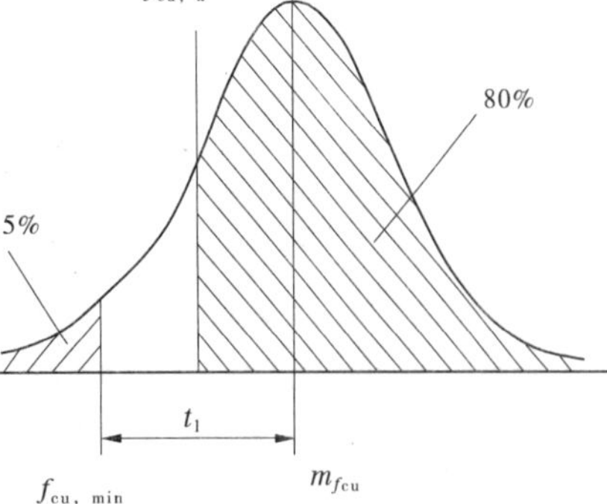

图12-1　混凝土强度正态分布曲线

混凝土抗压强度平均值、强度标准差、设计强度标准值(设计标号)和保证率系数的关系见式(12-1)：

$$m_{fcu} \geqslant f_{cu,k} + t\sigma \quad (12\text{-}1)$$

$$f_{cu,min} \geqslant 0.80 f_{cu,k} \quad (12\text{-}2)$$

式中　m_{fcu}——要求的混凝土强度平均值，又称配制强度，MPa；

$f_{cu,k}$——混凝土设计龄期强度标准值，MPa；

σ——验收批混凝土强度标准差，MPa，按式(12-6)计算；

t——强度保证率系数，保证率为80%时$t=0.842$；

$f_{cu,min}$——验收批中最小强度值，MPa。

式(12-1)是用数学公式表明大坝结构设计对施工混凝土抗压强度的质量要求；式(12-2)是最小强度限制条件，其作用是防止出现实际的标准差过大，或出现强度过低的情况。按中等施工水平考虑，信任系数$\alpha=2.5\%$。

验收批混凝土抗压强度验收标准就是满足式(12-1)、式(12-2)的要求，两项同时满足则接受，任一项不满足则拒收。

式(12-1)是《水工混凝土施工规范》(SDJ 207—82)验收条款的另一种表达形式。将式(12-1)两端除以m_{fcu}得：

$$1 = \frac{f_{cu,k}}{m_{fcu}} + \frac{t\sigma}{m_{fcu}} = \frac{f_{cu,k}}{m_{fcu}} + tC_v$$

$$\frac{f_{cu,k}}{m_{fcu}} = 1 - tC_v$$

$$m_{fcu} = \frac{f_{cu,k}}{1 - tC_v} \quad (12\text{-}3)$$

式中　C_v——变异系数，按式(12-7)计算。

其余符号含义同式(12-1)。

式(12-3)和式(12-1)具有同等检验效果，两个公式可采用任一个公式计算要求的强度平均值，又称配制强度。

《水工混凝土施工规范》(SDJ 207—82)根据式(12-3)编制两张图表，以简化验收计算，见图12-2和图12-3。

两张图的使用方法说明：

(1)图12-2，按式(12-5)和式(12-7)计算得m_{fcu}、C_v和$\frac{f_{cu,k}}{m_{fcu}}$，查图12-2可得强度保证率，用以检验验收批的强度保证率是否满足设计要求。

(2)图12-3，由给定的设计强度保证率和生产管理水平确定的变异系数C_v，查图12-3可得强度系数K，则可确定混凝土的配制强度。

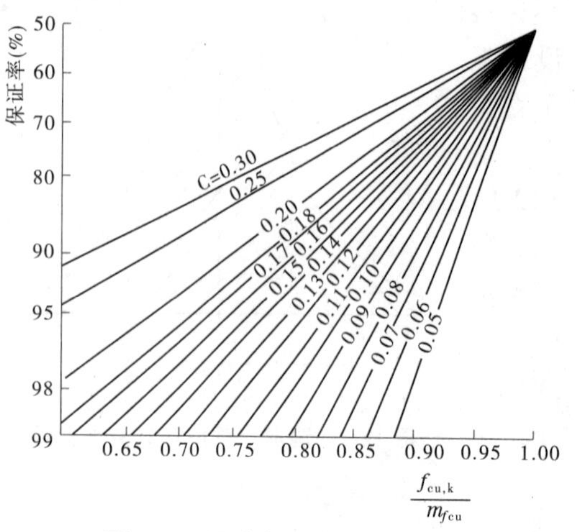

图 12-2　强度保证率曲线

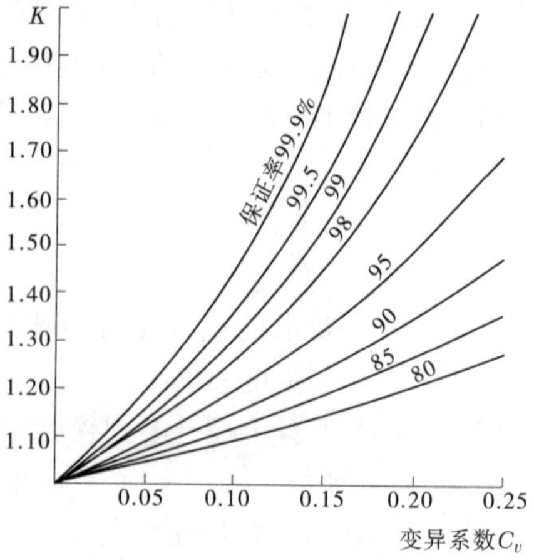

图 12-3　强度系数 K 曲线

$$K = \frac{m_{fcu}}{f_{cu,k}}$$

$$m_{fcu} = Kf_{cu,k} \tag{12-4}$$

式中　K——强度系数；

m_{fcu}和$f_{cu,k}$含义同式(12-1)。

大中型水利水电工程混凝土采用搅拌楼集中生产，可以做到控制相同的生产条件、原材料、工艺及人员配备的稳定性。因此，混凝土生产在相对较长的时间内保持稳定，且同一品种混凝土的强度变异性也保持稳定，达到方差已知统计推断条件。混凝土强度算术平均值、强度标准差和变异系数按式(12-5)～式(12-7)计算：

$$m_{fcu} = \frac{\sum_{i=1}^{n} f_{cu,i}}{n} \tag{12-5}$$

$$\sigma = \sqrt{\frac{\sum_{i=1}^{n} f_{cu,i}^2 - nm_{f_{cu}}^2}{n-1}} \tag{12-6}$$

$$C_v = \frac{\sigma}{m_{fcu}} \tag{12-7}$$

式中　$f_{cu,i}$——统计时段内第 i 组混凝土试件强度值，MPa；

m_{fcu}——统计时段内 n 组混凝土试件强度算术平均值，MPa；

n——统计时段内相同强度的混凝土试件组数；

σ——统计时段内混凝土强度标准差，MPa，公式(12-4)中 $n \geqslant 30$；

C_v——统计时段内混凝土变异系数。

二、混凝土强度评定

混凝土机口取样，成型 28 d 龄期抗压强度试件数量要比验收试件多一倍。28 d 龄期抗压强度主要用于评定混凝土生产管理水平。

(1)评定混凝土生产控制水平和强度均匀性:按公式(12-6)计算28 d龄期强度标准差σ值,其评定标准见表12-10。

表12-10　混凝土生产质量管理水平

质量等级		优秀	良好	一般	差
强度标准差(MPa)	标号 < R_{28}200	<3.0	3.0~3.5	3.5~4.5	>4.5
	标号≥R_{28}200	<3.5	3.5~4.0	4.0~5.0	>5.0

(2)混凝土生产控制水平提高后,相应混凝土强度标准差比初始值降低,应进行动态调整。当强度标准差相对稳定后可调整混凝土配制强度,见图12-4,以减少胶材用量,降低混凝土单价。

(3)预报设计龄期混凝土强度:进行足够组数抗压强度试验,建立28 d龄期抗压强度与设计龄期(90 d或180 d)抗压强度的关系,确定各龄期强度增长系数。由28 d龄期抗压强度推算设计龄期抗压强度,按混凝土强度验收式(12-1),或式(12-3)和式(12-2)进行验收计算,然后预报混凝土强度验收结果。

实测统计结果表明,混凝土强度标准差是随龄期增长而减小,设计龄期强度变异性只会降低,不会增加,所以预报结果是可信的。如果发现预报达不到验收要求,可及时调整混凝土配合比,适量提高混凝土强度,以防届时被拒收。

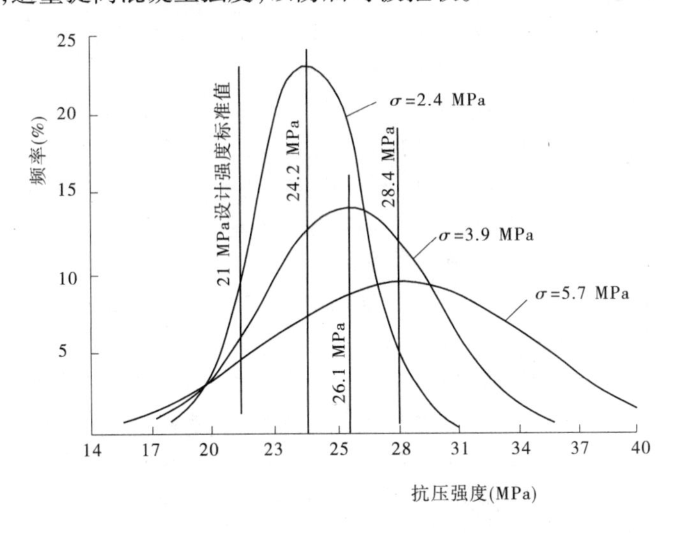

图12-4　强度标准差与配制强度关系

参考文献

[1] 中国水利水电科学研究院结构材料所. 大体积混凝土[M]. 北京:水利电力出版社,1990.
[2] 黄国兴,惠荣炎. 混凝土的收缩[M]. 北京:中国铁道出版社,1990.
[3] 惠荣炎,黄国兴,易冰若. 混凝土的徐变[M]. 北京:中国铁道出版社,1988.
[4] 姜福田. 碾压混凝土[M]. 北京:中国铁道出版社,1991.
[5] 黄国兴,陈改新. 水工混凝土建筑物修补技术及应用[M]. 北京:中国水利水电出版社,1999.
[6] 蒋元驹,韩素芳. 混凝土工程病害与修补加固[M]. 北京:海洋出版社,1996.
[7] 黄国兴. 试论水工混凝土的抗裂性. 水力发电[J],2007(7).
[8] 黄国兴. 对"碾压混凝土抗裂性能的研究"一文的商榷. 水力发电[J],2005(2).
[9] 水利水电科学研究院结构材料所. 大体积混凝土[M]. 北京:水利电力出版社,1990.
[10] 姜福田. 碾压混凝土[M]. 北京:中国铁道出版社,1991.
[11] 水利行业标准. 水工碾压混凝土试验规程:DL/T 5433—2009[S].
[12] 电力行业标准. 水工碾压混凝土施工规范:DL/T 5112—2009[S].
[13] 赵志缙. 泵送混凝土[M]. 北京:中国建筑工业出版社,1985.
[14] 建筑工业行业标准. 混凝土泵送施工技术规程:JGJ/T 10—2001[S].
[15] 电力行业标准. 水工混凝土试验规程:DL/T 5150—2001[S].
[16] 程良奎. 喷射混凝土[M]. 北京:中国建筑工业出版社,1990.
[17] 电力行业标准. 水电水利工程锚喷支护施工规范:DL/T 5181—2003[S].
[18] 建材行业标准. 喷射混凝土用速凝剂:JC 477—2005[S].
[19] 陈文耀,李文伟. 喷射混凝土速凝剂选择及配合比设计方法探讨[J]. 水利水电技术,2007(1).
[20] 黄国兴,陈文耀,尹俊宏. 喷射混凝土与围岩粘结强度合理指标的探讨[J]. 水力发电,2007(2).
[21] 傅沛兴,张全贵,黄艳平. 自密实混凝土检测方法探讨[J],混凝土,2006(9).
[22] 中国工程建设标准化协会标准. 自密实混凝土应用技术规程:CECS 203—2006 现行有效标准;新增《自密实混凝土应用技术规程》:JGJ/T 283—2012[S].
[23] 林宝玉,吴绍章. 混凝土工程新材料设计与施工[M]. 北京:中国水利水电出版社,1998.
[24] 买淑芳. 混凝土聚合物复合材料及其应用[M]. 北京:科学技术文献出版社,1996.
[25] 电力行业标准. 水下不分散混凝土试验规程:DL/T 5117—2000[S].
[26] 电力行业标准. 水工混凝土外加剂技术规程:DL/T 5100—2014[S].
[27] 黄士元,蒋家奋,杨南如,等. 近代混凝土技术[M]. 西安:陕西科学技术出版社,1998.
[28] 国家标准. 混凝土外加剂应用技术规范:GBJ 50119[S].
[29] 游宝坤. 混凝土膨胀剂及其应用[M]. 北京:中国建材出版社,2002.
[30] 中国工程建设标准化协会标准. 纤维混凝土结构技术规程:CECS 38—2004[S].
[31] 建工行业标准. 钢纤维混凝土:JG/T 3064—1999[S].
[32] 交通行业标准. 公路水泥混凝土纤维材料—聚丙烯纤维和聚丙烯腈纤维:JT/T 525—2004[S].
[33] 电力行业标准. 聚合物改性水泥砂浆试验规程:DL/T 5126—2001 增加《铝及铝合金冷拉薄壁管材涡流探伤方法》:GB/T 5126—2001 现行有效[S].
[34] 蒋长元,蒋松涛,等. 沥青混凝土防渗墙[M]. 北京:水利电力出版社,1992.

[35] 全光日,华幼卿. 高分子物理[M]. 北京:化学工业出版社,2000.

[36] 国家标准. 高分子防水材料　第2部分:止水带:GB 18173.2—2014[S].

[37] 电力行业标准. 水工混凝土施工规范:DL/T 5144—2015[S].

[38] 混凝土及钢筋混凝土水工建筑物的沥青防渗层.(俄文)莫斯科国家动力出版社,1962.

[39] 国外混凝土面板堆石坝[M]. 北京:水利电力出版社,1998.

[40] 电力行业标准. 水工建筑物止水带技术规范:DL/T 5215—2005[S].

[41] 水利行业标准. 水工混凝土试验规程:SL 352—2006[S].

[42] 国家标准. 钢筋混凝土用热轧带肋钢盘:GB/T 1499.1—2007[S].

[43] 国家标准. 钢筋混凝土用热轧光圆钢筋:GB/T 1499.2—2008[S].

[44] 国家标准. 低碳钢热轧圆盘条:GB/T 701—2008[S].

[45] 国家标准. 冷轧带肋钢筋:GB 13788—2008[S].

[46] 国家标准. 预应力混凝土用钢丝:GB 5223—2002;《预应力混凝土用钢丝》:GB/T 5233—2002;《预应力混凝土用钢丝》:XG 2—2008;《预应力混凝土用钢棒》:GB/T 5233.3—2005[S].

[47] 国家标准. 预应力混凝土用低合金钢丝:GB/T 038—93[S].

[48] 罗骐先. 水工建筑物混凝土的超声检测[M]. 北京:水利电力出版社,1984.

[49] 罗骐先. 桩基工程检测手册[M]. 北京:人民交通出版社,2003.

[50] 宋人心,王五平,傅翔,等. 灌注桩声波透射法缺陷分析方法——阴影重叠法[J]. 中南公路工程,2006(2):77-79.

[51] 宋人心,王五平,傅翔,等. 灌注桩的声波透射法缺陷检测及分析实例[J]. 工业建筑,2005,35(383):618-620.

[52] 吴新璇. 混凝土无损检测技术手册[M]. 北京:人民交通出版社,2003.

[53] 中国工程建设标准化协会标准. 超声法检测混凝土缺陷技术规程:CECS 21:2000[S]. 北京:2000.

[54] 童寿兴,张晓燕,金元. 超声波首波相位反转法检测混凝土裂缝深度[J]. 建筑材料学报,1998,1(3):287-290.

[55] 缪群. 混凝土超声测缺的应用问题探讨. 第六届全国建筑工程无损检测技术学术会议论文集[C]. 杭州. 1999.

[56] 王五平,汤宏斌,傅翔,等. 超声波钻孔对测法检测沉井混凝土裂缝深度[J]. 铁道建筑,2004(2):84-86.

[57] 张仁瑜. 混凝土中钢筋电磁感应法检测技术[J]. 工业建筑,2006(6):81-82.

[58] 戴冠英,等. 嶂山闸抗震试验研究. 南京水利科学研究院,1980.11.

[59] 水利行业标准. 水库大坝安全评价导则:SL 258—2017[S].